Felix Würtenberger

Die Welt im freien Fall

Das Universum für
mathematisch interessierte Laien

tredition

Druck und Distribution im Auftrag des Autors:
tredition GmbH, Heinz-Beusen-Stieg 5, 22926 Ahrensburg, Germany

Für meine drei Kinder,
die mich mit ihren Fragen auf die Idee gebracht haben

Black hole merger GW150914

We are not Dr Frankenstein; we are the monster. We have woken up in a laboratory and are trying to understand how it made us.
Luke A. Barnes,[1]

Am 14. September 2015 um 9.50 Uhr mitteleuropäischer Zeit schwappte eine Welle über die Erde. In Livingston, USA, traf sie auf einen von Menschen gemachten vier Kilometer langen Tunnel, der permanent seine eigene Länge mit einer Genauigkeit von einem Bruchteil eines Protonendurchmessers misst. Wenige Millisekunden später traf sie auf einen zweiten solchen Tunnel im 3000 Kilometer entfernten Hanford. Da beide Tunnel das exakt gleiche Signal maßen, konnten Erschütterungen aus der Umgebung als Ursache ausgeschlossen werden. Der Mensch hatte zum ersten Mal zweifelsfrei eine Gravitationswelle nachgewiesen.

Aber woher kam sie?

Vor 1,3 Milliarden Jahren stürzen zwei riesige Schwarze Löcher ineinander und fusionieren zu einem noch größeren Schwarzen Loch. Die beiden Objekte, die da kollidieren, haben Massen von jeweils etwa 29 und 36 Sonnen, das resultierende Schwarze Loch eine Masse von etwa 62 Sonnen. Fällt dir auf, dass $29 + 36 \neq 62$? Die fehlenden 3 Sonnenmassen werden bei dem Ereignis nach $E = mc^2$ in Energie umgewandelt. 3 Sonnenmassen im Bruchteil einer Sekunde in Energie umzuwandeln — das ist eine Explosion von unvorstellbarem Ausmaß. Die fusionierenden Schwarzen Löcher setzen in diesem kurzen Augenblick mehr Energie frei als alle Sterne in allen Galaxien im beobachtbaren Universum zusammen, und zwar nicht als elektromagnetische Wellen (wie Licht) sondern als Gravitationswellen. Als diese Schwingungen der Raumzeit vor 1,3 Milliarden Jahren ausgesendet werden, schwimmen gerade mal Bakterien und Blaualgen in den Urmeeren[2]. Seither breiten sie sich mit

[1] Barnes 2021

[2] Dieser Abschnitt legt die Reise der ersten von Menschen nachgewiesenen Gravitationswelle über die menschliche Wissenschaftsgeschichte. Ich kann dafür keine Originalität beanspruchen. Inspiriert wurde ich durch Tong 2019. Ähnliche Versionen dieser Geschichte gibt es aber auch anderswo, beispielsweise in Schilling 2017.

Lichtgeschwindigkeit im All aus. Vor etwa 50.000 Jahren erreichen sie den äußeren Rand unserer Galaxie, der Milchstraße. Damals leben merkwürdige sprechende Affen im Osten Afrikas. Ihre kognitiven Fähigkeiten sind vermutlich genauso gut wie die der heutigen Menschen. Sie würden sich mit Einsteins Relativitätstheorie wohl genauso schwer tun wie wir, aber eben auch nicht schwerer. Nur dass ihnen noch ein paar Grundlagen in Form von 2000 Jahren Wissenschaftsgeschichte fehlen. In den folgenden 50.000 Jahren durchquert die Gravitationswelle die Milchstraße. Und die Nachfahren der Jäger und Sammler nutzen die Zeit gut, um alles für die Ankunft der Welle vorzubereiten. In den ersten 45.000 Jahren passiert zugegebenermaßen nicht viel. Man hat genug damit zu tun, das Rad zu erfinden. Dann, vor etwas über 2000 Jahren, denkt ein Grieche namens Euklid über die Geometrie des Raumes so gründlich nach wie keiner vor ihm. Diese Euklidische Geometrie ist es, die von Gravitationswellen gestört und verändert wird. Zu Euklids Lebzeiten dürfte die Welle schon den Spiralarm unserer Milchstraße erreicht haben, in dem sich unsere Sonne und du und ich befinden. Spätestens jetzt muss allen klar sein, dass Eile geboten ist. Aber die Menschen nehmen das Ganze immer noch ziemlich locker. Vor 400 Jahren nimmt die Sache dann endlich Fahrt auf, als ein Italiener namens Galileo Galilei erkennt, dass eine leichte Kugel genauso schnell fällt wie eine schwere — eine Erkenntnis, die Einstein zur Allgemeinen Relativitätstheorie und schließlich zur Vorhersage von Gravitationswellen bringt. Ein paar Jahrzehnte nach Galilei entwickelt der Engländer Isaac Newton ein geschlossenes System der Erklärung aller Bewegungen aus einfachen Prinzipien. Mit zwei Gleichungen kann er die Bahnen von Planeten und Kanonenkugeln erklären oder jedes beliebige andere mechanische Problem lösen. Als Newton seine Principia Mathematica schreibt, ist unsere Gravitationswelle der Erde schon so nah wie etwa der Polarstern. Was Newton herausfindet, kommt einer Weltformel ziemlich nah. Sie behält zwei Jahrhunderte lang uneingeschränkte Gültigkeit und in dieser Zeit macht die Naturwissenschaft in den verschiedensten Bereichen Fortschritte wie nie zuvor. Aber mit Newtons Theorie würde es der Menschheit nie gelingen Gravitationswellen vorherzusagen oder gar zu messen. Dafür muss ein radikaler Wandel des physikalischen Weltbildes her. Den bringt ein völlig unbekannter und nicht besonders erfolgreicher junger Patentanwalt, der in seinem Büro über die Struktur von Raum und Zeit grübelt. Albert Einstein braucht gerade mal zehn Jahre, um die gesamte klassische Physik aus den Angeln zu heben. Und er erkennt die Möglichkeit von Gravitationswellen, glaubt aber nicht daran, dass sie je gemessen werden. Andere, praktischere Geister machen sich dennoch daran einen Detektor zu bauen. Die Entwicklung ist voller Rückschläge und Enttäuschungen, aber wieder einmal zeigt dieser seltsame sprechende Affe seine an Wahnsinn grenzende Hartnäckigkeit. Nur wenige Stunden, bevor die Welle nach einer Reise von über einer Milliarde Jahren endlich die Erde erreicht, werden die beiden Detektoren eingeschaltet.

Der lange Weg von Euklids Geometrie bis zum Nachweis von Gravitationswellen, die genau diese euklidische Geometrie durcheinanderbringen, ist eine der unfassbarsten und wunderbarsten Geschichten menschlicher Erkenntnis. Dass die Gravitationswelle der beiden fusionierenden Schwarzen Löcher schon 99,9999% ihres Weges zur Erde zurückgelegt hatte, bevor die Menschheit auch nur anfing ernsthaft über Geometrie nachzudenken, und dass die verbleibenden 0,0001% der Reise der Menschheit genügten, um von Euklid bis zu den Gravitationswellen zu gelangen, zeigt gleichermaßen wie unvorstellbar groß das Universum ist und wie weit sich der menschliche Geist aus seiner kleinen Alltagswelt hinausdenken kann. Dieses Buch nimmt dich mit auf diese Reise in die Weiten des Universums und die Tiefen des menschlichen Denkens. Anders als die meisten populärwissenschaftlichen Bücher erkläre ich dir die mathematischen Grundlagen und physikalischen Theorien. Mit anderen Worten: ich verwende Formeln! Die Mathematik ist die Sprache der Physik. Ohne sie kann man die Themen umkreisen, bewundern, aber nie ganz verstehen. Man wird an der Seitenlinie stehen und einem Spiel zusehen, dessen Regeln man nicht kennt. Dieses Buch ist der Versuch, diese Lücke zu schließen. Ich möchte Laien die moderne Theorie des Universums von Einsteins Relativitätstheorie über Dunkle Materie bis zur Richtung der Zeit wissenschaftlich und mathematisch fundiert erklären. Keine populärwissenschaftliche Mickey-Mouse-Version, sondern die exakte Theorie, abgeleitet aus den grundlegenden Konzepten. Das ist sehr gewagt, aber ich behaupte: es funktioniert! Alles was du brauchst, sind wissenschaftliche Neugier, ein bisschen Schulmathematik und — ich gebe es zu — etwas Durchhaltevermögen. Ich werde alles logisch aufeinander aufbauend in 66 Schritten erklären. Wenn du etwas nicht verstehst, spring noch einmal zu dem Schritt zurück, wo ich dich abgehängt habe, und lies einfach noch einmal! Wenn das nichts hilft, lies weiter. Verstehen geht nicht geradeaus: es entstehen Inseln der Erkenntnis in einem Ozean aus Unbekanntem, die langsam größer werden und sich stellenweise verbinden. Irgendwann kommst du dann trockenen Fußes hinüber, aber selbst dann bleibt das Meer immer in Sichtweite.

Ich selbst habe Physik studiert aber seither nie im akademischen Betrieb gearbeitet. Dennoch hat mich die Begeisterung für die Grundlagenphysik nicht mehr losgelassen. Nichts von dem, was ich dir in diesem Buch erzähle, ist von mir entdeckt oder erfunden worden. Ich gebe nur den Stand der Wissenschaft wieder. Wo Theorien oder Behauptungen spekulativ sind, weise ich darauf hin. Ich vertrete an keiner Stelle Außenseitertheorien oder esoterische Ansätze. Ich habe mich bemüht alle Inhalte verständlich und wissenschaftlich korrekt darzustellen. Solltest du dennoch einen Fehler finden oder Anregungen zur besseren Darstellung haben, würde ich mich über einen Hinweis an dieweltimfreienfall@posteo.de freuen.

Ich setze nicht viel voraus, aber ein paar Vorkenntnisse solltest du mitbringen. Du solltest wissen, wie man Gleichungen umformt, also zum Beispiel, wie man von $2x^2 = b$ zu $x = \pm\sqrt{b/2}$ gelangt. Und wie man mit Exponenten rechnet: $a^{\frac{1}{2}} = \sqrt{a}$, $a^{-\frac{1}{2}} = 1/\sqrt{a}$, $a^w a^v = a^{w+v}$ und so weiter. Winkel drücke ich meistens im Bogenmaß aus, also zum Beispiel $\pi/2$ statt 90 Grad. Außerdem solltest du einige wichtige Funktionen kennen: trigonometrische Funktionen wie $\sin x$ und $\cos x$, oder die Exponentialfunktion e^x und den Logarithmus $\ln x$. Wenn dir irgendetwas davon fremd ist, keine Panik! Warte ab, bis entsprechende Ausdrücke im Buch vorkommen und hol dann dein altes Mathebuch aus dem Schrank oder — falls da keines steht — sieh dir ein Erklärvideo im Netz an. Das Differenzieren und Integrieren von Funktionen erkläre ich im ersten Teil noch einmal Schritt für Schritt, weil es die wichtigste Grundlage für alles Weitere ist. Und es gibt Übungsaufgaben. Nimm dir jeweils ein paar Minuten Zeit sie zu lösen. Ich weiß, es fühlt sich merkwürdig an freiwillig Rechenaufgaben zu lösen. Aber im Grunde ist es wie Sudoku, nur viel besser. Du wirst merken, was für ein Erfolgserlebnis es ist, das richtige Ergebnis herauszubekommen. Aber quäl dich nicht! Wenn du bei einer Aufgabe nicht weiterkommst, schau einfach die Lösung im Anhang nach. Und gib nicht zu schnell auf! Die Mühe lohnt sich. Du hast die ziemlich einmalige Gelegenheit, einen völlig neuen Blick auf Raum und Zeit zu werfen, etwas über die merkwürdigsten Strukturen im Weltall zu erfahren und zu verstehen, wie der Kosmos begann und wie er enden wird. Mit diesem Wissen kannst du deinen Kindern die Welt erklären, bei der nächsten Party das Gespräch am Büfett eröffnen oder einfach nur anders auf die Welt blicken. Viel Spaß!

Inhalt

In den ***Schritten 1 bis 7*** werden die Grundlagen gelegt. Du lässt einen Stein fallen und lernst dabei nicht nur die Newtonsche Mechanik sondern auch die Differential- und Integralrechnung kennen. Vieles davon kennst du wahrscheinlich schon aus der Schule.

In den ***Schritten 8 bis 16*** erlebst du das Erdbeben, das Einstein vor hundert Jahren in der Physik auslöste. Du lernst seine Spezielle Relativitätstheorie kennen und entdeckst Zusammenhänge zwischen Raum und Zeit, von denen die klassische Physik und wir nichts ahnten. Am Ende werden wir gemeinsam $E = mc^2$ herleiten.

In den ***Schritten 17 bis 34*** erhalten wir mit der Allgemeinen Relativitätstheorie einen ganz neuen Blick auf das Phänomen der Schwerkraft — inklusive Schwarzer Löcher und Gravitationswellen. Damit legen wir das Fundament für das expandierende Universum im vierten Teil.

In den ***Schritten 35 bis 39*** lernst du alles, was du für den Rest des Buches über Elementarteilchen und Quantenfelder wissen musst.

In den ***Schritten 40 bis 50*** wenden wir die Allgemeine Relativitätstheorie auf das Universum als Ganzes an — mit überraschenden Konsequenzen: das Weltall expandiert und Raum und Zeit hatten einen Anfang!

Während es im vorigen Teil um das *Verhalten der Raumzeit selbst* ging, entdeckst du in den ***Schritten 51 bis 66*** das *Verhalten der Dinge in der Raumzeit* und, wie daraus unsere Welt entstanden ist. Nebenbei lernst du das Konzept der Entropie kennen, und warum du dich nicht an die Zukunft erinnerst.

Teil 1: Raum und Zeit, wie wir sie kennen

Grundlagen

SCHRITT 1

Ein fallender Stein

Nimm einen Stein in die Hand, strecke den Arm aus, lass den Stein auf den Boden fallen. Das einfachste physikalische Experiment der Welt. Aber du wirst überrascht sein, wieviel Grundlagenphysik darin steckt. Der fallende Stein wird uns durch das Buch begleiten und uns immer wieder neue Perspektiven auf die Physik des Kosmos eröffnen.

Um die Bewegung des Steins zu untersuchen, brauchen wir zuallererst *Koordinaten*. Der Raum hat drei Dimensionen: wir brauchen genau drei Zahlen um einen Punkt im Raum eindeutig zu kennzeichnen. Praktisch kannst du dir das so vorstellen: Du fixierst drei Zollstöcke so im Raum, dass sie an ihren jeweiligen Nullpunkten miteinander verbunden sind und rechte Winkel miteinander bilden. Du nennst sie x-, y- und z-*Achse* und den gemeinsamen Nullpunkt *Ursprung*. Dann findest du die x-, y- und z-*Koordinate* eines beliebigen Punktes, indem du nacheinander das Lot auf jeden der drei Zollstöcke nimmst und den Wert abliest (Abbildung 1.1). Solche Koordinaten nennt man *kartesische Koordinaten*. Wir werden später noch andere Koordinaten kennenlernen, kartesische sind aber die gebräuchlichsten in der Physik. Da der Stein nur nach unten fällt, reicht für seine Beschreibung die z-Koordinate — das Problem ist *eindimensional*. z gibt die Höhe des Steins über dem Boden an, der Nullpunkt der z-Achse ist der Boden. Wir können das Fallen des Steins nun in unserem Koordinatensystem darstellen und erhalten Abbildung 1.2. Das ist allerdings noch nicht sehr aussagekräftig. Eine Bewegung ist eine Veränderung in der Zeit. Um den freien Fall zu analysieren brauchen wir auch zeitliche Information, sprich eine Uhr! Jetzt können wir das Experiment wiederholen und notieren, wann der Stein bei welcher z-Koordinate ist. Das Ergebnis ist Abbildung 1.3. Das ist schon besser. Noch anschaulicher wird das Ganze, wenn

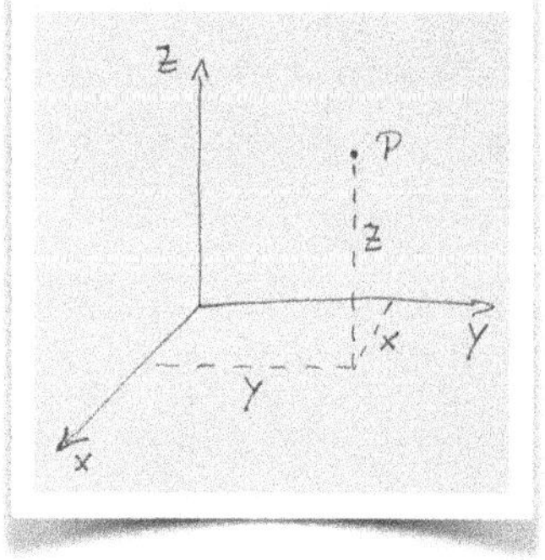

1.1: Kartesische Koordinaten

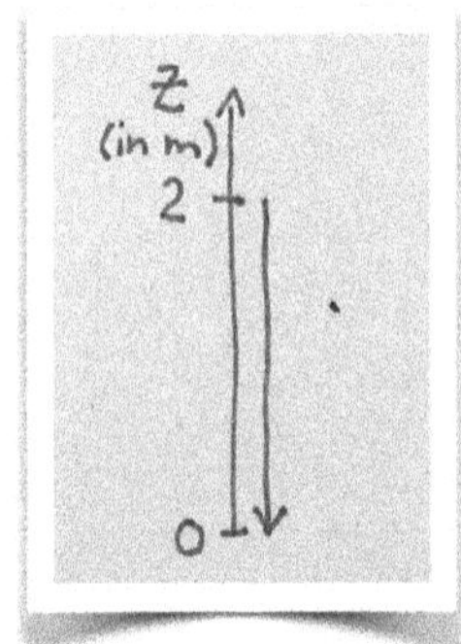

1.2: Der freie Fall ohne Zeit-Information

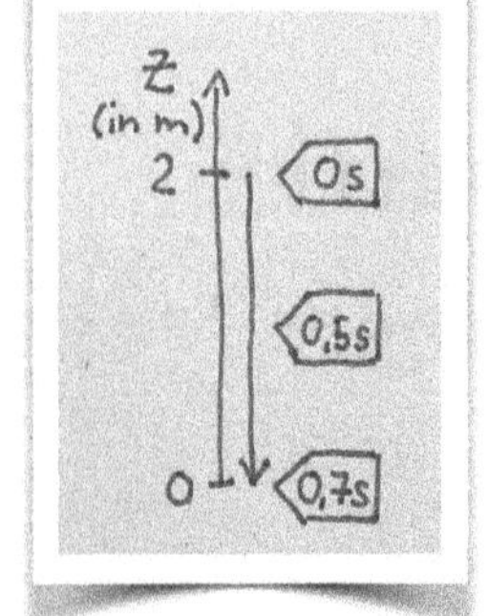

1.3: Der freie Fall mit Zeit-Information

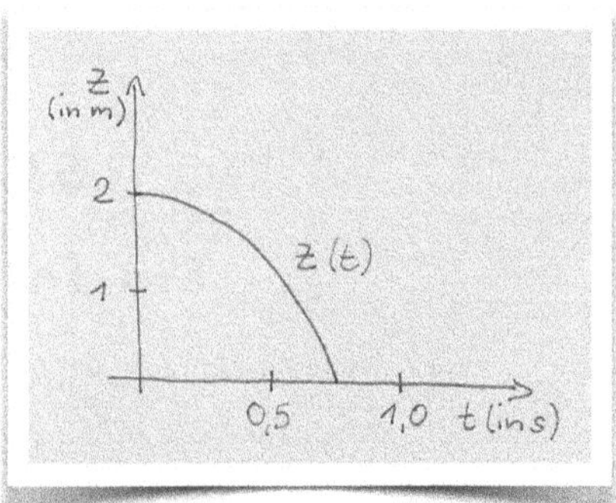

1.4: Der freie Fall als Weg-Zeit-Funktion

Ganze, wenn wir die zeitliche Information auf einer anderen Achse darstellen. Abbildung 1.4 zeigt ein solches *Weg-Zeit-Diagramm*. Die Bewegung ist jetzt als *Funktion* $z(t)$ dargestellt.

Funktionen tauchen in allen Wissenschaften auf. Ganz allgemein beschreiben sie, wie eine messbare Größe von einer anderen messbaren Größen abhängt: der Ertrag eines Feldes von der ausgebrachten Menge Dünger, der CO_2-Ausstoß eines Kraftwerks von der verfeuerten Menge Kohle oder die durchschnittliche Zahl der Autos in der Garage vom Einkommen der Familie. Beim fallenden Stein hängt der Ort z von der Zeit t ab. Eine Funktion ordnet jedem Wert x (*Argument* genannt) einer Größe genau einen Wert y einer anderen Größe zu. Stell dir eine Funktion f als eine Maschine vor, in die du eine Zahl x reinwirfst, und die dann eine andere Zahl $y = f(x)$ ausspuckt. Im Beispiel des fallenden Steins schreiben wir $z = f(t)$ oder einfach $z(t)$. Wir können aus einer Funktion noch viel mehr Information herausholen als nur ihre Werte an verschiedenen Stellen. Darum geht es in den kommenden Schritten.

Aufgabe 1.1 (leicht): Zeichne die Kurve der Funktion $f(x) = x - x^2$ im Intervall $[-1, 3]$.

SCHRITT 2

Ableiten

Stell dir vor, du fährst auf einer Straße im Gebirge. Du kannst dir das Höhenprofil der Strecke als Funktion $f(x)$ vorstellen (Abbildung 2.1). Der x-Wert gibt deine horizontale Position[3] an, der Funktionswert $f(x)$ die Höhe über dem Meeresspiegel. Jetzt siehst du ein Schild, auf dem „Steigung 12%" steht. Was bedeutet das? Die Straße gewinnt auf einer horizontalen Strecke von 100 Metern 12 Meter an Höhe. Oder mit der Funktion $f(x)$ ausgedrückt:

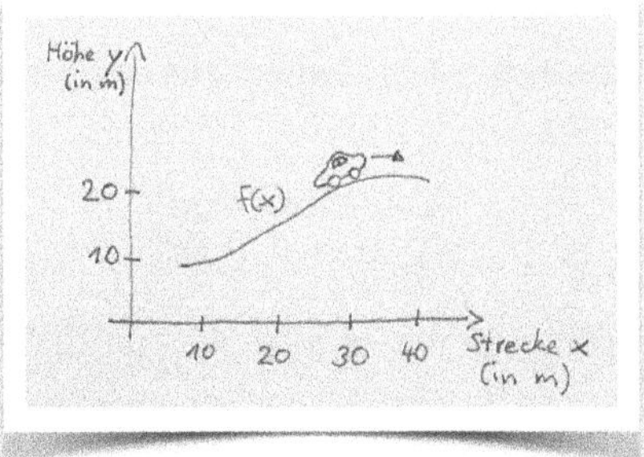

2.1: Höhenprofil einer Straße

$$\text{Steigung} = \frac{f(x+100) - f(x)}{100} = 12\,\%$$

Es kann natürlich sein, dass sich die Steigung auf einer Strecke von 100 Metern ändert — schließlich sind wir im Gebirge. Um die Steigung genau an der Stelle x und nicht die *durchschnittliche* Steigung über 100 Meter zu ermitteln, sollten wir lieber eine kürzere Strecke als Grundlage für unsere Messung nehmen, zum Beispiel 2 Meter:

2.2: Durchschnittliche und exakte Steigung

$$\text{Steigung} = \frac{f(x+2) - f(x)}{2}$$

Wenn du es ganz genau wissen willst, solltest du einen noch kleineren Abschnitt der Straße betrachten, denn selbst auf 2 Metern könnte die Steigung ein wenig variieren. Für die exakte Steigung an einem Punkt musst du beliebig

[3] Das Wort „*horizontal*" soll betonen, dass es nicht um die Strecke auf dem Kilometerzähler geht, sondern um den *horizontalen* Anteil der Strecke, d.h. die auf der Straßenkarte zurückgelegte Strecke.

kleine Strecken betrachten. Auf immer kleineren Strecken wird sich die Steigung irgendwann kaum noch verändern, sondern gegen einen so genannten *Grenzwert* konvergieren. Das leuchtet am Beispiel der Straße sofort ein. Abbildung 2.2 zeigt die Situation anhand einer beliebigen Funktion $f(x)$: Eine Gerade zeigt die *durchschnittliche* Steigung von $x = 1$ bis 3, die andere die *exakte* Steigung am Punkt $x = 1$, also den Grenzwert der Steigung für immer kürzere Strecken h. Man schreibt $\lim_{h \to 0}$. Die exakte Steigung ist nichts anderes als die *Ableitung* $f'(x)$, die wir aus der Schule kennen:

$$\textbf{Ableitung von } f(x): \qquad f'(x) = \lim_{h \to 0} \frac{f(x+h) - f(x)}{h} \tag{1}$$

Probieren wir es aus. Was ist die Ableitung von $f(x) = 2x$?

$$f'(x) = \lim_{h \to 0} \frac{(2x + 2h) - 2x}{h} = \lim_{h \to 0} \frac{2h}{h} = 2$$

Das ist keine Überraschung: die Funktion ist eine Gerade mit Steigung 2 (Abbildung 2.3). Den Grenzwert für $h \to 0$ müssen wir in diesem Fall gar nicht bilden: h kürzt sich heraus. Das ist anschaulich klar: die Steigung einer Geraden ist überall gleich!

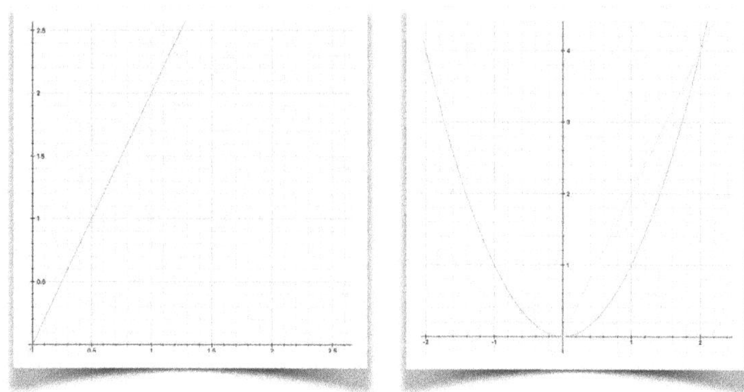

2.3: Schwarz: $f(x) = 2x$. **Grün:** $f'(x) = 2$

2.4: Schwarz: $f(x) = x^2$. **Grün:** $f'(x) = 2x$

Ein interessanteres Beispiel ist die Funktion $f(x) = x^2$ (Abbildung 2.4):

$$f'(x) = \lim_{h \to 0} \frac{(x+h)^2 - x^2}{h} = \lim_{h \to 0} \frac{x^2 + 2xh + h^2 - x^2}{h} = \lim_{h \to 0} (2x + h) = 2x$$

Diesmal mussten wir im letzten Schritt den Grenzwert bilden. Jetzt bist du dran:

Aufgabe 2.1 (mittel): Berechne die Ableitung von $f(x) = x^3$

Es kann beliebig kompliziert werden, aber das Prinzip ist immer das gleiche. Folgende Regeln ersparen dir viel Aufwand:

Die Ableitung einer *Konstante* ist 0: $(c)' = 0$ (2)

Ein konstanter *Faktor* a bleibt beim Ableiten erhalten:

$$(af(x))' = af'(x) \tag{3}$$

Die Ableitung der n-ten *Potenz* von x: $(x^n)' = nx^{n-1}$ (4)

Die Ableitung einer *Summe* von Funktion ist die Summe ihrer Ableitungen:

$$(g(x) + h(x))' = g'(x) + h'(x) \tag{5}$$

Beim *Produkt* zweier Funktionen wird es etwas komplizierter:

$$(g(x) \cdot h(x))' = g(x) \cdot h'(x) + g'(x) \cdot h(x) \tag{6}$$

Für die Ableitung der *Funktion einer Funktion* gilt die Kettenregel:

$$g(h(x))' = g'(h(x)) \cdot h'(x) \tag{7}$$

Dabei können $f(x)$, $g(x)$ und $h(x)$ beliebige Funktionen wie x^3, $\sin x$, e^x, $\ln x$ oder natürlich auch Kombinationen solcher Funktionen sein. Eine Übersicht der wichtigsten Funktionen und ihrer Ableitungen findest du im Anhang. Es ist wichtig, dir den Unterschied zwischen der *Produktregel* (6) und der *Kettenregel* (7) klarzumachen. Ein konkretes Beispiel: $g(x) = \sin x$ und $h(x) = x^2$. Bei der Produktregel geht es um das *Produkt* der beiden Funktionen, also $g(x)$ multipliziert mit $h(x)$: $g(x) \cdot h(x) = \sin x \cdot x^2$. Bei der Kettenregel geht es um die *Verknüpfung* der beiden Funktionen, also $h(x)$ *eingesetzt* in $g(x)$: $g(h(x)) = \sin(x^2)$.

Aufgabe 2.2 (leicht): Berechne mithilfe der Produktregel die Ableitung von $f(x) = x^2 e^x$

Aufgabe 2.3 (schwer): Beweise die Produktregel.

Aufgabe 2.4 (leicht): Berechne die Ableitung von $f(x) = (\sin x)^2$ einmal mithilfe der Kettenregel und einmal mithilfe der Produktregel (indem du $(\sin x)^2$ als $\sin x \cdot \sin x$ schreibst)

Aufgabe 2.5 (mittel): Berechne die Ableitung von

$$f(x) = 5x^4 + \cos(e^x) - x \sin x + 7$$

Du brauchst dafür alle Regeln (2) - (7)! Die Ableitungen der einzelnen Funktionen findest du im Anhang.

Was wir gerade kennengelernt haben, ist die *erste Ableitung* einer Funktion. Die *zweite Ableitung* ist die Ableitung der Ableitung:

Zweite Ableitung von $f(x)$: $$f''(x) = \lim_{h \to 0} \frac{f'(x+h) - f'(x)}{h} \qquad (8)$$

Die erste Ableitung gibt die Steigung einer Funktion an. Die zweite Ableitung beschreibt, wie schnell sich die Steigung ändert, das heißt, wie stark die Funktion nach oben (falls $f'' > 0$) oder unten (falls $f'' < 0$) gebogen ist (Abbildung 2.5).

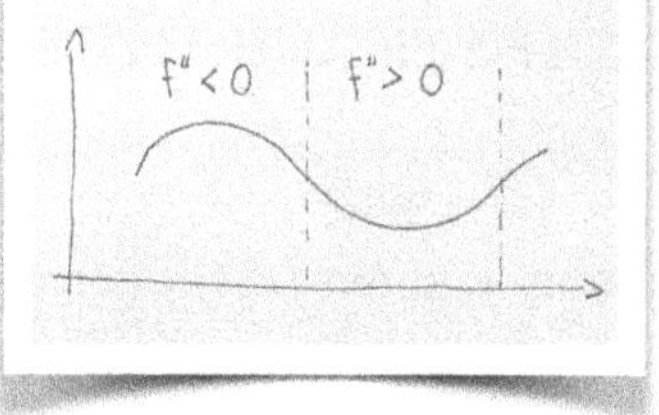

2.5 Die zweite Ableitung

Zurück zum fallenden Stein: was bekommen wir, wenn wir seine Weg-Zeit-Funktion $z(t)$ ableiten? Die Ableitung ist: $z'(t) = \lim_{\Delta t \to 0} \frac{z(t+\Delta t) - z(t)}{\Delta t}$. Im Nenner steht eine kurze Zeit Δt, im Zähler die Strecke, die der Körper in dieser Zeit zurücklegt. Weg pro Zeit ist Geschwindigkeit, der Bruch ist also die Durchschnittsgeschwindigkeit des Steins im Zeitraum Δt. Wenn man nun Δt immer kleiner werden lässt, erhält man als Grenzwert die *Momentangeschwindigkeit*, die exakte Geschwindigkeit zum Zeitpunkt t. Und wenn wir nochmal ableiten? $z''(t)$ ist die

Geschwindigkeit $z'(t)$ und misst, wie schnell sich die Geschwindigkeit ändert. Ist $z''(t) > 0$, nimmt die Geschwindigkeit zu. Ist $z''(t) < 0$, nimmt sie ab. $z''(t)$ misst also die *Beschleunigung* oder *Verzögerung*. Es ist in der Physik üblich, eine Ableitung *nach der Zeit* mit einem Punkt statt eines Strichs zu schreiben, also $\dot{z}(t)$ statt $z'(t)$ und $\ddot{z}(t)$ statt $z''(t)$. Das hat keinen tieferen Sinn, hilft aber dabei Ableitungen nach der Zeit leichter zu erkennen.

Jetzt wissen wir, wie wir die Fallbewegung mit einer Funktion $z(t)$ und ihren Ableitungen beschreiben können. Wir wollen aber Bewegungen nicht nur *beschreiben*, sondern aus Naturgesetzen *vorhersagen*. Darum geht es im nächsten Schritt.

Eine Anmerkung zur Nummerierung der Formeln: Innerhalb eines Schrittes nummeriere ich Formeln mit einfachen Zahlen (1), (2) etc. Beziehe ich mich dann in einem späteren Schritt auf die Formel, füge ich die Schrittnummer hinzu: beispielsweise bezieht sich Formel (20.8) auf die Formel (8) aus Schritt 20.

SCHRITT 3

Newtons Weltformel

The miracle of the appropriateness of the language of mathematics for the formulation of the laws of physics is a wonderful gift which we neither understand nor deserve. Eugene Wigner, 1960 [4]

Warum fällt der Stein nach unten? Menschen haben sich an dieser Frage Jahrtausende lang die Zähne ausgebissen. Dann hatte Isaac Newton irgendwann um 1670 eine ziemlich gute Idee. Was, wenn der Stein von der Erde angezogen würde und das dieselbe Kraft wäre, die auch die Erde auf ihrer Bahn um die Sonne und den Mond auf seiner Bahn um die Erde hält? Diese eine Idee war eine der einflussreichsten, die ein Mensch je hatte. Sie markiert den Beginn der modernen Naturwissenschaft. Aber Newton hatte nicht nur gute Ideen, er war auch in der Lage, sie quantitativ zu formulieren. Sein Gravitationsgesetz sagt uns, wie groß die Anziehungskraft F_G zwischen zwei Körpern ist, die sich im Abstand r voneinander befinden (Abbildung 3.1). Wie könnte so ein Gesetz aussehen? Die Masse M ziehe die Masse m mit der Kraft F_G an — und umgekehrt. Es ist ziemlich plausibel anzunehmen, dass F_G proportional[5] zu M ist:

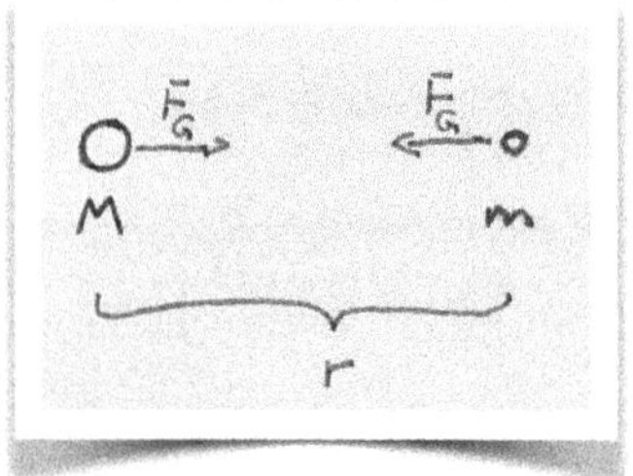

3.1: Newtons Gravitationsgesetz

$$F_G \propto M$$

Das heißt: wenn ich M verdopple, verdoppelt sich auch die Kraft. Warum ist das plausibel? Man kann sich die Masse $2M$ gedanklich aus zwei gleichen Hälften der Masse M zusammengesetzt denken. Dann würde jede der beiden

---

[4] Wigner 1960

[5] Eine Größe ist proportional zu einer anderen — geschrieben „∝" — wenn sie sich von dieser nur durch einen konstanten Faktor unterscheidet.

Teilmassen eine Kraft F_G ausüben und, da sich Kräfte addieren, wäre die Gesamtkraft $2F_G$. Für die andere Masse m geht das Argument genauso:

$$F_G \propto m$$

So weit, so gut. Jetzt wird es ein bisschen schwieriger. Welche Abhängigkeit der Kraft von der Entfernung r würdest du erwarten? Man kann sich das Kraftfeld als Kraftlinien vorstellen, die von der Masse in allen Richtungen ausgehen. Die Stärke des Feldes entspricht dann der Dichte der Kraftlinien. Jetzt legen wir (gedanklich) zwei konzentrische Kugelschalen um die Masse, eine im Abstand r und eine im Abstand $2r$. Kraftlinien hören nicht einfach auf oder kommen neu dazu, also müssen durch beide Kugelschalen gleich viele Kraftlinien gehen. Die Oberfläche A_2 der zweiten Kugelschale ist aber 4 mal so groß wie die Oberfläche A_1 der ersten: $A_2 = 4\pi(2r)^2 = 4 \cdot 4\pi r^2 = 4 \cdot A_1$. Damit ist die Dichte der Kraftlinien und somit die Kraft auf ein Viertel abgefallen. Mit diesem — zugegebenermaßen etwas wackeligen — Argument würden wir erwarten, dass die Kraft mit dem Quadrat der Entfernung abnimmt:

$$F_G \propto \frac{1}{r^2}$$

Und wenn man alle drei Proportionalitäten zusammenfasst:

$$F_G \propto \frac{Mm}{r^2}$$

Jetzt fehlt nur noch eine Proportionalitätskonstante! Sie heißt *Gravitationskonstante* und wird mit G abgekürzt. Ihren genauen Wert findest du im Anhang, aber eigentlich braucht man den erst, wenn man etwas rechnen will. Mit ein paar Plausibilitätsargumenten haben wir gerade Newtons berühmtes Gravitationsgesetz hergeleitet:

Newtons Gravitationsgesetz: $$F_G = G\frac{Mm}{r^2} \qquad (1)$$

Zurück zum fallenden Stein. Wenn wir den Luftwiderstand vernachlässigen, wirkt nur F_G auf den Stein. Da G, M und r für jedes fallende Objekt auf der

Erdoberfläche gleich sind[6], führt man die Größe $g = G\frac{M}{r^2}$ ein, die an der Erdoberfläche 9,81 $\mathrm{m/s^2}$ beträgt, und erhält:

$$\textbf{Schwerkraft an der Erdoberfläche:} \quad F_G = gm \tag{2}$$

Jetzt wissen wir, welche Kraft auf den Stein wirkt und wie groß sie ist. Aber was macht die Kraft mit dem Stein, welche Wirkung hat sie auf seine Bewegung? Wie können wir aus der Kraft seine Weg-Zeit-Funktion berechnen? Seit dem Altertum haben sich die Menschen gefragt, wie ein Körper auf eine Kraft reagiert. Genauer: wie sich sein Bewegungszustand ändert. Aristoteles war einer der ersten, der nach einer systematische Antwort, sprich einem Naturgesetz suchte. Die aristotelische Mechanik besagt: Wenn ein Körper keine Kraft erfährt, bleibt er in Ruhe. Wenn er eine Kraft erfährt, bewegt er sich mit konstanter Geschwindigkeit. Das klingt durchaus plausibel. Was würde das für unseren fallenden Stein bedeuten? Sobald wir ihn fallenlassen und damit die Schwerkraft auf ihn wirken lassen[7], müsste er mit konstanter Geschwindigkeit v zu Boden fallen. Sein Weg-Zeit-Gesetz würde wie in Abbildung 3.2 dargestellt aussehen.

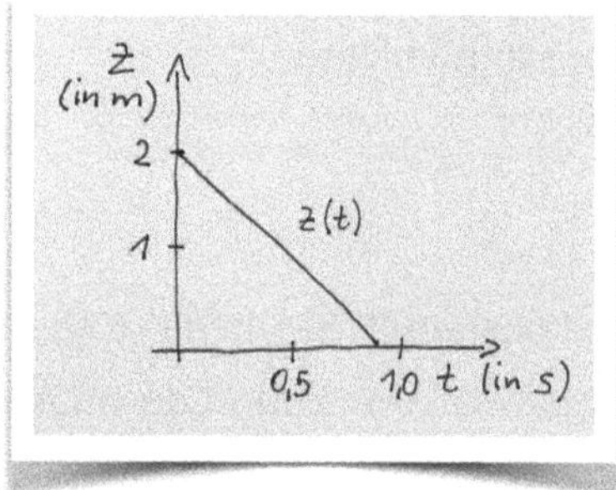

3.2: Der freie Fall *nach Aristoteles*

3.3: Der *reale* freie Fall

Die Alltagserfahrung lehrt uns allerdings etwas anderes: ein Objekt fällt nicht mit konstanter Geschwindigkeit, sondern wird immer schneller (Abbildung 3.3). Deshalb überleben wir einen Sprung aus einem Meter, nicht aber aus zehn

[6] r misst den Abstand zwischen den Schwerpunkten der beiden Körper, in unserem Fall also den Abstand des Steins zum Erdmittelpunkt (sprich den Erdradius). Streng genommen ändert sich der Abstand des Steins zum Erdmittelpunkt während des Falls. Bei einem Erdradius von 6370 Kilometern sind 2 Meter aber komplett zu vernachlässigen.

[7] Natürlich wirkt die Schwerkraft nicht erst, wenn wir den Stein loslassen. Solange wir ihn festhalten, üben wir mit der Hand allerdings eine Gegenkraft aus, die die Schwerkraft gerade ausgleicht.

Metern Höhe. Und es gibt noch andere Beobachtungen, die Aristoteles widerlegen: Wenn man mit Schlittschuhen über die Eisbahn fährt, kann man lange mit gleicher Geschwindigkeit dahingleiten, ohne dass einen irgendwelche Kräfte schieben oder ziehen müssten. Oder beim Autofahren: wenn man vom Gas geht und damit die Schubkraft des Motors ausschaltet, rollt das Auto mit gleicher Geschwindigkeit weiter und wird erst allmählich durch die bremsende Kraft des Luftwiderstands verlangsamt. In diesen Beispielen steht ein kräftefreier Körper nicht still, wie Aristoteles vorhersagt, sondern behält seine gleichförmige Bewegung bei. Newton kam daher zu einem anderen Schluss: ein Körper reagiert auf eine konstante Kraft nicht mit einer konstanten Geschwindigkeit, sondern mit konstanter Beschleunigung. Die Kraftwirkung zeigt sich also nicht in der ersten Ableitung $\dot{z}(t)$ des Weg-Zeit-Gesetzes (der *Geschwindigkeit*), sondern der zweiten Ableitung $\ddot{z}(t)$ (der *Beschleunigung*)! Ähnlich wie bei der Schwerkraft goss Newton seine Erkenntnis gleich in ein quantitatives Naturgesetz: Wirkt eine Kraft F auf eine Masse m, dann ist ihre Beschleunigung proportional zu F und umgekehrt proportional zu m: $a = F/m$. Multipliziert man beide Seiten mit m, erhält man:

Zweites Newtonsches Gesetz: $$F = ma \qquad (3)$$

Wenn ich einen Gegenstand beschleunigen will, muss ich eine Kraft auf ihn ausüben. Je mehr Masse er hat, desto „träger" reagiert er auf die Kraft, desto mehr Kraft muss ich also aufbringen um die gleiche Beschleunigung zu erreichen. Aufgrund dieser Eigenschaft wird die Masse auch *träge Masse* genannt. Aus (3) folgt auch das *Erste Newtonsche Gesetz*: Wenn keine Kraft wirkt, gibt es keine Beschleunigung, und der Körper behält seine Geschwindigkeit bei. Wenn er ruht, wird er weiterhin ruhen. Wenn er sich mit einer Geschwindigkeit von 20 km/h bewegt, wird er diese beibehalten. Natürlich lehrt uns die Alltagserfahrung, dass die Dinge ohne Kraftaufwand unweigerlich langsamer werden und schließlich stehen bleiben. Selbst der Eisläufer und das Auto können ihre Geschwindigkeit nicht ewig aufrechterhalten, sondern werden früher oder später stehen bleiben. Das verletzt nicht die Newtonschen Gesetze, sondern zeigt nur, dass wir nicht alle Kräfte berücksichtigt haben. Auf der Erde wirken überall Reibungskräfte: Luftwiderstand und Straßenbelag bremsen das Auto ab, und selbst das glatte Eis übt eine gewisse Reibung auf die Kufen der Schlittschuhe aus. Diese Reibungskräfte wirken entgegen der Bewegungsrichtung und bewirken eine negative Beschleunigung, sprich eine

Verlangsamung. Die Ehre von Newton ist gerettet! Mit den beiden von Newton entdeckten Naturgesetzen (1) und (3) lassen sich die Bahnen der Planeten um die Sonne, die Bahn des Mondes um die Erde, die Flugbahn einer Mars-Sonde, die Gezeiten der Weltmeere, die Wurfbahn eines Tennisballs oder der freie Fall eines Steines mit hoher Genauigkeit vorhersagen. Aus der Sicht eines Physikers im 17. Jahrhundert kam die Kombination dieser beiden Gesetze der Weltformel schon ziemlich nahe.

Was heißt das nun konkret für unseren fallenden Stein? Auf ihn wirkt die Schwerkraft F_G, wir können also einfach F_G in der Version (2) in (3) einsetzen (F_G zeigt nach unten, also in die negative z-Richtung, daher das Minuszeichen):

$$ma = F_G \qquad \rightarrow \qquad m\ddot{z}(t) = -mg \tag{4}$$

Jetzt können wir beide Seiten durch m dividieren. Dieser Satz kommt recht unschuldig daher, ist aber einer der fundamentalsten der gesamten Physik und der Ausgangspunkt für Einsteins Allgemeine Relativitätstheorie. Ich werde das alles in Schritt 21 erklären. Vorerst freuen wir uns einfach nur darüber, dass sich (4) weiter vereinfacht:

Bewegungsgleichung des fallenden Steins: $\ddot{z}(t) = -g$ (5)

Mit dieser so genannten *Bewegungsgleichung* ist das Problem des fallenden Steins im Grunde gelöst. Sie enthält die gesamte Physik des Problems. Die Bestimmung der Weg-Zeit-Funktion $z(t)$ aus $\ddot{z}(t)$ ist jetzt nur noch ein mathematisches Problem, das ohne jede Kenntnis der Naturgesetze gelöst werden kann. Dieses Problem wollen wir jetzt angehen. Dafür brauchen wir noch ein mathematisches Hilfsmittel: das Integral.

SCHRITT 4

Integrieren

Die *Ableitung* beantwortet die Frage: Wie schnell verändert sich die Funktion an einer Stelle? Das *Integral* beantwortet die Frage: Wie groß ist die Fläche unter der Funktion? Man schreibt[8]

$$\textbf{Integral:} \quad \int_a^b f(x)\,dx$$

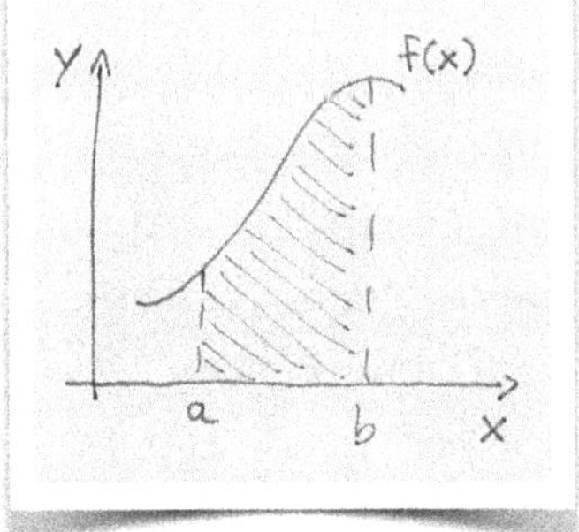

4.1: Das Integral von a nach b

für den Inhalt der Fläche zwischen $f(x)$ und der Nullachse im Intervall $[a, b]$ (Abbildung 4.1). Ist dieser Flächeninhalt überhaupt eindeutig definiert? Das Problem ist: wir kennen zwar den Flächeninhalt von einfachen geometrischen Formen mit geraden Seiten wie Rechtecken und Dreiecken, nicht aber von Formen mit einem krummen Rand. Unser Ansatz ist daher: Wir schätzen die Fläche einmal mit N Rechtecken, die gerade noch unter die Kurve passen, „von unten", und einmal mit N Rechtecken, die die Kurve gerade ganz enthalten, „von oben" ab (Abbildung 4.2 mit $N = 3$). Wenn wir N erhöhen, wird die Abschätzung immer besser. Wenn die untere und die obere Abschätzung im Grenzwert unendlich vieler Rechtecke gegen die gleiche Zahl konvergieren, ist

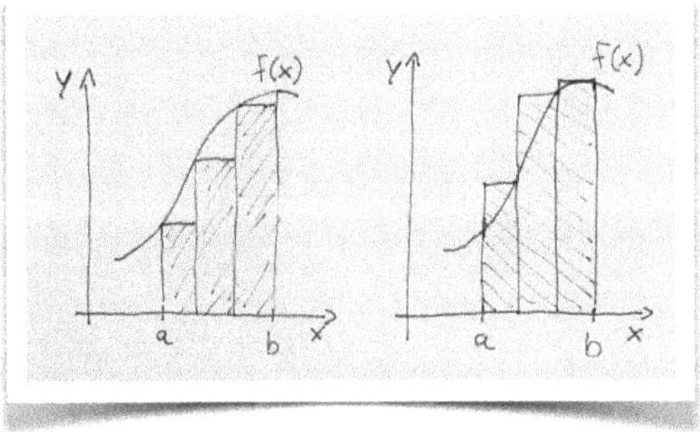

4.2: Abschätzung der Fläche „von unten" und „von oben"

[8] Das Symbol dx zeigt an, nach welcher Variablen integriert wird, und erinnert daran, dass beim Integrieren Rechtecke beliebig kleiner Breite „dx" addiert werden (wie wir gleich sehen werden). Das dx ist als Teil des Integralzeichens aufzufassen und nicht als Größe, die mit den anderen Größen im Integral multipliziert wird. Ohne das dx wäre das Integral nicht vollständig. Eine Größe $\int_0^2 x^2$ ist mathematisch gar nicht definiert.

und das Integral somit eindeutig definiert. Das ist für alle halbwegs „normalen“ Funktionen der Fall. Jetzt wissen wir zwar, wie wir Integrale *im Prinzip* berechnen können. Im echten Leben ist es aber etwas unpraktisch unendlich viele Rechtecke zu addieren. Wir brauchen einen direkteren Weg! Dafür betrachten wir jetzt wieder das Integral einer beliebigen Funktion $f(x)$ und definieren eine neue Funktion $F(x)$:

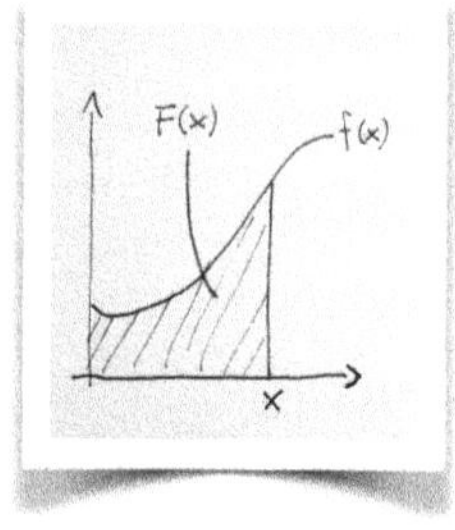

4.3: Die Funktion $F(x)$

$$F(x) = \int_0^x f(x')\,dx' \tag{1}$$

Um die Argumente von f und F zu unterscheiden, haben wir im Integral x in x' umbenannt — bitte nicht mit der Ableitung verwechseln! $F(x)$ misst die Fläche unter der Funktion f von 0 bis x (Abbildung 4.3). Das gesuchte Integral $\int_a^b f(x)\,dx$ lässt sich dann mithilfe von F ausdrücken (Abbildung 4.4):

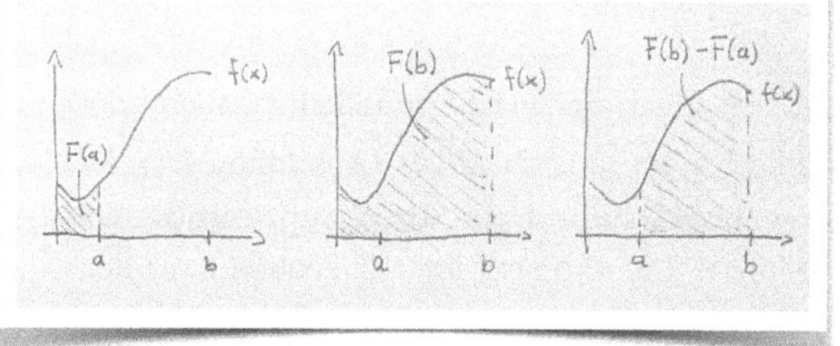

4.4: Die Fläche $F(b) - F(a)$

$$\int_a^b f(x)\,dx = F(b) - F(a)$$

Jetzt schauen wir, was passiert, wenn wir das Integrationsintervall immer kleiner werden lassen. Dazu benennen wir Anfangs- und Endpunkt um: $[x, x+h]$ statt $[a, b]$. h gibt die Länge des Intervalls an. Für ein kleines h ergibt sich Abbildung 4.5 und wir können das Integral durch die rechteckige Fläche gleicher Breite und der Höhe $f(x)$ abschätzen:

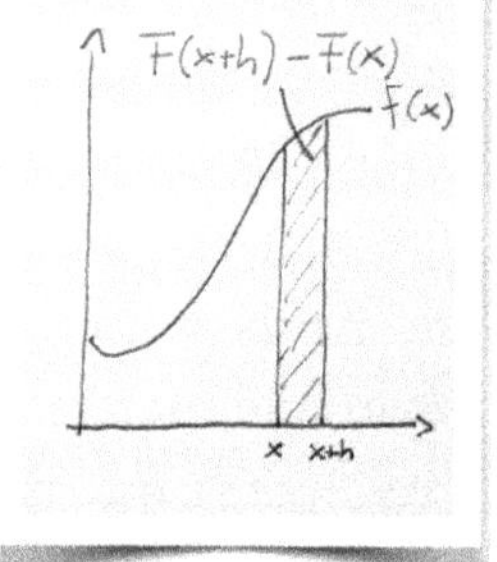

4.5: Die Fläche $F(x+h) - F(x)$

Diese Abschätzung wird für immer kleinere h immer genauer. Deswegen können wir im Grenzwert $h \to 0$ schreiben:

$$f(x) = \lim_{h \to 0} \frac{F(x+h) - F(x)}{h}$$

Erkennst du den Ausdruck auf der rechten Seite? Das ist nichts anderes als die Ableitung von $F(x)$! Wir finden also die simple Tatsache:

$$F'(x) = f(x) \tag{2}$$

Das heißt: $F(x) = \int_0^x f(x')\,dx'$ ist eine Funktion, deren Ableitung $f(x)$ ist, eine so genannte *Stammfunktion* von $f(x)$. Die Integration ist also gewissermaßen die Umkehrung der Ableitung! So einfach (2) auch aussieht, es ist eine der wichtigsten Gleichungen der Mathematik und wird *Hauptsatz der Differential- und Integralrechnung* genannt.

Es gibt zu einer Funktion f unendlich viele Stammfunktionen: Wenn $F(x)$ eine Stammfunktion ist, dann ist nämlich auch $F(x) + c$ (für eine beliebige Zahl c) eine. Beweis: $(F(x) + c)' = F'(x) + 0 = f(x)$. Um das Integral von $f(x)$ über das Intervall $[a, b]$ zu berechnen, müssen wir daher nur *irgendeine* Stammfunktion $G(x)$ finden. Dann gilt nämlich:

$$\int_a^b f(x)\,dx = G(b) - G(a) \tag{3}$$

Beweis: $\int_a^b f(x)\,dx = F(b) - F(a) = (G(b) + c) - (G(a) + c) = G(b) - G(a)$. Um zu sehen, wie das im praktischen Leben funktioniert, betrachten wir ein einfaches Beispiel, $\int_1^3 2\,dx$, das Integral über die konstante Funktion $f(x) = 2$. Dafür braucht natürlich kein Mensch die Integralrechnung: Die Fläche des schraffierten Rechtecks in Abbildung 4.6 ist einfach das Produkt der Seitenlängen, also $2 \cdot 2 = 4$. Aber gerade weil wir das Ergebnis kennen, können wir den Formalismus damit gut testen. Was ist eine Stammfunktion von $f(x) = 2$? Natürlich $G(x) = 2x$, denn die Ableitung davon ist 2. Mithilfe von (3) erhalten wir den richtigen Flächeninhalt:

$$\int_1^3 2\,dx = [2x]_1^3 = 2 \cdot 3 - 2 \cdot 1 = 4$$

Dabei haben wir gleich noch eine nützliche Notation eingeführt: $[G(x)]_a^b = G(b) - G(a)$. Jetzt wird es etwas schwieriger: welchen Wert hat $\int_1^2 x^2\,dx$? Es ist immer gut erst einmal zu schätzen, bevor man sich in Höherer Mathematik verheddert. Dann kann man das Ergebnis am Ende mit der Schätzung vergleichen und schauen, ob es überhaupt stimmen kann. Die Werte der Funktion x^2 für $x = 1$ und $x = 2$ sind 1 und 4, das heißt die Funktion nimmt im Integrationsintervall Werte zwischen 1 und 4 ein. Der Mittelwert von 1 und 4 ist 2,5. Wäre die Funktion im Intervall konstant bei diesem Wert, wäre der Flächeninhalt und damit das Integral 2,5 (= Länge des Intervalls mal Höhe der Funktion). Jetzt die genaue Rechnung. Erst einmal brauchen wir eine Stammfunktion von x^2. Welche Funktion hat als Ableitung x^2? Wir wissen aus Schritt 2, dass beim Ableiten einer Potenz der Exponent immer um 1 reduziert wird. Es liegt also nahe, es mit x^3 zu versuchen. Allerdings ist die Ableitung davon nicht x^2 sondern $3x^2$. Um den störenden Faktor 3 loszuwerden, startet man einfach mit $\frac{1}{3}x^3$. Die Ableitung davon ist nämlich x^2. Jetzt verwenden wir Formel (3) und erhalten:

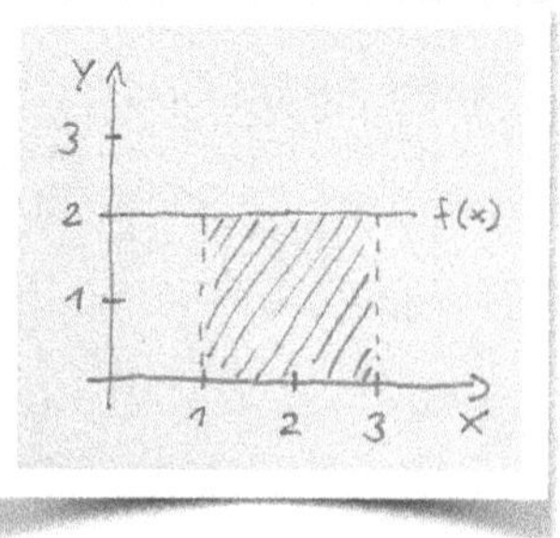

4.6: Integral $\int_1^3 2\,dx$

$$\int_1^2 x^2\,dx = \frac{1}{3}\cdot 2^3 - \frac{1}{3}\cdot 1^3 = \frac{8}{3} - \frac{1}{3} = \frac{7}{3} = 2{,}333...$$

Unsere Abschätzung von 2,5 war gar nicht so schlecht! So, jetzt bist du dran:

Aufgabe 4.1 (leicht):

a) Berechne den Flächeninhalt unter der Funktion $f(x) = x$ von $x = 0$ bis $x = 2$, einmal mithilfe elementarer Geometrie und einmal mithilfe des Integrals.

b) Berechne $\int_1^2 5x^3\,dx$

c) Berechne $\int_0^\pi \sin x\,dx$

SCHRITT 5

Die Lösung für den fallenden Stein

Zurück zum fallenden Stein. Mit dem Integral kennen wir jetzt die Umkehrung der Ableitung und können uns daran machen die Weg-Zeit-Funktion $z(t)$ aus der Bewegungsgleichung

$$\ddot{z}(t) = -g \tag{1}$$

herzuleiten. Wir haben $\ddot{z}(t)$, suchen aber $z(t)$, also müssen wir die beiden Ableitungen irgendwie „rückgängig" machen. Nach dem letzten Schritt vermuten wir, dass wir dafür zweimal integrieren müssen. Wir beginnen damit, beide Seiten von 0 bis zu einem beliebigen Zeitpunkt t zu integrieren (der *Integrationsvariable* t verpassen wir zur Unterscheidung von der *Integrationsgrenze* t wieder einen Strich):

$$\int_0^t \ddot{z}(t')\,dt' = \int_0^t (-g)\,dt' \tag{2}$$

Jetzt wenden wir auf beiden Seiten den Hauptsatz der Differential- und Integralrechnung an. Die Stammfunktionen werden uns in diesem Fall fast schon mitgeliefert: die Stammfunktion von $\ddot{z}(t)$ ist natürlich $\dot{z}(t)$ (zur Erinnerung: eine Stammfunktion von f ist eine Funktion, deren Ableitung f ist). Eine Stammfunktion der konstanten Funktion $-g$ ist $-gt$. Aus (2) wird:

$$\dot{z}(t) - \dot{z}(0) = -gt - 0$$

Der Stein ist zum Zeitpunkt $t = 0$ in Ruhe, seine Geschwindigkeit also $\dot{z}(0) = 0$. Und somit:

$$\dot{z}(t) = -gt \tag{3}$$

Diese Gleichung sagt uns, dass die Geschwindigkeit des Steins $\dot{z}(t)$ mit der Zeit linear zunimmt („minus", weil der Stein nach unten fällt). Das war zu gleichmäßig mit der Zeit. Wir sind noch nicht am Ziel, schließlich suchen wir $z(t)$ und nicht $\dot{z}(t)$. Also integrieren wir (3) einfach noch einmal, und erinnern uns daran, dass $\frac{1}{2}t^2$ eine Stammfunktion von t ist:

$$\int_0^t \dot{z}(t')\,dt' = \int_0^t (-gt')\,dt' \quad\quad \rightarrow \quad\quad z(t) - z(0) = -\frac{1}{2}gt^2 - 0$$

$z(0)$ ist im Gegensatz zu $\dot{z}(0)$ nicht 0, da wir den Nullpunkt der z-Achse auf die Höhe des Bodens gelegt haben und der Stein auf Höhe deiner Hand startet. Wir erhalten:

$$z(t) = z(0) - \frac{1}{2}gt^2 \tag{4}$$

Abbildung 5.1 zeigt die Lösung im z-t-Diagramm. Der zurückgelegte Weg wächst mit dem Quadrat der verstrichenen Zeit. Formel (4) lernt jeder Oberschüler irgendwann im Physikunterricht. Allerdings fällt sie dort meistens „vom Himmel“ oder wird als Fläche unter der $v(t)$-Kurve geometrisch motiviert. Ich finde es überzeugender einfach die Bewegungsgleichung (1) zweimal zu integrieren. Man braucht dafür nur wenige Zeilen und hat gleich noch einen allgemein gültigen Ansatz gefunden, um Probleme der klassischen Mechanik zu lösen. Zugegeben, die meisten Probleme der klassischen Mechanik sind viel schwieriger zu lösen, aber das Prinzip ist immer dasselbe:

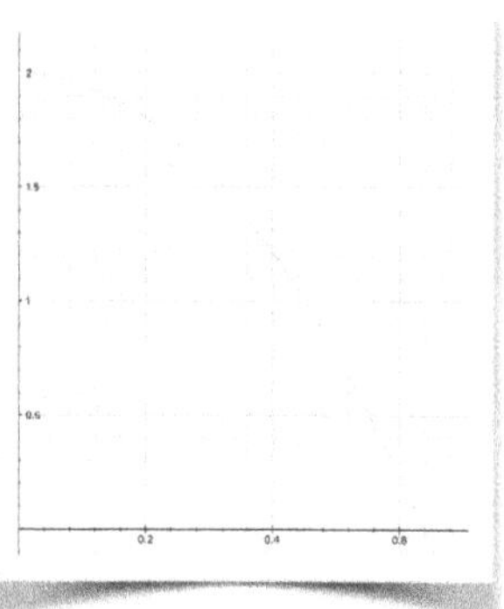

5.1: Der fallende Stein

1. *Aufstellen* der Bewegungsgleichung: dazu setzt man in $F = ma$ die Kräfte ein, die im jeweiligen Problem auf das betrachtete Objekt wirken. In unserem Fall: $m\ddot{z}(t) = -mg$

2. *Lösen* der Bewegungsgleichung: Lösen heißt, das Weg-Zeit-Gesetz zu finden, das die Bewegungsgleichung erfüllt. Das ist kein physikalisches, sondern ein rein mathematisches Problem. In unserem Fall ist das Ergebnis Gleichung (4).

Bevor wir nun zu den neuen Horizonten der Relativitätstheorie aufbrechen, machen wir noch einen kurzen Abstecher zu einer der bekanntesten Tatsachen der Physik: der Energieerhaltung. Wir können sie aus der Bewegungsgleichung $m\ddot{z}(t) = -mg$ des fallenden Steins in einer einzigen Zeile ableiten! Wir bringen mg auf die linke Seite $mg + m\ddot{z}(t) = 0$ (wer sollte uns daran hindern?), multiplizieren beide Seiten mit $\dot{z}(t)$ und stellen fest, dass sich das Ganze als zeitliche Ableitung schreiben lässt („$\frac{d}{dt}$" bedeutet „Ableitung nach t"):

$$mg\dot{z}(t) + m\ddot{z}(t)\dot{z}(t) = 0 \quad \rightarrow \quad \frac{d}{dt}\left(mgz + \frac{1}{2}m\dot{z}^2\right) = 0 \tag{5}$$

Wenn dir das zu schnell ging, rechnest du einfach in der zweiten Gleichung die Ableitung $\frac{d}{dt}$ aus und schaust, ob die linke Gleichung herauskommt. Beachte, dass du beim zweiten Teil der Summe die Kettenregel anwenden musst: $\dot{z}^2$ ist nämlich das Quadrat der Funktion $\dot{z}(t)$ und damit die Funktion einer Funktion! Was sagt die rechte Gleichung? Die Ableitung nach der Zeit misst, wie schnell sich eine Funktion verändert. Ist sie null, verändert sich die Funktion gar nicht, ist also konstant. Wir nennen jetzt einfach den Ausdruck in Klammern *Energie* und — siehe da — haben den *Energieerhaltungssatz*! Das klingt ein bisschen manipulativ, aber genauso entsteht eine Erhaltungsgröße: man stellt fest, dass eine bestimmte Kombination messbarer Größen zeitlich konstant ist und gibt ihr einen Namen! mgz heißt *potenzielle Energie* und misst die Lageenergie eines Körpers im Gravitationsfeld. $\frac{1}{2}mv^2$ heißt *kinetische Energie* und misst die Energie, die in der Bewegung des Körpers steckt.

$$\textbf{Energieerhaltung:} \quad \frac{d}{dt}\left(E_{pot} + E_{kin}\right) = \frac{d}{dt}E_{gesamt} = 0$$

Die Gesamtenergie ist also konstant, aber der Anteil der potenziellen und der kinetischen Energie variiert während der Bewegung. Bei $t = 0$ ist $v = 0$ und damit auch $E_{kin} = 0$. Alle Energie steckt in der potenziellen Energie $E_{pot} = mgz(0)$. Wenn der Stein zu fallen beginnt, verliert er potenzielle Energie, gewinnt aber in gleichem Maße kinetische Energie, so dass sich die Gesamtenergie E_{gesamt} nicht ändert (Abbildung 5.2).

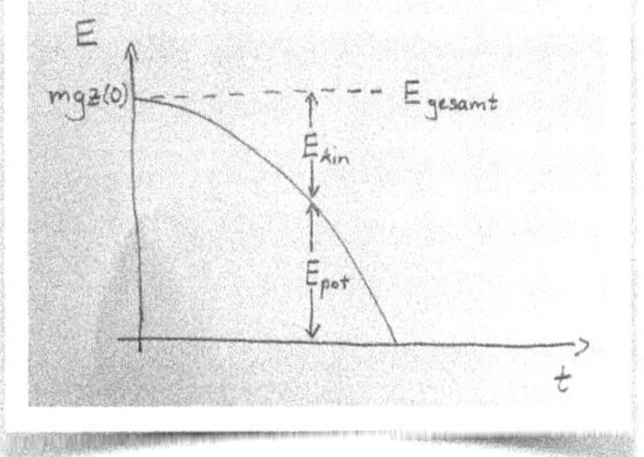

5.2: Energieerhaltungssatz

Neben der Energie gibt es noch zwei weitere wichtige Erhaltungsgrößen in der Newtonschen Mechanik: den Impuls und den Drehimpuls. Diese Größen sind im Gegensatz zur Energie *Vektoren* — eine neue Art mathematischer Objekte, die du im nächsten Schritt kennenlernst.

SCHRITT 6

Vektoren

Bisher haben wir uns ein eindimensionales Problem angeschaut. Der Stein fällt nur in einer Richtung und wenn wir eine Koordinatenachse in genau dieser Richtung legen, können wir die Bewegung mit nur dieser einen Koordinate vollständig beschreiben. Da unsere reale Welt aber dreidimensional ist, reicht es bei vielen physikalischen Größen nicht mehr nur eine Zahl anzugeben. Zum Beispiel Geschwindigkeiten: Wenn ich sage „Ich fahre 80 km/h", weiß man noch nicht, in welcher Richtung ich fahre. Oder das elektrische Feld: es hilft nicht viel zu wissen, wie stark das Feld ist, wenn ich nicht weiß, in welche Richtung es Ladungen zieht. Viele Größen haben nicht nur einen Betrag (sprich eine Zahl) sondern auch eine Richtung. Mathematisch werden solche Größen durch *Vektoren* beschrieben. Ein Vektor ist etwas, das eine Richtung und eine Länge hat. Und weil auch ein Pfeil eine Richtung und eine Länge hat, werden Vektoren oft durch Pfeile veranschaulicht. Wenn wir einen Vektor durch einen Buchstaben benennen, setzen wir ihn — zur Unterscheidung von einfachen Zahlen — in Fettdruck, zum Beispiel $\boldsymbol{V}$. Die alternative Schreibweise mit dem Pfeil $\vec{V}$, die du vielleicht aus der Schule kennst, verwende ich nicht, aber das ist natürlich reine Geschmacksache. Schauen wir uns den konkreten Vektor $\boldsymbol{V}$ in Abbildung 6.1 an. Er hat eine Richtung und eine Länge und ist als solcher völlig unabhängig vom gewählten Koordinatensystem. Er genügt sich sozusagen selbst. Wenn ich allerdings etwas ausrechnen will, brauche ich Zahlen. Die bekomme ich, indem ich ein (kartesisches) Koordinatensystem aufstelle und dann die Länge des Vektors in den drei Koordinatenrichtungen messe. Oder genauer: die Projektion des Vektors auf die drei Achsen

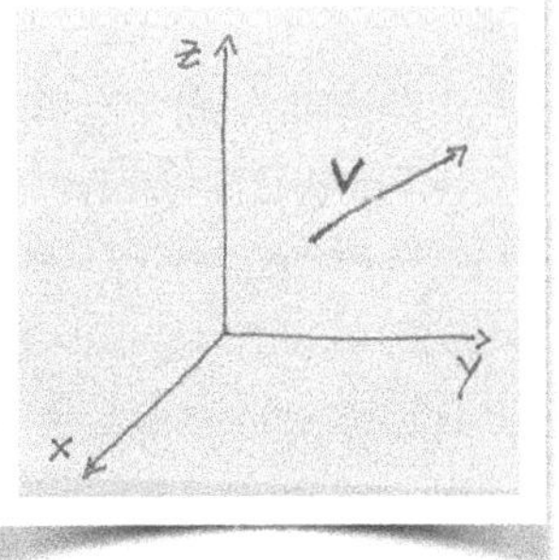

6.1: Vektor

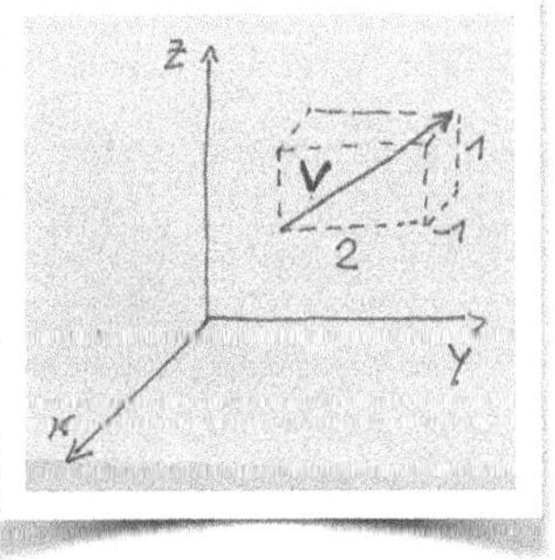

6.2: Vektor in Zahlen

(Abbildung 6.2). Für das gezeigte Beispiel würden wir die Zahlen -1, 2 und 1 bezüglich der x-, y- und z-Achse finden. Der x-Wert -1 ist negativ, weil die x-Projektion des Pfeils in die negative x-Richtung zeigt. Um zu zeigen, dass die drei Zahlen zusammengehören und tatsächlich *ein* Objekt — nicht *drei* — beschreiben, werden sie untereinander (manchmal auch nebeneinander) geschrieben und von großen Klammern umrahmt:

$$\vec{V} = \boldsymbol{V} = \begin{pmatrix} -1 \\ 2 \\ 1 \end{pmatrix}$$

Der eingeklammerte Stapel aus drei Zahlen heißt *Spaltenvektor*. Lass dich durch den Namen nicht täuschen: ein Vektor ist ein Objekt, das unabhängig von den gewählten Koordinaten existiert! In einem anderen Koordinatensystem hätte derselbe Vektor $\boldsymbol{V}$ andere Koordinaten. Die drei Zahlen für den Vektor zu halten ist ungefähr so, als würde man die Adresse „Marktstraße 25, 22315 Hamburg" für das Haus halten, das dort steht. Das Haus existiert in der realen Welt, die Adresse wurde dagegen von Menschen nur erfunden, um nicht den Überblick zu verlieren.

Mathematisch gesehen „leben" Vektoren in einem so genannten *Vektorraum*. Dort gelten andere Regeln als auf dem Zahlenstrahl, auf dem Zahlen wie 4 oder π leben. Immerhin gibt es auch eine Addition: die Summe $\boldsymbol{V} + \boldsymbol{W}$ zweier Vektoren erhält man anschaulich, indem man das hintere Ende von $\boldsymbol{W}$ an die Spitze von $\boldsymbol{V}$ anheftet und dann einen neuen Vektor in Form eines Pfeils vom hinteren Ende von $\boldsymbol{V}$ zur Spitze von $\boldsymbol{W}$ zeichnet (Abbildung 6.3). In Koordinaten ausgedrückt geht es sogar noch einfacher: um den Vektor $\boldsymbol{V} + \boldsymbol{W}$ zu erhalten, addiert man einfach $\boldsymbol{V}$ und $\boldsymbol{W}$ komponentenweise. Beispiel:

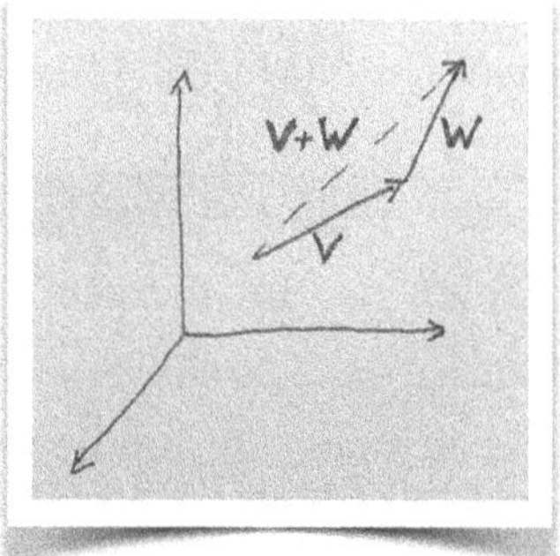

6.3: Addieren von Vektoren

$$V = \begin{pmatrix} -1 \\ 2 \\ 1 \end{pmatrix} \quad W = \begin{pmatrix} 0 \\ 1 \\ 2 \end{pmatrix}$$

$$\rightarrow \quad V + W = \begin{pmatrix} -1 \\ 2 \\ 1 \end{pmatrix} + \begin{pmatrix} 0 \\ 1 \\ 2 \end{pmatrix} = \begin{pmatrix} -1+0 \\ 2+1 \\ 1+2 \end{pmatrix} = \begin{pmatrix} -1 \\ 3 \\ 3 \end{pmatrix}$$

Vektorräume und die darin lebenden Vektoren sind erst einmal nur ein mathematisches Konstrukt. Aber die Natur scheint dieses Konstrukt zu mögen. Viele physikalische Größen wie Kraft, Geschwindigkeit oder Beschleunigung verhalten sich genau wie Vektoren. Insofern habe ich dir in Schritt 3 nur die halbe Wahrheit erzählt. Ich habe unterschlagen, dass beispielsweise das zweite Newtonsche Gesetz $F = ma$ eigentlich eine Vektorgleichung ist. Das fiel nicht weiter auf, weil wir ja immer das eindimensionale Problem „Stein fällt senkrecht auf den Boden" im Auge hatten und uns stillschweigend und ungestraft auf die z-Komponente der vektoriellen Gleichung konzentrieren konnten. Kraft und Beschleunigung sind Vektoren und müssten eigentlich in Fettdruck stehen:

$$\boldsymbol{F} = m\boldsymbol{a} \tag{1}$$

Die Gleichung sagt jetzt, dass Masse mal bewirkte Beschleunigung nicht nur den gleichen *Betrag* hat wie die ausgeübte Kraft, sondern auch die gleiche *Richtung*. Das ist deutlich mehr Information! Was man daran sieht, dass es in Koordinaten ausgedrückt eigentlich nicht eine Gleichung ist, sondern drei:

$$\begin{pmatrix} F_x \\ F_y \\ F_z \end{pmatrix} = m \begin{pmatrix} a_x \\ a_y \\ a_z \end{pmatrix}$$

was wiederum eine Kurzschreibweise für

$$\begin{aligned} F_x &= ma_x \\ F_y &= ma_y \\ F_z &= ma_z \end{aligned} \tag{2}$$

ist. Dabei bezeichnet zum Beispiel a_x die x-Komponente des Beschleunigungsvektors $\boldsymbol{a}$. Was bedeutet das? Die Beschleunigung ist die zweite Ableitung des

Teilchens, das beschleunigt wird, als Vektor schreiben. „Moment," wirst du sagen, „der Ort eines Teilchens ist doch ein Punkt im Raum. Ein anständiger Vektor braucht doch einen Betrag und eine Richtung. Wie passt das zusammen?" Das stimmt. Aber man kann ja mal eine Ausnahme machen! Auch wenn ein Punkt eigentlich weder Betrag noch Richtung hat, ist es oft praktisch einen zugehörigen *Ortsvektor* zu definieren: Wir malen einfach einen Pfeil vom Koordinatenursprung zum Aufenthaltsort des Teilchens und schon haben wir eine Größe mit Betrag und Richtung. Die Koordinaten dieses Ortsvektors sind einfach die kartesischen Koordinaten des Punktes:

$$\boldsymbol{r} = \begin{pmatrix} x \\ y \\ z \end{pmatrix}$$

Bei einem Teilchen in Bewegung ändert sich der Ortsvektor natürlich mit der Zeit und wir erhalten

$$\boldsymbol{r}(t) = \begin{pmatrix} x(t) \\ y(t) \\ z(t) \end{pmatrix}$$

Wer sollte uns jetzt noch daran hindern, diese drei Funktionen nach der Zeit abzuleiten? Das Ergebnis ist der Geschwindigkeitsvektor des Teilchens (zur Erinnerung: Ableitungen nach der Zeit schreiben wir mit Punkt statt Strich):

$$\boldsymbol{v}(t) = \dot{\boldsymbol{r}}(t) = \begin{pmatrix} \dot{x}(t) \\ \dot{y}(t) \\ \dot{z}(t) \end{pmatrix}$$

Wenn es einmal klappt, warum nicht gleich noch einmal? Die zweite Ableitung ist die Beschleunigung:

$$\boldsymbol{a}(t) = \ddot{\boldsymbol{r}}(t) = \begin{pmatrix} \ddot{x}(t) \\ \ddot{y}(t) \\ \ddot{z}(t) \end{pmatrix}$$

Das ist genau der Vektor $\boldsymbol{a}$, der in Gleichung (1) auftaucht. Die Länge (den *Betrag*) eines Vektors kann man übrigens aus seinen Komponenten mithilfe des Satzes von Pythagoras berechnen. Nehmen wir beispielsweise den Kraftvektor $\boldsymbol{F}$. Sein Betrag ist:

$$F = \sqrt{F_x^2 + F_y^2 + F_z^2}$$

So, jetzt weißt du, was ein Vektor ist. Und kannst die anderen beiden Erhaltungsgrößen neben der Energie verstehen. Den Geschwindigkeitsvektor $\boldsymbol{v}$ haben wir gerade kennengelernt. Wenn du ihn mit der Masse multiplizierst, bekommst du den *Impuls* $\boldsymbol{p} = m\boldsymbol{v}$, der immer dann erhalten bleibt, wenn auf das betrachtete System keine äußeren Kräfte wirken. Der *Drehimpuls* ist dagegen eine Erhaltungsgröße, wenn nur *isotrope*, also vom Koordinatenursprung gesehen in allen Richtungen gleiche, Kräfte wirken. Der Drehimpuls ist ein Vektor, der senkrecht auf sowohl dem Ortsvektor $\boldsymbol{r}$ des Körpers als auch seinem Impulsvektor $\boldsymbol{p} = m\boldsymbol{v}$ steht, und den Betrag $L = rp_\perp$ hat. $p_\perp$ ist die Komponente von $\boldsymbol{p}$, die senkrecht zu $\boldsymbol{r}$ ist. Du musst das nicht alles verstehen, aber es schadet nicht, es einmal gehört zu haben. Die Erhaltung dieser Größen hängt direkt mit den Symmetrien von Raum und Zeit zusammen. Auf diese mysteriöse Aussage werden wir in Schritt 38 zurückkommen.

Zum Abschluss noch etwas nützliche Notation: Es ist üblich eine Vektorgleichung wie (1) durch eine beliebige Komponente auszudrücken:

$$F_i = ma_i \tag{3}$$

Dabei steht der Index stellvertretend für jede der drei Koordinaten. (3) ist also nur eine kompakte Notation für die drei Gleichungen (2). Diese Notation werden wir auch für Einsteins Relativitätstheorie verwenden — allerdings leben wir dann in der *Raumzeit* und brauchen statt *dreidimensionalen* Vektoren im Raum — so genannten *Dreiervektoren* — *vierdimensionale* Vektoren, die neben den drei räumlichen Komponenten auch noch eine zeitliche Komponente enthalten. Für solche *Vierervektoren* verwenden wir dann griechische Indizes, schreiben also zum Beispiel V_μ. Das hat keinen tieferen Sinn, hilft aber dabei, auf einen Blick zu erkennen, wo ein Vektor „zu Hause“ ist.

SCHRITT 7

Galilei entdeckt die Relativitätstheorie

Wenn du eines Tages aufwachst und beschließt, ein paar Naturgesetze aufzustellen, vergiss nicht die Frage zu beantworten, in welchen Bezugssystemen deine Naturgesetze die gleiche Form haben. Nehmen wir an, du bist Newton und hast gerade mit deinen Zollstöcken und deiner Uhr festgestellt, dass eine Kraft einen Körper beschleunigt: $F = ma$. Das ist nicht viel wert, wenn du nicht dazusagst, ob dein Kollege in einem anderen Labor mit anderen Koordinaten die gleiche Formel finden würde. Wir können diese Frage beantworten, indem wir Experimente in verschiedenen *Bezugssystemen* durchführen und vergleichen, ob die gleichen Gesetzmäßigkeiten gelten. Oder wir können auf dem Sofa sitzen bleiben und darüber nachdenken, was die Antwort sein könnte.

Was ist eigentlich ein *Bezugssystem*? Im Grunde nichts anderes als die Zollstöcke für die Messung räumlicher Koordinaten und die Uhr für die Zeitmessung. Meine Orts- und Zeitangaben *beziehen* sich auf diese Messinstrumente. Ein anderer Beobachter macht seine Experimente in einem anderen Bezugssystem: seine Zollstöcke haben ihren Nullpunkt an einem anderen Ort oder zeigen in andere Richtungen und seine Zeitmessung beginnt zu einem anderen Zeitpunkt. Intuitiv erwarten wir, dass diese drei Änderungen keinen Einfluss auf die Naturgesetze haben, die der zweite Beobachter findet. Diese Vermutung wird in der Tat durch Experimente bestätigt. Schauen wir uns die drei *Koordinatentransformationen* im einzelnen an:

1. Ursprung der Koordinaten: Ob du den Nullpunkt deiner Zollstöcke hierhin oder zehn Meter weiter nach rechts legst, spielt keine Rolle. Die Physik zehn Meter weiter rechts ist keine andere als hier. Diese Symmetrie heißt *Homogenität des Raumes* oder — wenn du es noch ein bisschen hochtrabender magst — *Translationsinvarianz.*

2. Richtung der Koordinatenachsen: Du findest die gleichen physikalischen Gesetze, egal ob deine x-Achse horizontal ist oder beispielsweise mit 45

Grad ansteigt. Diese Symmetrie heißt *Isotropie des Raumes* oder *Rotationsinvarianz.*

3. Beginn der Zeitmessung: Es spielt keine Rolle, wohin du den Nullpunkt der Zeit legst. Morgen ist die Welt so wie heute und gestern. Egal wann du dein Experiment beginnst, das Ergebnis ist immer das gleiche. Es gilt die *Zeitinvarianz.*

Um Missverständnisse zu vermeiden: Wenn wir sagen, Raum und Zeit haben bestimmte Symmetrien, dann setzen wir voraus, dass wir das betrachtete System groß genug wählen. Auf der Erde ist wegen des Gravitationsfelds der Raum weder homogen noch isotrop. Betrachtet man dagegen unser Sonnensystem, dann gelten die Symmetrien wieder: Würde man das ganze Sonnensystem (die Sonne und alle Planeten) im Raum um ein paar Lichtjahre verschieben oder um 90 Grad um irgendeine Achse drehen, dann würde sich nichts ändern. Für das Gesamtsystem ist der Raum homogen und isotrop. Das heißt: Lokal kann eine Symmetrie gebrochen sein. Nimmt man dagegen alle Körper hinzu, die unser System von außen beeinflussen, dann gilt die Symmetrie.

Der italienische Mathematiker Galileo Galilei stellt Anfang des 17. Jahrhunderts eine ziemlich gute Frage: Unterscheiden sich alle Bezugssysteme, in denen die gleichen physikalischen Gesetze gelten, nur durch die drei oben beschriebenen Koordinaten-Transformationen oder gibt es noch andere, die ebenfalls die Naturgesetze erhalten? Galilei glaubt an die kopernikanische Idee, dass sich die Erde um die Sonne bewegt und nicht umgekehrt. Es gibt dabei aber ein Problem: Warum merken wir auf der Erde nicht, dass wir uns rasend schnell durchs Weltall bewegen? Galilei erkennt, dass wir die Bewegung nicht wahrnehmen, weil die Naturgesetze in allen *gleichförmig* (mit konstanter Geschwindigkeit) zueinander bewegten Bezugssystemen gleich sind. Ein Beobachter kann also durch kein Experiment herausfinden, ob er in Ruhe ist oder sich gleichförmig bewegt[9]. Bei Galilei klingt das viel schöner:

> *Schließt Euch in Gesellschaft eines Freundes in einen möglichst großen Raum unter dem Deck eines großen Schiffes ein. Verschafft Euch dort Mücken, Schmetterlinge*

[9] Natürlich war auch Galilei klar, dass die Bewegung eines auf der Erde still stehenden Beobachters durch das All keine gleichförmige ist: die Erde bewegt sich auf einer gekrümmten Bahn um die Sonne und dreht sich dabei auch noch um die eigene Achse. Aufgrund der großen Radien beider Bewegungen ist die resultierende Geschwindigkeit des Beobachters auf kurzen Distanzen allerdings doch annähernd konstant in Richtung und Betrag.

und ähnliches fliegendes Getier; sorgt auch für ein Gefäß mit Wasser und kleinen Fischen darin; hängt ferner oben einen kleinen Eimer auf, welcher tropfenweise Wasser in ein zweites enghalsiges darunter gestelltes Gefäß träufeln lässt. Beobachtet nun sorgfältig, solange das Schiff stille steht, wie die fliegenden Tierchen mit der nämlichen Geschwindigkeit nach allen Seiten des Zimmers fliegen. Man wird sehen, wie die Fische ohne irgendwelchen Unterschied nach allen Richtungen schwimmen. Die fallenden Tropfen werden alle in das untergestellte Gefäß fließen. (...) Achtet darauf, Euch all dieser Dinge sorgfältig zu vergewissern, wiewohl kein Zweifel obwaltet, dass bei ruhendem Schiffe alles sich so verhält. Nun lasst das Schiff mit jeder beliebigen Geschwindigkeit sich bewegen: Ihr werdet — wenn nur die Bewegung gleichförmig ist und nicht hier- und dorthin schwankend — bei allen genannten Erscheinungen nicht die geringste Veränderung eintreten sehen. Aus keiner derselben werdet Ihr entnehmen können, ob das Schiff steht oder stille steht. (...) Die Tropfen werden wie zuvor in das untere Gefäß fallen, kein einziger wird nach dem Hinterteile zu fallen, obgleich das Schiff, während der Tropfen in der Luft ist, viele Spannen zurücklegt. Die Fische im Wasser werden sich nicht mehr anstrengen müssen, um nach dem vorangehenden Teile des Gefäßes zu schwimmen als nach dem hinterher folgenden; sie werden sich vielmehr mit gleicher Leichtigkeit nach dem Futter begeben, auf welchen Punkt des Gefäßrandes man es auch legen mag. Endlich werden auch die Mücken und Schmetterlinge ihren Flug ganz ohne Unterschied nach allen Richtungen fortsetzen. (...) Die Ursache dieser Übereinstimmungen aller Erscheinungen liegt darin, dass die Bewegung des Schiffes allen darin enthaltenen Dingen, auch der Luft, gemeinsam zukommt.

Galileo Galilei[10]

Fische, die mit gleicher Leichtigkeit in jeder Richtung zum Futter schwimmen! Der Anspruch an wissenschaftliche Experimente war im 17. Jahrhundert ein anderer als heute...

Wenn ein relativ zu einem Bezugspunkt auf der Erde gleichmäßig bewegter Beobachter keine Möglichkeit hat festzustellen, ob er sich mit konstanter Geschwindigkeit bewegt oder in Ruhe befindet, dann macht das Konzept eines absoluten Raums keinen Sinn. Es gibt kein natürliches ruhendes Bezugssystem. Wenn ich aus dem Zug sehe und feststelle, dass der Bahnhof an mir vorbeifliegt, weiß ich, dass der Zug fährt — relativ zum Bahnhof. Aber es könnte sein, dass der Zug relativ zu einem Stern am Himmel still steht und sich stattdessen die Erde samt Bahnhof bewegt. Bewegung ist ein Konzept, das

[10] Galilei 1891

immer nur relativ zu etwas anderem definiert ist. Es gibt keine absolute Geschwindigkeit und kein ruhendes Bezugssystem! Das ist der Kern von Galileis „Relativitätstheorie“.

Vielleicht denkst du dir jetzt: Schön und gut, dass in relativ zueinander gleichförmig bewegten Bezugssystemen die gleichen Naturgesetze gelten. Aber erst einmal muss ich doch überhaupt *ein* Bezugssystem finden, in dem die Naturgesetze gelten. Wie mache ich das? Die Antwort ist vielleicht überraschend: durch Ausprobieren! Mach in verschiedenen Bezugssystemen physikalische Experimente (Fische und Schmetterlinge nicht vergessen!). Dann wähle das aus, in dem die Naturgesetze die einfachste Form annehmen, also beispielsweise $F = ma$. Sobald du dieses eine gefunden hast, findest du alle anderen Bezugssysteme, in denen dieselben einfachen Naturgesetze gelten, indem du sie mit beliebiger konstanter Geschwindigkeit (in Richtung und Betrag) zu jenem ersten bewegst oder eine der anderen oben beschriebenen Transformationen der Koordinaten durchführst. Diese „guten“ Bezugssysteme heißen *Inertialsysteme*. Um das Verhältnis zweier solcher Inertialsysteme mathematisch zu beschreiben, stellst du dir zwei Physikerinnen S und S' vor, die in ihren Laboren ihre jeweiligen Koordinatensysteme (ebenfalls S und S' genannt) mit Zollstöcken und Stoppuhren aufgebaut haben. Die beiden Labore sind zueinander bewegt, S steht fest auf der Erde, S' befindet sich in einem Zug, der mit konstanter Geschwindigkeit v fährt. Wenn S' mit dem Zug an S vorbeifährt, synchronisieren sie ihre Uhren (sprich: sie starten gleichzeitig ihre Stoppuhren) und ihre Koordinatensysteme (sie bringen ihre Zollstöcke in diesem Augenblick zur Übereinstimmung). Bei der Gelegenheit stellen sie fest, dass sich der Zug von S' in S in positiver x-Richtung bewegt (Abbildung 7.1).

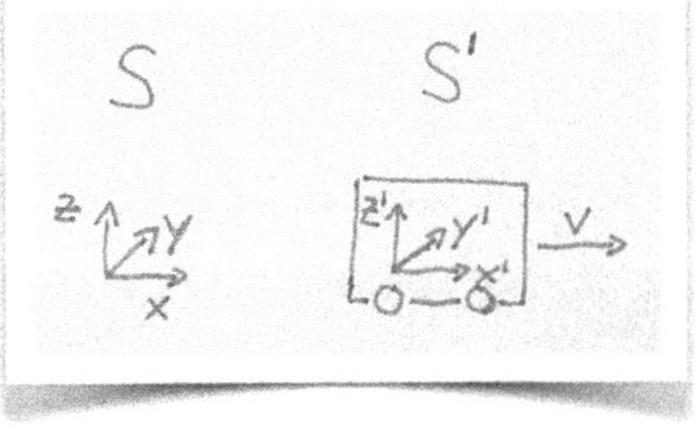

7.1: Zwei Beobachter

Wenn S in ihrem Labor zum Zeitpunkt t am Ort (x, y, z) einen Lichtblitz erzeugt, welche Koordinaten (t', x', y', z') hätte dieses Ereignis vom Labor von S' im Zug aus gemessen? Dank der erwähnten Eichung der Koordinaten und Uhren lässt sich das leicht beantworten:

$$t' = t \tag{1}$$
$$x' = x - vt \tag{2}$$
$$y' = y \tag{3}$$
$$z' = z \tag{4}$$

(1) gilt, weil die Uhren bei $t = 0$ synchronisiert wurden und die Bewegung von S' keinen Einfluss auf ihre Uhr hat. (2) - (4) gelten, weil die Koordinatensysteme bei $t = 0$ übereinstimmten, und S' seither eine Strecke vt in x-Richtung weitergefahren ist, sich aber in den Koordinatenrichtungen y und z nicht bewegt hat. (1) - (4) heißen *Galilei-Transformationen,* weil sie die Umrechnung (*Transformation*) der Koordinaten eines Bezugssystems in ein relativ dazu bewegtes Bezugssystem angeben. Jetzt können wir Galileis Relativitätsprinzip etwas formaler ausdrücken:

Die Naturgesetze sind unter Galilei-Transformationen invariant.

Mit diesem Satz beenden wir den ersten Teil des Buches. Du hast auf nur 30 Seiten die Differential- und Integralrechnung und gleichzeitig die Grundlagen der klassischen Mechanik kennengelernt. Damit bist du jetzt bestens für den nächsten Schritt ausgestattet: Einsteins Relativitätstheorie. Aber erst einmal machen wir eine Pause.

PAUSE

Die Natur von Raum und Zeit

Raum und Zeit sind die wahren Protagonisten dieses Buches. Unser Blick darauf wird auf den nächsten dreihundert Seiten immer wieder radikal herausgefordert. Deswegen legen wir dann und wann kurze Pausen ein und überlegen, wie sich unser Verständnis von Raum und Zeit verändert hat. Bisher ging es um Grundlagen; wir sind über die klassische Physik von Galilei und Newton noch nicht hinausgekommen. Welches Konzept von Raum und Zeit liegt ihr zugrunde?

Beginnen wir mit dem Raum. Er hat drei Dimensionen: man braucht genau drei Zahlen, um einen Punkt eindeutig zu identifizieren. Warum drei, warum nicht zwei oder acht? Wir wissen es aus der Beobachtung der realen Welt, aber wir kennen den tieferen Grund nicht. Aber wir können uns überlegen, wie es wäre, in einer anders-dimensionalen Welt zu leben, zum Beispiel in vier Raumdimensionen. Warum nicht? Eigentlich gibt es nicht viel gegen so eine Welt einzuwenden. Aber es gäbe ein paar Probleme: zum Beispiel würde Newtons Gravitationsgesetz keine stabilen Umlaufbahnen zulassen. Die Erde würde nach kurzer Zeit entweder in die Sonne stürzen oder auf einer spiralförmigen Bahn in den Weiten des Kosmos verschwinden![11]

Was wissen wir über die Zeit? Sie hat nur eine Dimension. Versuch dir eine zweidimensionale Zeit vorzustellen — eine Zeitfläche statt einer Zeitachse. Auf einer Achse (sprich Geraden) kann man nur vor und zurück, in einer Fläche kann man abbiegen, Punkten ausweichen oder im Kreis gehen. Und man braucht zwei Koordinaten, um seinen Standort zu bestimmen. In einer solchen Welt müsste man zwei Uhren am Arm tragen, eine für jede Zeit-Dimension. Würde man einen bestimmten Zeitpunkt nicht mögen, könnte man einen Bogen darum machen. Du könntest dem kommenden Montag ausweichen, wie du einem Stau ausweichst, indem du an der richtigen Stelle abbiegst. Physiker haben Theorien mit mehr-dimensionalen Zeiten ausprobiert, aber immer wieder verworfen. Die Zeit scheint hartnäckig nur eine Dimension zu haben.

---

[11] Barnes 2021

Aber Zeit hat noch eine andere Eigenschaft, die sie fundamental vom Raum unterscheidet: sie hat eine Richtung. Im Raum kann ich vor und zurück. Ich kann an den Strand fahren und dann wieder nach Hause. In der Zeit geht es unerbittlich immer nur in die Zukunft, nie zurück in die Vergangenheit. Warum das so ist, darüber haben sich Philosophen und Physiker und andere Menschen den Kopf zerbrochen. Die Physik hat darauf eine Antwort gefunden, die faszinierend ist, aber fast so rätselhaft wie die Frage. Du wirst sie im fünften Teil des Buches kennenlernen.

Das alles ist so allgemein, dass es für den Rest des Buches Bestand haben wird: der Raum ist dreidimensional, die Zeit ist eindimensional und hat eine Richtung. Was Newtons Konzept von Raum und Zeit ausmacht, war die Annahme eines *absoluten* Raumes und einer *absoluten* Zeit. Er war überzeugt, dass es einen absoluten, festen, unveränderlichen Raum gibt — unabhängig von allem, was sich darin befindet, und unabhängig vom Beobachter. Relativ zu diesem absoluten Raum — so Newtons Vorstellung — kann man sich entweder in Ruhe oder in Bewegung befinden. Es gibt dabei allerdings einen Schönheitsfehler, den Newton wohl auch erkannte aber in Kauf nahm: Zueinander gleichförmig bewegte Bezugssysteme lassen sich nach Galilei durch kein Experiment unterscheiden, wir können also nicht herausfinden, ob wir uns relativ zum absoluten Raum in Ruhe befinden. Auch für Zeitmessungen — im Sinne von gemessenen Zeit*spannen*, nicht Zeit*punkten* — nahm Newton eine absolute Gültigkeit an. Alle Uhren, egal wo sie sind und wie schnell sie sich bewegen, werden die gleiche Zeitspanne zwischen zwei Ereignissen messen.

Die Idee absoluter, objektiver Messungen von Raum und Zeit wurde von Einstein 1905 widerlegt und durch ein neues Konzept von Raum und Zeit ersetzt. Um diese Revolution, die in der Physik kaum einen Stein auf dem anderen ließ, geht es im nächsten Teil des Buches.

Teil 2: Raum und Zeit aus den Fugen

Einsteins Spezielle Relativitätstheorie

Eine Beobachtung anstelle einer Einleitung

Du fährst auf der Autobahn mit 30 m/s (etwa 100 km/h), lehnst dich aus dem Fenster und feuerst mit einer Pistole in Fahrtrichtung. Die Kugel verlässt die Mündung der Pistole mit 500 m/s. Wie schnell fliegt die Kugel relativ zur Straße? Natürlich mit 530 m/s. Die Geschwindigkeit der Kugel relativ zum Auto + die Geschwindigkeit des Autos. Jetzt schaltest du das Fernlicht ein. Das Licht verlässt die Scheinwerfer mit 300.000.000 m/s, der Lichtgeschwindigkeit. Wie schnell fliegt das Licht relativ zur Straße? Die richtige Antwort lautet nicht etwa 300.000.030 m/s, sondern nur 300.000.000 m/s ! Licht ist immer gleich schnell, egal wie schnell sich der Beobachter relativ zur Lichtquelle bewegt. Das ist eine Zumutung für unsere Anschauung, aber es ist wahr. Diese Erkenntnis stürzte die klassische Physik Ende des 19. Jahrhunderts in eine Krise, die schließlich zu einem ganz neuen Verständnis von Raum und Zeit führte. Im diesem Teil des Buches erfährst du, wie aus dieser Beobachtung eine neue Physik entstanden ist.

SCHRITT 8

Licht ist immer gleich schnell

It's the best possible time to be alive, when almost everything you thought you knew is wrong. Tom Stoppard, Arcadia[12]

1864 veröffentlicht der Schotte James Clerk Maxwell Gleichungen, die Magnetismus und Elektrizität als zwei Aspekte des gleichen physikalischen Phänomens beschreiben. Er erkennt, dass diese Gleichungen elektromagnetische Wellen ermöglichen: magnetische und elektrische Felder können sich von ihrer Quelle, den elektrischen Ladungen, lösen und wellenförmig durch den Raum bewegen — im Grunde das Prinzip jeder Antenne. Maxwell errechnet einen Wert von etwa 300.000 km/s für die Ausbreitungsgeschwindigkeit dieser Wellen. Schon damals gibt es Schätzungen zur Geschwindigkeit des Lichts in ähnlicher Größenordnung. Maxwell will nicht an Zufall glauben, sondern ist überzeugt davon, dass die Wellen, die seine Gleichungen vorhersagen, nichts anderes als Licht sind.

Mit der Erklärung der Natur des Lichts beantwortet Maxwell die letzte offene Frage der damaligen Physik. In der Wahrnehmung seiner Zeitgenossen ist es der Schlussstein, der das Gebäude der Physik vollendet. Künftig würde man die physikalischen Fakultäten der Universitäten schließen und sich den ungelösten Fragen anderer Wissenschaften zuwenden können. In ihrer Euphorie bemerken die Physiker lange nicht, dass die Maxwellschen Gleichungen nicht der Schlussstein der damaligen Physik sondern ihre Abrissbirne sind. Nimmt man die Gleichungen nämlich ernst, muss die Lichtgeschwindigkeit für alle Beobachter gleich sein. Anschaulich gesprochen heißt das: Licht lässt sich nicht einholen. Wenn ein Beobachter in einem Raumschiff mit 100.000 km/s neben einem Lichtstrahl herfliegt, beobachtet er dessen Relativgeschwindigkeit nicht etwa mit nur noch 200.000 km/s, sondern unverändert mit 300.000 km/s. Du kannst auch an die Scheinwerfer des Autos auf der vorigen Seite denken. In beiden Fällen gilt: Licht verletzt das Relativitätsprinzip von Galilei und damit das Fundament der klassischen Physik!

[12] Stoppard, 1994

Man sollte die Größe des Problems nicht unterschätzen. Man könnte denken: „Licht ist eben ein besonderer Stoff, für den andere Gesetze gelten. Normale Objekte wie Planeten, Billardkugeln und Pinguine folgen nach wie vor der Newtonschen Mechanik." Das ist falsch. Das Relativitätsprinzip beschreibt die Geometrie von Raum und Zeit, und diese muss für alle Phänomene gelten, die sich in Raum und Zeit abspielen, für Licht genauso wie für Planeten und Pinguine. Man muss sich klarmachen, vor welcher Wahl ein Physiker am Ende des 19. Jahrhundert steht. Hier das unglaublich erfolgreiche Gebäude der Physik, in dem praktisch alle bekannten Phänomene Platz finden und sich in großer Präzision vorhersagen lassen. Dort eine neue Theorie, die zwar zweifelsohne beim Licht ihre Verdienste gezeigt hat, ansonsten aber doch eher ein Neuling ist, der sich erst noch beweisen muss. Wenig überraschend, dass die physikalische Gemeinde der damaligen Zeit alles tut, um der klassischen Physik Kopf und Kragen zu retten. Am Ende ist es ein wissenschaftlicher Außenseiter, der erkennt, dass der Riss zu tief ist, und das Gebäude nicht mehr zu retten. Albert Einstein lässt sich auf die radikale Möglichkeit ein, dass Maxwell recht haben und Galilei irren könnte. Und dass die Struktur von Raum und Zeit fundamental anders ist, als wir glauben.

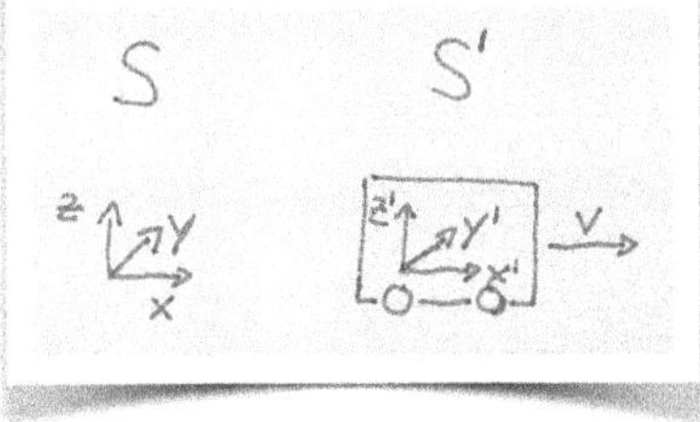

8.1: Zwei Beobachter

Wenn sich ein einzelner Lichtstrahl für Beobachter unterschiedlicher Geschwindigkeiten gleich schnell bewegt, müssen die Galilei-Transformationen falsch sein. Wir brauchen andere Transformationen der Raum- und Zeit-Koordinaten. Um die zu finden stellen wir uns wie in Schritt 7 zwei Beobachter vor: einen ruhenden und einen mit Geschwindigkeit v bewegten (Abbildung 8.1). Wieder erwarten wir, dass sich die y- und z-Koordinate in S und S' nicht unterscheiden, da es in diesen Richtungen keine Relativbewegung gibt. Wir konzentrieren uns daher auf die x- und t-Koordinate.[13] Für die gestrichene Koordinate x' ausgedrückt in den ungestrichenen Koordinaten machen wir den ganz allgemeinen Ansatz:

$$x' = \gamma x + \delta t \tag{1}$$

[13] Da wir die Koordinatenachsen frei wählen können, lässt sich immer erreichen, dass die Relativbewegung der beiden Systeme in der x-Richtung liegt.

wobei die Koeffizienten γ und δ Konstanten sind, die wir jetzt bestimmen wollen. Warum genau dieser Ansatz und nicht beispielsweise $x' = \gamma x^2 + \delta t$? Weil wir eine *lineare* Transformation wollen, also eine, die *gleichförmige* Bewegungen in *gleichförmige* Bewegungen transformiert — diese Eigenschaft würden wir einfach erwarten, weil sich die beiden Systeme relativ zueinander ja auch gleichförmig bewegen (nämlich mit konstanter Geschwindigkeit v). Mit dem Ansatz (1) gilt für den Koordinatenursprung $x' = 0$ in S':

$$0 = \gamma x + \delta t \qquad \text{beziehungsweise} \qquad x = -\frac{\delta}{\gamma} t \tag{2}$$

Wir hatten S und S' so konstruiert, dass sich der Koordinatenursprung von S' aus S betrachtet mit Geschwindigkeit v bewegt, also $x = vt$. Aus dem Vergleich mit (2) lesen wir $v = -\frac{\delta}{\gamma}$ beziehungsweise $\delta = -\gamma v$ ab. Eingesetzt in (1) bekommen wir:

$$x' = \gamma\,(x - vt) \tag{3}$$

Jetzt drehen wir den Spieß um: Der Koordinatenursprung $x = 0$ in S bewegt sich aus S' betrachtet mit konstanter Geschwindigkeit $-v$, also $x' = -vt'$. Wenn wir die analogen Schritte durchführen, die uns zur Gleichung (3) führten, bekommen wir:

$$x = \gamma\,(x' + vt') \tag{4}$$

Bisher ist absolut nichts Mysteriöses passiert. (3) und (4) sagen nur, dass sich S' relativ zu S mit v bewegt und S relativ zu S' mit $-v$. Der einzige Unterschied zwischen (3) und der Galilei-Transformation (7.2) ist der Faktor γ. Wäre er 1, wären wir wieder in der vertrauten Welt Galileis. Um γ zu bestimmen bringen wir jetzt die neue Physik ins Spiel. Wir verlangen, dass ein Lichtstrahl, der sich in S mit Lichtgeschwindigkeit c bewegt, also $x = ct$, dies auch in S' tut, also $x' = ct'$. Wir setzen diese beiden Beziehungen in (3) und (4) ein:

$$ct' = \gamma\,(ct - vt) = \gamma\,(c - v)\,t \tag{5}$$

$$ct = \gamma\,(ct' + vt') = \gamma\,(c + v)\,t' \tag{6}$$

Um γ als Funktion von v zu finden, setzen wir (6) in (5) ein:

$$ct' = \frac{\gamma^2}{c}(c-v)(c+v)t' \quad \rightarrow \quad c^2 = \gamma^2(c^2 - v^2) \quad \rightarrow \quad \gamma = \frac{1}{\sqrt{1-\frac{v^2}{c^2}}}$$

Wir sehen, dass $\gamma \neq 1$, wobei es für kleine $v \ll c$ sehr nah bei 1 ist und die Koordinaten-Transformation (3) damit sehr nah bei der Galilei-Transformation. Alles andere wäre auch beunruhigend — schließlich ist die Physik mit Galilei jahrhundertelang sehr gut gefahren! Jetzt wissen wir, wie sich x transformiert. Aber wie transformiert sich t ? Im Grunde ist das schon in den Gleichungen versteckt. Einsetzen von (3) in (4) ergibt:

$$x = \gamma\left(\gamma(x - vt) + vt'\right) \quad \rightarrow \quad t' = \gamma\left(t - \frac{v}{c^2}x\right) \tag{7}$$

Dabei haben wir ein paar Rechenschritte übersprungen, die du in Aufgabe 8.1 nachholen kannst. Auch die Transformation (7) wird für kleine Geschwindigkeiten wieder zur Galilei-Transformation $t' = t$ (siehe 7.1), da dann $\gamma \approx 1$ und $v/c^2 \approx 0$. Mit (3) und (7) haben wir die so genannten *Lorentz-Transformationen* gefunden:

$$\begin{aligned} t' &= \gamma\left(t - \frac{v}{c^2}x\right) \\ x' &= \gamma\left(x - vt\right) \end{aligned} \tag{8}$$

Sie beschreiben, wie sich Messungen von Längen und Zeiten zwischen zwei relativ zueinander bewegten Beobachtern unterscheiden. Das Auffälligste ist, dass es keine absolute Zeit mehr gibt. Während die Galilei-Transformationen die Zeit unangetastet lassen ($t' = t$), ist die Zeit bei Einstein eine Größe, die vom Beobachter abhängt.

Was wir gerade in wenigen Zeilen mit einfacher Schulmathematik abgeleitet haben, revolutionierte vor hundert Jahren die Physik. Die Lorentz-Transformationen sind kein exotischer Spezialfall der Physik bei hohen Geschwindigkeiten sondern das Fundament der modernen Physik.

Aufgabe 8.1 (leicht): Führe die einzelnen Rechenschritte durch, die zu (7) führen

---

SCHRITT 9

Raum und Zeit aus den Fugen

Die Lorentz-Transformationen, die wir im letzten Schritt aufgestellt haben, sind der Kern der Speziellen Relativitätstheorie. Mit ihnen wollten wir erreichen, dass sich Raum und Zeit von einem Koordinatensystem zum anderen gerade so transformieren, dass Licht in beiden Systemen die gleiche Geschwindigkeit c hat. Haben wir dieses Ziel erreicht? Betrachten wir noch einmal Abbildung 8.1 und nehmen an, S kicke einen Ball mit Geschwindigkeit u in x-Richtung. Welche Ball-Geschwindigkeit u' misst dann S'? Durch Einsetzen in die Lorentz-Transformationen finden wir das relativistische Additionsgesetz für Geschwindigkeiten (die genaue Herleitung findest du im Anhang):

$$u' = \frac{u - v}{1 - \frac{uv}{c^2}} \tag{1}$$

Für kleine Geschwindigkeiten u und v ist der Nenner ungefähr 1 und wir erhalten wieder das klassische Additionsgesetz $u' = u - v$, das wir intuitiv erwarten würden. Was wenn S, statt einen Ball zu kicken, mit einer Taschenlampe in x-Richtung leuchtet? Welche Geschwindigkeit hat der Lichtstrahl aus Sicht von S'? Wir setzen $u = c$ in (1) ein und lassen die Algebra für uns arbeiten:

$$u' = \frac{c - v}{1 - \frac{v}{c}} = \frac{c - v}{\left(\frac{c - v}{c}\right)} = c$$

Die Lorentz-Transformationen zwingen also tatsächlich Licht dazu, sich für jeden Beobachter mit Geschwindigkeit c zu bewegen! Das ist nicht überraschend, schließlich wurden sie aus genau dieser Annahme abgeleitet. Was man oben reinsteckt, kommt unten wieder raus. Wir zahlen allerdings einen Preis dafür: es gibt keine absolute Zeit mehr! In unterschiedlichen Bezugssystemen gehen Uhren unterschiedlich schnell. Wenn wir die erste der Lorentz-Transformationen in Koordinatendifferenzen ausdrücken $\Delta t' = \gamma \left(\Delta t - \frac{v}{c^2}\Delta x\right)$, gilt für eine in S ruhende ($\Delta x = 0$) Uhr:

$$\Delta t' = \gamma\,\Delta t = \frac{\Delta t}{\sqrt{1-\frac{v^2}{c^2}}} \qquad (2)$$

Wenn $\Delta t = 1\,\mathrm{s}$ auf der Uhr von S vergeht, vergeht für S' die Zeit $\Delta t'$, also etwas mehr als 1 s! Das heißt, aus Sicht von S' geht die Uhr von S zu langsam. Der Effekt ist allerdings für alltägliche Geschwindigkeiten zu vernachlässigen: bei $v = 100\,\mathrm{km/h}$ beträgt diese so genannte *Zeitdilatation* nur $10^{-14}\,\mathrm{s}$ (Aufgabe 9.1). Aus Sicht von S' ist seine eigene Uhr in Ruhe (in seinem Bezugssystem), die Uhr von S bewegt sich dagegen. Bewegte Uhren gehen langsamer als ruhende! Vielleicht, wirst du sagen, liegt es ja an den verwendeten Uhren. Könnten nicht spezielle physikalische Effekte der Mechanik der verwendeten Uhren an allem schuld sein? Nein, es ist die Zeit selbst, die für einen bewegten Beobachter langsamer vergeht, egal welche Uhr er verwendet. Es kann eine Wanduhr, eine Atomuhr oder eine Rolex sein — der Effekt ist immer der gleiche. Auch das biologische Altern des bewegten Beobachters ist gegenüber dem ruhenden Beobachter verlangsamt, weil jeder physikalische und chemische Prozess in seinem Körper gleichermaßen der Zeit unterliegt.

Aufgabe 9.1 (leicht): Was ist die Zeitdilatation a) für eine Geschwindigkeit von 100 km/h und b) für halbe Lichtgeschwindigkeit?

Die Aussage, dass bewegte Uhren langsamer gehen als ruhende, führt scheinbar in einen Selbstwiderspruch: Wenn die Uhr von S für S' langsamer geht, da S sich relativ zu S' bewegt, dann müsste auch die Uhr von S' für S langsamer gehen, da sich S' ja relativ zu S bewegt! Die Uhr von S müsste also zugleich langsamer und schneller gehen als die von S'. Generationen von Physikstudenten haben sich darüber den Kopf zerbrochen. Glaub mir, die Theorie ist widerspruchsfrei und tausendfach experimentell bestätigt. Ich werde den Widerspruch der Uhren gleich auflösen, aber ich brauche deine volle Konzentration. Also, keine Panik, hol dir noch einen Kaffee und stell die Musik leiser!

Um zur Gleichung (2) für $\Delta t'$ zu kommen war die Annahme entscheidend, dass die Uhr in S an ihrer Stelle bleibt, also $\Delta x = 0$. Für S' bewegt sich die Uhr von

S dagegen, das heißt $\Delta x' \neq 0$. Jetzt setzen wir den Versuch umgekehrt auf, d.h. S misst jetzt wie schnell die Uhr von S' tickt. Für die Uhr von S' gilt aber natürlich $\Delta x' = 0$, sie ruht ja in seinem Bezugssystem. Mithilfe der umgekehrten Lorentz-Transformation (x und t ausgedrückt durch x' und t') erhalten wir

$$\Delta t = \frac{\Delta t'}{\sqrt{1 - \frac{v^2}{c^2}}} \qquad (3)$$

und somit dauert eine Sekunde auf der Uhr von S' für S länger als eine Sekunde. Auch S würde also schlussfolgern, dass die von ihm aus bewegte Uhr langsamer geht als die eigene. (3) widerspricht (2) nur scheinbar, weil Δt und $\Delta t'$ jeweils anders definiert sind. Wir beschreiben zwei unterschiedliche Experimente, eines mit $\Delta x = 0$ und eines mit $\Delta x' = 0$. Verstanden? Wenn nicht, bist du in guter Gesellschaft. Lies einfach weiter, man kann den Rest des Buches auch ohne die Zeitdilatation verstehen.

Und falls du dir noch immer den Kopf darüber zerbrichst, welches mechanische Bauteil deiner Uhr für die mysteriöse Zeitdilatation verantwortlich sein könnte, stell dir die einfachste Uhr vor, die es geben kann: ein Elementarteilchen, das mit einer bestimmten Halbwertszeit zerfällt. Keine Bauteile, keine innere Struktur, einfach nur ein winziges, nacktes Teilchen! Und doch zeigt es die relativistische Zeitdilatation. Ein eindrucksvolles Beispiel sind Myonen, die durch Zerfallsprozesse kosmischer Protonen am Rand der Erdatmosphäre entstehen. Sie haben eine Lebensdauer von $2{,}2 \cdot 10^{-6}\,\mathrm{s}$.[14] Selbst wenn sie mit Lichtgeschwindigkeit unterwegs wären, würden sie klassisch die 30 Kilometer vom Rand der Atmosphäre bis zur Erdoberfläche nicht schaffen, sondern durchschnittlich schon nach 700 Metern zerfallen. Sie werden aber dennoch auf der Erde nachgewiesen! Aufgrund ihrer hohen Geschwindigkeit (annähernd Lichtgeschwindigkeit) vergeht die Zeit für die fliegenden Myonen aus Sicht eines auf der Erde ruhenden Beobachters viel langsamer. Das gibt ihnen den nötigen Aufschub, um die Erdoberfläche vor dem sicheren Zerfall zu erreichen. Das ist nur eines von unzähligen Beispielen, in denen die Zeitdilatation mit hoher Präzision nachgewiesen wurde.

[14] Greiner 1992

Oder nehmen wir Elementarteilchen, die jeder kennt: Photonen, die Teilchen, aus denen Licht besteht. Weißt du, warum sie stabil sind und nicht zerfallen? Ganz einfach: sie haben einfach keine Zeit dazu — für Teilchen, die sich mit Lichtgeschwindigkeit bewegen, steht die Zeit still! Wir sehen das an der Formel (2) für die Zeitdilatation:

$$\Delta t' = \frac{\Delta t}{\sqrt{1 - \frac{v^2}{c^2}}} \to \infty \qquad \text{für} \quad v \to c$$

Eine Sekunde für das Licht dauert für einen ruhenden Beobachter unendlich lang. Welche Halbwertszeit ein Photon auch immer haben könnte, wir würden es nie zerfallen sehen. Licht findet einfach keine Zeit zum Sterben! Es gibt dafür keinen eindrucksvolleren Beweis als die kosmische Hintergrundstrahlung. Sie besteht aus Photonen, die seit 14 Milliarden Jahren durch die Weiten des Kosmos rasen und bis heute nachweisbar sind (mehr dazu im fünften Teil des Buches).

Nicht nur Zeiten, auch Längen bewegter Beobachter werden deformiert! Objekte werden in ihrer Bewegungsrichtung aus Sicht eines ruhenden Beobachters kürzer. Ein Stab, der in S' ruht und die Länge L' hat, hat aus Sicht von S nur die Länge:

$$L = \frac{L'}{\gamma}$$

Diese so genannte *Längenkontraktion* lässt sich ähnlich wie die *Zeitdilatation* aus den Lorentztransformationen ableiten. Anstatt dich damit zu langweilen, schauen wir uns lieber eine faszinierende Konsequenz an. Vielleicht erinnerst du dich noch aus dem Physikunterricht daran, dass ein Stromkabel in seiner Umgebung ein Magnetfeld erzeugt. Die Feldlinien sind konzentrische Kreise in der Ebene senkrecht zum Kabel (Abbildung 9.1). Ein Elektron, das außen am Kabel entlang fliegt, erfährt aufgrund dieses Magnetfeldes eine so genannte *Lorentz-Kraft* (ja, der Mann hat nicht nur Transformationen entwickelt!) zum Kabel hin. Der Strom im Kabel wird durch Elektronen erzeugt, die sich durch einen Dschungel ruhender positiv geladener Atome bewegen. Nehmen wir der Einfachheit halber an, das Elektron, das außen am Kabel entlang fliegt, habe die gleiche Geschwindigkeit v wie die Elektronen im Kabel, die für den elektrischen Strom verantwortlich sind. Wenn wir jetzt in das Bezugssystem des Elektrons wechseln, also als Beobachter mit dem Elektron mitfliegen, dann sehen wir die Elektronen im Kabel in Ruhe, während die positiv geladenen Atome im Kabel sich jetzt relativ zu uns mit $-v$ bewegen. Daher werden die Abstände zwischen den positiv geladenen Atomen aufgrund der Längenkontraktion um einen Faktor $\sqrt{1-v^2/c^2}$ kürzer. Das heißt aber, dass die Dichte der positiven Ladungen, also die Ladung pro Volumen, (im Bezugssystem des vorbeifliegenden Elektrons) steigt. Die Elektronen im Kabel sind in diesem Bezugssystem dagegen in Ruhe und werden nicht längenkontrahiert. Ihre Ladungsdichte ist also unverändert. Unter dem Strich hat das Kabel aus Sicht des vorbeifliegenden Elektrons eine positive Nettoladung bekommen, weil die Dichte der positiven Ladungen jetzt höher als die der negativen Ladungen ist. Deswegen zieht das Kabel das Elektron an. In unserer Beschreibung taucht weit und breit kein Magnetfeld auf! Was klassisch als Lorentzkraft in einem Magnetfeld beschrieben wurde, stellt sich als die gute alte Coulombkraft heraus, die elektrische Anziehung entgegengesetzter Ladungen! Ob etwas ein magnetisches oder ein elektrisches Feld ist, liegt im Auge des Betrachters! Die beiden Phänomene sind zwei Seiten der gleichen Medaille. Schon Maxwell hatte einen engen Zusammenhang von Elektrizität und Magnetismus nachgewiesen. Einstein erkannte, dass die Vereinigung elektrischer und magnetischer Kräfte eine direkte Konsequenz der Vereinigung von Raum und Zeit ist. Damit gelang ihm die erste Vereinigung zweier Naturkräfte. Seither hat der Traum von der Vereinheitlichung der Naturkräfte die Physiker nie wieder losgelassen. Stephen Weinberg machte in den 1960er Jahren den nächsten Schritt. Er fand heraus, dass die elektromagnetische Kraft und die schwache Kernkraft, die beispielsweise bestimmten radioaktiven Zerfallsprozessen zugrunde liegt, zwei Aspekte derselben grundlegenden Kraft sind, die — wenig originell — *elektroschwache Kraft* getauft wurde. 1979 erhielt er dafür den Nobelpreis. Bis heute sind alle Versuche gescheitert, die dritte Naturkraft, die *starke Kernkraft*, mit der elektroschwachen zu einer „elektro-schwachen-starken“ Kraft zu verheiraten. Als noch widerspenstiger erweist sich die vierte Kraft, die *Gravitation*: bei ihr ist

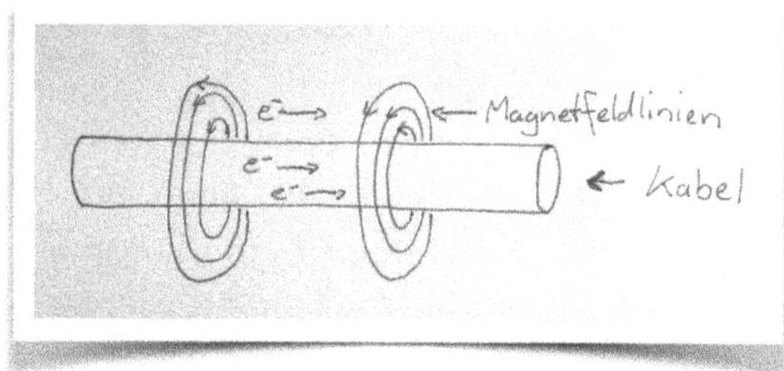

9.1: Magnetfeld eines Stromkabels

bis dato noch nicht einmal die Quantisierung gelungen — eine Voraussetzung dafür, eine Vereinigung mit den anderen Kräften auch nur zu versuchen.

SCHRITT 10

Lichtgeschwindigkeit = 1

Für Galilei und Newton waren Ort und Zeit ganz verschiedene Größen, die selbstverständlich in unterschiedlichen Einheiten zu messen waren. Auch heute würde man im Alltag kaum auf die Idee kommen, die Uhrzeit in Metern oder eine Entfernung in Sekunden anzugeben. Zwar stellt man einen engen Zusammenhang zwischen den Größen her, wenn man sagt: die Sportlerin A läuft 100 Meter in 10 Sekunden. Immer „10 Sekunden" statt „100 Meter" zu sagen, wäre aber nur sinnvoll, wenn es eine universelle Geschwindigkeit gäbe. Sportlerin B braucht vielleicht 11 Sekunden und schon ist die verstrichene Zeit kein gutes Längenmaß mehr!

In Einsteins Relativitätstheorie sieht die Welt anders aus. Die Lichtgeschwindigkeit ist für alle Beobachter die gleiche und damit gibt es einen natürlichen Umrechnungskurs von Entfernungen in Zeiten. Wir müssen uns eingestehen, dass wir alle, Newton, Galilei, du und ich sehr umständliche physikalische Einheiten verwendet haben. c fixiert den Wechselkurs zwischen Raum und Zeit ein für alle Mal. Die Wahl von Einheiten wie Meter oder Sekunde basiert auf menschlicher Konvention. Wer sollte uns also davon abhalten, eine neue Längeneinheit zu wählen, in der $c = 1$ ist? Statt in *Metern* drücken wir Längen einfach in *Lichtsekunden* aus, also der Distanz, die Licht in einer Sekunde zurücklegt, genauer 299.792.458 m. Wir schreiben eine Lichtsekunde genau wie die herkömmliche Zeiteinheit als $1s$. Mit dieser Längeneinheit ausgedrückt wird die Lichtgeschwindigkeit $c = \frac{1\mathrm{s}}{1\mathrm{s}} = 1$. Die Lichtgeschwindigkeit ist eine dimensionslose Größe geworden — so nennt man in der Physik Größen, die keine Einheit haben. Wie rechnet man in diesen *natürlichen Einheiten*? Eigentlich genauso wie vorher. Die Formeln ändern sich nicht, da man den verwendeten Variablen wie x oder t oder v ja nicht ansieht, in welchen Einheiten sie gemessen werden. Sobald wir aber konkrete Werte für die Variablen einsetzen, müssen wir aufpassen, dass wir konsequent in natürlichen Einheiten rechnen. Das bedeutet zum Beispiel, dass wir eine Länge in (Licht)Sekunden ausdrücken, also nicht 300 m sondern $10^{-6}\,\mathrm{s} = 0{,}000001\,\mathrm{s}$.

Geschwindigkeiten werden zu dimensionslosen Größen, tragen also keine Einheiten mehr, weil ein Weg in (Licht)Sekunden durch eine Zeit in Sekunden dividiert wird. Eine Geschwindigkeit wird jetzt als Bruchteil der Lichtgeschwindigkeit angegeben: fliegt eine Rakete mit 300 m/s, ist $v = \frac{0{,}000001\,\mathrm{s}}{1\,\mathrm{s}} = 0{,}000001$, also ein Millionstel der Lichtgeschwindigkeit. Wenn man will, kann man den Buchstaben c für die Lichtgeschwindigkeit in den Gleichungen stehen lassen, auch wenn man natürliche Einheiten verwendet. Wenn man einfache Formeln mit der ungetrübten Symmetrie räumlicher und zeitlicher Größen möchte, sollte man allerdings $c = 1$ setzen. Erst dann zeigen die Lorentz-Transformationen ihre volle Eleganz:

$$t' = \gamma\,(t - vx)$$
$$x' = \gamma\,(x - vt)$$

Wir werden ab jetzt in natürlichen Einheiten arbeiten. c wird nur noch ausnahmsweise in den Gleichungen auftauchen, zum Beispiel bei der Ableitung der berühmten Formel $E = mc^2$. Du wärst sicher enttäuscht, dort $E = m$ zu lesen, obwohl es völlig korrekt wäre.

In natürlichen Einheiten genießen Raum und Zeit endlich die volle demokratische Gleichberechtigung. Die Natur hat sie uns schon immer zugerufen, wir wollten bloß nicht hören. Raum und Zeit scheinen auf mysteriöse Weise aus dem gleichen „Stoff“ zu sein. Ob etwas Raum oder Zeit ist, liegt im Auge des Betrachters. Was ein Beobachter mit seiner Uhr misst, ist eine bestimmte Mischung der Zeit- *und* Raum-Koordinaten eines anderen Beobachters. Seine Sekunden sind eine Mischung der Sekunden und Meter des anderen. Solche Mischungen machen aber nur Sinn, wenn Zeit und Raum aus dem gleichen „Stoff“ sind. Äpfel und Birnen kann man nicht zusammenzählen!

SCHRITT 11

Die Geometrie der Ebene

Wir machen jetzt einen Ausflug in die Geometrie der Ebene. Es ist die Geometrie, die man sich auf einem Blatt Papier veranschaulichen kann. Deswegen ist es nicht besonders schwierig, aber dennoch vielleicht der wichtigste Schritt im ganzen Buch. Du lernst nämlich die *Metrik*, das zentrale geometrische Konzept des Buches, kennen!

Betrachte die Punkte P_1 und P_2 in Abbildung 11.1. Wie würdest du ihren Abstand ds aus den Koordinaten $P_1 = (x_1, y_1)$ und $P_2 = (x_2, y_2)$ berechnen? Genau, mit dem Satz von Pythagoras! Mit $dx = x_2 - x_1$ und $dy = y_2 - y_1$ erhält man den quadrierten Abstand:

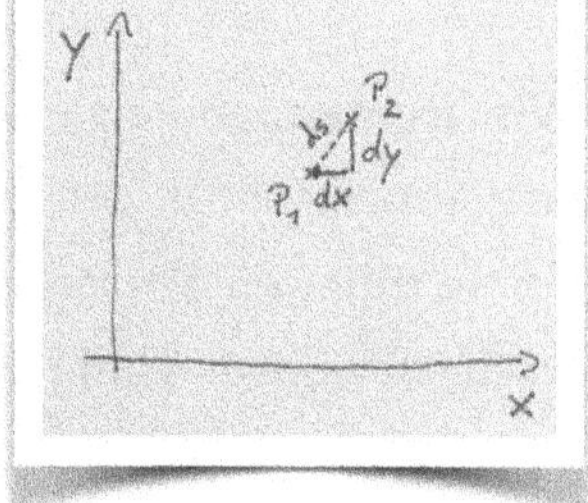

11.1: Abstand zweier Punkte

$$ds^2 = dx^2 + dy^2 \qquad (1)$$

Die Formel ist so einfach, weil die kartesischen Koordinaten x und y echte Abstände messen. Es gibt aber viele Möglichkeiten, Koordinaten für die Ebene zu definieren. Zum Beispiel *Polarkoordinaten*: ein Punkt wird jetzt beschrieben durch seinen Abstand r vom Ursprung und den Winkel ϕ zwischen der x-Achse und einer Geraden durch den betrachteten Punkt und den Ursprung. Betrachten wir einen konkreten Punkt P (Abbildung 11.2). Seine kartesischen Koordinaten sind $x = 1$ und $y = 1$, seine Polarkoordinaten $r = \sqrt{2}$ und $\phi = \pi/4$. Zurück zu unseren Punkten P_1 und P_2. Wie berechne ich den Abstand, wenn die Punkte in Polarkoordinaten angegeben sind? Man würde vielleicht eine zu (1) analoge Formel erwarten:

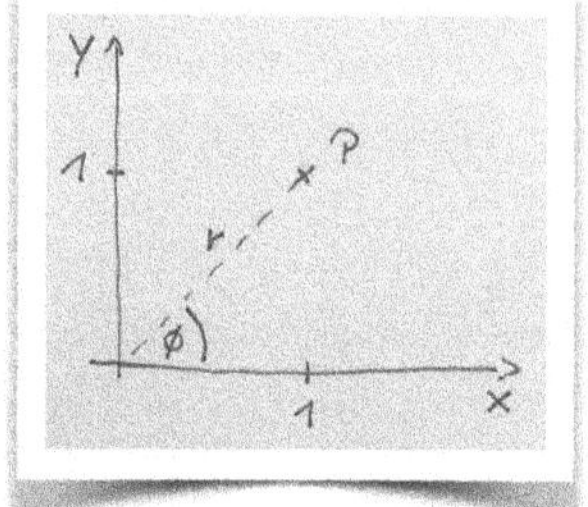

11.2: Polarkoordinaten

$$ds^2 = dr^2 + d\phi^2 \quad ???$$

Aber das ist falsch! Die Koordinate ϕ misst einen Winkel und keine Längen. Um die richtige Formel für den Abstand der Punkte zu finden, müssen wir wieder den Satz des Pythagoras auf ein passendes rechtwinkliges Dreieck anwenden. Aus Abbildung 11.3 lesen wir ab:

$$ds^2 = dr^2 + r^2 d\phi^2 \qquad (2)$$

Da Polarkoordinaten krummlinige Koordinaten sind und $rd\phi$ streng genommen nicht die Seitenlänge des kleinen Dreiecks sondern eine Bogenlänge ist, gilt (2) nur näherungsweise. Allerdings wird die Näherung für beliebig kleine Abstände beliebig genau. Was lernen wir aus diesem simplen Beispiel? Man kann den Abstand zwischen Punkten durch ihre Koordinatendifferenzen ausdrücken, aber die Formel hängt von den gewählten Koordinaten ab. Ein Koordinatensystem kann man sich als Netz von Etiketten vorstellen, das man über die Ebene wirft, um jeden Punkt eindeutig zu bezeichnen. Die Ebene und die Punkte, aus denen sie besteht, existiert unabhängig von diesen Koordinaten. Ich kann eine Sache unterschiedlich benennen, es bleibt immer die gleiche Sache. Das mag banal klingen, ist aber entscheidend. Nicht die Koordinatendifferenzen wie $d\phi$, sondern ds ist der wahre Abstand, den wir mit Zollstöcken messen würden. ds^2 ausgedrückt durch die Koordinatendifferenzen heißt *Metrik* oder *Linienelement* und ist das zentrale mathematische Konzept der Relativitätstheorie. Natürlich spielt sich die Einsteinsche Theorie nicht in der zweidimensionalen Ebene sondern der vierdimensionalen Raumzeit ab, aber das Prinzip ist das gleiche: die Metrik gibt an, wie man aus den Koordinatendifferenzen zweier Punkte ihren wahren Abstand errechnen kann. In ihr steckt die gesamte Geometrie eines Raumes. Wenn ich weiß, wie ich den Abstand benachbarter Punkte berechne, kann ich Längen und Winkel messen, Kreise und andere Formen definieren — sprich ich kann geometrische Aussagen machen.

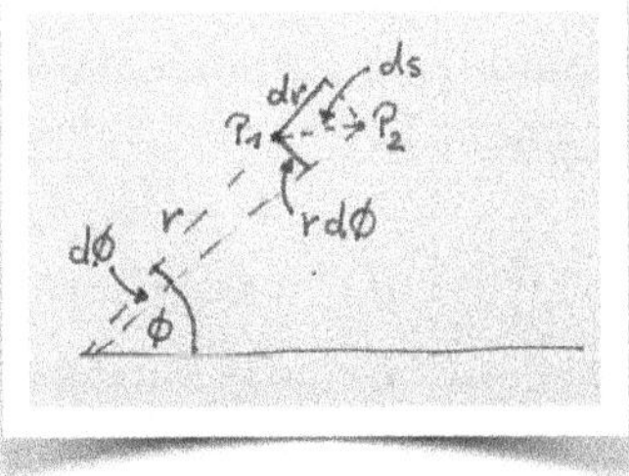

11.3: Abstand in Polarkoordinaten

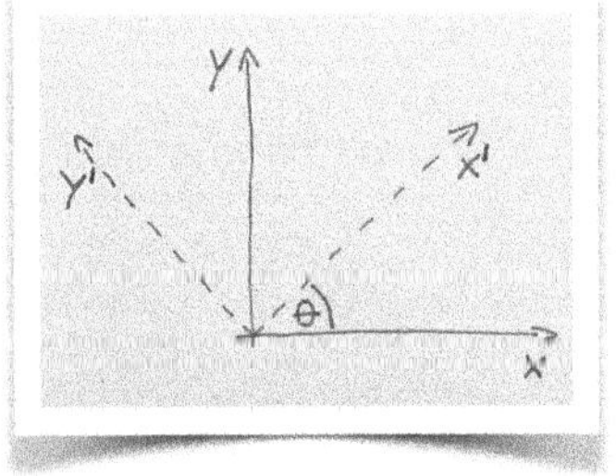

11.4: Drehung der Koordinaten

Wenn ds^2 den wahren Abstand zweier benachbarter Punkte misst, darf es natürlich nicht von der Wahl der Koordinaten oder der Ausrichtung der Koordinatenachsen abhängen. Betrachten wir als Beispiel wieder kartesische Koordinaten x und y und nehmen an, wir hätten auf unserem Papier die beiden Koordinatenachsen gezeichnet, etwa so wie in Abbildung 11.1. Jetzt beschließen wir plötzlich — warum auch immer —, die Koordinatenachsen um einen Winkel θ gegen den Uhrzeigersinn zu drehen, so wie in Abbildung 11.4. Im Ergebnis haben wir neue Koordinaten x' und y' eingeführt. Wie kann man die neuen Koordinatenabstände dx' und dy' mithilfe der alten dx und dy ausdrücken? Die Antwort ist:

$$\begin{aligned} dx' &= \cos\theta\, dx + \sin\theta\, dy \\ dy' &= -\sin\theta\, dx + \cos\theta\, dy \end{aligned} \tag{3}$$

Die Ableitung dieser *Koordinatentransformation* ist nicht besonders schwierig, aber eher uninteressant. Du findest sie im Anhang und es lohnt sich einen kurzen Blick darauf zu werfen, um zu sehen, dass hier nichts Mysteriöses passiert. Schließlich ist unser Anspruch, dass Formeln nicht einfach so vom Himmel fallen. Entscheidend ist aber das Ergebnis: die neuen Koordinaten sind eine Mischung der alten: dx' ist ein bisschen von dx plus ein bisschen von dy. Und entsprechend für dy'. Eine ähnliche Situation ist uns schon bei den Lorentz-Transformationen in Schritt 8 begegnet: auch dort waren die neuen Koordinaten t' und x' eine Mischung der alten t und x. Du solltest nicht zu schnell über diese Analogie hinweglesen — sie wird uns noch beschäftigen.

Was passiert mit ds^2, wenn wir zu den neuen Koordinaten x' und y' übergehen? Es gilt natürlich auch der Satz von Pythagoras:

$$ds'^2 = dx'^2 + dy'^2$$

In Aufgabe 11.1 drückst du ds'^2 durch die alten Koordinaten aus. Das Ergebnis:

$$ds'^2 = dx'^2 + dy'^2 = dx^2 + dy^2 = ds^2 \tag{4}$$

Aufgabe 11.1 (mittel): Zeige mithilfe von (3), dass (4) gilt: $ds'^2 = ds^2$

Das heißt: Die Orientierung der Achsen ändert zwar das „Mischungsverhältnis“ von dx^2 und dy^2. Die Summe $dx^2 + dy^2$ und damit ds^2 bleibt dabei immer gleich. Der Abstand ds zweier Punkte hängt nicht von der Koordinatenwahl ab! Anschaulich war das zu erwarten: Der Abstand ist real, die Koordinaten sind nur von uns erfunden.

Wir werden in diesem Buch schrittweise zu komplizierteren Metriken und schließlich zur Geometrie unseres Universums vorstoßen. Wenn es dir irgendwann einmal zu abstrakt wird, hilft es an die einfache Metrik der Ebene zurückzudenken.

SCHRITT 12

Einstein erfindet eine Uhr

Nachdem er am Polytechnikum in Zürich sein Fachlehrerdiplom für Mathematik und Physik gemacht hat, bewirbt sich Albert Einstein erfolglos als wissenschaftlicher Assistent an verschiedenen Universitäten. Schließlich verhilft ihm ein Freund zu einer Anstellung als „Technischer Experte dritter Klasse" am Schweizer Patentamt in Bern. Dieser am Arbeitsmarkt schwer zu vermittelnde und in der Wissenschaft komplett unbekannte junge Fachlehrer veröffentlicht 1905 in kurzer Folge vier Arbeiten, die die Physik revolutionieren. Im März legt er mit seiner Erklärung des photoelektrischen Effekts einen Grundstein der Quantenmechanik. Im Mai weist er mit einer Arbeit zur Brownschen Molekülbewegung die Existenz von Atomen nach. Und im Juni 2005 veröffentlicht er die Spezielle Relativitätstheorie, kurz darauf gefolgt von einer Arbeit, die die Äquivalenz von Energie und Masse ($E = mc^2$) beweist. Innerhalb von vier Monaten hebt ein völliger Außenseiter die klassische Physik aus den Angeln und katapultiert die Naturwissenschaft ziemlich unsanft ins 20. Jahrhundert. Einsteins wissenschaftliche Leistung in der ersten Hälfte des Jahres 1905 sprengt jede Vorstellungskraft. Dabei fehlen ihm die typischen Qualifikationen eines guten Physikers. Er tut sich nicht durch ausgeklügelte Experimente hervor und höhere Mathematik ist ihm gründlich suspekt, ja regelrecht zuwider. Einstein sitzt einfach in seinem Büro im Patentamt — und denkt nach. Er stellt Fragen, die vor ihm keiner gestellt hat, und beantwortet sie allein mithilfe von Gedankenexperimenten. Als „Technischem Experten dritter Klasse" stehen ihm keine teuren Messgeräte und Laboratorien zur Verfügung. Aus der Not macht er eine Tugend und entwickelt wissenschaftliche Theorien allein durch Nachdenken.

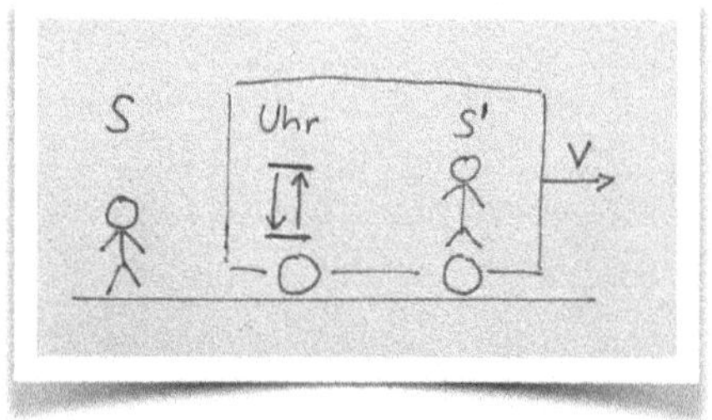

12.1: Die Uhr eines verrückten Patentanwalts

Hier ist eines seiner folgenschwersten Gedankenexperimente: Er fragt sich, was die Konstanz der Lichtgeschwindigkeit für die Messung der Zeit in relativ zueinander bewegten Bezugssystemen bedeutet. Eine Frage, die ihn schließlich zur Speziellen Relativitätstheorie führt. Zur Beantwortung denkt er sich eine komplett unrealistische Uhr aus, die jedem Experimentalphysiker den Schweiß auf die Stirn treiben würde: Sie besteht aus zwei Spiegeln, zwischen denen ein Lichtblitz hin und her pendelt (Abbildung 12.1). Jedes Mal, wenn das Licht den oberen Spiegel erreicht, macht die Uhr „Tick". Die Anzahl der Ticks gibt die verstrichene Zeit an. Wer braucht da noch eine Armbanduhr? Weil wir die Zeitmessung in verschiedenen Bezugssystemen vergleichen wollen, betrachten wir wieder die Beobachter S und S' aus Schritt 7 und verfrachten die Uhr unseres verrückten Patentanwalts auf den fahrenden Zug von S'. Für S' bewegt sich die Uhr nicht, er erwartet den zeitlichen Abstand

$$\Delta t' = \frac{2L}{c'} \tag{1}$$

zwischen zwei Ticks. Für S bewegt sich die Uhr (als Teil des vorbeifahrenden Zuges) und das Licht hat daher einen weiteren Weg zwischen zwei Ticks zurückzulegen (Abbildung 12.2). Er erwartet eine längere Dauer zwischen den Ticks:

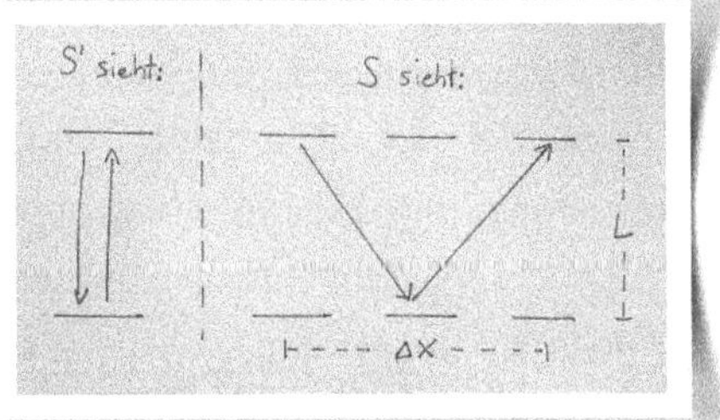

12.2: Was S und S' sehen

$$\Delta t = \frac{\sqrt{(2L)^2 + \Delta x^2}}{c} \tag{2}$$

Die alles entscheidende Annahme ist wieder, dass die Lichtgeschwindigkeit in beiden Bezugssystemen gleich ist: $c' = c$! Durch Umformungen, die jeder Zehntklässler machen kann, erhalten wir aus (1) und (2):

$$c^2\Delta t'^2 = (2L)^2 \qquad \text{bzw.} \qquad c^2\Delta t^2 - \Delta x^2 = (2L)^2$$

Da die rechten Seiten beider Ausdrücke gleich sind, müssen es auch die linken Seiten sein:

$$c^2\Delta t'^2 = c^2\Delta t^2 - \Delta x^2$$

Wir schreiben jetzt wieder dt statt Δt und dx statt Δx:

$$c^2 dt'^2 = c^2 dt^2 - dx^2$$

Man verwendet das „d“ immer dann, wenn die Aussagen nur für beliebig kleine (*infinitesimale*) Abstände stimmen, was später bei gekrümmten Räumen der Fall ist. Hier hilft es einfach nur die Schreibweise zu vereinheitlichen. Damit das ganze symmetrischer aussieht, können wir auf der linken Seite noch dx'^2 abziehen. Da $dx' = 0$ (für den Beobachter im Zug ist die Uhr ja in Ruhe!), stimmt die Gleichung dann immer noch:

$$c^2dt'^2 - dx'^2 = c^2dt^2 - dx^2 \tag{3}$$

Wir könnten auch noch einen dritten Beobachter S'' betrachten, der im offenen Cabriolet neben dem Zug her fährt (aber mit einer anderen Geschwindigkeit als der Zug). Auch für ihn würde (3) gelten, nur mit dt'' und dx''. Die Schlussfolgerung: Wenn die Lichtgeschwindigkeit in allen Bezugssystemen gleich ist, dann ist auch die Größe $c^2dt^2 - dx^2$ in allen Bezugssystemen gleich. Um diese Aussage zu treffen, musste Einstein nicht einmal sein Büro im Patentamt verlassen. Und dennoch hat sie tiefgreifende Konsequenzen für die Geometrie der Raumzeit! Übrigens kann man Gleichung (3) auch als Ausgangspunkt für die Ableitung der Lorentz-Transformationen verwenden. In Aufgabe 12.1 gehst du den umgekehrten Weg und leitest (3) aus den Lorentz-Transformationen her.

Aufgabe 12.1 (mittel): Zeige, dass die Invarianz von $c^2dt^2 - dx^2$ direkt aus den Lorentz-Transformationen folgt.

Betrachten wir jetzt zwei Ereignisse A und B in der Raumzeit, zum Beispiel

A = Blitz schlägt im Haus von Herrn Müller ein

B = Herr Müller klingelt bei Frau Meier

Zwei Physikerinnen beobachten das Ganze: Eine steht vor Herrn Müllers Haus, die andere fliegt mit nahezu Lichtgeschwindigkeit über das Haus. Sie werden sich beim räumlichen Abstand dx und beim zeitlichen Abstand dt der Ereignisse A und B nicht einigen können, also bei der Frage, wie weit die Orte, an denen A und B passieren, auseinander liegen, und der Frage, wieviel Zeit zwischen A und B verstrichen ist. Aber bei der Kombination $c^2dt^2 - dx^2$ schon. Das heißt: Setzen sie ihre jeweiligen gemessenen Werte für dx und dt in die Formel $c^2dt^2 - dx^2$ ein, erhalten sie genau den gleichen Wert! Im letzten Schritt haben wir ein ähnliches Phänomen kennengelernt: Der Abstand zweier Punkte in der Ebene

$$ds^2 = dx^2 + dy^2 \tag{4}$$

ist immer gleich, egal ob ich die Koordinaten x und y oder die dazu gedrehten Koordinaten x' und y' verwende. Um die Parallelen noch offensichtlicher zu machen, multiplizieren wir $c^2dt^2 - dx^2$ mit -1 und nennen das Ganze ds^2. Außerdem arbeiten wir ab jetzt in Einheiten, in denen $c = 1$ ist (du erinnerst dich an Schritt 10?):

$$ds^2 = -dt^2 + dx^2 \tag{5}$$

Jetzt erkennt man die volle Analogie zwischen (4) und (5). Nur das Minuszeichen ist neu und das hat gravierende physikalische Folgen, wie wir in Schritt 14 sehen werden. Jetzt fügen wir noch die anderen Raumdimensionen y und z hinzu. Da wir von einem isotropen (in allen Richtungen gleichartigen) Raum ausgehen, müssen y und z auf gleiche Weise wie x in das Linienelement eingehen:

$$ds^2 = -dt^2 + dx^2 + dy^2 + dz^2 \tag{6}$$

Wir können diese Gleichung als einen verallgemeinerten Satz von Pythagoras für die vierdimensionale Raumzeit ansehen.

SCHRITT 13

Geometrie und Kausalität in der Raumzeit

Von Stund' an sollen Raum für sich und Zeit für sich völlig zu Schatten herabsinken und nur noch eine Art Union der beiden soll Selbständigkeit bewahren. Hermann Minkowski, 1908[15]

Die vierdimensionale Raumzeit ist der Rahmen, in dem sich die Physik und unser Leben abspielen. Der dreidimensionale Raum ist nur *eine* Seite dieses Rahmens. Die Lorentz-Transformationen lehren uns, dass sich Raum und Zeit ineinander „umwandeln" lassen. Wir müssen daher die Zeit als vierte Dimension zum dreidimensionalen Raum hinzufügen, um ein vollständiges Bild der Realität zu bekommen. Ein vierdimensionales Gebilde können wir uns weder vorstellen noch zweidimensional auf ein Stück Papier bringen. Wir beschränken uns daher in den Abbildungen der Raumzeit auf die Zeit und ein oder zwei Raumdimensionen. Meistens reicht das schon, um das Wesentliche zu erfassen. Wenn uns eine Raumdimension genügt, wählen wir für die Raumdimension x die horizontale und für die Zeit t die vertikale Achse. Wenn wir eine weitere Raumdimension hinzunehmen wollen, stellen wir x und y als Ebene (als „Boden" unseres Koordinatensystems) und die Zeit t als vertikale Achse dar (Abbildung 13.1). Ein Punkt (t, x, y, z) in der Raumzeit ist kein Ort (wie im dreidimensionalen Raum) sondern eine Kombination eines Ortes mit einem Zeitpunkt. Wie im echten Leben nennt man etwas, das an einem bestimmten Ort zu einer bestimmten Zeit passiert, ein *Ereignis*. Es ist wichtig sich klarzumachen, dass sich *Ereignisse* eindeutig, sprich unabhängig vom Beobachter, definieren lassen. Unterschiedliche Beobachter werden diesen Ereignissen dann allerdings unterschiedliche Koordinaten geben.

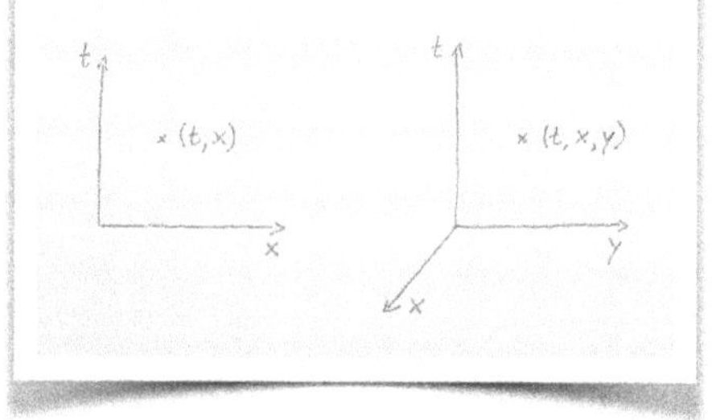

13.1: Die Raumzeit auf einem Blatt Papier

[15] Minkowski 1909

Gleichung (12.6) gibt der Raumzeit eine beobachterunabhängige Abstandsdefinition für Ereignisse. Abstände im dreidimensionalen Raum sind positive Zahlen. Wenn der räumliche Abstand null ist, wissen wir, dass beide Punkte in Wahrheit der gleiche Punkt sind. Bei raumzeitlichen Abständen gibt es nach Gleichung (12.6) drei Möglichkeiten:

$ds^2 < 0$: *zeitartige* Abstände

$ds^2 = 0$: *lichtartige* Abstände

$ds^2 > 0$: *raumartige* Abstände

Wenn zwei Ereignisse A und B in der Raumzeit einen zeit- oder lichtartigen Abstand haben, ist es im Prinzip möglich ein Signal von einem Ereignis zum anderen zu senden. Bei raumartigen Abständen ist das unmöglich: ein Signal von einem Ereignis müsste schneller als Licht reisen, um das andere Ereignis zu erreichen!

Stell dir vor, du sitzt am Steuer eines Raumschiffs und kannst in jeder beliebigen Richtung im Raum bei jeder beliebigen Geschwindigkeit (natürlich kleiner als c) umherfliegen. Irgendwann löst du mit der Blitzfunktion deiner Handykamera einen Lichtblitz aus. Das Licht bewegt sich dann in allen Raumrichtungen mit Lichtgeschwindigkeit von dir weg. In einem x-t-Diagramm (mit nur einer Raum-Dimension) ist der Weg des Lichts in positiver und negativer x-Richtung je eine Gerade, die einen 45-Grad-Winkel sowohl mit der x- als auch mit der t-Achse bildet (Abbildung 13.2). Warum 45 Grad? Wir arbeiten ja in Einheiten, in denen $c = 1$ ist, messen beispielsweise die Zeit in Sekunden und Entfernungen in Lichtsekunden. In 1 Sekunde legt das Licht 1 Lichtsekunde zurück — die rechte Gerade im Diagramm geht also durch den Punkt ($x = 1$, $t = 1$). Deswegen 45 Grad!

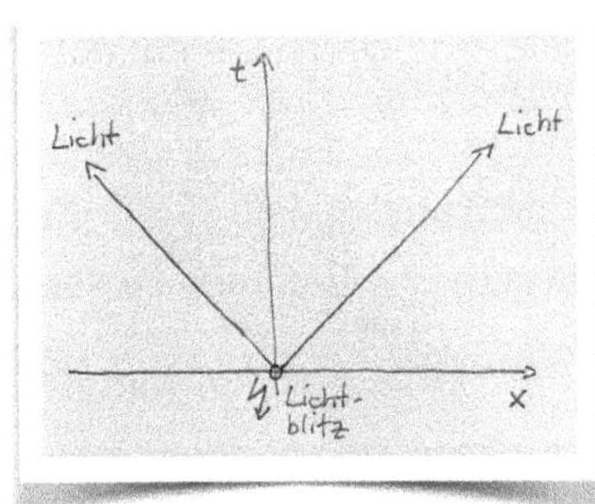

13.2: Lichtkegel dargestellt mit einer Raumdimension

Du kannst versuchen dem Licht hinterher zu fliegen, wirst es aber nie einholen. Dir steht für deine Flugmanöver nur der Bereich zwischen den beiden Wegen des Lichts, der so genannte *Lichtkegel*[16], zur Verfügung. Der Bereich außerhalb des Lichtkegels (also der Bereich links von der linken und rechts von der rechten Geraden) ist für dich unerreichbar, denn um dort hin zu gelangen müsstest du schneller als Licht sein. Das Innere des Lichtkegels ist deine *Zukunft* — die Gesamtheit aller Raumzeit-Punkte, die du erreichen kannst. Umgekehrt liegen alle Raumzeit-Punkte, sprich Ereignisse, die dich in irgendeiner Form zum Zeitpunkt des Lichtblitzes beeinflussen können, auf oder in einem umgedrehten, in negativer t-Richtung offenen Lichtkegel (Abbildung 13.3). Dieser Bereich der Raumzeit ist deine *Vergangenheit*. Bei Ereignissen außerhalb des Lichtkegels kann man gar nicht eindeutig entscheiden, ob sie früher oder später als der Lichtblitz passieren. Es hängt ganz davon ab, wen man fragt! Stell dir vor, in zehn Metern Entfernung produziert jemand anderes ebenfalls einen Lichtblitz, und zwar nach deiner Uhr zur gleichen Zeit $t = 0$. Ein Beobachter, der sich mit Geschwindigkeit v in positiver x-Richtung bewegt, würde den zweiten Lichtblitz aber aufgrund der Lorentz-Transformationen zu einer anderen Zeit

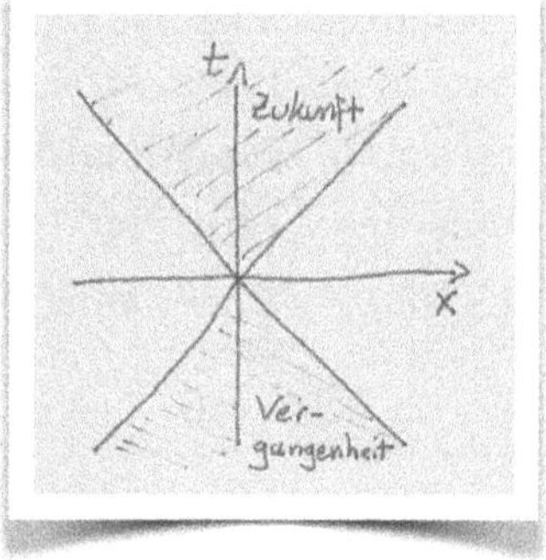

13.3: Vergangenheit und Zukunft

$$t' = \gamma\,(t - vx) = -\,\gamma vx < 0$$

messen. Für ihn würde der andere Lichtblitz vor deinem stattfinden! Ein dritter Beobachter, der sich mit $-v$ relativ zu dir, also in negativer x-Richtung bewegt, würde dagegen

$$t' = \gamma\,(t - (-v)x) = \gamma vx > 0$$

messen. Für ihn würde der andere Lichtblitz nach deinem stattfinden! Angesichts dieser Relativität der zeitlichen Reihenfolge sollte dir ziemlich mulmig werden! Stell dir vor, jemand wirft dir einen Ball zu und du fängst ihn auf. Wenn ein bewegter Beobachter eine andere zeitliche Reihenfolge beobachten würde — also der Ball aufgefangen würde, bevor ihn jemand geworfen hätte —, würde der Kausalzusammenhang komplett auf den Kopf gestellt. Die Relativitätstheorie droht zu absurden Ergebnissen zu führen!

[16] Würde man zwei Raumdimensionen (etwa x und y) im Diagramm darstellen, würde sich das Licht auf einer kegelförmigen Fläche bewegen, daher der Name *Lichtkegel*.

Keine Panik! Die zeitliche Reihenfolge zweier Ereignisse ist nur dann beobachterabhängig, wenn ihr Abstand raumartig ist, ein Ereignis also außerhalb des Lichtkegels des anderen liegt. In dem Fall können die beiden Ereignisse einander aber ohnehin nicht beeinflussen, weil nicht einmal Licht schnell genug wäre, von einem Ereignis zum anderen zu gelangen. Die Kausalität bleibt gewahrt: Entweder ein Ereignis liegt im Zukunftslichtkegel des anderen und die zeitliche Abfolge hängt nicht vom Beobachter ab. Oder ein Ereignis liegt außerhalb des Lichtkegels des anderen und es ist ohnehin keine Kausalität zwischen ihnen möglich. Die Region außerhalb seines Lichtkegels ist für einen Beobachter *akausal*: Ereignisse in ihr können mit ihm nie in einem kausalen Zusammenhang stehen. Er erfährt nichts über diese Region und kann ihr auch nichts mitteilen.

SCHRITT 14

Zeitreisen

Ich zeige dir jetzt, wie man eine Zeitmaschine baut, mit der man in die Zukunft reisen kann. Stell dir einen Beobachter S' vor, der auf einer beliebigen Kurve durch die Raumzeit reist (Abbildung 14.1). Eine solche Kurve durch die Raumzeit nennt man *Weltlinie*. S' ist beschleunigt (zu erkennen an der gebogenen Weltlinie) und somit kein inertialer Beobachter. Ein zweiter Beobachter S befinde sich im Koordinatensystem (ct, x, y, z) in Ruhe, seine Weltlinie ist eine vertikale Gerade. Aus Schritt 12 wissen wir, dass sich beide Beobachter über den raumzeitlichen Abstand zweier unmittelbar benachbarter Ereignisse B und C auf der Weltlinie von S' einig sind:

$$ds^2 = -dt^2 + dx^2 + dy^2 + dz^2 = -dt'^2 + dx'^2 + dy'^2 + dz'^2 = ds'^2$$

S' ist in seinem eigenen Bezugssystem in Ruhe (es reist ja mit ihm mit!). Das heißt, seine räumlichen Koordinaten verändern sich nicht: $dx' = dy' = dz' = 0$.

$$ds'^2 = -dt'^2$$

Diese Gleichung ist interessant: die Uhr eines bewegten Beobachters misst den invarianten Abstand der Ereignisse auf seiner Weltlinie! Anders ausgedrückt: unterschiedliche Beobachter werden alle den gleichen Abstand ds^2 zwischen B und C berechnen, aber jeder wird eine *andere* Mischung aus räumlichem und zeitlichem Abstand dt feststellen. Der Beobachter, dessen Weltlinie B und C verbindet, misst das extremste Mischungsverhältnis: für ihn ist der Abstand zwischen B und C rein zeitlich. Die Zeit auf seiner Uhr misst die Länge seiner Weltlinie! Wir nennen die Zeit, die ein Beobachter auf seiner eigenen Uhr misst, seine

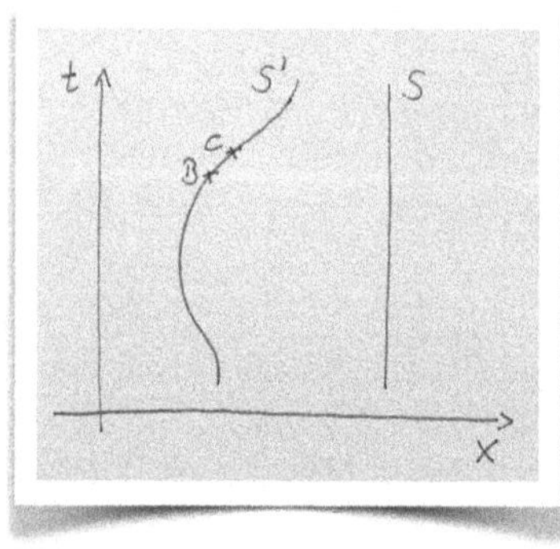

14.1: Eigenzeit

Eigenzeit und schreiben τ statt t:

Eigenzeit: $$d\tau^2 = -\,ds^2 \qquad (1)$$

Wir formen weiter um, wobei wir uns auf eine Dimension beschränken:

$$d\tau^2 = -\,ds^2 = dt^2 - dx^2 = dt^2\left(1 - \left(\frac{dx}{dt}\right)^2\right) = dt^2\,(1 - v^2)$$

Und nach Ziehen der Wurzel:

$$d\tau = dt\,\sqrt{1 - v^2} \qquad (2)$$

Auch wenn wir dieses Ergebnis mit nur einer Raumdimension hergeleitet haben, gilt es für Geschwindigkeiten in jeder beliebigen Raumrichtung: die Eigenzeit eines mit Geschwindigkeit v bewegten Beobachters vergeht um einen Faktor $\sqrt{1 - v^2}$ langsamer als die Zeit eines ruhenden Beobachters. Eigentlich wussten wir das schon, es ist wieder die Zeitdilatation bewegter Beobachter (Gleichung 9.2 mit $c = 1$). Diesmal gilt sie allerdings noch allgemeiner, nämlich auch für einen beschleunigten (nicht-inertialen) Beobachter auf einer beliebigen Weltlinie. Stell dir vor, du fliegst in einem Raumschiff zum Mars und wieder zurück zur Erde, während deine Zwillingsschwester auf der Erde bleibt. Nehmen wir an, dein Raumschiff fliege mit konstanter Geschwindigkeit hin und zurück. Dann sieht deine Reise im Bezugssystem deiner Zwillingsschwester aus wie in Abbildung 14.2 dargestellt. Während für sie auf der Erde zwischen deiner Abreise und Rückkehr eine Zeit Δt vergeht, misst deine Uhr die kürzere Zeit $\Delta\tau$:

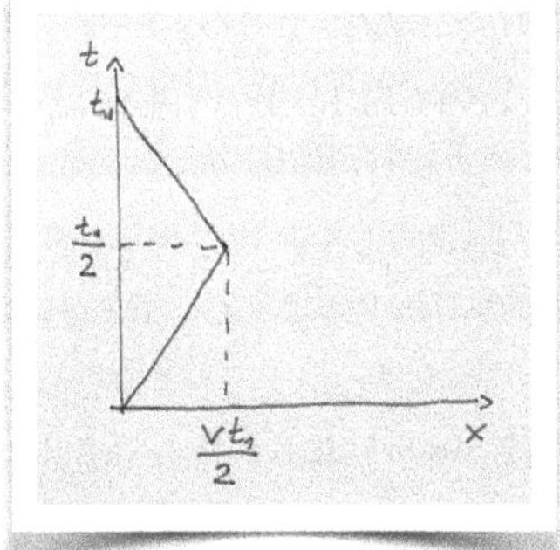

14.2: Zwillingsparadox

$$\Delta\tau = \Delta t\,\sqrt{1 - v^2} < \Delta t \qquad (3)$$

Zwar wechselt die Geschwindigkeit am Umkehrpunkt der Reise die Richtung und aus v wird $-v$. Aber da die Geschwindigkeit quadriert wird, „merkt“ die Formel nichts von dem Vorzeichenwechsel. Aus (3) folgt, dass du während deiner Reise weniger alterst als deine zu Hause gebliebene Schwester. Das ist das *Zwillingsparadox*. Es heißt Paradox, weil es das Relativitätsprinzip zu verletzen scheint: Aus deiner Sicht entfernt sich deine Schwester nämlich mitsamt der Erde erst von dir und bewegt sich dann wieder auf dich zu — also im Grunde genauso wie deine Schwester deine Bewegung wahrnimmt. Es gibt aber einen objektiven Unterschied: deine Schwester ist ein unbeschleunigter[17] (inertialer) Beobachter, du dagegen nicht — du musst nämlich am Umkehrpunkt einmal deine Geschwindigkeit ändern (also beschleunigen). Die Spezielle Relativitätstheorie behauptet nur, dass alle inertialen Beobachter gleichwertig sind. Die Tatsache, dass eine Uhr gegenüber der anderen nachgeht, ist also kein Widerspruch. Das Zwillingsparadox lässt sich leicht auf beliebige Reiserouten verallgemeinern — vorausgesetzt du kehrst am Ende wieder zum Ausgangspunkt zurück. Die verstrichene Eigenzeit entspricht der Länge der Weltlinie gemessen gemäß der raumzeitlichen Längenformel $d\tau^2 = -ds^2 = dt^2 - dx^2 - dy^2 - dz^2$. Während für den ruhenden Beobachter dt^2 vergeht, misst der reisende Beobachter auf seiner Uhr stets eine kürzere Zeit, da seine Ortsveränderung $dx^2 + dy^2 + dz^2$ von dt^2 abgezogen wird. Das macht die Längenmessung in der Raumzeit so gewöhnungsbedürftig: jeder Umweg zwischen zwei Punkten (Ereignissen) ist kürzer als der direkte Weg! In der Raumzeit müssen wir immer wieder gegen unsere Intuition ankämpfen. Der Satz des Pythagoras steckt einfach zu tief in uns drin.

Im Prinzip ermöglicht dieser Effekt eine Zeitmaschine. Man steige in ein Raumschiff und fliege mit annähernd Lichtgeschwindigkeit kreuz und quer durchs Weltall. Wenn man dann nach einigen Jahren zurückkehrt, sind auf der Erde ein paar Jahre mehr vergangen als man selbst gealtert ist. Man wäre also effektiv in die Zukunft gereist. Mit heutiger Raumfahrttechnologie könnte man höchstens ein paar Sekunden in die Zukunft reisen. Prinzipiell spricht aber physikalisch nichts dagegen, auch Jahre in die Zukunft zu reisen. Es hängt alles davon ab, auf welche Geschwindigkeiten wir in der Zukunft Raumschiffe beschleunigen können. Könnten wir beispielsweise 95% der Lichtgeschwindigkeit erreichen, wären wir nach einem Tag Rundreise durchs Weltall bei unserer Rückkehr auf der Erde zwei Tage in die Zukunft gereist. Zeitreisen in die Zukunft sind also nur ein *technisches* Problem, *physikalisch* steht ihnen nichts im Wege. Bei Zeitreisen in die Vergangenheit sieht es anders aus: hier gibt es physikalische Hindernisse, die wahrscheinlich unüberwindbar sind. Wir werden darauf in Schritt 61 noch einmal zurückkommen.

---

[17] Das stimmt natürlich nur näherungsweise, weil die Erde ja um die Sonne kreist. Wenn dich das stört, dann stell dir vor, deine Schwester lebe auf einer unbeschleunigten Raumstation im intergalaktischen Raum.

PAUSE

Zeitlupenwesen

Stell dir die Situation in der Abbildung vor: am Ursprung eines ebenen Koordinatensystems steht eine Kiste, die du aus einer gewissen Entfernung in x-Richtung anschaust (Blickwinkel 1). Du siehst nur die Seite „y" und für dich besteht — aus diesem Blickwinkel — die Kiste nur aus dieser Seite. Nun wechselst du den Standpunkt und betrachtest die Kiste aus dem um den Winkel θ gedrehten Blickwinkel 2. Jetzt siehst du eine Kombination der Seiten „x" und „y"! Eine ziemlich banale Erkenntnis: wenn du aus verschiedenen Blickwinkeln auf einen Gegenstand schaust, siehst du seine Seiten zu unterschiedlichen Anteilen. Das Gleiche passiert, wenn man auf die Zeit aus unterschiedlichen „Blickwinkeln" schaut. Zunächst bewege man sich nicht relativ zur betrachteten Uhr und messe die Zeit t. Dann bewege man sich mit konstanter Geschwindigkeit v relativ zur Uhr. Jetzt misst man plötzlich eine Zeit t', die nicht nur von der Zeit t im Bezugssystem der Uhr sondern nun auch vom Ort x der Uhr abhängt! Wie bei der Kiste im vorigen Beispiel ist die gemessene Zeit plötzlich eine Kombination der Koordinaten t und x des ruhenden Systems, und zwar gemäß der Lorentz-Transformation:

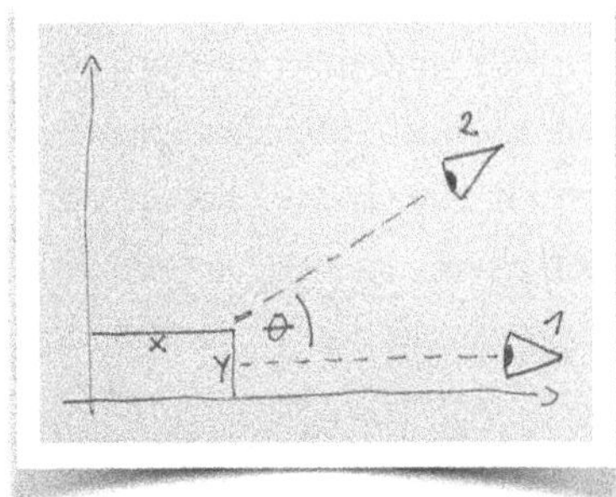

Kiste aus zwei Blickwinkeln

$$t' = \gamma\,(t - vx) \tag{1}$$

Wahrscheinlich findest du den Vergleich zwischen der Zeitmessung bewegter Beobachter und den Dimensionen einer Kiste aus unterschiedlichen Blickwinkeln etwas weit hergeholt. Mathematisch sind die beiden Situationen aber tatsächlich sehr ähnlich: man kann eine Lorentz-Transformation als eine Art „Drehung" in der x-t-Ebene auffassen, wobei der Drehwinkel kein gewöhnlicher Winkel sondern die Geschwindigkeit des Beobachters ist. Während wir problemlos unseren *räumlichen* Blickwinkel ändern können und —

in unserem Beispiel — um die Kiste herumgehen können, fällt es uns schwer mit halber Lichtgeschwindigkeit an den Dingen vorbeizufliegen, um die Vermischung von Raum- und Zeitkoordinaten wahrzunehmen! Weil wir so unglaublich langsam unterwegs sind (im Verhältnis zur Lichtgeschwindigkeit), bemerken wir bei der Zeitmessung im Alltag nichts von der Beimischung der x-Koordinate nach (1).

Betrachten wir noch einmal natürliche Einheiten, in denen $c = 1$ ist. Eine Lichtsekunde sind fast 300.000 Kilometer — mehr als 20 mal der Durchmesser der Erde! Das ist nach unseren Maßstäben eine ziemlich lange Strecke. Und deswegen ist eine Lichtsekunde meistens ein unpraktisches Längenmaß. Wenn man Raum und Zeit in gleichen Einheiten messen will, hat man es entweder mit riesigen Entfernungen oder winzigen Zeitintervallen zu tun. Was wir als kurz oder lang empfinden, ist natürlich relativ. Dass wir eine Lichtsekunde oder 300.000 Kilometer als riesige Entfernung empfinden, liegt daran, dass wir uns so langsam bewegen. Würden wir mit halber Lichtgeschwindigkeit durch den Alltag rasen, wäre eine Lichtsekunde für uns ein Katzensprung. Und die merkwürdigen relativistischen Effekte wie Zeitdilatation oder Längenkontraktion wären für uns eine alltägliche Selbstverständlichkeit. Jedes kleine Kind wäre damit vertraut. Einstein zeigt uns, dass die Natur in ganz anderen Geschwindigkeiten denkt als wir. Und weil wir wahrhafte Zeitlupenwesen sind, konnten wir so lange nicht erkennen, dass Raum und Zeit aus dem gleichen Stoff gemacht sind!

SCHRITT 15

Die Taylorreihe

Du legst heute einen Euro zu einem festen Zinssatz von 2% an. Wieviel Geld hast du nach drei Jahren? Du wirst wahrscheinlich im Kopf überschlagen, dass du pro Jahr etwa 2 Cent Zinsen bekommen und nach drei Jahren insgesamt 1,06 Euro besitzen wirst. Dabei unterschlägst du zwar die Zinseszinsen, aber der Fehler ist nicht groß. Machen wir die exakte Rechnung. Für den Zinssatz schreiben wir x, für das Guthaben nach drei Jahren $f(x)$:

$$f(x) = (1 + x)^3 = 1 + 3x + 3x^2 + x^3$$

Mit dem angenommenen Zinssatz von $x = 2\,\% = 0{,}02$ erhalten wir $f(0{,}02) = 1{,}0612$, also ziemlich nahe an unserer Schätzung von 1,06. Man erkennt, was bei der Abschätzung passiert: wir berücksichtigen nur die Terme bis zur einfachen Potenz („linearer Term"), also $1 + 3x$, und vernachlässigen höhere Potenzen. Dass die Abschätzung so gut ist, hängt entscheidend davon ab, dass x klein ist. Probier die Abschätzung für $x = 2$ aus und du wirst sehen, dass es schiefgeht. Der Grund ist natürlich, dass für $x < 1$ die höheren Potenzen immer unwichtiger werden: $x > x^2 > x^3$. Für $x > 1$ gilt dagegen $x < x^2 < x^3$. Das heißt, die höheren Potenzen spielen eine große Rolle und können nicht vernachlässigt werden. Das Rezept lautet also „Funktion als Summe von Potenzen schreiben und für kleine x durch die ersten zwei oder drei Terme der Reihe abschätzen".

Funktioniert das auch für eine beliebige Funktion wie zum Beispiel $f(x) = \sin x$? In dieser Frage stecken eigentlich zwei Fragen. Erstens: Lässt sich $f(x) = \sin x$ als Summe von Potenzen schreiben? Und zweitens: liefern die ersten zwei oder drei Terme schon eine gute Abschätzung?

Beginnen wir mit der ersten Frage. In der Tat lassen sich die meisten halbwegs „normalen" Funktionen als *Potenzreihe* darstellen, allerdings braucht man im allgemeinen eine unendliche Reihe (das heißt: beliebig hohe Potenzen x^n):

$$f(x) = a_0 + a_1 x + a_2 x^2 + \ldots + a_n x^n + \ldots . \qquad (1)$$

Aber wie findet man die Zahlen a_0, a_1 etc.? Für $x = 0$ ergibt sich sofort $f(0) = a_0$. Um weiterzukommen berechnen wir die Ableitung von $f(x)$:

$$f'(x) = a_1 + 2a_2 x + 3a_3 x^2 + \ldots$$

Wir lesen ab, dass $f'(0) = a_1$. Damit haben wir auch den zweiten Koeffizienten gefunden! Die weiteren Koeffizienten lassen sich ähnlich bestimmen, man berechnet einfach die höheren Ableitungen an der Stelle $x = 0$ und erhält $a_2 = \frac{f''(0)}{2}$ und $a_3 = \frac{f'''(0)}{6}$ und so weiter. Man erkennt schnell das „Muster“: Im Nenner von a_3 steht $6 = 3 \cdot 2$, im Nenner von a_4 steht $24 = 4 \cdot 3 \cdot 2$ etc. Der Koeffizient der n-ten Ableitung ist einfach das Produkt aller Zahlen von 1 bis n. Dafür gibt es eine Abkürzung, nämlich $n!$, gesprochen „Fakultät n“. Im Ergebnis erhalten wir die so genannte *Taylor-Reihe* der Funktion:

$$f(x) = f(0) + f'(0)\,x + \frac{f''(0)}{2} x^2 + \ldots + \frac{f^{(n)}(0)}{n!} x^n + \ldots \qquad (2)$$

Funktionen, die von vorne herein nur aus Potenzen von x bestehen, — so genannte Polynome — sind natürlich ihre eigenen Taylorreihen. Bei ihnen besteht die Reihe nur aus endlich vielen Gliedern, so wie bei der „Zinsfunktion“ $(1 + x)^3 = 1 + 3x + 3x^2 + x^3$ am Anfang dieses Schritts. Für andere Funktionen wie $\sin x$ oder e^x braucht man dagegen eine unendliche Reihe. Aber hat eine unendliche Reihe wie (2) überhaupt einen festen Wert? Schließlich hört sie ja nie auf — man addiert immer weiter. Führt das nicht dazu, dass sie immer weiter wächst? Nicht wenn die Glieder schnell genug gegen 0 gehen! Ein Beispiel:

$$\sum_{k=0}^{\infty} x^k \qquad \text{mit } 0 < x < 1 \qquad (3)$$

Falls du das merkwürdige Symbol links nicht kennst: es ist eine Abkürzung für die unendliche Summe des Ausdrucks dahinter, wobei k alle ganzen Zahlen ab 0 durchläuft, also $1 + x + x^2 + x^3 + \ldots$. Das ∞-Symbol deutet an, dass die Summe nie aufhört, sondern „bis unendlich“ geht. Auf den ersten Blick würde man vermuten, dass die Summe beliebig groß wird, weil man ja immer weiter addiert. Andererseits werden die Beiträge immer kleiner, weil $x > x^2 > x^3 \ldots$, da wir $0 < x < 1$ annehmen. Aber werden die Beiträge „schnell genug“ kleiner, damit die unendliche Summe gegen einen festen Wert konvergiert? Das finden wir mit einem Trick heraus: Wir multiplizieren (3) mit $(1 - x)$ und schauen, was passiert:

$$(1-x)\sum_{k=0}^{\infty} x^k = (1-x)(1+x+x^2+\ldots)$$
$$= 1 - x + x - x^2 + x^2 - x^3 + \ldots = 1$$

Die Ausdrücke heben sich jeweils paarweise auf, so dass nur die 1 übrig bleibt. Das heißt:

$$\sum_{m=0}^{\infty} x^m = \frac{1}{1-x} \tag{4}$$

Ganz schön clever, oder? Wir haben ohne viel Rechnen herausgefunden, dass die unendliche Reihe (3) in der Tat gegen einen festen Wert konvergiert, solange $0 < x < 1$. Aber gilt das auch für die Taylor-Reihe einer beliebigen Funktion? Nein, man muss das für jede Funktion überprüfen. Die gute Nachricht: für die meisten Funktionen konvergiert (2).

Damit kommen wir zur zweiten Frage: Liefern die ersten zwei oder drei Terme schon eine gute Abschätzung der Funktion? Das hängt davon ab, wie gut „gut genug“ ist. Für kleine x liefert meistens schon der lineare Term eine brauchbare Näherung der Funktion — jedenfalls brauchbar für Physiker. Wenn Physiker einer komplizierten Funktion begegnen, ist der erste Reflex die Taylor-Reihe bis zum linearen Glied zu betrachten um ein Gefühl für die Funktion zu bekommen. Oft reicht das schon völlig aus. Weite Teile der Physik konnten nur mithilfe der Taylor-Reihe erschlossen werden. Die moderne Theorie der Elementarteilchen, die so genannte Quantenfeldtheorie, beruht im wesentlichen auf einer Taylor-Entwicklung des Problems!

Um ein Gefühl für die ersten Glieder einer Taylor-Reihe zu bekommen, betrachten wir als Beispiel die Sinusfunktion $f(x) = \sin x$. Die erste Ableitung ist $f'(x) = \cos x$ und damit $f'(0) = 1$. Damit erhalten wir als erste Glieder der Taylorreihe:

$$\sin x = f(0) + f'(0)\,x + \ldots = 0 + 1 \cdot x + \ldots = x + \ldots$$

Bis zum lineare Glied haben wir also die Abschätzung $\sin x \approx x$. Wie gut diese Abschätzung ist, sehen wir in der zweiten Abbildung auf der nächsten Seite. Die weiteren Glieder sehen so aus:

$$\sin x = x - \frac{x^3}{6} + \frac{x^5}{120} - \ldots$$

In den Abbildungen auf der nächsten Seite siehst du, wie die Näherungen schrittweise immer besser werden. Die Taylor-Reihe bis x^{13} ist von der Sinusfunktion mit bloßem Auge schon nur noch ab etwa $x > 5$ zu unterscheiden. Man kann sich vorstellen, dass der Genauigkeit keine Grenzen gesetzt sind, wenn man immer höhere Potenzen der Entwicklung hinzunimmt.

Auch wenn man sich als Physiker schnell daran gewöhnt, alles Mögliche als Taylor-Reihe zu entwickeln, bleibt die Sache doch etwas rätselhaft. Die Reihe verwendet nur Werte der Funktion und ihrer Ableitungen an einem Punkt, zum Beispiel $x = 0$. Wie kann es sein, dass sich aus dieser „lokalen" Information die ganze Funktion rekonstruieren lässt? Enthält die unmittelbare Umgebung eines einzigen Punktes schon die gesamte Information der Funktion? In etwa so, wie jede Zelle des menschlichen Körpers die vollständige Erbinformation und damit die Bauanleitung für den ganzen Körper enthält? Bohrt man mathematisch tiefer, stellt man fest, dass der Raum der reellen Zahlen „zu klein" ist um das größere Ganze zu erkennen. Erst wenn man Funktionen nicht mehr auf den herkömmlichen Zahlenstrahl beschränkt sondern in die komplexe Ebene (siehe Schritt 27) ausdehnt, entfalten sie ihre volle Schönheit und Struktur. Auch die Taylor-Reihe folgt dann ganz natürlich. Aber das ist ja schließlich kein Buch über höhere Mathematik.

Aufgabe 15.1: Zeige, dass $\sqrt{4+x} = 2 + \frac{1}{4}x - \frac{1}{32}x^2 + \ldots$ Das heißt, berechne die ersten drei Glieder der Taylor-Reihe von $f(x) = \sqrt{4+x}$.

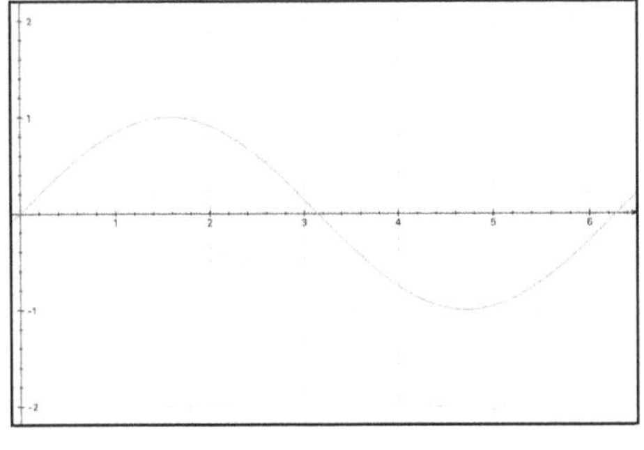

15.1: sin x

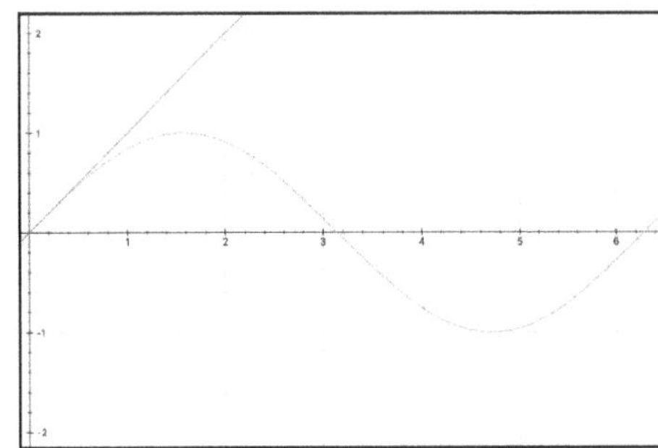

15.2: Taylor-Reihe bis x vs. sin x

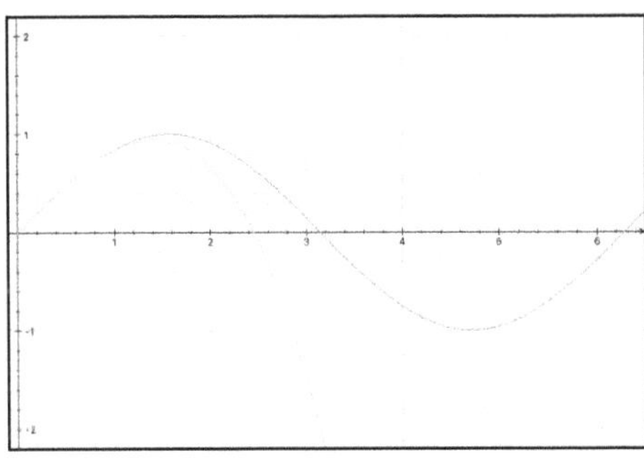

15.3: Taylor-Reihe bis x^3 vs. sin x

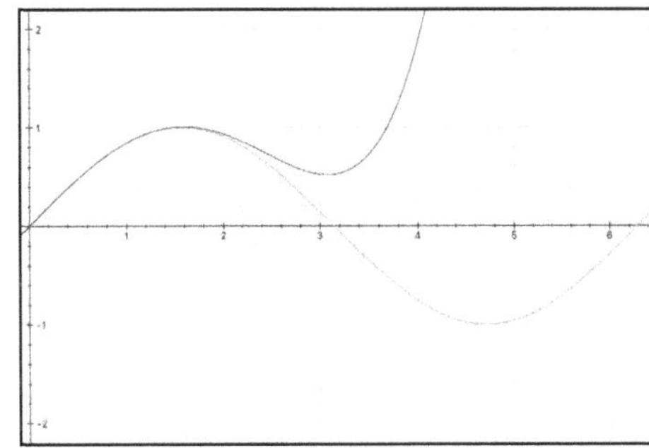

15.4: Taylor-Reihe bis x^5 vs. sin x

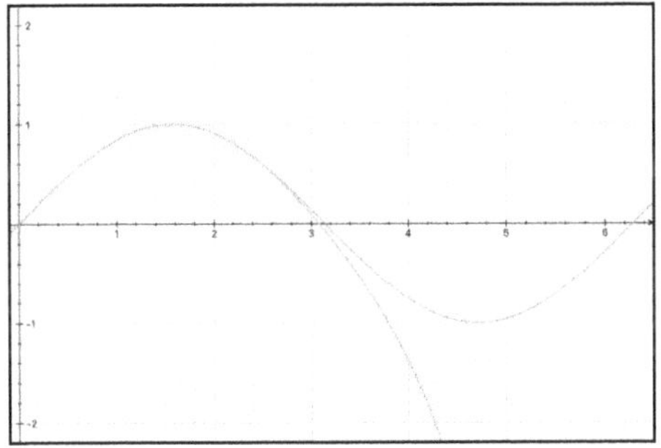

15.5: Taylor-Reihe bis x^7 vs. sin x

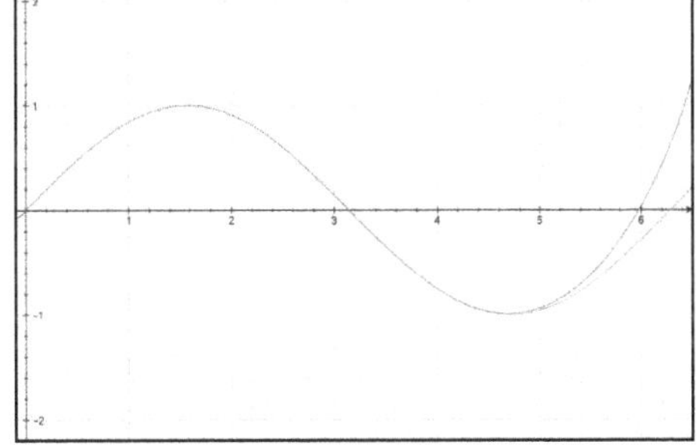

15.6: Taylor-Reihe bis x^{13} vs. sin x

SCHRITT 16

$E = mc^2$

Wenn du bis hierher durchgehalten hast, bist du schon ziemlich weit gekommen: du kannst jetzt Einsteins berühmteste Formel nachvollziehen! Erinnerst du dich an den Impuls in der Newtonschen Mechanik? Das war einfach die Masse des Körpers multipliziert mit seiner Geschwindigkeit:

$$\textbf{Impuls (klassisch):} \qquad \boldsymbol{P} = m\boldsymbol{v} = m\frac{d\boldsymbol{x}}{dt} \tag{1}$$

Die fett gedruckten Größen sagen uns, dass es sich wieder um eine Vektor-Gleichung, also eigentlich drei Gleichungen für die drei Komponenten handelt: zum Beispiel $P_1 = m\frac{dx_1}{dt}$ und entsprechend für die zweite und dritte Komponente. Was könnte die relativistische Verallgemeinerung davon sein? Ein Dreiervektor wie $\boldsymbol{P}$ ist keine gute Größe — wir haben ja gesehen, dass wir immer eine zeitartige Komponente brauchen, um das vollständige Bild zu bekommen. Wir suchen also einen Vierervektor — ein Objekt, das sich beim Wechsel zu einem bewegten Beobachter S' genau wie (t, x, y, z) gemäß den Lorentztransformationen verändert. Für die räumlichen Dimensionen dieses noch unbekannten „Viererimpulses" könnten wir es mit $m\frac{d\boldsymbol{x}}{dt}$ versuchen. $\boldsymbol{x}$ hat zwar die richtigen Transformationseigenschaften, seine Ableitung nach t aber sicher nicht: t verändert sich ja beim Beobachterwechsel auch und $\frac{d\boldsymbol{x}}{dt}$ hätte ein ziemlich kompliziertes Transformationsverhalten. Wir brauchen die Ableitung von $\boldsymbol{x}$ nach einer Variablen, die nicht vom Beobachter abhängt. Genau diese Eigenschaft hat die Eigenzeit τ ! Also definieren wir $m\frac{d\boldsymbol{x}}{d\tau}$ als den räumlichen Teil des gesuchten Viererimpulses. Was ist dann seine 0-Komponente? Es bleibt nicht mehr viel Auswahl: Wenn wir einen Vierervektor wollen, der sich wie $(t, \boldsymbol{x})$ transformiert und dessen räumliche Komponenten $m\frac{d\boldsymbol{x}}{d\tau}$ sind, müssen wir als 0-Komponente natürlich $m\frac{dx_0}{d\tau}$ wählen. Insgesamt ergibt sich somit

$$\textbf{Viererimpuls (relativistisch):} \qquad P^\mu = m\frac{dx^\mu}{d\tau} \tag{2}$$

Wenn du dich über den griechischen Index μ wunderst, lies nochmal in Schritt 6 nach: Vierervektoren werden im Gegensatz zu räumlichen Vektoren oder Dreiervektoren wie $\boldsymbol{P}$ nicht durch Fettdruck oder einen lateinischen Index gekennzeichnet sondern durch einen griechischen Index. Und noch eine Eigenheit: Wir haben den Index μ oben „angeklebt". Das hat einen tieferen mathematischen Grund, den wir aber getrost ignorieren können.

Was ist die physikalische Interpretation der 0-Komponente P^0 des relativistischen Impulses (2)? Die Ableitung der Zeitkoordinate $x^0 = ct$ nach der Eigenzeit, was könnte das sein? Wir verwenden $d\tau = dt\sqrt{1 - v^2}$ (Gleichung 14.2) und zeigen ausnahmsweise c in der Formel (wie sollen wir $E = mc^2$ aus Formeln ohne c ableiten?) und erhalten

$$cP^0 = mc^2\frac{dt}{d\tau} = \frac{mc^2}{\sqrt{1 - \frac{v^2}{c^2}}} = mc^2 + \frac{1}{2}mv^2 + \ldots \tag{3}$$

wobei wir im letzten Schritt $(1 - \frac{v^2}{c^2})^{-\frac{1}{2}}$ als Taylor-Reihe dargestellt haben. Der zweite Term ist nichts anderes als die klassische kinetische Energie! Der erste Term ist neu, hat aber ebenfalls die Dimension einer Energie. Wir kommen also zu der ziemlich überraschenden Erkenntnis, dass die zeitartige Komponente des Impulses multipliziert mit c die Energie des Körpers ist! Sie hat einen Anteil, der unabhängig von der Geschwindigkeit ist, und auch einem ruhenden Körper innewohnt, die so genannte *Ruheenergie*:

$$\textbf{\textit{Ruheenergie}}: \quad E = mc^2 \tag{4}$$

Diese Formel ist ein fester Teil der Popkultur geworden und zweifellos die berühmteste Gleichung der Physik. Ihre Aussage ist bestechend einfach: jeder Körper besitzt einen Energieinhalt, der sich aus der Masse mal der Lichtgeschwindigkeit im Quadrat errechnet. Die klassische Physik hat keinerlei Erklärung für diese Energie. Dabei handelt es sich nicht um eine kleine Korrektur, sondern um eine gigantische Energiemenge, die jede bekannte klassische Energie eines Körpers lächerlich klein erscheinen lässt. Ein Beispiel: nehmen wir an, ein Körper der Masse 1 kg bewege sich mit
20 km/h. Dann ist seine kinetische Energie $E = \frac{1}{2}mv^2 = 15{,}5\,\text{Joule}$ und seine Ruheenergie $E = mc^2 = 4{,}5 \cdot 10^{16}\,\text{Joule}$. Die Ruheenergie ist etwa 10^{15} (eine 1

mit 15 Nullen!) mal größer als die kinetische Energie! Diese Tatsache brachte Physiker in den Dreißigerjahren des letzten Jahrhunderts auf die Idee Atombomben zu entwickeln. Mehr Energie heißt mehr Zerstörung und 10^{15} mal soviel Energie heißt 10^{15} mal soviel Zerstörung.

Um ein Gefühl für diese merkwürdige Formel zu entwickeln, schauen wir uns ein paar konkrete Anwendungen an. Beginnen wir mit dem Zerfall eines Teilchens. Viele der bekannten Elementarteilchen leben nicht ewig, sondern zerfallen mit einer charakteristischen Halbwertszeit in andere Teilchen. Nehmen wir an, ein ruhendes Teilchen der Masse m_1 zerfalle in zwei Teilchen der Massen m_2 und m_3 (Abbildung 16.1). Es gilt Energieerhaltung $E_1 = E_2 + E_3$ und da $v_1 = 0$:

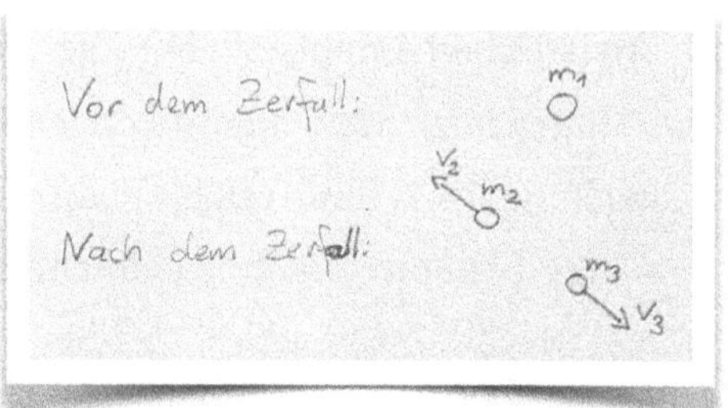

16.1: Ein Teilchen zerfällt

$$m_1 c^2 = m_2 c^2 + \frac{1}{2} m_2 v_2^2 + m_3 c^2 + \frac{1}{2} m_3 v_3^2 \qquad (5)$$

wobei wir Terme höherer Ordnung in den Geschwindigkeiten weglassen. Daraus folgt $m_1 \geq m_2 + m_3$ (Aufgabe 16.1). Ein ruhendes Teilchen kann also nur in Teilchen zerfallen, deren Massen zusammen nicht größer sind als die Masse des Ausgangsteilchens. Der Massenüberschuss $\Delta m = m_1 - m_2 - m_3$ wird dann in die kinetische Energie der Teilchen 2 und 3 umgewandelt. Das erklärt die Wärmeentwicklung in nuklearen Endlagern. Dort lagern Atomkerne, die in kleinere Atomkerne zerfallen. Die kinetische Energie der Spaltprodukte äußert sich als Wärmeenergie.

Aufgabe 16.1 (leicht): Warum folgt aus (5), dass $m_1 \geq m_2 + m_3$, dass also ein ruhendes Teilchen nur in Teilchen zerfallen kann, deren Massen zusammen nicht größer sind als die Masse des Ausgangsteilchens?

Nachdem wir den Zerfall eines Atomkerns in dreißig Sekunden erklärt haben, handeln wir in den nächsten dreißig Sekunden auch gleich noch Kernfusion und Kernspaltung ab. Warum kann man aus manchen Atomkernen Energie herausholen, indem man sie zu einem größeren Kern fusioniert, und aus anderen, indem man sie spaltet? Atomkerne bestehen aus *Nukleonen,* sprich Protonen und Neutronen. Die Gesamtzahl der Nukleonen bleibt bei einer Kernfusion oder -spaltung unverändert. Die Masse eines Atomkerns ist allerdings kleiner als die Summe der Massen seiner Nukleonen. Dieser so genannte Massendefekt (multipliziert mit c^2) ist nichts anderes als die Bindungsenergie des Kerns. Das ist leicht zu verstehen: Ein Atomkern ist als Bindungszustand ein energetisch günstigerer Zustand als die freien, ungebundenen Nukleonen. Das heißt, bei der Bildung eines Atomkerns wird eine gewisse Bindungsenergie frei. Nach $E = mc^2$ entspricht diese freiwerdende Energie einem Massenverlust des entstandenen Kerns im Vergleich zu den Ausgangsnukleonen. Diese Bindungsenergie und damit den Massenverlust je Nukleon für die unterschiedlichen chemischen Elemente — geordnet von leicht nach schwer — zeigt Abbildung 16.2. Die Kurve steigt bis zum Element Eisen an und fällt dann wieder ab. Wenn ich zwei leichtere Atomkerne nehme und sie zu einem Eisenkern fusioniere, setzt die Reaktion Energie frei, weil der entstehende Atomkern weniger Masse (sprich Energie) als die Summe der Ausgangskerne enthält. Beginne ich dagegen mit schwereren Elementen als Eisen, werde ich mich mit der Fusion schwertun: ich befinde mich dann auf dem „absteigenden Ast“ der Kurve, das heißt ich müsste in den Prozess Energie hineinstecken! Stattdessen ist bei schweren Elementen „rechts“ vom Eisen die Aufspaltung in zwei kleinere Kerne vorteilhaft. Kernfusion bis zum Eisen, Kernspaltung darüber! Das hat dramatische Konsequenzen für die chemische Zusammensetzung unseres Planeten: die Elemente bis zum Eisen entstehen durch Fusionsprozesse in Sternen. Eisen ist der Endpunkt dieser Prozesse und daher besonders häufig im Universum (und auf der Erde). Die

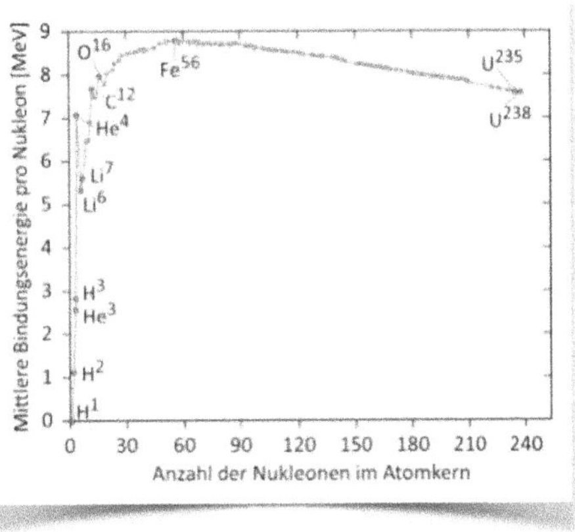

16.2: Mittlere Bindungsenergien der Elemente
Quelle: lp.uni-goettingen.de/

schwereren Elemente entstehen nur in kleinen Mengen in gewaltigen Sternexplosionen, so genannten *Supernovae,* bei denen soviel Energie freigesetzt wird, dass auch energieverbrauchende Fusionsprozesse stattfinden können.

Aufgabe 16.2 (mittel)[18]: Bei den Fusionsprozessen in der Sonne wird etwa 0,5 % der Masse der fusionierenden Teilchen in Energie umgewandelt. Die Sonneneinstrahlung auf der Erde beträgt etwa 1500 Watt pro Quadratmeter. Die Erde ist rund 150 Millionen Kilometer von der Sonne entfernt und die Sonne hat eine Masse von $2 \cdot 10^{30}$ kg. Schätze auf Basis dieser Informationen ab, wie lange die Sonne noch scheinen kann.

---

[18] Diese Aufgabe habe ich aus Greiner 1992 übernommen

Teil 3: Raum und Zeit verbogen

Einsteins Allgemeine Relativitätstheorie

Eine Beobachtung anstelle einer Einleitung

Nimm zwei Steine in die Hand, einen leichteren und einen schwereren, und lass beide gleichzeitig fallen. Trotz ihres unterschiedlichen Gewichts werden sie gleichzeitig am Boden ankommen. Wenn du Zweifel hast, nimm das Experiment mit der Zeitlupenfunktion auf, die viele Handy-Kameras besitzen. Die Tatsache, dass unterschiedlich schwere Objekte gleich schnell fallen, wird dich vielleicht nicht gerade umhauen. Sollte es aber. Ich werde dir in diesem Teil des Buches zeigen, wie man allein aus dem freien Fall zweier Steine ableiten kann, dass wir in einer gekrümmten Raumzeit leben.

SCHRITT 17

Der kürzeste Weg nach New York

Was ist der kürzeste Weg von Neapel nach New York? Die beiden Städte liegen ungefähr auf dem gleichen Breitengrad, also liegt die Antwort nahe: man bewege sich einfach auf diesem Breitengrad von einer Stadt zur anderen — also auf Weg A in Abbildung 17.1. Eine Pilotin würde allerdings eher Weg B nehmen, obwohl das auf der Weltkarte klar nach einem Umweg aussieht. Warum? Weil das in Wahrheit die kürzeste Strecke ist und sie so Kerosin und Zeit sparen kann. Eine flache Karte einer gekrümmten Oberfläche beruht immer auf einer Koordinatenwahl und stellt nicht alle Abstände „treu" dar. Die Breitengrade sind zwar gerade Linien und somit kürzeste Verbindungen auf einer *Karte*, auf der *Erde* sind sie das jedoch nicht. In der Nähe des Nordpols wird das schnell klar. Wählen wir zwei Punkte A und B, die auf einem arktischen Breitengrad „einander gegenüber", d.h. 180 Grad auseinander, liegen. Dann ist anschaulich klar, dass der direkte Weg von A nach B über den Nordpol führt, und der über den Breitengrad ein ziemlicher Umweg wäre (Abbildung 17.2). Aber wie findet man die kürzeste Strecke zwischen zwei *beliebigen* Punkte auf der Kugeloberfläche? Indem man den entsprechenden Abschnitt auf dem *Großkreis* wählt, der durch die beiden Punkte geht. *Großkreise* sind die größtmöglichen Kreise auf der Kugel, also solche mit *Kreis*radius = *Kugel*radius. Breitengrade auf dem Globus sind mit Ausnahme des Äquators keine Großkreise, Längengrade dagegen immer. Jeder ebene Schnitt durch eine Kugel, der durch ihren Mittelpunkt geht, schneidet die Kugeloberfläche in einem Großkreis.

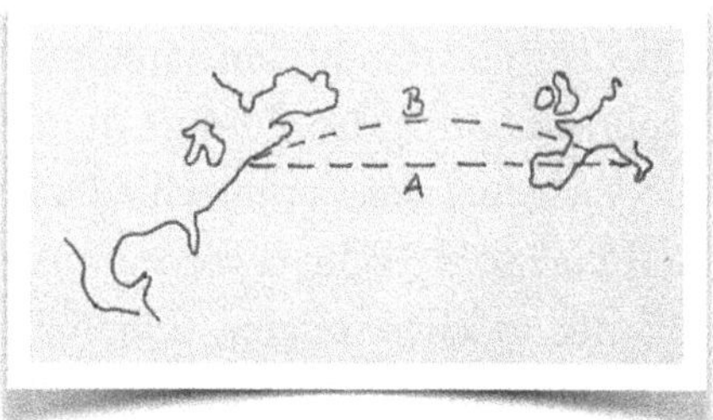

17.1: Flug von Neapel nach New York

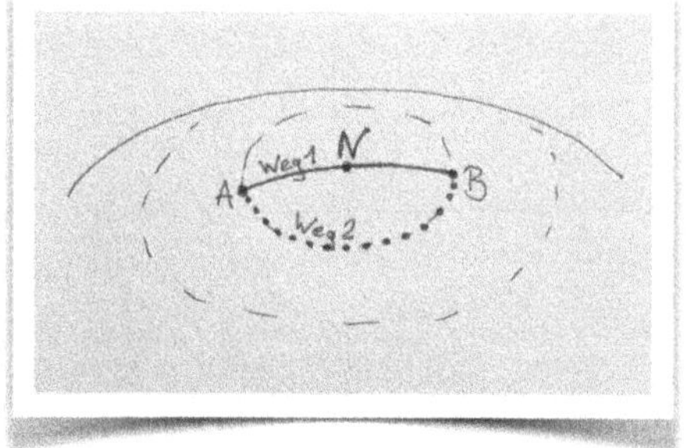

17.2: Spaziergang am Nordpol

Zurück zu unserer Pilotin: sie fliegt auf einem Großkreis von Neapel nach New York und der sieht auf einer herkömmlichen Weltkarte gekrümmt aus. Solche kürzesten Verbindungen auf gekrümmten Flächen heißen *Geodäten*. Sie sind ein zentrales Konzept in Einsteins Allgemeiner Relativitätstheorie. Geodäten sind nicht nur die *kürzesten* sondern auch die *geradesten* Verbindungen zwischen zwei Punkten. Wenn man mit einem Auto auf der Erde immer geradeaus fährt (nie das Lenkrad einschlägt), fährt man auf einem Großkreis. Wenn ich in Neapel genau in Richtung Osten losfahre und immer geradeaus fahre (praktische Probleme wie Berge und Meere ignorieren wir), wird meine Fahrtrichtung zunehmend eine südliche Komponente bekommen. Ankommen werde ich nicht in New York, sondern irgendwo in den Südstaaten.

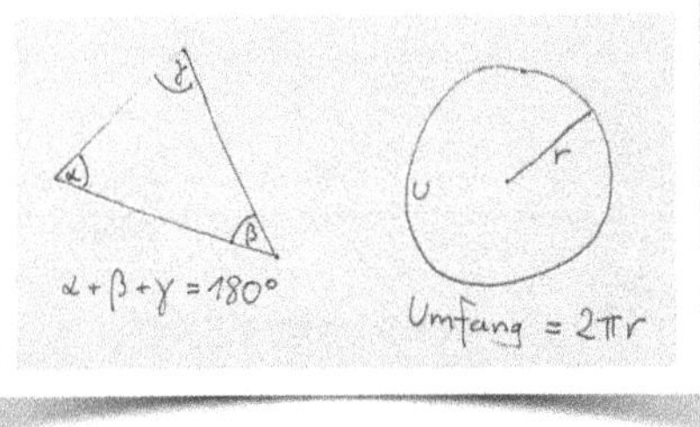

17.3: Schulgeometrie

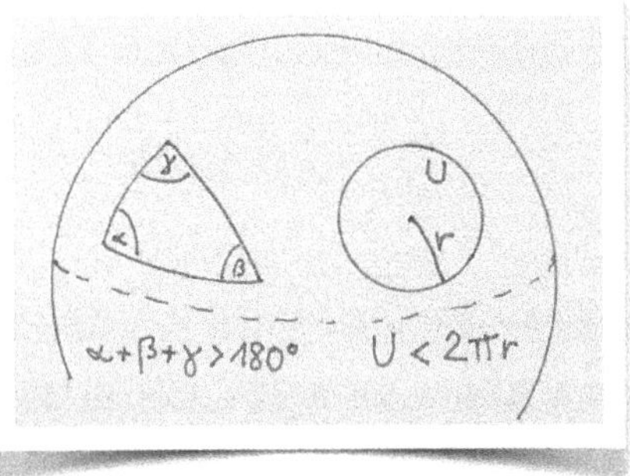

17.4: Fußballgeometrie

Jedes Kind lernt in der Schule einfache Regeln zur Geometrie der Ebene (Abbildung 17.3): Die Winkelsumme im Dreieck beträgt 180 Grad, und ein Kreis mit Radius r hat den Umfang $2\pi r$. Euklid formulierte die Geometrie der Ebene vor über 2000 Jahren in Postulaten. Das berühmteste ist sein fünftes Postulat, das — modern formuliert — besagt, dass zu jeder Geraden und jedem Punkt außerhalb der Geraden genau eine Gerade durch den Punkt existiert, die zur ersten Geraden parallel ist. Man kann beweisen, dass das zwingend auf die Behauptung hinausläuft, dass die Summe der Winkel im Dreieck 180° beträgt. Mathematiker haben sich jahrhundertelang gefragt, ob es eine Geometrie geben kann, die das fünfte Postulat verletzt, in der Dreiecke also andere Winkelsummen als 180° besitzen. Sie haben sich dafür sehr abstrakte und exotische mathematische Gebilde ausgedacht. Im Nachhinein überrascht es, dass keinem von ihnen auffiel, dass jedes kleine Kind eine *nicht-euklidische* Fläche kennt: die Oberfläche eines Balls! Dort gelten andere Regeln (Abbildung 17.4): Die Winkelsumme im Dreieck ist > 180° und der Kreisumfang < $2\pi r$!

Wenn wir geometrische Begriffe aus der Ebene auf gekrümmte Flächen übertragen, müssen wir uns immer fragen, was wir eigentlich meinen. Was ist ein Kreis auf einer gekrümmten Fläche? Ein Kreis um einen Punkt P besteht aus allen Punkten, die den gleichen Abstand r (*Radius* genannt) von P haben. In der Ebene meint man mit „Abstand" die Länge der kürzesten Strecke zwischen zwei Punkten. Diese Definition funktioniert auch bei gekrümmten Flächen. Die kürzeste Verbindung zwischen zwei Punkten heißt dann nicht mehr Gerade sondern *Geodäte*. Sie darf allerdings die Fläche nicht verlassen. Die kürzeste Verbindung zweier Punkte auf der Kugel ist natürlich eine Gerade durch den Raum, sozusagen die „Luftlinie" zwischen den Punkten. Die verlässt aber die Kugeloberfläche und ist *keine* Geodäte. In Abbildung 17.5 ist also nicht die gestrichelte, sondern die durchgezogene Linie die Geodäte, die A und B verbindet.

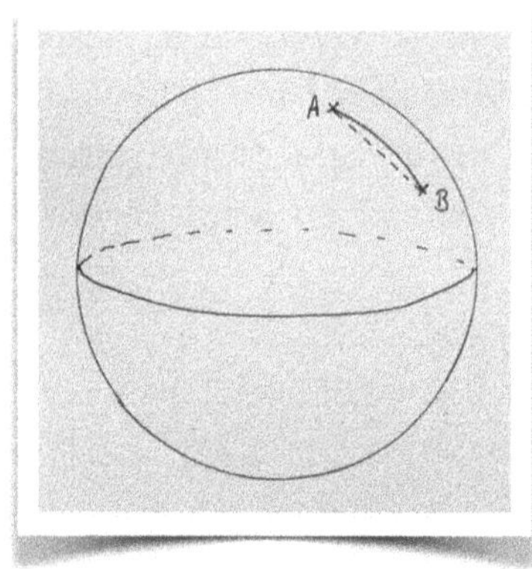

17.5: Kurven müssen auf der Oberfläche bleiben!

Um von der *Länge der kürzesten Strecke zu* sprechen, muss man messen können — man braucht eine *Metrik*. Betrachten wir noch einmal die Ebene in Polarkoordinaten. In Schritt 11 hatten wir gesehen, dass sie die Metrik

$$ds^2 = dr^2 + r^2 d\phi^2 \tag{1}$$

besitzt. Wenn du Zweifel hast, ob diese Metrik eine Euklidische Geometrie beschreibt, miss einen Kreis aus und sieh nach, ob der Umfang dividiert durch den Radius 2π ergibt. Genau das machen wir jetzt. Obwohl das Problem eher trivial ist, werden wir quälend langsam vorgehen. So machen wir uns die Schritte bewusst, die wir dann auch bei einer weniger vertrauten Fläche gehen müssen. Betrachten wir einen Kreis mit Radialkoordinate r um den Koordinatenursprung. Man ist versucht zu sagen, der Radius sei r, aber r ist erst einmal nur eine *Koordinate*. Der Radius ist dagegen die Länge der kürzesten Verbindung zwischen dem Mittelpunkt und einem Punkt auf dem Kreis. Längen werden nicht durch die Koordinaten sondern durch die Metrik gemessen! Das mag pedantisch klingen, ist aber entscheidend, um die Allgemeine Relativitätstheorie und die Physik des Universums zu verstehen. In der Ebene ist die kürzeste Verbindung zweier Punkte eine Gerade. Daher ändert sich auf der Radiuslinie der Winkel ϕ nicht: $d\phi = 0$. (1) vereinfacht sich zu $ds^2 = dr^2$ bzw. $ds = dr$. Das ist die Länge eines kurzen Abschnitts dieser Linie. Die Gesamtlänge des Radius ist das Integral über ds entlang der Radiuslinie:

$$\text{Radius} = \int_0^r dr' = [r']_0^r = r$$

Die Integration nochmal Schritt für Schritt: Du kannst das Integral auch als $\int_0^r dr' = \int_0^r 1\,dr'$ schreiben, wir müssen also eine Stammfunktion von $f(x) = 1$ finden. Das ist einfach x, beziehungsweise in diesem Fall r', weil die Ableitung davon 1 ist. Nach dem Hauptsatz der Differential- und Integralrechnung ergibt das Integral also $r - 0 = r$. Der Radius ist also tatsächlich r. Wie sieht es mit dem Umfang aus? Der Umfang ist die Länge der Kreislinie und für die gilt $dr = 0$ also $ds^2 = r^2 d\phi^2$ und somit:

$$\text{Umfang} = \int_0^{2\pi} r\,d\phi = r\int_0^{2\pi} d\phi = r[\phi]_0^{2\pi} = 2\pi r$$

Die Integration funktioniert ähnlich wie oben. Die Variable r können wir vor das Integral ziehen, da ja über ϕ [19] und nicht über r integriert wird, die Variable r also bei der Integration wie ein konstanter Faktor behandelt werden kann. Und siehe da: Umfang/Radius $= 2\pi$! Die Metrik (1) beschreibt also eine flache Ebene mit perfekt euklidischer Geometrie. So weit so unspektakulär.

Aber was passiert, wenn wir jetzt ähnliche Koordinaten auf einer Kugeloberfläche einführen? Die radiale Koordinate r misst jetzt den Abstand eines Punktes P zum Nordpol und ϕ den Winkel, den die Projektion dieser Linie auf die Äquatorebene mit einem beliebigen Null-Längengrad bildet (Abbildung 17.6). Wenn wir den Abstand eines benachbarten Punktes Q zu P mithilfe der Koordinatendifferenzen ausdrücken wollen, ergibt sich Abbildung 17.8. Würden wir die Seitenlängen a und b kennen, könnten wir den Abstand c von Q und P mithilfe von $c^2 = a^2 + b^2$ berechnen. Du wirst einwenden, dass der Satz von Pythagoras auf gekrümmten Flächen nicht mehr gilt. Das stimmt. Aber für infinitesimale Abstände geht die Krümmung des betrachteten Flächenausschnitts gegen null und dann stimmt der Satz wieder. Für unser

[19] Übrigens sind wir hier stillschweigend dazu übergegangen Winkel im *Bogenmaß* auszudrücken, also zum Beispiel 2π statt 360° oder $\pi/2$ statt 90°.

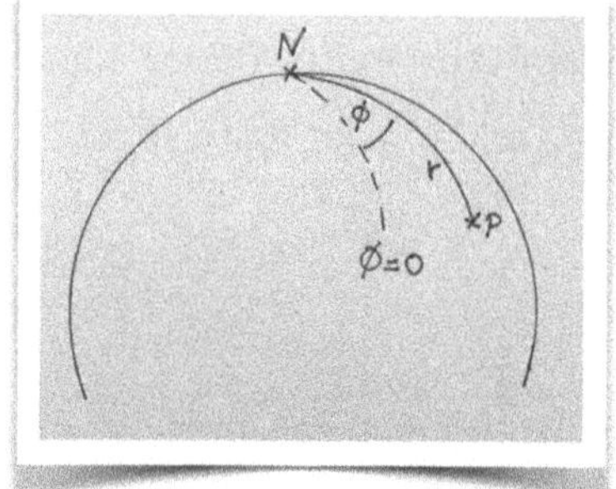

17.6: Koordinaten auf dem Fußball

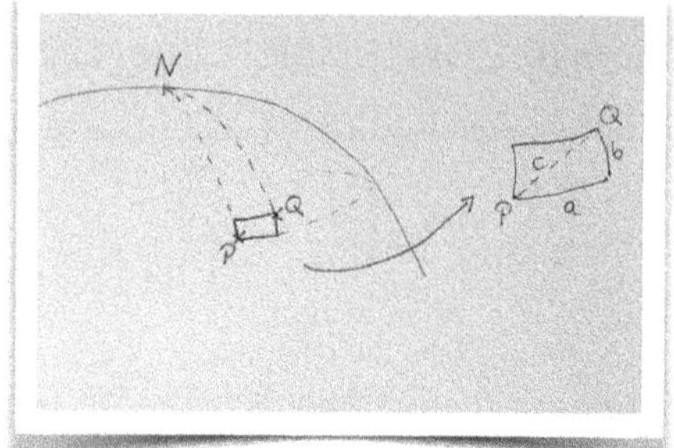

17.7: Pythagoras auf dem Fußball

(beliebig) kleines Rechteck ist also alles in Ordnung. Aber wie kann man a und b durch dr und $d\phi$ ausdrücken? b ist einfach: $b = dr$, wie man in Abbildung 17.7 erkennen kann. Und für a wird in Aufgabe 17.1 der Ausdruck $a = R\sin(r/R)\,d\phi$ abgeleitet. Wenn wir jetzt noch ds^2 statt c^2 schreiben, sieht der Satz von Pythagoras für unser kleines Rechteck so aus:

$$ds^2 = dr^2 + R^2 \sin^2\left(\frac{r}{R}\right) d\phi^2 \tag{2}$$

Damit haben wir die Metrik der Kugeloberfläche gefunden und können Längen von Kurven berechnen. In welchem Verhältnis stehen Umfang und Radius eines Kreises jetzt? Ein Kreis um den Nordpol mit Radialkoordinate r hat auch einen Radius von r. Um den Umfang zu erraten, müssen wir noch nicht einmal über $d\phi$ integrieren. Die Länge jedes kleinen Abschnitts auf der Kreislinie ist $ds = R\sin(r/R)\,d\phi$. Addiert man diese Abschnitte für den Winkel 2π eines vollen Kreises auf, erhält man einen Umfang von $2\pi R\sin(r/R)$ und damit:

$$\frac{\text{Umfang}}{\text{Radius}} = \frac{2\pi R\sin\left(\frac{r}{R}\right)}{r} = \frac{2\pi \sin\left(\frac{r}{R}\right)}{\left(\frac{r}{R}\right)} < 2\pi \tag{3}$$

Die Ungleichung am Ende ergibt sich aus $\sin x < x$ [20]. Damit haben wir bewiesen, dass die Kugeloberfläche eine nicht-euklidische Geometrie besitzt! Man erkennt die unterschiedliche Geometrie der beiden Metriken (1) und (2) schon durch bloßes Anstarren: In beiden Fällen hat dr^2 keinen Vorfaktor, und

[20] Falls du an dieser Ungleichung zweifelst, zeichne beide Funktionen im Intervall $[0,\pi]$.

damit misst die Radialkoordinate r tatsächlich den wahren Radius. Längen auf der Kreislinie werden im ersten Fall durch $rd\phi$ gemessen, was für den gesamten Kreis einen Umfang von $2\pi r$ ergibt, im zweiten Fall dagegen durch $R\sin(r/R)\,d\phi$, was für wachsende Kreisradien immer stärker von $rd\phi$ abweicht. Der Umfang ist dann nicht mehr $2\pi r$.

Aufgabe 17.1 (schwer): Leite für a in Abbildung 17.8 den Ausdruck $a = R\sin\left(\frac{r}{R}\right)d\phi$ her. Du brauchst dafür nur elementare Geometrie und die Definition des Sinus.

SCHRITT 18

Gekrümmte Flächen

Wir wissen jetzt, wie man herausfindet, ob eine Fläche flach oder gekrümmt ist. Wir wüssten aber gerne nicht nur, *ob* eine Fläche, sondern auch, *wie stark* sie gekrümmt ist. Können wir aus unseren „Testkreisen" auch ein Maß für die Krümmung ableiten? Wir betrachten noch einmal Gleichung (17.3), schreiben der Übersichtlichkeit halber zwischendurch x statt $\frac{r}{R}$ und ersetzen den Sinus durch die ersten Glieder der Taylor-Reihe:

$$\frac{\text{Umfang}}{\text{Radius}} = 2\pi\frac{\sin x}{x} \approx 2\pi\frac{(x - \frac{1}{6}x^3)}{x} = 2\pi - \frac{\pi}{3}\left(\frac{r}{R}\right)^2 \qquad (1)$$

Der zweite Term drückt die Abweichung vom euklidischen Fall aus. Könnte das ein gutes Maß für die Krümmung sein? Um die lokale Krümmung an einem Punkt zu messen, müssen wir die Kreise immer weiter schrumpfen lassen. Dann würde aber auch die Abweichung $-\frac{\pi}{3}\left(\frac{r}{R}\right)^2$ gegen null gehen. Ein besseres Maß für die Krümmung ist die Abweichung geteilt durch den Radius im Quadrat, wobei wir die Kreise immer weiter schrumpfen lassen:

$$\textbf{Krümmung}^{21}\text{:} \quad \kappa \propto \lim_{\text{Radius}\to 0} \frac{1}{\text{Radius}^2}\left(1 - \frac{\text{Umfang}}{2\pi\,\text{Radius}}\right) \qquad (2)$$

Die Krümmung der Kugeloberfläche ist dann proportional zu $1/R^2$ (Aufgabe 18.1). Die inverse Abhängigkeit vom Kugelradius leuchtet anschaulich ein: ein Fußball ist lokal flacher als ein Pingpong-Ball.

Aufgabe 18.1 (leicht): Berechne den Krümmungsradius einer Kugeloberfläche mit Radius R aus (1) und (2).

---

[21] Ich schreibe proportional ∝ und nicht gleich =, weil die Definition der Krümmung noch einen zusätzlichen Faktor enthält, der aber für unsere Diskussion keine Rolle spielt.

Hast du gemerkt, dass wir Krümmung als etwas definiert haben, das man messen kann, ohne die Fläche zu verlassen? Stellen wir uns Wesen vor — nennen wir sie *2D-Ameisen* —, die auf einer Orange leben, ihre Oberfläche aber nie verlassen können: sie können ihre Köpfe nie aus der zweidimensionalen Welt in den umgebenden Raum hinaus- oder in das Innere der Orange hineinstrecken. Diese 2D-Ameisen könnten mit kleinen Zollstöcken Kreise vermessen und damit herausfinden, dass sie in einer gekrümmten, nicht-euklidischen Welt leben. Man kann die Geometrie einer Fläche *intrinsisch* erforschen, d.h. ohne die Fläche aus der nächsthöheren Dimension, in diesem Fall dem dreidimensionalen Raum, zu betrachten.

Unsere 2D-Ameisen melden also, dass die Oberfläche der Orange Krümmung besitzt. Wie sieht es mit anderen Oberflächen aus? Welche Krümmung hat ein Zylinder? Kein Problem, unsere fleißigen 2D-Ameisen machen sich mit ihren Zollstöcken auf und erforschen ihren neuen Lebensraum. Nach Tagen harter Arbeit melden sie erschöpft: „Keine Krümmung gefunden, wir leben in einer Ebene." Wir rufen „Unmöglich! Messt noch einmal nach." Aber es bleibt dabei, der Zylinder ist flach. Was ist passiert? Jedes Kind weiß doch, dass ein Zylinder eine gekrümmte Fläche ist! Betrachten wir wieder Kreise auf dem Zylinder. Wir können uns einen Zylinder bauen, indem wir ein Blatt Papier aufrollen und die beiden Längsseiten miteinander verbinden. Wenn wir vorher auf das noch flache Papier mit dem Zirkel einen Kreis aufmalen und dann das Blatt aufrollen, ändern sich Radius und Umfang nicht (Abbildung 18.1). Das heißt, wenn wir unsere Messwerte für einen Kreis auf dem Zylinder in die Formel (2) für die Krümmung eingeben, ergibt sich für jeden beliebigen Radius null, also auch für den Grenzwert beliebig kleiner Radien. Unsere Ameisen hatten recht: ein Zylinder hat keine Krümmung! Wir sahen im letzten Abschnitt, dass wir die Geometrie einer Fläche untersuchen können, ohne sie zu verlassen oder etwas darüber zu wissen, wie sie in den dreidimensionalen Raum „eingebettet" ist. Diese *innere* Geometrie erforschen die 2D-Ameisen. Du wirst einwenden, dass die Ameisen auf dem Zylinder doch feststellen können, dass sie nicht in einer Ebene leben, wenn sie nach einer Umrundung wieder am gleichen Punkt ankommen. Das stimmt, aber das ist eine *globale*, keine *lokale* Eigenschaft der Fläche. Die Ameisen

18.1: Zylinder aus einem Blatt Papier

würden schlussfolgern, dass ihre Ebene die kuriose Eigenschaft besitzt, dass man zum Ausgangspunkt zurückkehrt, wenn man in einer bestimmten Richtung lange genug geradeaus läuft. Das ist eine ganz andere Schlussfolgerung, als eine lokale Krümmung festzustellen. Dass sich die Krümmung allein aus der *inneren* Geometrie der Fläche errechnen lässt, erkannte Carl Friedrich Gauß, der von 1821 bis 1826 das Königreich Hannover vermessen hatte. Er war so begeistert von seiner Entdeckung, dass er sie *Theorema Egregium*, „herausragenden Lehrsatz", nannte. Die oben definierte Krümmung κ heißt ihm zu Ehren *Gaußsche Krümmung*.

Schon das einfache Beispiel der Kugeloberfläche lehrt uns ein paar wichtige Dinge über gekrümmte Flächen:

Die Geometrie einer Fläche ist unabhängig vom umgebenden Raum: Das hatten wir gerade am Beispiel von Kugel und Zylinder gesehen. Noch einmal ganz konkret: Mal auf einer Orange mit einem Filzstift den Nordpol und einen Breitengrad, etwa den Polarkreis, auf. Dann verbinde den Nordpol in der kürzestmöglichen Linie mit einem Punkt auf dem Polarkreis. Ihre Länge ist der gesuchte Radius. Natürlich könnten wir auch ein Messer nehmen und die „Polkappe" der Orange auf Höhe des Polarkreises abschneiden und dann den Radius des Polarkreises in der Schnittfläche messen. Das wäre aber ziemlich uninteressant, denn die Schnittfläche ist eine Euklidische Ebene und da gilt bekanntlich Umfang/Radius $= 2\pi$. Außerdem würden wir nichts über die Eigenschaften der Kugeloberfläche erfahren, denn die hätten wir ja mit dem Schnitt verlassen. Der umgebende drei-dimensionale Raum und das Kugelinnere gehören nicht zur Kugeloberfläche!

Jede gekrümmte Fläche ist lokal flach: Je kleiner der Kreis, desto mehr nähert sich der Umfang dem Euklidischen Wert von $2\pi \cdot$ Radius — dann geht nämlich r/R in Gleichung (1) gegen null. Anschaulich ist klar, was hier passiert: Je weiter man in die Kugeloberfläche „hineinzoomt" (und immer kleinere Kreise betrachtet), desto flacher wird die Oberfläche. Andernfalls hätten wir Erdbewohner wohl schon früher gemerkt, dass wir auf einer Kugel leben. Das gilt für alle gekrümmten Flächen: unter der Lupe sehen sie flach aus — jedenfalls wenn die Lupe stark genug ist.

Koordinaten messen keine Längen: Koordinaten einer Fläche sind wie ein Netz, das wir über die Fläche legen. Es hilft uns dabei, jeden Punkt zu markieren und ihm ein Zahlenpaar zuzuordnen. Wenn wir den Abstand zweier benachbarter Punkte der Fläche berechnen wollen, lesen wir auf dem Koordinatennetz die Koordinatenabstände der beiden Punkte ab. Die Metrik ist dann die Maschine, die die *Koordinatenabstände* in *echte messbare Abstände* übersetzt. Dieser Punkt verwirrt viele Einsteiger: Koordinaten sind nur Etiketten, sie taugen nicht um Längen zu messen. Dafür braucht man die Metrik. Da wir die Euklidische Ebene meist mit kartesischen Koordinaten beschreiben, wird das oft übersehen. Die Metrik ist dann nämlich $ds^2 = dx^2 + dy^2$ und deswegen messen die Koordinaten in diesem Spezialfall tatsächlich Längen. Dass dies im allgemeinen Fall nicht mehr funktioniert, sieht man schon an den Polarkoordinaten: der Abstand zweier infinitesimal benachbarter Punkte mit Koordinatenabstand $d\theta$ ist nicht $d\theta$ sondern $rd\theta$.

SCHRITT 19

Von gekrümmten Flächen zu gekrümmten Räumen

In den letzten beiden Schritten haben wir aus anschaulichen zweidimensionalen Flächen soviel an geometrischen Konzepten herausgequetscht, wie wir konnten. Die Allgemeine Relativitätstheorie und die Kosmologie spielen sich aber in der vierdimensionalen Raumzeit ab, nicht auf einer zweidimensionalen Fläche. Es hilft alles nichts, wir müssen jetzt mit unseren geometrischen Werkzeugen — Metrik, Geodäten, Krümmung — die Komfortzone unserer Anschauung verlassen und uns schrittweise in drei- und vierdimensionale Räume vorarbeiten. Keine Sorge, eigentlich funktioniert alles genau wie in zwei Dimensionen, nur dass wir ohne räumliche Vorstellungskraft auskommen müssen.

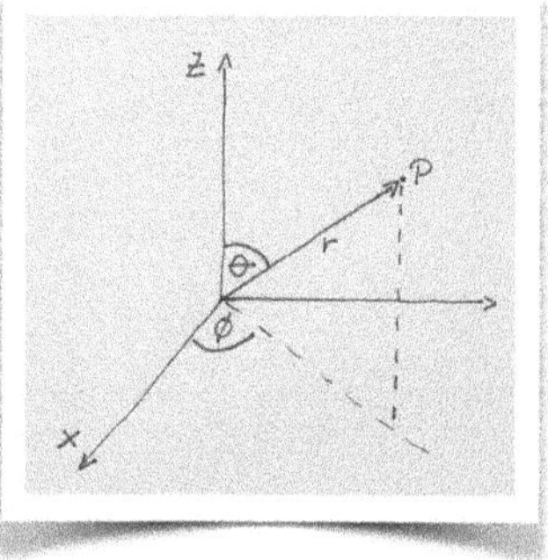

19.1: Kugelkoordinaten

Aus dem letzten Schritt wissen wir, wie wir von der flachen Geometrie der Ebene zur gekrümmten Geometrie der Kugeloberfläche gelangen: wir ersetzen in der Metrik das gewöhnliche Längenmaß für die Kreislinie $rd\phi$ durch $R\sin\frac{r}{R}\,d\phi$ und schon haben Kreise nicht mehr den Umfang $2\pi r$! Dieses einfache Rezept übertragen wir jetzt von zwei auf drei Dimensionen. Die Schritte sind die gleichen. Zuerst schreiben wir die Metrik des euklidischen Raumes von kartesischen Koordinaten $ds^2 = dx^2 + dy^2 + dz^2$ auf *Kugelkoordinaten* („räumliche Polarkoordinaten") um. Wir stellen uns den Punkt P als Vektor $\boldsymbol{P}$ (d.h. als Pfeil vom Ursprung nach P) vor (Abbildung 19.1). Die Koordinate r misst die Länge des Vektors $\boldsymbol{P}$, θ den Winkel zwischen $\boldsymbol{P}$ und der senkrechten Achse (der kartesischen z-Achse) und ϕ den Winkel zwischen der x-Achse und der Projektion von $\boldsymbol{P}$ auf die horizontale Ebene. Mit diesen Koordinaten kann man den gesamten dreidimensionalen Raum abdecken. Die Metrik in diesen Koordinaten lautet:

$$ds^2 = dr^2 + r^2\,(d\theta^2 + \sin^2\theta\, d\phi^2) = dr^2 + r^2\, d\Omega^2 \tag{1}$$

mit der Abkürzung $d\Omega^2 = d\theta^2 + \sin^2\theta\, d\phi^2$. Es ist oft praktisch alle Winkelabhängigkeit in dem Symbol $d\Omega^2$ zusammenzufassen um den Überblick nicht zu verlieren. Im Grunde ist (1) wieder nur der Satz von Pythagoras: das Quadrat des Abstands zweier benachbarter Punkte ist die Summe der Quadrate der Abstände in den drei Koordinatenrichtungen. Noch einmal zum Vergleich die flache Metrik in zwei Dimensionen (aus Schritt 17):

$$ds^2 = dr^2 + r^2 d\phi^2 \tag{2}$$

(1) und (2) haben die gleiche Struktur: es gibt eine radiale Komponente dr^2 und eine, die die Winkelabhängigkeit enthält und mit r^2 multipliziert wird. In der Ebene gibt es nur einen Winkel ϕ, im Raum dagegen zwei, ϕ und θ. Der Ebene haben wir eine konstante Krümmung gegeben, indem wir in (2) r^2 durch $R^2 \sin^2(r/R)$ ersetzt und damit Kreislinien ein anderes Längenmaß verliehen haben. Genauso können wir dem Raum eine konstante Krümmung geben, indem wir in (1) r^2 durch $R^2 \sin^2(r/R)$ ersetzen:

$$ds^2 = dr^2 + R^2 \sin^2\!\left(\frac{r}{R}\right) d\Omega^2 \tag{3}$$

Das führt dazu, dass Längen auf einer Kugeloberfläche um den Ursprung anders gemessen werden als in einem Euklidischen Raum. Eine Kugeloberfläche mit Radius r hat nicht mehr den Flächeninhalt $4\pi r^2$ sondern $4\pi R^2 \sin^2(r/R)$. Die Krümmung des Raumes führt zu einer Schrumpfung aller Kugeloberflächen! Als wir die Ebene gekrümmt haben, konnten wir uns das Ergebnis anhand einer Kugeloberfläche veranschaulichen, sprich einer zweidimensionalen Fläche, die in der dritten Dimension gekrümmt ist. Ähnlich können wir uns den Raum mit der Metrik (3) als dreidimensionalen Raum denken, der in der vierten Dimension gekrümmt ist — als dreidimensionale Oberfläche einer vierdimensionalen Kugel. Nur vorstellen können wir uns das nicht. Niemand kann das, nicht du, nicht ich, nicht Albert Einstein und nicht Stephen Hawking. Unser räumliches Anschauungsvermögen ist in Jahrmillionen entstanden, um uns beim Jagen und im täglichen Überlebenskampf zu unterstützen, nicht um höhere Mathematik zu machen.

Da unsere Beute selten in eine vierte Dimension entkam und große Raubtiere auch nicht plötzlich aus der vierten Dimension auftauchten, war es für Menschen nicht sinnvoll, eine vierdimensionale Anschauung zu entwickeln. Auch mathematisch brauchen wir die Einbettung in die vierte Dimension nicht. Das ist ja das Geniale an der Metrik, dass wir jetzt mit gekrümmten Räumen arbeiten und rechnen können, ohne eine zusätzliche Dimension zu brauchen. Wir müssen nur akzeptieren, dass in unserem Raum Kugeln kleinere Oberflächen haben, als wir erwarten würden.

Können wir den Trick mit den Kreisen auch verwenden, um die Krümmung eines dreidimensionalen Raums zu definieren? Wenn wir es versuchen, stoßen wir auf ein Problem: in drei Dimensionen kann man Kreise unterschiedlich ausrichten — Kreise sind nämlich ebene Formen und man kann durch jeden Punkt des Raums unendlich viele Ebenen legen. Während Kreise in *einer* Ebene nach Formel (18.2) zum Beispiel zu einer Krümmung κ_1 führen würde, ergäbe sich für Kreise in einer *anderen* Ebene ein Wert κ_2 und so weiter. Im Gegensatz zu einer Fläche, deren Krümmung man mit einer einzigen Zahl beschreiben kann, wird man also bei dreidimensionalen Räumen mehrere Zahlen brauchen, um die Krümmung vollständig zu beschreiben. Um das besser zu verstehen, nähern wir uns der Idee der Krümmung noch einmal ganz allgemein von der Metrik her. Die Metrik eines Raums kann unterschiedlich aussehen, je nachdem welches Koordinatensystem man wählt. Die Krümmung ist dagegen eine Eigenschaft der *intrinsischen* Geometrie, sie lässt sich nicht durch einen Koordinatenwechsel „wegtransformieren". Ein Beispiel: die Metrik der Ebene ausgedrückt in Polarkoordinaten $ds^2 = dr^2 + r^2 d\phi^2$ könnte auf den ersten Blick durchaus eine gekrümmte Geometrie beschreiben. Aber wir wissen, dass die gleiche Fläche in kartesischen Koordinaten durch die Metrik $ds^2 = dx^2 + dy^2$ beschrieben wird. Und das ist nun wirklich eine Ebene so flach wie Nordfriesland. Geht das vielleicht mit jeder Metrik? Dann wäre das Konzept der Krümmung sinnlos!

Betrachten wir einen dreidimensionalen Raum mit beliebigen Koordinaten x_1, x_2 und x_3 und beliebiger Metrik ds^2. Im allgemeinsten Fall kann ds^2 von allen möglichen Kombinationen der Koordinatenabstände abhängen. Also nicht nur dx_1^2, dx_2^2 und dx_3^2, sondern auch von beliebigen „Kreuzungen" wie $dx_1\,dx_2$ oder $dx_1\,dx_3$. Die jeweiligen Vorfaktoren werden dann entsprechend „nummeriert", beispielsweise g_{11} für dx_1^2 oder g_{13} für $dx_1\,dx_3$. Dabei steht der Doppelindex

„11“ natürlich nicht für die Zahl Elf, sondern für zwei Einsen. Die Metrik ist dann eine lange Summe:

$$ds^2 = g_{11}\,dx_1^2 + g_{12}\,dx_1\,dx_2 + \ldots + g_{33}\,dx_3^2$$

wobei von den insgesamt 9 Summanden hier nur 3 exemplarisch dargestellt sind. Um sich das Leben leichter zu machen erfand Einstein für diese lange Summe eine Abkürzung. Diese *Einsteinsche Summenkonvention* spart viel Schreibarbeit. Statt aller Summanden schreibst du nur einen Vertreter mit „neutralen“ Indizes, beispielsweise i und j, auf, meinst aber alle damit:

$$ds^2 = g_{ij}\,dx_i\,dx_j$$

Im allgemeinen sind die Komponenten der Metrik g_{ij} keine Konstanten, sondern ändern sich von Punkt zu Punkt. Sie sind Funktionen der Koordinaten. Ein Beispiel dafür hatten wir schon bei den Polarkoordinaten der Ebene gesehen. Ihre Metrik ist $ds^2 = dr^2 + r^2 d\phi^2$ und damit hängt $g_{22} = r^2$ von der r-Koordinaten ab. Eigentlich müssten wir also $g_{ij}(x_1, x_2, x_3)$ schreiben. Das heißt, die Komponenten der Metrik sind Funktionen der drei Koordinaten des Raumes. Funktionen, die von mehreren Variablen abhängen, sind wir bisher nicht begegnet. Fürchtet euch nicht — ich erkläre euch, was das bedeutet! Während eine Funktion $f(x)$ auf dem eindimensionalen Zahlenstrahl lebt, also jedem Wert x einen Wert $f(x)$ zuordnet, lebt $g_{ij}(x_1, x_2, x_3)$ im dreidimensionalen Raum und ordnet jedem Punkt (x_1, x_2, x_3) einen Wert zu. Was ist die Ableitung einer solchen Funktion? „$\frac{dg_{ij}}{dx}$“ macht wenig Sinn, denn es gibt ja drei unterschiedliche „x“, nach denen man ableiten könnte. Damit sind wir schon auf dem richtigen Weg: es existiert nicht nur eine Ableitung von g_{ij}, sondern drei! Zum Beispiel die Ableitung nach x_1: Wenn wir die anderen beiden Koordinaten festhalten und nur x_1 variieren, erhalten wir eine Funktion, die nur von x_1 abhängt und ganz normal abgeleitet werden kann. Das Ergebnis gibt an, wie schnell sich die Funktion in einer bestimmten Richtung verändert, und wird *partielle Ableitung* genannt. Um uns daran zu erinnern, dass es da noch andere Variablen gibt, die wir nur kurzfristig eingefroren haben, schreiben wir für die partielle Ableitung nicht $\frac{d}{dx_1}$ sondern $\frac{\partial}{\partial x_1}$. Das gleiche Spiel können wir natürlich auch mit den anderen Koordinaten spielen und so drei unterschiedliche partielle Ableitungen an jedem Punkt erhalten, eine nach jeder Richtung.

Zurück zu Metrik und Krümmung: Wir wollen jetzt die Metrik als Funktion der drei Koordinaten in einer Taylorreihe entwickeln um zu sehen, wie die Krümmung des Raums ins Spiel kommt. In Schritt 15 haben wir schon die Taylorreihe einer Funktion *einer* Variablen kennengelernt:

$$f(x) = f(0) + f'(0)\,x + \frac{f''(0)}{2}\,x^2 + \ldots$$

Bei Funktionen mehrerer Variablen wie $g_{ij}(x_1, x_2, x_3)$ geht das auch! Allerdings gibt es dann nicht nur einen linearen Term wie $f'(0)\,x$, sondern drei davon — für jede Richtung einen, also beispielsweise $\frac{\partial g_{ij}}{\partial x_1}\,x_1$ für die x_1-Richtung und so weiter. Beim quadratischen Term $\frac{f''(0)}{2}\,x^2$ wird's noch komplizierter: Bei der zweiten Ableitung können wir jetzt wieder entlang jeder Koordinatenrichtung zweimal ableiten, also beispielsweise $\frac{\partial}{\partial x_1}\frac{\partial}{\partial x_1}g_{ij}$. Wir können aber auch erst nach einer Koordinate, etwa x_1, und dann nach einer anderen, etwa x_3, ableiten. Dann bekommen wir „gemischte" zweite Ableitungen von der Art $\frac{\partial}{\partial x_3}\frac{\partial}{\partial x_1}g_{ij}$. Alle diese partiellen Ableitungen enthalten Information über die Funktion und werden für die Taylorreihe gebraucht! Entwickeln wir $g_{ij}(x_1, x_2, x_3)$ beispielsweise um den Nullpunkt, ist der erste Term $g_{ij}(0,0,0)$. Dann kommen die Terme mit den ersten partiellen Ableitungen der Funktion $g_{ij}(x_1, x_2, x_3)$ nach den einzelnen Koordinaten. Durch eine geeignete Wahl der Koordinaten kann man immer erreichen, dass diese Ableitungen am betrachteten Punkt alle verschwinden. Dann folgen Terme, die die zweiten partiellen Ableitungen der $g_{ij}(x_1, x_2, x_3)$ nach den einzelnen Koordinaten enthalten. In flachen (nicht-gekrümmten) Räumen lassen sich auch die zweiten Ableitungen durch geeignete Koordinaten „wegtransformieren". In gekrümmten Räumen klappt das nicht mehr. Die zweiten Ableitungen der Metrik beschreiben nämlich gerade die Abweichungen von der flachen Geometrie und damit die Krümmung. Anders ausgedrückt: Man kann eine Metrik durch eine clevere Koordinatenwahl bis zu einem gewissen Grade „glatt bügeln". Das, was sich nicht glatt bügeln lässt, ist die Krümmung! Ganz allgemein formuliert:

Jede Metrik lässt sich an einem Punkt durch eine Koordinatentransformation in eine flache Metrik transformieren. In der Umgebung des Punktes zeigen sich aber Abweichungen (in den zweiten Ableitungen der Metrik), die ein Maß für die Krümmung des Raumes sind.

Die zweite Ableitung der Metrik trägt insgesamt vier Indizes: zwei geben an, nach welchen Koordinaten abgeleitet wird, und zwei, welche Komponente der Metrik g abgeleitet wird. Zum Beispiel bedeutet $\frac{\partial}{\partial x_1}\frac{\partial}{\partial x_2}g_{11}$, dass die 11-Komponente der Metrik erst in x_2-Richtung und dann in x_1-Richtung abgeleitet wird. Da die Krümmung auf den zweiten Ableitungen der Metrik basiert, wird sie durch eine mathematische Größe mit vier Indizes beschrieben, den *Riemannschen Krümmungstensor* $R^i{}_{jkl}$. Dass wir den ersten Index „i" oben und die anderen drei unten „ankleben", musst du nicht weiter beachten. Obere Indizes kennst du schon aus Schritt 16. Sie werden im Buch noch häufiger auftreten. Den mathematischen Grund dafür brauchst du zum Glück nicht zu kennen, um das Universum zu verstehen! Wenn du wissen willst, wie die $R^i{}_{jkl}$ genau von den g_{ij} und ihren Ableitungen abhängen, schau im Anhang nach. Wie viele Komponenten hat $R^i{}_{jkl}$? Jeder Index kann so viele Werte annehmen, wie der Raum Dimensionen hat, also zum Beispiel für eine zweidimensionale Fläche die Werte 1 oder 2: R_{1111}, R_{1112}, R_{1121}, ... , R_{2222}. In zwei Dimensionen gibt es also $2^4 = 16$ Zahlen $R^i{}_{jkl}$, in drei Dimensionen $3^4 = 81$ und in vier Dimensionen $4^4 = 256$. Das klingt ganz schön kompliziert. In Wahrheit ist die Lage etwas besser, weil der Krümmungstensor bestimmte Symmetrien besitzt und viele der $R^i{}_{jkl}$ deswegen gleich sind. Durch solche Symmetrien reduziert sich die Anzahl *unabhängiger* Komponenten des Riemannschen Krümmungstensors in zwei Dimensionen auf 1 (nämlich die Gaußsche Krümmung aus Schritt 18), in drei Dimensionen auf 6 und in vier Dimensionen auf 20. Tensoren wie $R^i{}_{jkl}$ sehen für den Anfänger etwas furchteinflößend aus, sie ermöglichen aber eine sehr elegante und kompakte Darstellung der Einsteinschen Theorie. Die gute Nachricht: wir werden den Tensorformalismus in diesem Buch fast gar nicht verwenden. Es genügt völlig, „$R^i{}_{jkl}$" einfach nur als praktische Notation zu betrachten, um d^4 Zahlen in einem Symbol zusammenzufassen.

SCHRITT 20

Von gekrümmten Räumen zur gekrümmten Raumzeit

Der Riemannsche Krümmungstensor spielt in der Allgemeinen Relativitätstheorie eine zentrale Rolle. Aber er misst dort die Krümmung der *vierdimensionalen Raumzeit*, nicht des *dreidimensionalen Raumes*. Das heißt, wir krümmen die vierdimensionale Raumzeit der *Speziellen* Relativitätstheorie um zur *Allgemeinen* Relativitätstheorie zu gelangen. Aus Schritt 12 wissen wir, dass Abstände in der Raumzeit durch folgende Metrik beschrieben werden:

$$ds^2 = -dt^2 + dx^2 + dy^2 + dz^2 \qquad (1)$$

Dieses Linienelement beschreibt die Geometrie der flachen Raumzeit, in der sich die Spezielle Relativitätstheorie abspielt. Wir können (1) wieder kompakt mithilfe der Einsteinschen Summenkonvention schreiben, wenn wir die Koordinaten (t, x, y, z) in (x^0, x^1, x^2, x^3) umbenennen und die flache Metrik $f_{\mu\nu}$ einführen („f" für „flach")[22]:

$$ds^2 = f_{\mu\nu} dx^\mu dx^\nu \qquad (2)$$

t als x^0 zu notieren und damit den Raumkoordinaten gleichzustellen ist nur konsequent, schließlich sind Raum und Zeit aus dem gleichen „Stoff" gemacht! Ähnlich wie beim ersten Index des Riemannschen Krümmungstensors im letzten Schritt kleben wir die Indizes der zeitlichen und räumlichen Koordinaten auch wieder oben und nicht — wie bisher — unten an. Die Komponenten von $f_{\mu\nu}$ sind $f_{00} = -1$, $f_{11} = f_{22} = f_{33} = 1$, alle andere Komponenten sind null. Falls du dich über die griechischen Buchstaben wunderst: Genau wie bei Vektoren (siehe Schritt 6) ist es üblich eine dreidimensionale, rein *räumliche* Metrik mit *lateinischen* und eine vierdimensionale Metrik in der *Raumzeit* mit *griechischen* Indizes zu schreiben.

[22] In Lehrbüchern wirst du statt $f_{\mu\nu}$ eher das Symbol $\eta_{\mu\nu}$ für die flache Metrik finden.

Wie wir später sehen werden, wird die vierdimensionale Raumzeit in der Allgemeinen Relativitätstheorie gekrümmt und verbogen. Um das mathematisch abzubilden ersetzen wir einfach die flache Metrik $f_{\mu\nu}$ durch eine allgemeine gekrümmte Metrik $g_{\mu\nu}$. Für eine beliebige gekrümmte Raumzeit erhalten wir dann:

$$ds^2 = g_{\mu\nu} dx^\mu dx^\nu$$

Im Grunde ist in der gekrümmten vierdimensionalen Raumzeit alles analog zu einem gekrümmten dreidimensionalen Raum, nur dass wir eine vierte Dimension, die Zeit, haben, die in der Metrik am negativen Vorzeichen zu erkennen ist. Auch das Konzept der Krümmung und des Krümmungstensors können wir problemlos in die vierdimensionale Raumzeit mitnehmen.

SCHRITT 21

Von Pisa ins Berner Patentamt

Nach diesem, mathematischen Ausflug in die Geometrie gekrümmter Flächen und Räume kehren wir jetzt wieder zur Physik zurück. Im Vorspann dieses Teiles haben wir zwei Steine fallen lassen und damit einen berühmten Versuch wiederholt. Um das Jahr 1590 soll Galilei zwei unterschiedlich schwere Kugeln vom schiefen Turm von Pisa geworfen haben, um zu beweisen, dass sie gleichzeitig den Boden erreichen. Dieses Experiment hat vermutlich nie stattgefunden. Galilei war wie Einstein ein Meister des Gedankenexperiments, und wahrscheinlich sind die Kugeln nur in seinem Kopf gefallen. Ob real oder hypothetisch, die fallenden Kugeln von Pisa sind zu einer Ikone geworden, die den Beginn der neuzeitlichen Naturwissenschaft markiert. Aber Galileis Erkenntnis, dass alle Objekte gleich schnell fallen, weist noch viel weiter. Sie sollte gut 300 Jahre später den Ausgangspunkt für Einsteins Allgemeine Relativitätstheorie bilden. Diese Abkürzung von Galilei zu Einstein wollen wir jetzt nehmen.

In den beiden Grundgesetzen der Newtonschen Mechanik spielt die Masse eine zentrale Rolle: Newtons zweites Gesetz $F = ma$ beschreibt, wieviel Widerstand — *Trägheit* genannt — ein Körper einer Kraft entgegensetzt, die ihn bewegt. Newtons Gravitationsgesetz

$$F_G = G\frac{Mm}{r^2} \tag{1}$$

beschreibt die Anziehungskraft zweier Körper. Im ersten Fall geht es um die *träge* Masse, eine universelle Eigenschaft aller Körper, und unabhängig von der Natur der wirkenden Kraft. Im zweiten Fall geht es um die *schwere* Masse, also um das Maß der Gravitation zwischen Körpern. Eigentlich gibt es nicht den geringsten Grund, warum die beiden Massen gleich sein sollten. Um das zu verstehen, schauen wir uns ein anderes Kraftgesetz der klassischen Physik an: das Coulomb-Gesetz. Es sieht Newtons Gravitationsgesetz sehr ähnlich:

$$F_C = k\frac{Qq}{r^2} \tag{2}$$

Es beschreibt die Anziehung oder Abstoßung zweier elektrischer Ladungen und hat die gleiche Struktur wie das Gravitationsgesetz (1), allerdings sind die „Träger" der Kraft nicht Massen sondern Ladungen. Nun stellen wir uns folgendes Experiment vor (Abbildung 21.2): Wir befestigen eine große elektrisch positiv geladene Metallkugel (Ladung +Q) am Ende eines Tisches und legen ans andere Ende zwei kleine negativ geladene Kugeln gleicher Masse m, aber unterschiedlicher Ladungen $-q$ und $-2q$. Was wird passieren? Unter der Anziehung der großen positiv geladenen Kugel werden sie über den Tisch gleiten. Mit welcher Beschleunigung[23]? Wir müssen nur die jeweilige *Coulombkraft* F_C nach Formel (2) in Newtons zweites Gesetz $F = ma$ einsetzen.

Kugel 1: $$ma_1 = -k\frac{Qq}{r^2}$$

Kugel 2: $$ma_2 = -2k\frac{Qq}{r^2}$$

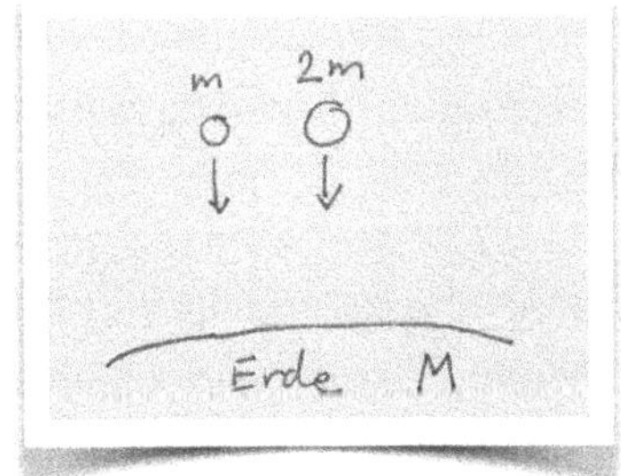

21.1: Galileis Experiment

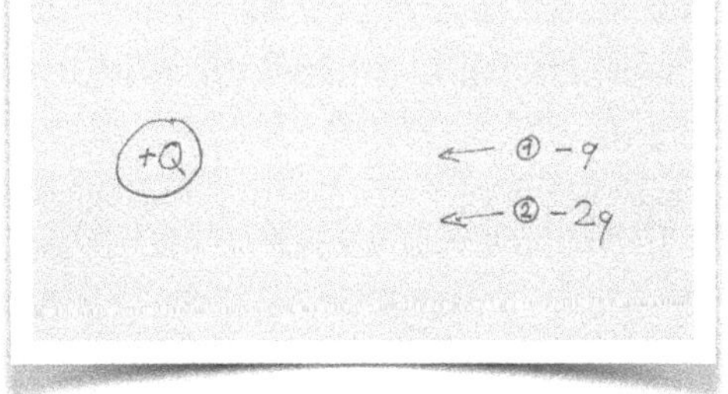

21.2: Galileis Experiment mit Elektrizität

Man sieht mit bloßem Auge, dass Kugel 2 das Rennen machen wird, weil sie doppelt so stark beschleunigt wird. Kein Wunder: die Kraft ist doppelt so groß, die Masse aber gleich. Weil wir die elektrische Ladung eines Gegenstands erhöhen können, ohne seine Masse zu erhöhen, werden unterschiedliche Gegenstände in einem elektrischen Feld unterschiedlich stark beschleunigt. Zurück zu Galileis Experiment in Pisa (Abbildung 21.1): Im Grunde ist es das gleiche Experiment, nur mit Schwerkraft statt elektrischer Kraft. Da die Schwerkraft auf der Erde senkrecht nach unten und nicht quer über den Tisch wirkt, müssen wir das Experiment in die Vertikale verlegen. Außerdem ist die große Kugel bei Galilei sehr groß, nämlich die Erde. Aber der wesentliche Unterschied ist ein anderer: wenn ich die Kraftwirkung der Gravitation auf eine Kugel verdoppeln möchte, muss ich seine Masse verdoppeln. Die Masse ist

[23] wobei wir die Reibung zwischen Kugel und Tisch vernachlässigen.

nämlich — in Analogie zum elektrischen Fall — die „Ladung" der Gravitation. Diese Eigenschaft eines Körpers ist seine *schwere* Masse. Wenn ich einem Körper schwere Masse gebe, erhöhe ich unweigerlich auch in gleichem Maße seine Trägheit gegenüber Krafteinwirkung. Das heißt, wenn ich seine Masse verdopple, passieren zwei Dinge, die sich in ihrer Wirkung genau aufheben: Einerseits verdoppelt sich nach (1) die Gravitationskraft, die auf ihn wirkt. Andererseits verdoppelt sich seine Trägheit gegenüber dieser Kraftwirkung, das heißt seine *träge* Masse. Wenn ich aber in $F = ma$ auf der linken Seite die Kraft und gleichzeitig auf der rechten Seite die Masse verdopple, wird sich die Beschleunigung a nicht ändern. Man sieht das auch rein mathematisch, indem man (1) in $F = ma$ einsetzt und so die Bewegungsgleichung für den freien Fall erhält:

$$ma = G\frac{Mm}{r^2} \tag{3}$$

m kürzt sich heraus und hat daher auf die resultierende Fallbewegung keinen Einfluss. Deshalb schlugen die beiden Kugeln gleichzeitig auf dem Pflaster von Pisa auf.

Die Gleichheit von schwerer und träger Masse war in der klassischen Physik einfach eine empirische Tatsache der Natur ohne tieferen Grund. Ein Zufall in den Naturgesetzen. Albert Einstein wollte das nicht glauben. Zwei Jahre nachdem er mit der Speziellen Relativitätstheorie das Bild von Raum und Zeit von den Füßen auf den Kopf gestellt hatte, war er auf der Suche nach einem neuen Ziel für seine Abrissarbeiten an der klassischen Physik. „Ich saß auf meinem Sessel im Berner Patentamt, als mir plötzlich folgender Gedanke kam: Wenn sich eine Person im freien Fall befindet, dann spürt sie ihr eigenes Gewicht nicht. Ich war verblüfft. (...) Für einen Beobachter, der sich im freien Fall vom Dach eines Hauses befindet, existiert — zumindest in seiner unmittelbaren Umgebung — kein Gravitationsfeld. Wenn nämlich der fallende Beobachter einige andere Körper fallen lässt, dann befinden sie sich im Bezug auf ihn im Zustand der Ruhe oder gleichförmigen Bewegung."[24] Diese Überlegung folgt unmittelbar aus Galileis fallenden Kugeln: Stellen wir uns vor, Galilei würde nicht zwei Kugeln, sondern eine Kugel und einen Menschen über die Brüstung des schiefen Turms stoßen. Gedankenexperimenten sind keine moralischen Grenzen gesetzt. Da beide genau gleich stark beschleunigt würden,

[24] Einstein, Vorlesung in Kyoto, 1922

wären der Mensch und die Kugel an jedem Punkt ihres gemeinsamen freien Falls auf exakt der selben Höhe. Die Kugel würde schwerelos vor den Augen des fallenden Beobachters schweben.

Einstein hatte das Thema seines Lebens gefunden. „Als alter Freund muss ich Ihnen davon abraten“, sagte ihm ein anderer Nobelpreisträger, Max Planck, „weil Sie einerseits nicht durchkommen werden; und wenn Sie durchkommen, wird Ihnen niemand glauben.“ Aber Einstein ließ sich nicht abbringen. Acht Jahre lang sollte er sich an dem Thema abarbeiten, bis er 1915 die Allgemeine Relativitätstheorie vollenden konnte.

Einsteins Beobachtung, dass ein frei fallender Beobachter keine Schwerkraft spürt, wird als *Äquivalenzprinzip* bezeichnet:

> *Lokal kann ein Beobachter mit keinem Experiment unterscheiden, ob er sich in Ruhe an einem Ort ohne Gravitation oder in freiem Fall in einem Gravitationsfeld befindet.*

Du wirst vielleicht einwenden, man könne doch mit bloßem Auge sehen, ob man gerade von einem Turm fällt oder sich im Weltall in der Schwerelosigkeit befindet. Stell dir vor, du wärst in einem fensterlosen Fahrstuhl ohne Kommunikation mit der Außenwelt eingesperrt. Du kannst beliebige Experimente im Fahrstuhl durchführen, aber nicht aussteigen. So eine Situation ist im Äquivalenzprinzip gemeint. Es gibt noch eine *zweite Variante des Äquivalenzprinzips*:

> *Lokal kann ein Beobachter mit keinem Experiment unterscheiden, ob er sich in Ruhe in einem Gravitationsfeld befindet, oder an einem Ort ohne Gravitation konstant beschleunigt wird.*

Diese Variante geht aus der ersten hervor, indem man den Beobachter gegenüber seinem Bewegungszustand in der ersten Fassung beschleunigt (und zwar entgegen der Richtung seines freien Falls, wenn er sich in einem solchen befinden sollte).

Das Äquivalenzprinzip geht einen Schritt weiter als nur die Gleichheit von träger und schwerer Masse zu behaupten. Nimmt man letztere als zufällige Laune der Natur, beschleunigen zwar alle Massen exakt gleich im Gravitationsfeld, was sie auch in der Schwerelosigkeit in einem beschleunigten Bezugssystem täten. Man könnte also mit rein *mechanischen* Bewegungsexperimenten nie den Unterschied zwischen den beiden Fällen herausfinden. Die klassische Physik sagt aber nicht, dass die beiden Situationen prinzipiell nicht unterscheidbar sind, sondern nur das beschleunigte Massen nicht zur Unterscheidung taugen. Es wäre also beispielsweise möglich mit elektromagnetischen Experimenten den Unterschied festzustellen. Einstein erhob die Ununterscheidbarkeit dagegen zum fundamentalen Prinzip. Die Gleichheit von träger und schwerer Masse ist danach nicht die *Ursache* der gleichen Beschleunigung unterschiedlich schwerer Körper, sondern ein *Symptom* eines fundamentalen Zusammenhangs zwischen Beschleunigung und Gravitation.

SCHRITT 22

Die Macht des Äquivalenzprinzips

Die Geschichte der physikalischen Gedankenexperimente ist auch die Geschichte der Fortbewegungsmittel. Erinnerst du dich an Galilei, der uns sein Relativitätsprinzip mit einem fahrenden Schiff nahebrachte? Er hatte keine andere Wahl. Eisenbahn und Automobil waren noch nicht erfunden, und eine gleichförmige Bewegung in einer Pferdekutsche hätten ihm seine Zeitgenossen kaum abgenommen, zu wackelig und holpernd war die Fahrt darin. Bei Einstein finden die meisten Gedankenexperimente dagegen in Zügen und Fahrstühlen statt. Wir sind wieder hundert Jahre weiter und stellen uns einen Beobachter in einem Raumschiff vor.

Und zwar so: Du wachst eines Morgens auf und stellst entsetzt fest, dass du in einem fensterlosen Raum eingesperrt bist[25]. Es ist stockdunkel, bis du erleichtert feststellst, dass du zumindest eine Taschenlampe dabei hast. Du knipst sie an, lässt sie aber vor Aufregung fallen. Ein Glück, sie ist nicht kaputtgegangen! Aus dem freien Fall der Lampe schließt du: offenbar befindest du dich auf der Erde und wurdest nicht von irgendwelchen Psychopathen in ein Raumschiff gesperrt und ins All geschossen! Du wirst etwas ruhiger — bis dir einfällt, dass die Taschenlampe in einem Raumschiff im schwerelosen intergalaktischen Raum auf dieselbe Art zu Boden gehen würde — vorausgesetzt die Rakete würde konstant mit $9{,}8\,\mathrm{m/s}^2$ beschleunigen. Du denkst dir zwei Experimente aus um herauszufinden, ob du noch auf der Erde bist oder schon unaufhaltsam auf eine ferne Galaxie zusteuerst. Ein Glück, dass du deine Taschenlampe dabei hast!

Erstes Experiment: Gravitation biegt Lichtstrahlen

Zunächst richtest du die Lampe waagerecht auf die Wand und misst, wo der Lichtpunkt auf der Wand auftrifft. Solltest du in einem beschleunigten Raumschiff sein, müsste der Lichtpunkt etwas unterhalb der Höhe deiner Lampe auf die Wand treffen. Schließlich beschleunigt der Boden des

[25] Die Inspiration zu dieser kleinen Geschichte kommt von Ryden 2006

Raumschiffes auf den Lichtstrahl zu (Abbildung 22.1). Das heißt, bis der Lichtstrahl die Wand erreicht, hat der genau auf der Höhe der Taschenlampe befindliche Punkt an der Wand den Lichtstrahl bereits „überholt" und dieser erreichet die Wand etwas unterhalb dieses Punktes[26]. Solltest du dich dagegen auf der Erde befinden, — so deine Überlegung — müsste der Lichtstrahl einen perfekt horizontalen Weg nehmen und auf der exakten Höhe der Taschenlampe auf die Wand treffen. Aber das kann nicht stimmen, denn es würde das Äquivalenzprinzip in der zweiten Variante verletzen! Man könnte dann mit einer Taschenlampe herausfinden, ob man sich in Ruhe in einem Gravitationsfeld befindet oder an einem gravitationsfreien Ort konstant beschleunigt wird. Wenn das Äquivalenzprinzip richtig ist, dann müssen wir folgern, dass das Licht auch an einem unbeschleunigten Ort bei konstantem Gravitationsfeld gerade so nach unten abgelenkt wird, dass es am gleichen Punkt auf die Wand trifft wie im beschleunigten Fall. Mit dieser Überlegung sagte Einstein schon 1911 — vier Jahre vor seiner Allgemeinen Relativitätstheorie — die Ablenkung des Lichts im Gravitationsfeld voraus.

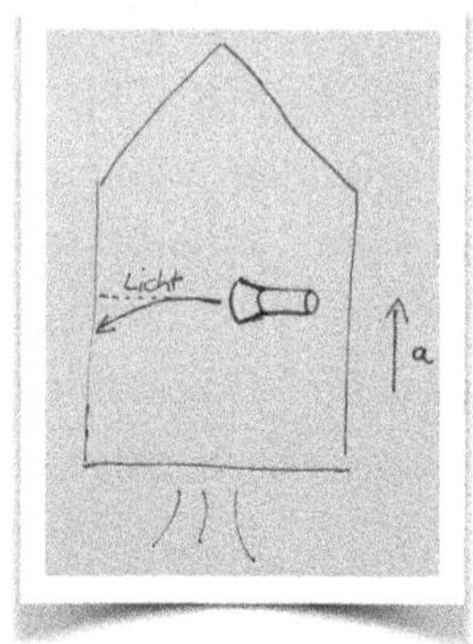

22.1: Ablenkung des Lichts

Zweites Experiment: Gravitation verändert die Farbe des Lichts

Im zweiten Experiment richtest du die Taschenlampe nach oben an die Decke (Abbildung 22.2). Solltest du dich in einem beschleunigten Raumschiff befinden, müsste das Licht an der Decke des Raumschiffs aufgrund des *Dopplereffekts* ins Rötliche, also zu längeren Wellenlängen hin verschoben sein: Bewegst du dich von einer ruhenden Lichtquelle weg, kommt die Welle bei dir mit geringerer Frequenz an. Da du vor der Quelle wegläufst, erhöht sich die Periode T der Welle, also der zeitliche Abstand, mit dem zwei aufeinanderfolgende Wellenberge bei dir eintreffen: bis der zweite Wellenberg bei dir ankommt, bist du ja schon wieder ein Stück weiter — die Welle muss dich einholen. Die Frequenz f des Lichts ist das

22.2: Rotverschiebung

[26] Du denkst vielleicht, dass der Effekt so gering ist, dass man ihn nie und nimmer messen könnte. Das stimmt. Aber das ist das Tolle an Gedankenexperimenten: Es genügt, dass es *im Prinzip* gehen könnte.

Inverse der Periode T: $f = \frac{1}{T}$. Du nimmst also eine geringere Frequenz wahr. Das ist die klassische Herleitung des Dopplereffekts. In der Speziellen Relativitätstheorie geht die Herleitung etwas anders, den Effekt gibt es aber auch. Für den Fall, dass dich die Begriffe *Frequenz*, *Periode* und *Wellenlänge* verwirren, gebe ich im Anhang einen Crashkurs in Wellentheorie.

Zurück zum beschleunigten Raumschiff, in dem deine Taschenlampe nach oben, also in Richtung der Beschleunigung, zeigt. Es gibt auch einen Dopplereffekt, denn in der Zeit, die das Licht von der Taschenlampe bis zur Decke braucht, ist das Raumschiff schon wieder ein bisschen schneller geworden — die Decke bewegt sich schneller, als sich die Taschenlampe bewegte, als sie den Lichtstrahl losschickte. Damit haben wir genau die Situation: Empfänger bewegt sich von Quelle weg. Und deswegen erreicht das Licht die Decke des Raumschiffs *rotverschoben*, sprich mit geringerer Frequenz. Das ist alles mit klassischer Physik erklärbar. Wenn das Äquivalenzprinzip stimmt, muss das Gleiche allerdings auch in einem Raum auf der Erde passieren. Aber warum sollte das Licht deiner Taschenlampe dort rotverschoben werden? Die Taschenlampe und die Decke des Raumes befinden sich relativ zueinander in Ruhe. Es gibt keinen Dopplereffekt, und nach der Speziellen Relativitätstheorie auch keine Zeitdilatation oder Längenkontraktion, da es keine Relativbewegung gibt! Es gibt nur eine Erklärung: Die Rotverschiebung muss eine Wirkung des Gravitationsfelds sein. Tatsächlich gelang es 1960 diesen Effekt in einem nur 20 Meter hohen Turm nachzuweisen: Elektromagnetische Wellen, die am Fuß des Turms ausgestrahlt werden, kommen an seiner Spitze mit niedrigerer Frequenz an. Wie ist das zu erklären? Eine Beobachterin zählt die Wellenberge pro Sekunde im Erdgeschoss, eine andere ein paar Stockwerke weiter oben, und sie kommen zu unterschiedlichen Ergebnissen. Wie soll die Schwerkraft das Zählen von Wellenbergen beeinflussen? Das Zählen selbst kann sie tatsächlich nicht beeinflussen, aber die Zeit! Die Uhren gehen langsamer im Erdgeschoss. Während im Erdgeschoss eine Sekunde verstreicht, misst die Beobachterin unter dem Dach etwas mehr als eine Sekunde. Sie zählt gleich viele Wellenberge, teilt die Zahl aber durch eine längere Zeit und erhält deswegen eine kleinere Frequenz! Obwohl der Effekt auf der Erde winzig ist, konnte er inzwischen bei einem Höhenunterschied von nur einem Meter (!) nachgewiesen werden. Er ist sogar in der Satellitennavigation relevant: GPS-Satelliten müssen die Zeitdilatation der Schwerkraft korrigieren, um richtig zu funktionieren. Wenn dir dein Navi befiehlt in 200 Metern rechts abzubiegen, verdankst du diese Präzision Einsteins Allgemeiner Relativitätstheorie.

SCHRITT 23

Was ist Gravitation?

Als alter Freund muss ich Ihnen davon abraten, weil Sie einerseits nicht durchkommen werden; und wenn Sie durchkommen, wird Ihnen niemand glauben. Max Planck zu Albert Einstein[27]

Stell dir vor, du lebst in einer Welt mit einem homogenen Gravitationsfeld. Wohin du auch gehst, überall hat die Schwerkraft die gleiche Richtung und Stärke. Früher oder später wirst du wohl schlussfolgern, dass es gar kein Gravitationsfeld gibt und du in Wahrheit (von einem unbekannten Wesen) nach oben entgegen der vermeintlichen Schwerkraft beschleunigt wirst. Und in der Tat: Nach dem Äquivalenzprinzip gäbe es keine Möglichkeit deine These zu widerlegen. Auf der Erde sind wir aber in einer anderen Lage: die Schwerkraft zeigt immer zum Erdmittelpunkt, und somit an jedem Punkt in eine etwas andere Richtung. Nach dem Äquivalenzprinzip können wir das Gravitationsfeld zwar immer noch *lokal* durch den Übergang zu einem beschleunigten Bezugssystem „weg transformieren", nämlich dem Bezugssystem eines frei fallenden Beobachters. Aber diesen Effekt hat das neue (frei fallende) Bezugssystem nur lokal in einem begrenzten Bereich. Würde der frei fallende Beobachter seine Koordinaten und Messungen über größere Entfernungen ausdehnen, würde er feststellen, dass an anderen Orten noch eine Kraft messbar wäre. Da dort nämlich die Schwerkraft in eine etwas andere Richtung zeigt, würde der frei fallende Beobachter Gegenstände auf sich zufliegen sehen (Abbildung 23.1). Diese Unmöglichkeit, ein „globales" Bezugssystem der Schwerelosigkeit zu finden, ist das Wesen der

23.1: Fallende Steine bewegen sich auf fallende Beobachter zu

[27] Zitiert nach Padova 2015

Gravitation. Dass alle Massen überall in eine Richtung gezogen werden (also beispielsweise zu Boden fallen), muss nicht heißen, dass wir es mit Gravitation zu tun haben — vielleicht haben wir ja nur das falsche Bezugssystem gewählt. Wenn sich aber die lokal schwerelosen Bezugssysteme (der frei fallenden Beobachter), nicht mehr zu einem globalen zusammenfügen, sondern gegeneinander gekippt oder verdreht sind, muss Gravitation im Spiel sein.

Wir wollen jetzt versuchen, diese Überlegungen geometrisch zu formulieren. Dazu kehren wir noch einmal zum Äquivalenzprinzip in seiner ersten Variante zurück:

> *Lokal kann ein Beobachter mit keinem Experiment unterscheiden, ob er sich in Ruhe an einem Ort ohne Gravitation oder in freiem Fall in einem Gravitationsfeld befindet.*

Stellen wir uns vor, unser Beobachter befinde sich zunächst in Ruhe in einem Gravitationsfeld. In den Koordinaten dieses Bezugssystem ausgedrückt sei seine Metrik $g_{\mu\nu}$. Jetzt lassen wir den Beobachter stattdessen frei fallen. Das Äquivalenzprinzip sagt uns, dass sein frei fallendes Bezugssystem dann nicht von einem Inertialsystem unterscheidbar ist. Das heißt aber, dass es wie jedes Inertialsystem die flache Metrik $f_{\mu\nu}$ (aus Schritt 20) besitzen muss. Das heißt: Die Koordinatentransformation von „ruhend" zu „frei fallend" wandelt die Metrik $g_{\mu\nu}$ in die Metrik $f_{\mu\nu}$ um. Aber das geht eben nur „lokal". Wir können das Äquivalenzprinzip somit geometrisch formulieren:

> *In einem Gravitationsfeld kann man die Metrik $g_{\mu\nu}$ durch eine Koordinatentransformation lokal auf die Metrik $f_{\mu\nu}$ der flachen Raumzeit bringen.* (1)

Diese geometrische Version des Äquivalenzprinzips erinnert stark an eine Behauptung aus Schritt 19:

> *Jede Metrik lässt sich <u>an einem Punkt</u> durch eine Koordinatentransformation in eine flache Metrik transformieren. <u>In der Umgebung des Punktes</u> zeigen sich aber Abweichungen, die ein Maß für die Krümmung des Raumes sind.*

(1) entspricht genau dem ersten Satz, nur auf die Raumzeit übertragen. Das legt nahe, dass sich auch der zweite Satz auf die Raumzeit übertragen lässt. Dass also die Tatsache, dass frei fallende Bezugssysteme von Ort zu Ort voneinander abweichen, ein Ausdruck der Krümmung der Raumzeit ist! Denkt

man das Äquivalenzprinzip konsequent zu Ende, führt es fast unweigerlich zu Einsteins Idee, dass wir in einer gekrümmten Raumzeit leben.

Aber was bedeutet das alles für ein Teilchen, das sich ahnungslos durch die gekrümmte Raumzeit bewegt? Um das zu beantworten gehen wir noch einmal zurück zur einfachsten Geometrie, die wir kennen: der zwei-dimensionalen Ebene. Was ist die kürzeste Verbindung zwischen zwei Punkten? Eine Gerade! Jetzt gehen wir eine Dimension höher, zum dreidimensionalen (Euklidischen) Raum. Was ist die kürzeste Verbindung zwischen zwei Punkten? Eine Gerade! Jetzt nehmen wir die Zeit hinzu und kommen zur vierdimensionalen Raumzeit. Und zwar ganz ohne Krümmung und all das verrückte Zeug! Was ist die kürzeste Verbindung zwischen zwei Punkten? Eine Gerade? Falsch! Eine Gerade ist die *längste* Verbindung zwischen zwei Punkten! Die Länge einer Kurve in der Raumzeit wird ja mithilfe der Eigenzeit gemessen und die ist am längsten für die direkte Verbindung zweier Ereignisse. Das war in Schritt 14 der Grund für das Zwillingsparadox! Solchen Ärger handelt man sich ein, wenn man plötzlich ein Minuszeichen in der Metrik hat. Es gibt aber trotzdem eine Gemeinsamkeit zwischen diesen drei Fällen: die Gerade ist jeweils die extremste (oder *extremale*) Verbindung zwischen zwei Punkten, also diejenige Kurve mit der minimalen *oder* maximalen Kurvenlänge. Das Konzept der *Geodäten*, das wir in Schritt 17 kennengelernt haben, beschreibt genau so eine *extremale* Kurve. Im Raum sind Geodäten die Kurven mit minimaler, in der Raumzeit die Kurven mit maximaler Kurvenlänge. Du wirst vielleicht denken, dass Minimum und Maximum doch wohl ziemlich verschiedene Dinge sind und sich kaum über einen Kamm scheren lassen. Mathematisch haben Maxima und Minima eine wichtige Gemeinsamkeit: beide sind Nullstellen der ersten Ableitung, wie wir im nächsten Schritt sehen werden.

Soweit die Mathematik. Aber was ist die physikalische Interpretation einer Geraden in der flachen Raumzeit? Nehmen wir an, die Bewegung verlaufe in x-Richtung (andernfalls können wir die Achsen ja genauso wählen). Wenn $x(t)$ eine Gerade ist, dann ist die Steigung $\dot{x}$, also die Geschwindigkeit des Teilchens, konstant. Eine Gerade in der Raumzeit entspricht also einer Bewegung mit konstanter Geschwindigkeit. Das ist nach Newton (und auch nach der Speziellen Relativitätstheorie) die Bewegung eines Teilchens, auf das keine Kräfte wirken. In der flachen Raumzeit bewegen sich kräftefreie Teilchen auf Geodäten.

Auf welchen Kurven bewegen sich kräftefreie Teilchen in einer gekrümmten Raumzeit? Um das herauszufinden transformieren wir wieder die Krümmung lokal weg. Wie wir mittlerweile wissen, ist die Situation dann in einem begrenzten Bereich nicht von der flachen Raumzeit unterscheidbar. Das heißt aber, dass sich kräftefreie Teilchen dort auf Geraden und damit auf Geodäten bewegen. Jetzt transformieren wir wieder zurück. Was passiert dann mit den Teilchenbahnen? In den neuen Koordinaten ausgedrückt werden es in der Regel keine *Geraden* mehr sein, aber es sind natürlich immer noch *Geodäten*. Welche Kurven in einem gekrümmten Raum (oder der gekrümmten Raumzeit) Geodäten sind, darf ja nicht von den verwendeten Koordinaten abhängen! Damit sind wir zu einer ziemlich bahnbrechenden Erkenntnis gelangt:

Kräftefreie Teilchen bewegen sich in einer gekrümmten Raumzeit auf Geodäten. (2)

Das eigentlich Bahnbrechende daran ist, dass wir stillschweigend die Definition von „kräftefrei" geändert haben. Für Newton war ein Teilchen kräftefrei, wenn weder die Schwerkraft noch sonst irgendeine Kraft darauf einwirkte. Einstein hat der Schwerkraft ihre Maske heruntergerissen und erkannt, dass sie in Wahrheit keine Kraft sondern eine Krümmung der Raumzeit ist. Ein Teilchen in einem Gravitationsfeld bewegt sich daher *kräftefrei*. Nichts anderes hatte Einstein in seinem Sessel im Patentamt erkannt: „Wenn sich eine Person im freien Fall befindet, dann spürt sie ihr eigenes Gewicht nicht."

Jetzt schauen wir noch einmal auf unser Lieblingsbeispiel, den fallenden Stein, und seine Bahn durch die Raumzeit in Abbildung 23.2. Am Anfang des Buches hatten wir die gekrümmte Bahn mit einer Kraftwirkung und $F = ma$ erklärt. Jetzt haben wir eine ganz andere Sicht auf die Dinge: auf das Teilchen wirken keine Kräfte, es bewegt sich auf einer Geodäten. Die ist aber aufgrund der gekrümmten Raumzeit beziehungsweise der Wahl unserer Koordinaten gebogen!

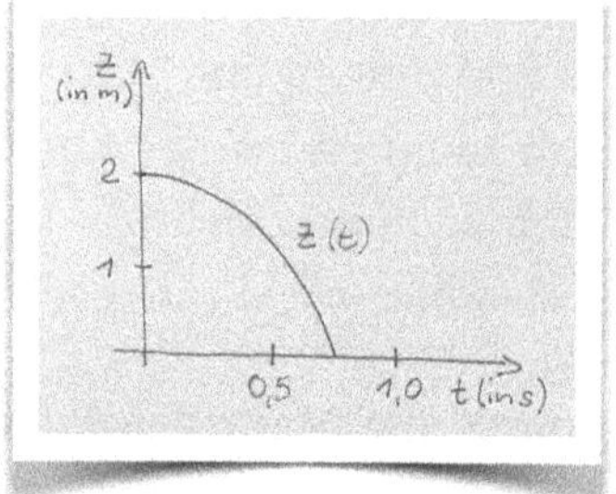

23.2: Ein fallender Stein

Wenn du das verstanden hast, hast du die Allgemeine Relativitätstheorie verstanden. Wenn nicht, holst du dir einen Kaffee und liest diesen Schritt noch einmal in Ruhe durch. Falls sich das wie Nachsitzen in der Schule anfühlt, kann ich dich beruhigen: du wärst der Erste, der es auf Anhieb versteht.

SCHRITT 24

Der kürzeste Weg von A nach B

Wer schnell von A nach B kommen will, sollte den direkten Weg nehmen. Jedes Kind weiß, dass die kürzeste Verbindung zwischen zwei Punkten eine Gerade ist. Aber können wir es auch beweisen? Beginnen wir mit zwei Punkten in der Ebene. Stell dir vor, du fährst auf irgendeinem Weg W — es muss nicht der kürzeste sein — von A nach B (Abbildung 24.1). Zur Zeit t_A fährst du bei A los, zur Zeit t_B kommst du bei B an. Deine Koordinaten zu einer beliebigen Zeit t bilden den zweidimensionalen Vektor $(x(t), y(t))$ und deine Geschwindigkeit ist die Ableitung davon $\boldsymbol{v} = (\dot{x}(t), \dot{y}(t))$. Der Betrag der Geschwindigkeit ist dann nach Pythagoras $v = \sqrt{\dot{x}^2 + \dot{y}^2}$, wobei wir faul sind und die Zeit t in Klammern weglassen. In einer kurzen Zeit dt kommst du eine kurze Strecke $ds = v\,dt = \sqrt{\dot{x}^2 + \dot{y}^2}\,dt$ voran. Die Länge S deines Weges ist die Summe dieser kleinen Teilstrecken ds, also das Integral über $v\,dt$ vom Beginn bis zum Ende der Fahrt:

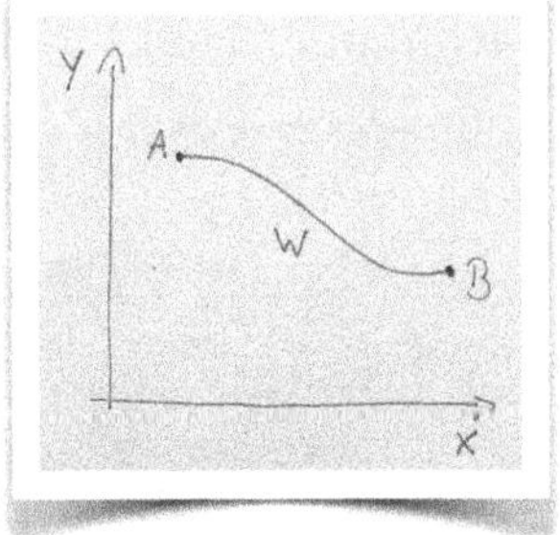

24.1: Weg W

$$S(W) = \int_{t_A}^{t_B} v\,dt = \int_{t_A}^{t_B} \sqrt{\dot{x}^2 + \dot{y}^2}\,dt \qquad (1)$$

Unterschiedliche Wege W haben unterschiedliche Weglängen $S(W)$. Wir könnten jetzt verschiedene Wege ausprobieren, bis wir den kürzesten gefunden haben. Da es aber unendlich viele mögliche Wege gibt, ist das etwas mühsam. Wir brauchen einen systematischen Ansatz!

$S(W)$ ist keine gewöhnliche Funktion. Einer gewöhnlichen Funktion $f(x)$ füttert man eine Zahl x und erhält eine andere Zahl $y = f(x)$. $S(W)$ ist dagegen eine

Maschine, der man keine *Zahl* sondern einen beliebigen Weg[28] W von A nach B füttert, und die als Antwort die Länge dieses Weges ausspuckt. Wir suchen das Minimum von $S(W)$, also denjenigen Weg, für den die Maschine den niedrigsten Wert ausspuckt. Wie man das Minimum (oder Maximum) einer *gewöhnlichen Funktion* $f(x)$ findet, lernt man in der Schule: Man sucht die Punkte, an denen $f'(x) = 0$ ist. Warum funktioniert das, warum ist bei solchen so genannten *Extrema* (also den Minima oder Maxima) $f'(x) = 0$? $f'(x) \neq 0$ würde bedeuten, dass die Funktion am Punkt x ansteigt oder abfällt, also in der Nähe von x sowohl größere als auch kleinere Werte annimmt als bei x. Das heißt aber, dass die Funktion bei x weder ein Maximum noch ein Minimum haben kann, — und im Umkehrschluss, dass bei einem Minimum oder Maximum $f'(x) = 0$ sein muss. Anders ausgedrückt: In erster Näherung ist f bei einem Extremum flach, ändert sich also in der unmittelbaren Umgebung (infinitesimale Δx) nicht:

$$\Delta f = f(x + \Delta x) - f(x) = 0 \tag{2}$$

Um das Minimum unserer Kurvenlängen-Funktion $S(W)$ zu finden, gehen wir ähnlich vor. Das Prinzip ist das gleiche: in der Nähe des kürzesten Weges W ist $S(W)$ in erster Näherung konstant, d.h. für kleine Abweichungen vom Weg W ändert sich die Weglänge nicht. Was wir mit kleinen Abweichungen vom Weg W meinen, erklärt Abbildung 24.2: wir wackeln etwas an W, indem wir benachbarte Wege $\tilde{W}$ betrachten, die von W durch eine beliebige kleine „Weg-variation“ δW abweichen. Wenn W ein Minimum sein soll, muss für solche kleinen Variationen von W analog zu (2) gelten:

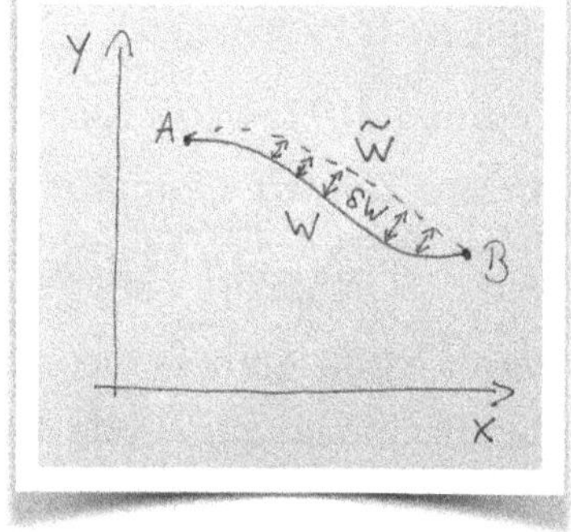

24.2: Wackeln an Weg W

$$\delta S = S(\tilde{W}) - S(W) = 0 \tag{3}$$

Im Anhang zeige ich dir, wie man aus dieser Bedingung für ein Minimum des Weges, nach einigen Rechenschritten zu der einfachen Formel

[28] Wenn dir das mathematisch zu ungenau ist: ein Weg ist eine Funktion, die jedem t im Intervall $[t_A, t_B]$ einen zweidimensionalen Vektor $(x(t), y(t))$ zuordnet.

$$\frac{\dot{x}}{\dot{y}} = \text{const}. \tag{4}$$

gelangt. Das heißt: das Verhältnis der beiden Komponenten des Geschwindigkeitsvektors entlang des minimalen Weges ist konstant. Ein Vektor, dessen Komponenten immer im gleichen Verhältnis zueinander stehen, zeigt immer in die gleiche Richtung. Wenn dein Geschwindigkeitsvektor auf der Fahrt immer in die gleiche Richtung zeigt, fährst du auf einer Geraden! Damit haben wir bewiesen, dass die kürzeste Verbindung zwischen zwei Punkten eine Gerade ist. Wenn du dir die genaue Rechnung im Anhang ansiehst, wirst du sagen: Ganz schön viel Aufwand, um etwas zu beweisen, das jedes Kind weiß. Der Punkt ist, dass du mit demselben Ansatz auch verdammt viele Dinge zeigen kannst, die nicht jedes Kind weiß. Bevor wir das tun, machen wir uns aber erst noch einmal den Kern unseres Ansatzes klar. Auch wenn es ein bisschen hochtrabend klingt: Wir haben ein *globales* Problem auf ein *lokales* reduziert! Die Frage nach der kürzesten Verbindung zweier Punkte ist eine *globale*: wir suchen die Form dieser Verbindung „auf ganzer Strecke", nicht nur *lokal* an einem Punkt. Und dennoch führt unser Rechenweg auf die *lokale* Bedingung, dass $\frac{\dot{x}}{\dot{y}}$ an jedem *Punkt* der gesuchten Verbindungslinie konstant sein muss. Die meisten Naturgesetze sind lokale Gesetze. Der fallenden Stein folgt lokal — also an jedem Punkt — dem Newtonschen Gesetz $m\ddot{z}(t) = -mg$, das wir aus Schritt 3 kennen. In Schritt 38 werden wir sehen, dass sich dieses Gesetz — und praktisch jedes andere physikalische Gesetz — als *lokale* Bedingung zur Lösung eines *globalen* Problems interpretieren lässt, genau so wie (4) das globale Problem der kürzesten Verbindung zweier Punkte löst.

Erst einmal wollen wir den Ansatz aber auf Kurven in der Raumzeit anwenden. Aus Schritt 23 wissen wir: Dinge, die außer dem Gravitationsfeld keine Kräfte spüren, bewegen sich auf Geodäten maximaler Eigenzeit durch die Raumzeit. Solche Geodäten findest du im Grunde genauso, wie wir den kürzesten Weg zwischen zwei Punkten in der Ebene gefunden haben! Deine Uhr zeigt die Eigenzeit an. Wenn du genau erfasst, was deine räumlichen und zeitlichen Koordinaten zu jeder Eigenzeit τ sind, ergibt sich deine Weltlinie $(x^0(\tau), x^1(\tau), x^2(\tau), x^3(\tau),)$. In der gekrümmten Raumzeit braucht man für Längenmessungen wieder die Metrik $g_{\mu\nu}$. In völliger Analogie zu (1) ist dann die Länge der Weltlinie (das Minuszeichen ist nötig, weil der raumzeitliche Abstand für zeitartige Weltlinien negativ ist):

$$S(W) = \int_{\tau_A}^{\tau_B} \sqrt{-g_{\mu\nu} \frac{dx^\mu}{d\tau} \frac{dx^\nu}{d\tau}} \, d\tau \qquad (5)$$

wobei der Ausdruck unter der Wurzel wieder die Abkürzung der langen Summe aller Bestandteile der Metrik ist. Die Aufgabe lautet also: Finde die Extrema von $S(W)$. Das ist ein ähnliches Problem wie die Suche nach der kürzesten Verbindung zweier Punkte, nur diesmal in einer gekrümmten Geometrie! Wir „wackeln" also wieder an der Weltlinie (sprich: wir betrachten unmittelbar benachbarte Weltlinien) und schauen, ob sich ihre Länge in erster Näherung ändert. Tut sie es nicht, haben wir ein Extremum gefunden. Die Rechnung kann ziemlich unübersichtlich werden, aber das Prinzip ist dasselbe.

SCHRITT 25

Massen krümmen die Raumzeit

All die anstrengenden, endlosen Jahre des Tappens im Dunkeln, des ständigen Wechsels von Hoffnung und Erschöpfung. Dann schließlich der finale Schritt ins Licht der Erkenntnis. Nur wer es selbst erlebt hat, kann das nachvollziehen. Albert Einstein[29]

Im Juni 1915 lädt David Hilbert, einer der berühmtesten Mathematiker seiner Zeit, Einstein zu einer Vortragsreihe nach Göttingen ein. Er soll seine Überlegungen zur Gravitation vorstellen. Zu diesem Zeitpunkt arbeitet Einstein schon seit acht Jahren an seiner Allgemeinen Relativitätstheorie. 1907 hat er das Äquivalenzprinzip gefunden und damit die Ablenkung des Lichts und die gravitative Rotverschiebung vorhergesagt. Aber er versteht noch nicht, wie Massen den umgebenden Raum beeinflussen, um diese Effekte zu erzeugen. Seit 1907 sucht er nach den richtigen Feldgleichungen, scheitert aber immer wieder. Momente der Euphorie wechseln sich ab mit Phasen der Frustration. Immer wieder glaubt er der Lösung ganz nah zu sein, stößt dann aber wieder auf unauflösbare Schwierigkeiten.

Man muss sich die wissenschaftliche und emotionale Situation des 36-jährigen Einstein vorstellen, als er von Hilbert nach Göttingen eingeladen wird. Kurz zuvor hatte er sich von seiner Frau getrennt. Sie war mit den beiden Söhnen aus Berlin zurück nach Zürich gezogen. Einstein vermisst seine Söhne und streitet sich mit seiner Frau um Unterhaltszahlungen und Besuchsrecht. An der Preußischen Akademie der Wissenschaften, seinem Arbeitgeber in jenen Jahren, schlägt dem Juden Einstein der wachsende Antisemitismus vieler Kollegen entgegen. Außerdem tobt ein zunehmend grausamer Krieg in Europa. Auch in der Physik geht Einstein einen recht einsamen Weg. Für seine Kollegen dreht sich alles um die gerade entstehende Quantenmechanik. Einstein aber beschäftigt sich mit Problemen, die für seine Zeitgenossen gar keine sind. Die Frage, ob die Newtonsche Gravitation sich ohne Zeitverzug oder nur mit endlicher Geschwindigkeit ausbreitet, ist nicht gerade die drängendste Frage

[29] Zitiert nach Gaßner 2019

seiner Zeit. Entsprechend wenig Aufmerksamkeit bekommt Einstein für sein jahrelanges Ringen mit einer neuen Gravitationstheorie.

Ab dem 29. Juni 1915 ist Einstein eine Woche in Göttingen und hält sechs Vorlesungen an der Universität. Er freut sich über Hilberts Interesse an seiner Außenseitertheorie. „Von Hilbert bin ich ganz begeistert. Ein bedeutsamer Mann.“[30] Zurück in Berlin wird ihm bewusst, dass der in Göttingen vorgestellte Ansatz voller Widersprüche und Schwachstellen ist. Gleichzeitig wird ihm Hilberts Interesse an seiner Theorie langsam zu viel. Der Mathematiker arbeitet jetzt selbst an der Lösung des Problems und wird zum Konkurrenten. Mit scheinbar unlösbaren Widersprüchen seiner Theorie konfrontiert und mit einer mathematischen Koryphäe auf den Fersen gerät Einstein extrem unter Druck. Außerdem hat er — im Glauben die Lösung gefunden zu haben — schon vor Monaten zugesagt, im November eine Vortragsreihe für Mitglieder der Preußischen Akademie der Wissenschaften zu halten. Statt frustriert aufzugeben macht sich Einstein mit einer Mischung aus Verzweiflung und Euphorie daran seine Theorie zu vollenden. Im Oktober und November 1915 verfällt er in eine kreative Arbeitswut, die an Selbstzerstörung grenzt. Er arbeitet fast rund um die Uhr, schläft kaum noch, er vergisst zu essen. Trotz allem hat er am 4. November 1915 bei dem ersten der vier zugesagten Vorträge vor der Preußischen Akademie der Wissenschaften das Problem noch nicht geknackt. Er ergreift die Flucht nach vorn und spricht zu seinen Kollegen offen über seine Schwierigkeiten eine konsistente Theorie zu finden. In den folgenden drei Wochen entwickelt er vor den Augen der Akademie die Theorie von Vorlesung zu Vorlesung weiter. Fast in Echtzeit werden seine Kollegen Zeugen seiner Fortschritte und Rückschläge. Am 18. gelingt ihm ein entscheidender Durchbruch: er berechnet die Periheldrehung des Merkur aus seinen Feldgleichungen und erhält genau die 43 Bogensekunden pro Jahrhundert, die Astronomen messen, die sich aber mit Newtons Theorie nicht erklären lassen. Einstein wird später sagen, er habe bei diesem Ergebnis Herzrasen bekommen. Dabei hat er Glück, denn seine Gleichungen sind noch immer nicht korrekt. Der Fehler wirkt sich aber auf die Merkur-Rechnung nicht aus. Die richtigen Feldgleichungen findet Einstein erst kurz vor der letzten Vorlesung. Am 25. November 1915 tritt er vor die Preußische Akademie der Wissenschaften und stellt die Feldgleichungen der Allgemeinen Relativitätstheorie vor:

---

[30] Padova 2015

$$R_{\mu\nu} - \frac{1}{2}g_{\mu\nu}R = 8\pi G T_{\mu\nu} \tag{1}$$

Diese eine Gleichung beschreibt eine der am besten bestätigten Theorien in der Geschichte der Naturwissenschaften. Sie hat bis heute nicht nur allen Tests standgehalten sondern auch einige der faszinierendsten Phänomene im Universum vorhergesagt: Gravitationswellen, Schwarze Löcher und den Urknall.

Was bedeutet diese merkwürdige Gleichung? Das Äquivalenzprinzip hat Einstein zu der ungeheuerlichen Behauptung geführt, dass wir in einer gekrümmten Raumzeit leben. Aber was verursacht diese Krümmung? Da die Krümmung nach Einstein das ist, was wir bisher Gravitationsfeld genannt haben, erwarten wir, dass sie durch Masse erzeugt wird. Das stimmt auch, nur dass Masse nach Einstein etwas anderes ist, als wir immer dachten. Masse ist Energie und Energie ist die Null-Komponente eines Vierervektors: $p^\mu = (E, \boldsymbol{p})$. Um eine lokale Größe zu erhalten, betrachten wir die Energiedichte E/V. Da wir eine Dichte betrachten, kommt noch ein weiterer Vierervektor ins Spiel, nämlich der Teilchenstrom N^ν durch das betrachtete kleine Volumen V. Die Kombination dieser beiden Vierervektoren ergibt den Energie-Impuls-Tensor $T_{\mu\nu}$. Wenn du das nicht auf Anhieb verstehst, bist du in guter Gesellschaft. Entscheidend ist nur, dass auf der rechten Seite der Einsteinschen Feldgleichung ein Ausdruck steht, der die *Energiedichte* (einschließlich der Masse) beschreibt. Auf der linken Seite steht ein Ausdruck, der direkt aus dem Riemannschen Krümmungstensor abgeleitet ist und die lokale *Geometrie* der Raumzeit beschreibt. Die neue Größe $R_{\mu\nu}$ — *Riccitensor* genannt — ist einfach die Summe ganz bestimmter Komponenten des Riemannschen Krümmungstensors $R^{\sigma}{}_{\mu\tau\nu}$:

$$R_{\mu\nu} = R^0{}_{\mu 0\nu} + R^1{}_{\mu 1\nu} + R^2{}_{\mu 2\nu} + R^3{}_{\mu 3\nu} \tag{2}$$

Und in ähnlicher Weise ist R — *Ricciskalar* genannt — die Summe bestimmter Komponenten von $R_{\mu\nu}$ — die Details sind für uns nicht wichtig.

Die Einsteinsche Feldgleichung setzt zwei völlig unterschiedliche Größen gleich: eine *physikalische* Größe (die Energiedichte) mit einer rein *geometrischen* Größe (der Krümmung der Raumzeit). Je mehr Masse (oder andere Energie) sich an einer Stelle befindet, desto stärker verbiegt sich dort die Raumzeit-

Geometrie. Das ist der Kern der Allgemeinen Relativitätstheorie. Wenn du die Einstein-Gleichung für konkrete physikalische Situationen lösen willst, wird es allerdings ziemlich kompliziert. Da auf beiden Seiten eine 4×4 Matrix steht, handelt es sich um ein System von $4 \cdot 4 = 16$ Gleichungen. Wenn man für $R_{\mu\nu}$ und R die Metrik und ihre Ableitungen einsetzt, bekommt man ein System gekoppelter Differentialgleichungen, das im allgemeinen schwer zu lösen ist. Gelungen ist das bisher nur für einfache Situationen mit viel Symmetrie. Das klassische Beispiel ist das Feld in der Umgebung eines kugelförmigen Körpers wie der Sonne oder der Erde.

Was, wenn wir die Einstein-Gleichung an einem Punkt lösen wollen, wo weder Masse noch irgendeine andere Energieform vorhanden ist? Dann ist $T_{\mu\nu} = 0$ und wir erhalten die Einstein-Gleichung im Vakuum:

$$R_{\mu\nu} - \frac{1}{2} g_{\mu\nu} R = 0 \qquad (3)$$

Durch geschicktes Umformen lässt sich diese Gleichung sogar noch weiter vereinfachen:

Einstein-Gleichung im Vakuum: $$R_{\mu\nu} = 0 \qquad (3)$$

Heißt das, die Raumzeit hat im Vakuum keine Krümmung? Das kann eigentlich nicht stimmen — schließlich bewegt sich die Erde durch das Vakuum des Weltraums und bleibt dennoch auf ihrer Kreisbahn, weil die Sonne die Raumzeit krümmt! Die Lösung des scheinbaren Widerspruchs: der Krümmungstensor $R^{\mu}{}_{\nu\sigma\tau}$ muss nicht null sein, wenn der Ricci-Tensor $R_{\mu\nu}$ null ist. Die Komponenten von $R_{\mu\nu}$ sind Summen von Komponenten des Krümmungstensors (siehe (2)). Genauso wie man aus $a + b = 0$ nicht schließen kann, dass $a = 0$ und $b = 0$ (Gegenbeispiel: $a = 5$, $b = -5$), kann man aus $R_{\mu\nu} = 0$ nicht schließen, dass $R^{\mu}{}_{\nu\sigma\tau} = 0$! Anders ausgedrückt: $R_{\mu\nu} = 0$ schafft Abhängigkeiten zwischen den Komponenten des Krümmungstensors, zwingt sie aber nicht alle null zu sein. Wir werden in Schritt 29 eine Lösung von $R_{\mu\nu} = 0$ in der Nähe einer kugelförmigen Masse und damit die Raumzeit-Geometrie in der Umgebung von Himmelskörpern wie Sonne, Erde oder Mond kennenlernen und sehen, dass diese Geometrie durchaus gekrümmt ist.

PAUSE

Von der Bühne zum Schauspieler

Früher hat man geglaubt, wenn alle Dinge aus der Welt verschwinden, so bleiben noch Raum und Zeit übrig. Nach der Relativitätstheorie verschwinden aber Raum und Zeit mit den Dingen. Albert Einstein, 1921

Wenn wir an die reale Welt denken, stellen wir uns unvermeidlich etwas vor, das in Raum und Zeit stattfindet. Es ist schlicht unmöglich, uns eine Realität jenseits von Raum und Zeit vorzustellen. Sie sind der Rahmen, in dem sich alles abspielt. Und auch für die Physik bis Einstein sind Raum und Zeit lediglich die unbewegte Bühne, auf der physikalische Phänomene wie Bewegungen stattfinden. Die Schauspieler auf dieser Bühne sind physikalische Objekte wie Teilchen, Felder und Wellen, die eine Dynamik besitzen, also Veränderungen erleben — und zwar Veränderungen *relativ* zum unbewegten Rahmen des Raums. Die Physik untersucht diese Veränderungen, und sie gibt keine Ruhe, bis sie die Gleichungen gefunden hat, die sie beschreiben. Die Bühne selbst hat keine eigene Dynamik.

Einstein hat diese Bühne nicht nur zum Schauspieler, sondern sogar zum Hauptdarsteller gemacht. Raum und Zeit sind dynamische Größen, die auf die Dinge, die sich in ihnen befinden, reagieren. Sie wollen nicht mehr unbewegter Rahmen sein, sondern am Spiel teilnehmen. In Einsteins Spezieller Relativitätstheorie waren die Messung von Raum und Zeit schon vom Standpunkt des Beobachters abhängig. Mit seiner Allgemeinen Relativitätstheorie verlieren Raum und Zeit endgültig ihre Qualität als stabiler, unverrückbarer Fixpunkt. Und damit verlieren sie auch den Status des „eh schon da", den Status einer Sache, die es immer und überall geben muss. Mit Einstein ist es denkbar geworden, dass Raum etwas Endliches ist und Zeit einen Anfang hatte. Die Frage, was *dahinter* ist oder *davor* war, verlieren dann ihren Sinn, weil die Wörter *dahinter* und *davor* ja schon eine räumliche und zeitliche Ausdehnung annehmen, wo es die nicht mehr gibt. Soviel man auch darüber nachdenkt, man wird nur wieder feststellen, wie tief Raum und Zeit in unsere Anschauung „eingebacken“ sind. Unsere Vorstellungskraft kann ihnen nicht entrinnen!

Umso erstaunlicher ist es, dass wir ihnen im abstrakten Denken doch entrinnen können. Es ist der seltene Fall, wo die Naturwissenschaft die Philosophie widerlegt hat. Wenn Philosophen über Naturwissenschaft sprechen, dann normalerweise über die Bedingungen und Grenzen der Naturwissenschaft. Sie machen keine naturwissenschaftlichen Aussagen, sondern sprechen von außen über die Möglichkeit von Naturwissenschaft überhaupt. Genau das tat Immanuel Kant, als er Raum und Zeit als reine Anschauungsformen beschrieb. Sie sagen uns nichts über die Dinge an sich, sondern darüber, in welcher Form uns sinnliche Wahrnehmungen zwingend in der Anschauung erscheinen. Wir als Wahrnehmende sind es, die der Natur Raum und Zeit als unsere Anschauungsformen überstülpen. Raum und Zeit sind keine empirischen Begriffe, sondern Vorstellungen a priori. Soweit Kant. Bei Einstein werden Raum und Zeit dagegen sehr wohl zu empirischen Begriffen, über deren Struktur und dynamische Veränderung man empirisch überprüfbare Aussagen machen kann. Raum und Zeit werden Teil des physikalischen Geschehens und sind untrennbar mit der materiellen Welt verknüpft.

SCHRITT 26

Die Abschaffung des freien Willens

> *Wir müssen also den gegenwärtigen Zustand des Universums als Folge eines früheren Zustandes ansehen und als Ursache des Zustandes, der danach kommt. Eine Intelligenz, die in einem gegebenen Augenblick alle Kräfte kennt, mit denen die Welt begabt ist, und die gegenwärtige Lage der Gebilde, die sie zusammensetzen, und die überdies umfassend genug wäre, diese Kenntnisse der Analyse zu unterwerfen, würde in der gleichen Formel die Bewegungen der größten Himmelskörper und die des leichtesten Atoms einbegreifen. Nichts wäre für sie ungewiss, Zukunft und Vergangenheit lägen klar vor ihren Augen.* Pierre-Simon Laplace, 1814[31]

Die Intelligenz, die Laplace sich 1814 ausdenkt, spukt seither als *Laplacescher Dämon* durch Physik und Philosophie und prägt das naturwissenschaftliche Weltbild bis heute. Dieser Dämon ist zum Inbegriff eines deterministischen Naturverständnisses geworden. Die Welt als Uhrwerk — ein unfassbar komplexes zwar, aber im Grunde ein Uhrwerk: kennt man den genauen Zustand aller Teilchen im Universum zu einem beliebigen Zeitpunkt, kann man ihren Zustand zu jedem früheren und jedem späteren Zeitpunkt mithilfe der physikalischen Gesetze genau ausrechnen. „Zukunft und Vergangenheit lägen klar vor ihren Augen." Laplace konnte diese Schlussfolgerung aus den Newtonschen Gesetzen ziehen, weil diese genau so funktionieren: *Wenn ein System zum Zeitpunkt t_1 in einem Zustand A_1 ist, dann wird es zum Zeitpunkt t_2 in einem Zustand A_2 sein.* Sie sagen aus den Anfangsbedingungen (Zustand A_1) den Zustand des Systems zu einem späteren Zeitpunkt vorher. Auf die Frage, *warum* das System zum Zeitpunkt t_1 im Zustand A_1 war, antworten die Newtonschen Gesetzen: *Weil das System zum früheren Zeitpunkt t_0 im Zustand A_0 war und daher zum Zeitpunkt t_1 zwingend im Zustand A_1 landen musste.* Was aber das Problem nur verschiebt, denn die nächste Frage ist natürlich: Warum war das System zum Zeitpunkt t_0 im Zustand A_0? Wenn du das ein bisschen abstrakt findest, brauchen wir ein Beispiel. Und einfallslos wie wir sind, schauen wir wieder

[31] Laplace 1814, zitiert nach Wikipedia.

unserem Stein beim Fallen zu. Der Zustand A_1 am Anfang ($t_1 = 0$) war: Stein auf 2 Meter Höhe in Ruhe. Mathematisch bestehen die Anfangsbedingungen also aus zwei Angaben: dem Ort $z_1 = 2$ und der Geschwindigkeit $v_1 = 0$. Mit diesen Anfangsbedingungen und der Bewegungsgleichung

$$\ddot{z}(t) = -g \tag{1}$$

ist die Zukunft des Steins komplett vorherbestimmt[32] (Abbildung 26.1). Die Bewegungsgleichung ist eine Maschine, der du die Anfangsbedingungen $z_1 = 2$ und $v_1 = 0$ fütterst und die dir dann für jeden späteren Zeitpunkt t_2 den Ort z_2 und die Geschwindigkeit v_2 ausspuckt.

Warum Ort *und* Geschwindigkeit? Würde nicht der Ort reichen? Nein, wenn du dem Stein eine gewisse Anfangsgeschwindigkeit gibst, beispielsweise den Stein nach oben wirfst, erhältst du ein anderes Weg-Zeit-Gesetz (Abbildung 26.2), obwohl der Anfangsort der gleiche war. Die Anfangsbedingungen bestehen immer aus Ort *und* Geschwindigkeit. Weil der fallende Stein sich nur in einer Richtung bewegt, sind das nur die zwei Zahlen z_1 und v_1. Für ein Objekt, das sich in drei Dimensionen bewegt, brauchen wir die Dreiervektoren $\boldsymbol{x}_1$ und $\boldsymbol{v}_1$, insgesamt also 6 Zahlen. Für ein Problem mit zwei Körpern brauchen wir $2 \cdot 6 = 12$ Zahlen, um die Anfangsbedingungen vollständig festzulegen. Und so weiter.

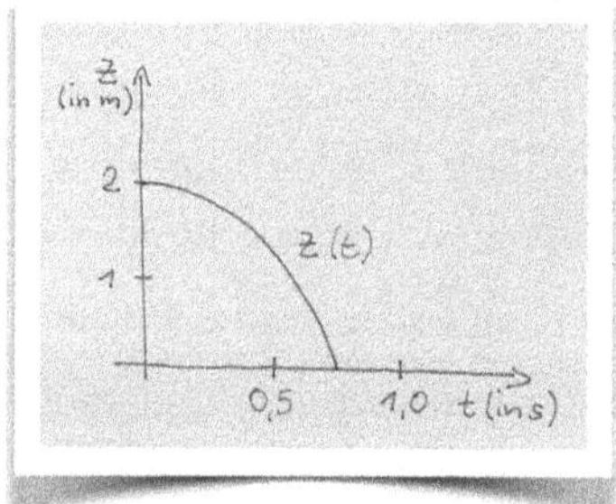

26.1: Fallender Stein

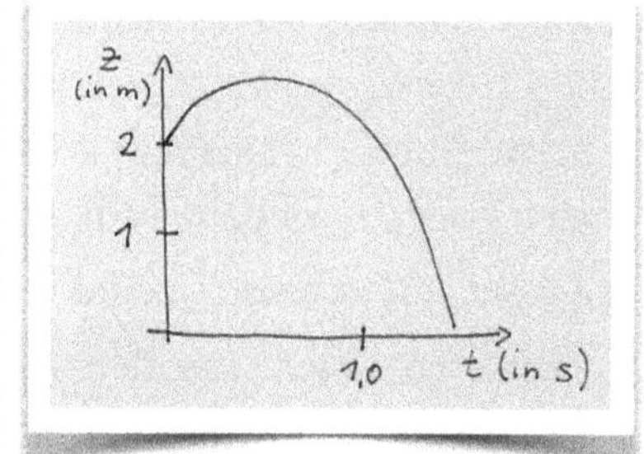

26.2: Hochgeworfener Stein

Stehen die Anfangsbedingungen fest, ist die Entwicklung des Systems durch die Bewegungsgleichung vollständig festgelegt. Das kann man am besten im so genannten *Phasenraum* veranschaulichen. Statt die Bewegung als Weg-Zeit-

[32] Natürlich stimmt das nur bis zum Aufprall auf dem Boden. Dort wirken zusätzliche Kräfte und die Bewegungsgleichung (1) muss durch eine andere ersetzt werden, die nur komplizierter aber genauso deterministisch ist.

Gesetz in einem z-t-Diagramm darzustellen, wählt man diesmal Ort und Geschwindigkeit als Achsen. Jeder Punkt im Phasenraum repräsentiert dann eine mögliche Wahl der Anfangsbedingungen. Die Bewegung des betrachteten Objekts folgt dann einer Linie im Phasenraum. Für den fallenden Stein zeigt Abbildung 26.3 den Weg im Phasenraum. Es ergibt sich die gleiche Kurve wie im Weg-Zeit-Diagramm in Abbildung 26.1. Das ist eine Besonderheit des fallenden Steins: Weil die Geschwindigkeit linear mit der Zeit zunimmt (Gleichung 5.3), unterscheiden sich die beiden Diagramme nur in der Skalierung der horizontalen Achse. Dass die Anfangsbedingungen die Entwicklung des Systems vollständig vorherbestimmen, zeigt sich darin, dass sein Weg durch den Phasenraum *eindeutig* ist. Oder anders ausgedrückt: es gibt auf diesem Weg keine Gabelungen oder Kreuzungen wie in Abbildung 26.4. Der fallende Stein hat keine Wahlmöglichkeiten und muss keine Entscheidungen treffen. Sein Schicksal ist komplett vorherbestimmt. Das System entwickelt sich *deterministisch*.

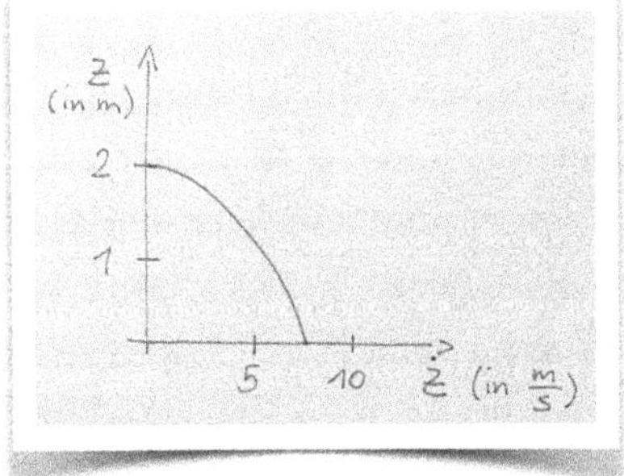

26.3: Weg des Steins im Phasenraum

26.4: (Fiktiver) Weg mit Gabelung

Das Ganze ist übrigens kein Kuriosum der Newtonschen Theorie — die relativistische Welt des Albert Einstein ist genauso deterministisch. In der Quantenmechanik wird es allerdings komplizierter. Lange schien es so, als hätte mit ihr der Zufall für immer Einzug in die Physik gehalten. Heute gehen die meisten[33] Physiker aber davon aus, dass auch die Quantentheorie auf einer verborgenen Ebene, die wir noch nicht verstehen, perfekt deterministisch ist.

Der Determinismus aller bekannten physikalischen Theorien gilt nicht nur für ein Teilsystem wie den fallenden Stein, sondern auch für das Universum als

[33] Ich kenne keine Meinungsumfragen unter Physikern in dieser Sache — „die meisten" ist nur meine eigene Wahrnehmung einer Tendenz in der wissenschaftlichen Gemeinde.

Ganzes. Würden wir zu einem Zeitpunkt die Orte und Geschwindigkeiten (oder quantenmechanisch: die Wellenfunktion) aller Teilchen im Universum kennen, könnten wir die genaue Zukunft aller Objekte und Lebewesen vorhersagen. Praktisch wäre natürlich weder die Kenntnis aller Anfangsbedingungen noch die Lösung der Bewegungsgleichungen möglich. Aber theoretisch wäre es möglich und die Natur schert sich nicht um unsere begrenzte Rechenleistung, sondern wendet die Bewegungsgleichungen unerbittlich an. Der Determinismus funktioniert vorwärts und rückwärts in der Zeit: so könnten wir auch aus dem genauen Zustand der Welt zu einem beliebigen Zeitpunkt in der Zukunft auf den genauen Zustand der Welt heute ableiten. Die Bewegungsgleichungen unterscheiden nicht zwischen „vorwärts" und „rückwärts" in der Zeit. Wir kommen darauf in Schritt 61 zurück. Aus diesem Weltbild der Physik ergeben sich natürlich ein paar Probleme. Zum Beispiel verliert in einer komplett deterministischen Welt das Konzept der Kausalität seinen Sinn: eine Wirkung bestimmt dann nämlich ihre Ursache genauso eindeutig, wie die Ursache ihre Wirkung bestimmt. Die Unterscheidung, ob etwas Ursache oder Wirkung ist, verliert ihre Bedeutung. Und es gibt keinen Platz mehr für einen freien Willen. Dass ich dieses Buch schreiben würde und du es lesen würdest, ergibt sich aus dem Zustand der Welt vor 10 Millionen Jahren. Zu diesem Zeitpunkt gab es noch nicht einmal Menschen auf der Erde und dennoch hätte ein allwissender Geist dieses Buch schon vorhersagen können. Die meisten Menschen, mich eingeschlossen, finden eine solche Schlussfolgerung absurd. Ich kenne keine Lösung dieses Widerspruchs zwischen physikalischer Erkenntnis und Alltagserfahrung.

SCHRITT 27
Differentialgleichungen

Mathematisch wird der unerbittliche Determinismus der Naturgesetze durch *Differentialgleichungen* beschrieben. Der fallende Stein bietet ein einfaches Beispiel:

$$\ddot{z} = -g \tag{1}$$

Differentialgleichungen stellen eine Beziehung her zwischen der Ableitung einer Funktion und der Funktion selbst oder anderen Funktionen. Die Frage ist dann: welche Funktion erfüllt diese Gleichung? In unserem Beispiel: welche Funktion hat als zweite Ableitung eine Konstante? Die Antwort hatten wir in Schritt 5 durch zweifaches Integrieren gefunden. Aber auch durch Ausprobieren würde man schnell herausfinden, dass $z(t) = -\frac{1}{2}gt^2$ die Gleichung erfüllt. Differentialgleichungen spielen eine zentrale Rolle bei der Naturbeschreibung. Sie können beliebig kompliziert und oft sogar unlösbar sein. Aber die Natur meint es gut mit uns und verwendet ein paar einfache Differentialgleichungen immer wieder. Die schauen wir uns jetzt an.

I. Erster Fall: $y' = a\,y$ (2)

Wir suchen eine Funktion $y(t)$, deren Ableitung an jedem Punkt proportional zur Funktion selbst ist. Das ist die Definition von biologischem Wachstum! Ist $y(t)$ beispielsweise die Größe einer Bakterienpopulation zur Zeit t, gibt $y'(t)$ an, wie schnell sich die Population verändert, also den Zuwachs an Bakterien *pro Zeiteinheit*. Die Differentialgleichung (2) sagt uns dann: Je mehr Bakterien in der Population sind und sich teilen können, desto mehr kommen pro Stunde neu dazu. Das ist die Logik aller Wachstumsprozesse — zumindest so lange es keine Nahrungsknappheit oder Feinde gibt. Welche Funktion erfüllt diese Differentialgleichung? Welche Funktion ist proportional zu ihrer eigenen Ableitung? Die Exponentialfunktion! Wir machen den Ansatz $y(t) = e^{bt}$ und setzen in (2) ein: $y'(t) = be^{bt} = by(t)$. Das erfüllt offensichtlich (2), falls $b = a$:

Lösung: $y(t) = e^{at}$ (3)

Unsere Bakterienpopulation wächst exponentiell (Abbildung 27.1). Das Faszinierende an Differentialgleichungen ist ihre Universalität. Ein und dieselbe Differentialgleichung kann die Dynamik der unterschiedlichsten Systeme beschreiben und uns damit verraten, dass die beschriebenen Systeme die gleiche zeitliche Entwicklung nehmen werden. Zum Beispiel beschreibt (2) nicht nur das Wachstum einer Bakterienpopulation, sondern auch die Ausbreitung eines Virus oder die Entwicklung deines Bankkontos, wenn du nichts einzahlst oder abhebst und die Verzinsung arbeiten lässt. In Schritt 49 werden wir mit derselben Differentialgleichung beschreiben, wie Dunkle Energie das Universum immer schneller expandieren lässt.

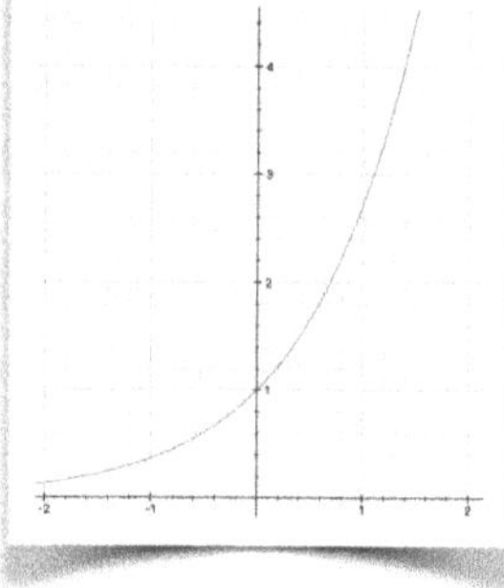

27.1: e^{at} **mit** $a = 1$

Indem wir (2) etwas abwandeln, kommen wir zu verwandten Differentialgleichungen, die — neben exponentiellem Wachstum — andere dynamische Entwicklungen beschreiben. Wir können vier Fälle unterscheiden, indem wir zwei Dinge variieren: 1) Erste oder zweite Ableitung auf der linken Seite und 2) positives oder negatives Vorzeichen auf der rechten Seite:

I. $y' = a\,y$ II. $y' = -\,a\,y$

III. $y'' = a^2\,y$ IV. $y'' = -\,a^2\,y$

Dass wir bei III und IV a^2 statt a schreiben, hat keinen tieferen Sinn, erspart uns aber bei der Lösung ein Wurzelzeichen. Fall I haben wir oben schon gelöst und exponentielles Wachstum gefunden. Schauen wir uns jetzt nacheinander die anderen Fälle an.

II. Zweiter Fall: $y' = -\,a\,y$ (4)

Wir machen den gleichen Ansatz $y(t) = e^{bt}$ wie oben. Einsetzen liefert $b = -\,a$ und somit

Lösung: $y(t) = e^{-at}$ (5)

Das Minuszeichen hat dramatische Konsequenzen: der Bestand wächst nicht mehr, sondern schrumpft, und zwar umso schneller je größer der Bestand noch ist. Ein Beispiel ist der Zerfall eines radioaktiven Stoffes. Jedes Atom zerfällt mit einer gewissen Wahrscheinlichkeit pro Zeiteinheit. Je mehr Atome des Stoffes noch vorhanden sind, desto mehr können zerfallen, desto schneller schrumpft also der Bestand. Abbildung 27.2 zeigt den Verlauf der fallenden Exponentialfunktion. Mit diesem Zerfallsgesetz werden wir in Schritt 56 die Zahl der Neutronen im Universum erklären.

III. Dritter Fall: $y'' = a^2 y$ (6)

Wir probieren es wieder mit $y(t) = e^{bt}$ und erhalten diesmal $b^2 = a^2$. Die Versuchung ist groß daraus $b = a$ zu schließen, aber die richtige Antwort lautet $b = \pm a$, denn $b = -a$ erfüllt ebenfalls $b^2 = a^2$. Im Ergebnis erhalten wir also die beiden Lösungen $y(t) = e^{at}$ und $y(t) = e^{-at}$ und die allgemeinste Lösung ist eine Mischung von Wachstum und Zerfall:

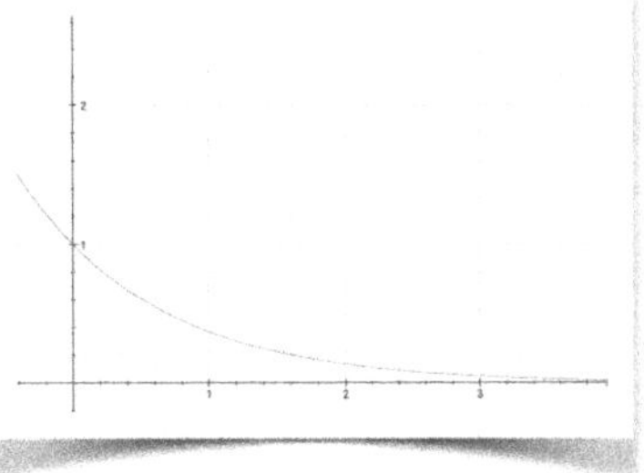

27.2: e^{-at} mit $a = 1$

Lösung: $y(t) = Ae^{at} + Be^{-at}$ (7)

Die Faktoren A und B geben das „Mischungsverhältnis" der beiden Lösungen an. Jede beliebige Mischung löst (6), im konkreten Anwendungsfall sind A und B allerdings durch die Anfangsbedingungen $y(0)$ und $y'(0)$ bestimmt. Mit dieser Differentialgleichung werden wir in Schritt 57 die Evolution von Dichteschwankungen im frühen Universum erklären.

IV. Vierter Fall: $y'' = -a^2 y$ (8)

So langsam bekommen wir Übung! Wir machen einfach wieder den Standardansatz $y(t) = e^{bt}$, setzen in (8) ein und erhalten

$$b^2 = -a^2 \quad (9)$$

Das ist jetzt allerdings etwas beunruhigend: Diese Gleichung hat keine Lösung in den reellen Zahlen![34] Machen wir ein konkretes Beispiel: Angenommen $a = 2$, dann suchen wir ein b, das $b^2 = -4$ erfüllt, also eine Zahl, die quadriert -4 ergibt. Jede reelle Zahl im Quadrat ist aber positiv (oder null). Um das Problem zu isolieren schreiben wir $b^2 = (-1) \cdot a^2$ und ziehen formal die Wurzel: $b = \pm\sqrt{-1}\,a$. Wir haben nicht viel gewonnen, das Problem steckt jetzt in dem Symbol $\sqrt{-1}$, das es eigentlich gar nicht geben kann — jedenfalls nicht als reelle Zahl. Jetzt kann man sich schulterzuckend abwenden und damit abfinden, dass (9) keine Lösung hat. Oder man kann sich fragen, ob es jenseits des reellen Zahlenstrahls vielleicht noch unentdeckte Landstriche gibt. Diese Frage haben sich Mathematiker schon im 16. Jahrhundert gestellt. Sie hatten die Idee, dass man die reellen Zahlen um Objekte wie $\sqrt{-1}$ erweitern könnte. Die Idee klingt erst einmal ziemlich abwegig, ist aber eine der bahnbrechendsten in der Geschichte der Mathematik: Der Zahlenraum, in dem sich die Mathematik in Wahrheit abspielt, ist größer als die eindimensionale Gerade, die wir Zahlenstrahl nennen. Wir können uns diesen erweiterten Zahlenraum als zweidimensionale Ebene vorstellen, dessen „x-Achse" aus den reellen Zahlen besteht. Von diesem reellen Zahlenstrahl können wir uns nun aber in y-Richtung wegbewegen, indem wir Vielfache von $i = \sqrt{-1}$ zu einer beliebigen Zahl des reellen Zahlenstrahls addieren (Abbildung 27.3). Mit diesem Rezept können wir jeden Punkt der Ebene erreichen. Die so definierten Zahlen heißen *komplexe Zahlen*. Sie geben den Blick auf untergründige Zusammenhänge in der Mathematik frei und zeigen uns den tieferen Grund vieler Tatsachen, die von den reellen Zahlen schon seit langem bekannt sind. Aber komplexe Zahlen geben uns nicht nur Einblick in das Fundament der Mathematik. Auch die reale Welt scheint komplexe Zahlen zu mögen. Sie tauchen in allen Bereichen der Physik auf. So sind die gesamte Quanten- und Elementarteilchenphysik im Raum der komplexen Zahlen formuliert. Der Zustand eines Teilchens wird durch eine Wellenfunktion beschrieben, die jedem Punkt des dreidimensionalen Raums eine komplexe Zahl zuordnet. Warum die Natur sich in einem

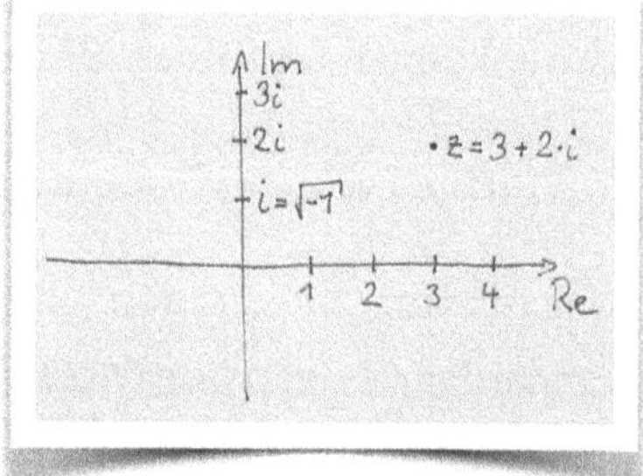

27.3: Ebene der komplexen Zahlen

[34] Außer in dem uninteressanten Sonderfall $a = 0$

Zahlenraum so wohl fühlt, der auf etwas so Unrealem wie $\sqrt{-1}$ beruht, gehört zu den großen Rätseln der Physik.

Zurück zur Differentialgleichung (8). In komplexen Zahlen und mithilfe der Abkürzung $i = \sqrt{-1}$ ausgedrückt, erhalten wir die Lösung:

$$y(t) = e^{\pm iat}$$

Aber was ist die Exponentialfunktion einer komplexen Zahl? Diese Frage beantwortet eine der berühmtesten Gleichungen der Mathematik, die Eulersche Formel. Die imaginäre Zahl i schlägt eine völlig unerwartete Brücke von den trigonometrischen Funktionen Sinus und Kosinus zur Exponentialfunktion:

$$e^{iz} = \cos z + i \sin z$$

Wir erwarten also, dass $\sin at$ und $\cos at$ Lösungen von (8) sind! Wenn dir der ganze Zauber mit den komplexen Zahlen zu obskur erscheint, kannst du bei den reellen Zahlen bleiben und direkt nachprüfen, dass $y(t) = \sin at$ (8) erfüllt:

$$y'(t) = a \cos at \qquad \rightarrow \quad y''(t) = -\,a^2 \sin at = -\,a^2\, y(t)$$

Die allgemeine Lösung von (8) lautet:

Lösung: $y(t) = A \sin(at + \phi)$

Die Parameter A und ϕ ergeben sich im konkreten Anwendungsfall wieder aus den Anfangsbedingungen. Abbildung 27.4 zeigt die Lösung beispielhaft für $a = 1,\ A = 1$ und $\phi = \frac{\pi}{2}$. Auch wenn wir nichts über die Lösung wüssten, könnten wir der Differentialgleichung (8) ansehen, dass ihre Lösungen um die Nullachse oszillieren, genau wie es der Sinus tut: eine positive zweite Ableitung bedeutet, dass die Kurve nach oben gebogen ist, eine negative dagegen, dass sie nach unten gebogen ist. Qualitativ erwarten wir daher, dass die Funktion immer, wenn sie positiv ist, wieder zur null zurückstrebt (weil die zweite Ableitung dann negativ und die Kurve daher nach unten gebogen ist). Wenn sie negativ ist, strebt sie „von unten" auch wieder zurück zur null

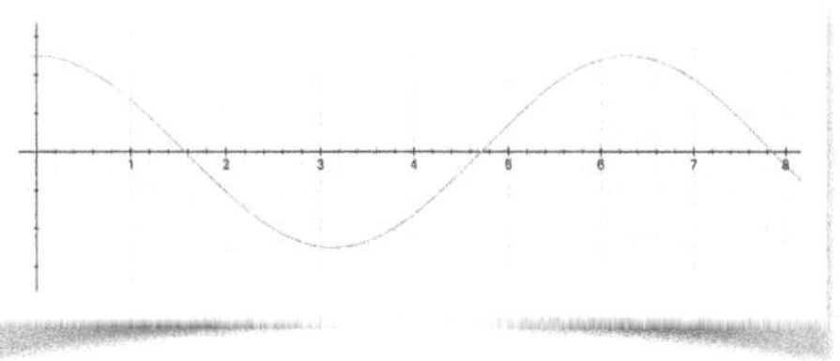

27.4: $\sin(t + \frac{\pi}{2})$

(weil die zweite Ableitung dann positiv und die Kurve nach oben gebogen ist). Gleichung (8) beschreibt einen *harmonischen Oszillator.* Stell dir ein System wie in Abbildung 27.5 vor: eine Masse m ist mit einer Feder verbunden. Eine Feder übt eine Kraft proportional aber entgegengesetzt zu ihrer Auslenkung aus: $F = -ky$. k heißt Federkonstante und ist eine Eigenschaft der verwendeten Feder. Eingesetzt in $F = ma$ ergibt sich die Differentialgleichung $my'' = -ky$, oder mit $\omega = \sqrt{\frac{k}{m}}$:

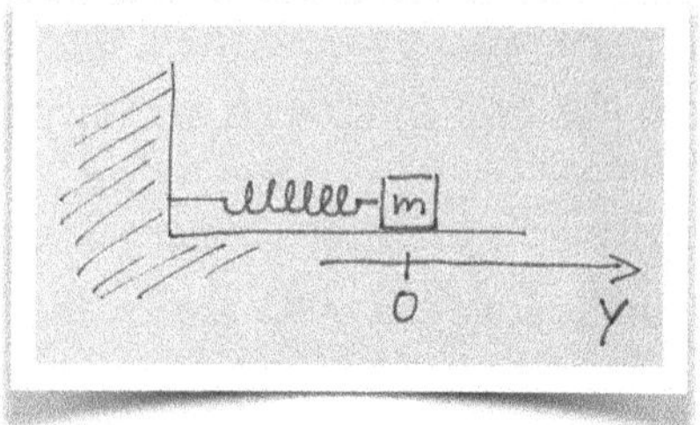

27.5: Harmonischer Oszillator

$$y'' = -\omega^2 y \tag{10}$$

was nichts anderes als (8) ist! Die Energieerhaltung für das System lautet:

$$E = \frac{1}{2}m\dot{y}^2 + \frac{1}{2}m\omega^2 y^2 \tag{11}$$

Der erste Term ist die kinetische, der zweite die potenzielle Energie. Was nach einem Spezialfall klingt, ist in Wahrheit die wichtigste Differentialgleichung der Physik. Die beste Theorie der Welt, die wir heute haben, das Standardmodell der Elementarteilchenphysik, beschreibt im Grunde ein System gekoppelter harmonischer Oszillatoren! Mehr dazu in Schritt 39.

Noch eine wichtige Differentialgleichung

Als letztes Beispiel betrachten wir Differentialgleichungen der Form:

$$y' = \frac{b}{y^n} \quad (n \neq -1\text{, ansonsten eine beliebige reelle Zahl}) \tag{12}$$

Zur Lösung wenden wir den Trick der *Separation der Variablen* an, mit dem man viele Differentialgleichungen durch einfaches Integrieren lösen kann. Dazu schreiben wir die Ableitung y' in (12) zunächst als $\frac{dy}{dt}$ und bringen dann alle y-Abhängigkeiten auf eine und alle t-Abhängigkeiten auf die andere Seite:

$$\frac{dy}{dt} = \frac{b}{y^n} \qquad \rightarrow \qquad y^n\,dy = b\,dt$$

Jetzt können wir integrieren, und die Differentialgleichung ist gelöst:

$$\int_0^y \tilde{y}^n d\tilde{y} = b\int_0^t d\tilde{t} \quad \rightarrow \quad \frac{y^{n+1}}{n+1} = bt$$

$$\rightarrow \quad y(t) = \big((n+1)\,b\,t\big)^{\frac{1}{n+1}} \tag{13}$$

Wir werden diese Lösung im nächsten Schritt brauchen, wenn wir den senkrechten Wurf eines Steins ins Weltall berechnen, oder in Schritt 45, wenn wir die zeitliche Expansion des Universums ausrechnen.

SCHRITT 28

Freier Fall „Newton Style"

Nach soviel Mathematik wird es Zeit mal wieder einen Stein fallen zu lassen! Wir wollen die Bewegung von Dingen im Gravitationsfeld der Erde verstehen. Und zwar zuerst auf Newtons Art und dann — im nächsten Schritt — auf Einsteins Art. Beginnen wir mit dem einfachsten Fall: du stehst auf der Erde und lässt den Stein fallen. Diesen Fall hatten wir schon im ersten Teil des Buches zu Tode analysiert. Also probieren wir etwas Neues aus: du wirfst den Stein senkrecht nach oben. Jetzt brauchst du einen Helm — der Stein fliegt nach oben, kehrt um und fällt auf deinen Kopf. Gibt es eine Geschwindigkeit, bei der du keinen Helm mehr brauchst, weil der Stein dem Gravitationsfeld der Erde entkommt und nicht mehr zurückkehrt? Rechnen wir es aus. Wie immer tun wir so, als gäbe es keinen Luftwiderstand: auf den Stein wirkt nur die Schwerkraft $F_G = G\frac{Mm}{r^2}$. Das setzen wir in $F = ma = m\ddot{r}$ ein, kürzen m heraus (dem Äquivalenzprinzip sei Dank) und erhalten die Bewegungsgleichung:

$$\ddot{r} = -\frac{GM}{r^2} \tag{1}$$

Das Minuszeichen sagt uns, dass die Kraft zum Zentrum der schweren Masse M und damit in negative r-Richtung zeigt. In Schritt 3 haben wir die rechte Seite durch die Konstante $-g$ ersetzt. Das geht diesmal nicht, weil wir den Stein ins Weltall hinaus schleudern und r erheblich variiert. In Schritt 5 haben wir aus der Bewegungsgleichung in einer Zeile die Energieerhaltung abgeleitet. Der gleiche Trick funktioniert auch hier: wir multiplizieren beide Seiten mit $m\dot{r}$, bringen alles auf eine Seite

$$\ddot{r}\, m\dot{r} + \frac{GM}{r^2}\, m\dot{r} = 0 \tag{2}$$

und suchen dann einen Ausdruck, dessen zeitliche Ableitung (2) ist:

$$\frac{d}{dt}\left(\frac{1}{2}m\dot{r}^2 - \frac{GMm}{r}\right) = 0 \tag{3}$$

Wenn du Zweifel hast, probier es aus! Der Ausdruck in Klammern ist die Gesamtenergie des Steins, wobei der erste Teil die kinetische und der zweite Teil die potenzielle Energie ist. Wenn der Stein an Höhe gewinnt (r zunimmt), nimmt seine Geschwindigkeit $\dot{r}$ ab. Uns interessiert der Fall, bei dem der Stein in den Tiefen des Weltalls verschwindet und dann seine Geschwindigkeit gerade „aufgebraucht“ hat, also $r \to \infty$ und $\dot{r} = 0$. Setzt man das in die Gesamtenergie ein, erhält man den Spezialfall $E = 0$:

$$E = \frac{1}{2} m \dot{r}^2 - \frac{GMm}{r} = 0 \tag{4}$$

In dieser Gleichung ist schon die Bewegungsgleichung versteckt. Wir müssen nur nach $\dot{r}$ auflösen:

$$\dot{r} = \sqrt{\frac{2GM}{r}} \tag{5}$$

Das ist ein Spezialfall der Differentialgleichung $y' = \frac{b}{y^n}$, die wir im letzten Schritt gelöst hatten. Mit $b = \sqrt{2GM}$ und $n = \frac{1}{2}$ erhalten wir aus der dort gefundenen Lösung das Weg-Zeit-Gesetz für unser Problem:

$$r(t) = \left(\sqrt{\tfrac{9}{2}GM}\ t\right)^{\frac{2}{3}} \tag{6}$$

Wir haben die Randbedingung $r(0) = 0$ gewählt. Damit ist das Weg-Zeit-Gesetz besonders einfach. Wir zahlen dafür allerdings den Preis, dass der Wurf nicht bei $t = 0$ beginnt: Wir werfen ja nicht vom Erdmittelpunkt $r = 0$, sondern vom Erdradius r_E aus. Der Wurf beginnt also bei $t = 12$ Sekunden. Das ist völlig in Ordnung, schließlich können wir den Nullpunkt der Zeitachse frei wählen. Abbildung 28.1 zeigt den Verlauf von $r(t)$.

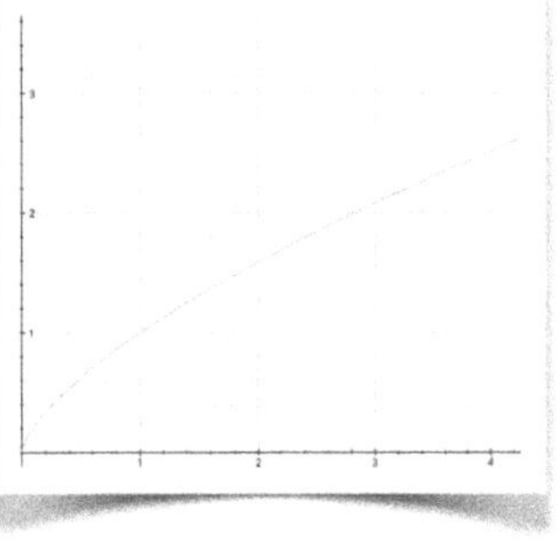

28.1: Steinwurf

Aufgabe 28.1 (mittel): Überprüfe, ob (6) wirklich die Differentialgleichung (5) löst.

Zurück zu unserer Frage: wie schnell musst du den Stein nach oben schleudern, damit er dem Gravitationsfeld der Erde entkommt? Wir müssen nur in (5) $r = r_E$ setzen und erhalten die Geschwindigkeit, mit der der Stein von der Erde starten muss, um ihrem Gravitationsfeld gerade zu entkommen:

$$v_{esc} = \sqrt{\frac{2GM}{r_E}} \tag{7}$$

Diese Geschwindigkeit heißt Fluchtgeschwindigkeit (v_{esc} für *escape velocity*) und beträgt für die Erde etwa 40.000 km/h. Wirfst du ihn noch schneller, wird er nach Verlassen des Gravitationsfeldes nicht all seine kinetische Energie verbraucht haben und noch eine Restgeschwindigkeit haben. Ende des 18. Jahrhunderts stellte sich der Physiker John Michell eine merkwürdige Frage: Auf welchen Radius müsste man die Masse eines Himmelskörpers zusammenpressen, damit die Fluchtgeschwindigkeit an seiner Oberfläche größer als die Lichtgeschwindigkeit ist? Die Antwort steckt schon in (7): wir setzen $v = c$ und formen um:

$$c = \sqrt{\frac{2GM}{r}} \qquad \rightarrow \qquad r_S = \frac{2GM}{c^2} \tag{8}$$

Presst man die Masse M in eine Kugel mit einem Radius $< r_S$, ist die $v_{esc} > c$; nicht einmal Licht könnte von einem solchen Himmelskörper entkommen, er wäre unsichtbar. Unser hochgeschleuderter Stein hat uns auf die Spur *Schwarzer Löcher* geführt! Sie werden uns bis zum Ende des Buches nicht mehr loslassen.

Vorerst aber experimentieren wir mit dem Stein weiter. Was passiert, wenn du ihn horizontal wirfst? Die einzige Kraft ist auch hier die Schwerkraft. Aber bei den Gleichungen müssen wir jetzt aufpassen. Bisher war das Problem eindimensional: die Kraft war immer parallel zur Bewegung. Jetzt gibt es die Richtung der Kraft F_G, die immer radial zum Erdmittelpunkt zeigt, und die Bewegung des Steins, die anfangs genau horizontal verläuft, sich aber im Laufe des Fluges ändern und dann auch eine radiale Komponente bekommen kann. Um diese Richtungsinformation mathematisch abzubilden müssen wir die Bewegungsgleichung (1) in Vektorform schreiben. Die linke Seite ist einfach: wir schreiben einfach $\ddot{\boldsymbol{r}}$ statt $\ddot{r}$. Die Beschleunigung ist jetzt ein Vektor mit einem Betrag *und* einer Richtung. Bei der rechten Seite geht es nicht ganz so einfach: r^2 als $\boldsymbol{r}^2$ zu schreiben hilft uns nicht weiter, weil ein quadrierter Vektor wieder eine einfache Zahl ist. Wir müssen die Richtungsinformation „gewaltsam“ hinzufügen, indem wir die rechte Seite mit dem *Einheitsvektor* $\boldsymbol{e}_r$ multiplizieren. $\boldsymbol{e}_r$ zeigt in positive radiale Richtung und hat Länge 1, er gibt dem Ausdruck also eine Richtung ohne sich in seinen Betrag „einzumischen“. Das ist genau, was wir erreichen wollten. Sieht nicht sehr elegant aus, tut aber, was es soll:

$$\ddot{\boldsymbol{r}} = -\frac{GM}{r^2}\boldsymbol{e}_r \tag{9}$$

Das ist die Bewegungsgleichung unseres Steins. Aber es ist noch vielmehr: es ist die Bewegungsgleichung eines beliebigen massiven Objekts im Gravitationsfeld eines großen Himmelskörpers mit Masse M. Es beschreibt die Bahn eines beliebigen Planeten um die Sonne, des Mondes um die Erde, eines Kometen, der Internationalen Raumstation ISS oder einer Rakete mit ausgeschalteten Triebwerken. So effizient ist die Newtonsche Physik! Mathematisch ist (9) ein System dreier gekoppelter Differentialgleichungen, einer für jede der drei Vektorkomponenten von $\boldsymbol{r}$. Als Lösung (unter bestimmten Anfangsbedingungen) erhält man das Weg-Zeit-Gesetz $\boldsymbol{r}(t)$ des betrachteten Objekts. Dieses so genannte *Kepler-Problem* ist nicht sehr schwer zu lösen, aber wir würden doch zwei bis drei Seiten mit mathematischen Symbolen füllen. Stattdessen erkläre ich dir lieber qualitativ, was mit unserem Stein passiert. Du wirfst ihn also horizontal mit irgendeiner Geschwindigkeit v. Jedes Kind weiß, was passiert: der Stein folgt einer gebogenen Flugbahn und landet irgendwo auf dem Boden. Je größer v, desto weiter kommt er (Abbildung 28.2). Du kannst das Spiel beliebig fortsetzen. Wenn du sehr weit wirfst, kommt irgendwann die Tatsache ins Spiel, dass die Erde nicht flach ist. Bei großen Entfernungen krümmt sich die Erdoberfläche quasi von der Flugbahn weg. Wenn du

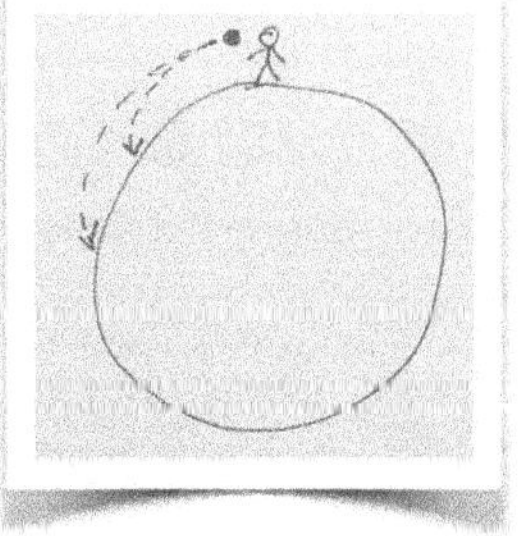

28.2: $v < v_{circ}$

ein richtig guter Werfer bist, schleuderst du den Stein so schnell, dass er zwar permanent zur Erde hin fällt, diese aber nie erreicht, weil die Flugbahn parallel zur gekrümmten Erdoberfläche verläuft, diese aber nie erreicht. Das war Newtons epochale Erkenntnis beim Anblick eines fallenden Apfels: der Mond befindet sich permanent im freien Fall zur Erde, erreicht diese aber nie, weil sich die Erde von ihm weg krümmt. Genauso kann man auch den Stein in einen kreisförmigen *Orbit* um die Erde bringen (Abbildung 28.3). Wie schnell muss man ihn dafür werfen? Um etwas auf einer Kreisbahn zu halten, muss es von einer Kraft permanent zum Kreismittelpunkt gezogen werden — sonst würde es ja einer kräftefreien Bewegung folgen, sprich sich mit konstanter Geschwindigkeit geradeaus bewegen. Die notwendige Kraft hängt von der Masse des Objekts, seiner Geschwindigkeit und dem Radius des Kreises ab: $F = \frac{mv^2}{r}$ (die Herleitung findest du im Anhang). Diese Kraft muss von der Gravitationskraft kommen. Wenn wir den Ausdruck für F_G einsetzen und die Gleichung umformen, erhalten wir

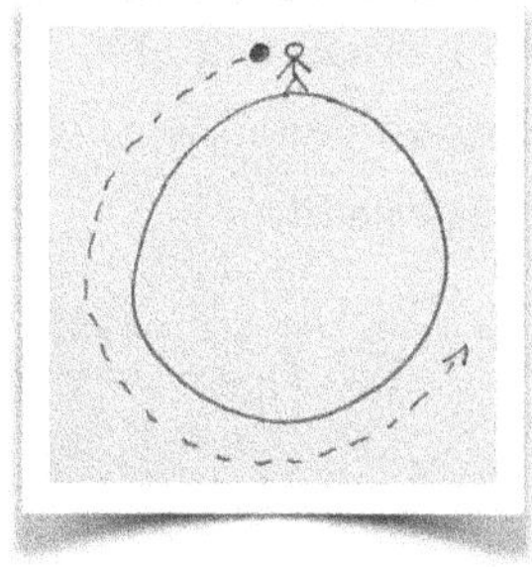

28.3: $v = v_{circ}$

$$v^2 = \frac{GM}{r} \qquad \rightarrow \qquad v_{circ} = \sqrt{\frac{GM}{r}} \qquad (10)$$

Wenn wir v_{circ} (*circ* für *circular*) mit v_{esc} aus Gleichung (7) vergleichen, finden wir $v_{esc} = \sqrt{2} \cdot v_{circ}$. An der Erdoberfläche beträgt v_{circ} rund 30.000 km/h. Du musst wirklich ein verdammt guter Werfer sein — ganz abgesehen von anderen praktischen Problemen wie dem Luftwiderstand oder Hindernissen wie Bäumen, Häusern und Bergen. Aber die Formel gilt ja auch für den Orbit des Mondes um die Erde oder den der Erde um die Sonne. Und da gibt es weder Luftwiderstand noch andere Hindernisse! Was wenn wir den Stein noch schneller werfen? Für Geschwindigkeiten zwischen v_{circ} und v_{esc} wird der Stein auch in einem Orbit um die Erde fliegen, allerdings keinem kreisförmigen sondern einem elliptischen (Abbildung 28.4). Schickt man den Stein mit v_{esc} oder schneller auf die Reise, kann er sich nicht mehr im Gravitationsfeld der Erde halten, sondern wird in den Tiefen des Weltalls verschwinden

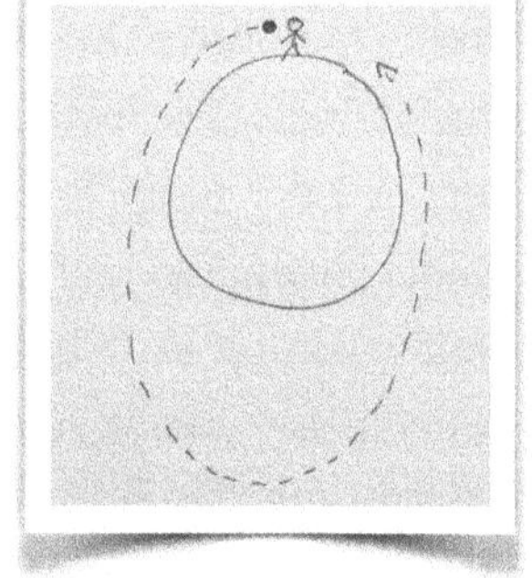

28.4: $v_{circ} < v < v_{esc}$

(Abbildung 28.5). Wir hatten v_{esc} zwar für den vertikalen, nicht den horizontalen Wurf hergeleitet, aber die Fluchtgeschwindigkeit ist unabhängig von der Wurfrichtung immer die gleiche.

Kreise, Ellipsen und Hyperbeln sind nicht nur die möglichen Bahnen unseres Steins im Gravitationsfeld der Erde sondern auch die von Planeten, Kometen und anderen Himmelskörpern um große Zentralsterne. Die Erde und die anderen Planeten bewegen sich auf Ellipsenbahnen um die Sonne, bestimmte nicht wiederkehrende Kometen besuchen unser Sonnensystem dagegen nur einmalig auf einer hyperbolischen Bahn.

28.5: $v \geq v_{esc}$

SCHRITT 29

Freier Fall „Einstein Style"

Wie Sie sehen, meint es der Krieg freundlich mit mir, indem er trotz heftigen Geschützfeuers in der durchaus terrestrischen Entfernung diesen Spaziergang in Ihrem Ideenlande erlaubte. Karl Schwarzschild an Albert Einstein[35]

Ende 1915 versucht ein junger deutscher Physiker die Feldgleichungen zu lösen, mit denen Einstein erst wenige Wochen zuvor die wissenschaftliche Welt aufgemischt hat. Der Mann heißt Karl Schwarzschild und er sitzt nicht kaffeetrinkend in seinem Studierzimmer, sondern dient in der Artillerietruppe an der russischen Front. Zu seiner eigenen und Einsteins Überraschung findet Schwarzschild schnell eine einfache Lösung der Feldgleichungen in der Umgebung einer kugelförmigen Masse. Voller Stolz schreibt er am 22. Dezember 1915 einen Brief an Einstein, in dem er sein Ergebnis präsentiert und den er mit dem oben zitierten Satz beendet. Es ist schon sehr verrückt, an der Front Differentialgleichungen zu lösen, aber noch verrückter ist, dass Schwarzschild freiwillig in den Ersten Weltkrieg gezogen war. Da sitzt einer an der Front und spaziert gedanklich durch eines der schönsten „Ideenlande", die Menschen je ersonnen haben, und schießt zwischendurch auf Menschen, deren Namen er nicht kennt. Der Mensch ist zweifellos das sonderbarste aller Wesen.

Bevor wir uns Schwarzschilds Lösung anschauen, machen wir uns noch einmal klar, wie radikal anders Einsteins Ansatz ist: Für Newton ist Gravitation eine Kraft, die Körper auf bestimmte Bahnen zwingt, die sich als Lösungen der Bewegungsgleichung $F_G = ma$ ergeben. Für Einstein ist Gravitation keine Kraft sondern eine verbogene Geometrie der Raumzeit in der Nähe schwerer Massen. Die Bahn eines Körpers ist eine Geodäte, also die geradeste Kurve, die in der gekrümmten Geometrie möglich ist. Falls du das verwirrend findest, lies am besten nochmal ganz langsam Schritt 23 durch!

Um das *Kepler-Problem* mit Einstein zu lösen, müssen wir also zwei Schritte tun: *erstens* die Metrik der Raumzeit in der Umgebung einer kugelförmigen Masse

[35] Zitiert nach Ferreira 2014

aufstellen und *zweitens* die Geodäten dieser Metrik finden. Den ersten Schritt hat Schwarzschild an der russischen Front erledigt. Da die Ableitung etwas kompliziert ist, verrate ich dir einfach das Ergebnis:

Schwarzschild-Metrik: $$ds^2 = -\left(1 - \frac{r_S}{r}\right) dt^2 + \frac{1}{1 - \frac{r_S}{r}} dr^2 + r^2 d\Omega^2 \qquad (1)$$

mit $r_S = 2GM$ (in natürlichen Einheiten). Das sieht erst einmal ziemlich kompliziert aus. Keine Panik: wir machen uns Schritt für Schritt mit der Schwarzschild-Metrik vertraut.

Als erstes probieren wir aus, was die Metrik für große r macht, also dann, wenn wir sehr weit vom Himmelskörper entfernt sind. Für große r wird $\frac{r_S}{r}$ immer kleiner und die Schwarzschild-Metrik wird zur flachen Raumzeit-Metrik $ds^2 = -dt^2 + dr^2 + r^2 d\Omega^2$, die wir aus der Speziellen Relativitätstheorie kennen. Das ergibt Sinn: weit weg vom Himmelskörper erwarten wir wieder die gute alte ungekrümmte Raumzeit.

Als nächstes fällt auf, dass die Metrik nur von der Radialkoordinate r, nicht aber von der Raumrichtung (von ϕ und θ) abhängt — die Geometrie ist rotationssymmetrisch. Alles andere wäre beunruhigend: wie sollte ein kugelförmiger und damit rotationssymmetrischer Himmelskörper eine Geometrie um sich herum erzeugen, die diese Symmetrie verletzt? Außerdem stellen wir fest, dass die Metrik nicht von t abhängt, also statisch ist — sie ist heute die gleiche wie gestern und morgen. Das ist gut, schließlich nehmen wir an, dass sich der Himmelskörper, der die Metrik erzeugt, auch nicht verändert.

Jetzt die wichtigste Frage: Erfüllt (1) die Einstein-Gleichung (25.1)? Zum Glück sind wir nur an der Metrik außerhalb des Himmelskörpers interessiert und dort herrscht Vakuum. Im Vakuum ist $T_{\mu\nu} = 0$ und die Einstein-Gleichung vereinfacht sich zu $R_{\mu\nu} = 0$ (siehe Schritt 25). Wir müssen also die Komponenten $R_{\mu\nu}$ des Ricci-Tensors aus den Komponenten der Schwarzschild-Metrik ableiten und schauen, ob sie alle null sind. Das ist nicht schwierig aber mühsam, da $R_{\mu\nu}$ eine komplizierte Funktion der Metrik und ihrer Ableitungen ist. Du musst jetzt einfach Schwarzschild und mir glauben, dass die 16 Komponenten des Ricci-Tensors wirklich null sind.

Heißt $R_{\mu\nu} = 0$, dass die Schwarzschild-Geometrie gar keine Krümmung hat? Darüber haben wir schon in Schritt 25 nachgedacht und festgestellt, dass etwas durchaus Krümmung haben und der Ricci-Tensor trotzdem null sein kann. Um die Krümmung der Schwarzschild-Metrik zu erkennen, muss man nur zuhören, was sie uns über zeitliche und räumliche Abstände erzählt. Beginnen wir mit der Zeit. Die Eigenzeit eines ruhenden ($dr = d\Omega = 0$) Beobachters $d\tau^2 = -\,ds^2 = (1 - r_S/r)\,dt^2$ ist umso kleiner je kleiner r ist, sprich je näher man am Himmelskörper ist. Das heißt: Uhren in der Nähe einer schweren Masse gehen langsamer als anderswo: Diese Zeitdilatation im Gravitationsfeld hatten wir in Schritt 22 allein aus dem Äquivalenzprinzip vorhergesagt. Soweit so gut. Wie steht es um die räumliche Geometrie? Aus Schritt 17 kennen wir einen einfachen Test dafür: betrachte Kreise im Raum und prüfe, ob das Verhältnis vom Umfang zum Radius 2π ist. Wenn nicht, ist der Raum gekrümmt. Durch längeres Anstarren der Metrik bekommt man ein Gefühl dafür, was passieren wird: bewegt man sich auf der Kreislinie, sind $dr = dt = 0$ und $ds^2 = r^2 d\Omega^2$. Das ist genau die gleiche „Messvorschrift" wie im Euklidischen Raum, für den Umfang eines Kreises mit Radius*koordinate* r kann also auch nichts anderes als $2\pi r$ herauskommen. Aber was ist der Radius eines Kreises mit Radius*koordinate* r? Den Radius vermessen wir Stück für Stück mit der Metrik, wobei wir uns radial bewegen (das heißt $d\theta = d\phi = 0$) und die Zeit festhalten ($dt = 0$):

$$ds = \frac{1}{\sqrt{1 - \frac{r_S}{r}}}\,dr > dr$$

Das „>"-Zeichen ergibt sich, weil der Nenner immer < 1 ist und damit der Bruch > 1. Das heißt: Abschnitte auf dem Radius sind immer etwas länger als die Koordinatenabstände dr und damit ist insgesamt der Radius (= die Summe dieser Abschnitte) länger als r (= die Summe der Koordinatenabstände). Das heißt, der Kreisumfang ist nicht $2\pi \cdot$ Radius, wie in einem euklidischen Raum zu erwarten wäre! Damit haben wir noch einmal bewiesen, was wir sowieso schon wussten: In der Umgebung einer schweren Masse sind Raum und Zeit gekrümmt. Wie groß ist der Effekt bei der Erde? Die genaue Rechnung ist etwas komplizierter, weil die Schwarzschild-Metrik ja nur außerhalb der Erde gilt. Im Inneren der Erde müssten wir die Einstein-Gleichung mit $T_{\mu\nu} \neq 0$ lösen und würden eine etwas andere Metrik erhalten. Berücksichtigt man das, ergibt sich für Kreise auf der Erdkugel ein Radius, der um 1,5 Millimeter länger ist als der Umfang/2π. Der Effekt ist winzig, aber real. Bei der Sonne beträgt die Diskrepanz schon 500 Meter![36]

Aber der vielleicht wichtigste Realitätscheck der Schwarzschild-Metrik ist, ob ihre Geodäten bei schwacher Gravitation den Newtonschen Bahnen entsprechen. Andernfalls hätte Newtons Theorie nicht so lange so erfolgreich sein können! Wir wollen das für den einfachen Fall überprüfen, den wir im letzten Schritt à la Newton berechnet haben: den senkrechten Wurf mit v_{esc}. Wir suchen eine Geodäte der Schwarzschild-Metrik, also eine Bahn $(t(\tau), r(\tau))$, für die die Eigenzeit maximal wird. Wir wissen aus Schritt 24, wie man das macht. Der Wurf ist vertikal, wir suchen also eine *radiale* Geodäte. Das heißt $d\theta = d\phi = 0$. Wir erhalten folgenden Ausdruck für die Eigenzeit entlang einer radialen Weltlinie:

$$L = \int_{\tau_1}^{\tau_2} \left[\left(1 - \frac{r_S}{r}\right) \left(\frac{dt}{d\tau}\right)^2 - \frac{1}{1 - \frac{r_S}{r}} \left(\frac{dr}{d\tau}\right)^2 \right]^{\frac{1}{2}} d\tau \qquad (2)$$

Genau wie in Schritt 24 suchen wir eine Gleichung für die Geodäte, indem wir die Bahn variieren und verlangen, dass sich ΔL bei diesen Variationen in erster Näherung nicht ändert. Konzeptionell passiert nichts Neues, aber die Rechnung ist viel länger, weil der zu variierende Ausdruck komplizierter ist. Ich erspare dir die lange Rechnung und verrate dir einfach das Ergebnis. Damit sich L in (2) bei kleinen Änderungen der Bahn $(t(\tau), r(\tau))$ in erster Näherung nicht ändert, müssen die Funktionen $(t(\tau), r(\tau))$ und $(t(\tau), r(\tau))$ die folgenden beiden Differentialgleichungen erfüllen (mit der Abkürzung $A = 1 - r_S/r$):

$$\frac{d}{d\tau}\left(A \frac{dt}{d\tau}\right) = 0 \qquad (3)$$

$$A^2 \left(\frac{dt}{d\tau}\right)^2 - \left(\frac{dr}{d\tau}\right)^2 = A \qquad (4)$$

Aus (3) folgt, dass $A\, dt/d\tau$ eine Konstante ist (zeitliche Ableitung=0 !). Ihren Wert berechnen wir für $r \to \infty$, also für sehr große Entfernungen von der Erde.

36 Gaßner 2019

Dort ist $\tau = t$, da (r, t) die Koordinaten eines weit von der Erde entfernten Beobachters sind. Für $r \to \infty$ gelten daher $dt/d\tau = 1$ und $A = 1$ und somit $A\, dt/d\tau = 1$. Letzteres gilt dann aber für jeden Punkt r der Flugbahn, da $A\, dt/d\tau$ ja konstant ist. Einsetzen in (4) ergibt:

$$1 - \left(\frac{dr}{d\tau}\right)^2 = A = 1 - \frac{r_S}{r} \quad \to \quad \left(\frac{dr}{d\tau}\right)^2 = \frac{r_S}{r} \tag{5}$$

Wenn wir c wieder explizit zeigen, erhält man

$$\left(\frac{dr}{d\tau}\right)^2 = \frac{c^2 r_S}{r} \quad \to \quad \frac{dr}{d\tau} = \sqrt{\frac{2GM}{r}} \tag{6}$$

Einstein erhält also die gleiche Differentialgleichung wie Newton (28.5), mit dem einzigen Unterschied, dass r nach der Eigenzeit statt nach der Koordinatenzeit abgeleitet wird. Identische Differentialgleichungen haben identische Lösungen. (28.6) löst also auch (6), wir müssen nur t durch τ ersetzen.

SCHRITT 30

Die Periheldrehung des Merkur

Wahrscheinlich bist du nach diesen ziemlich anspruchsvollen Rechnungen noch etwas benommen. Vergiss für einen Augenblick die mathematischen Symbole und mach dir klar, was hier passiert. Wir haben das gleiche Problem („Stein wird mit v_{esc} hoch geworfen“) mit zwei völlig unterschiedlichen Theorien in Angriff genommen. Einmal haben wir angenommen, dass der Stein eine Gravitationskraft erfährt. Dann haben wir behauptet, es gebe überhaupt keine Kräfte in diesem Problem, nur eine verbogene Raumzeit, in der sich der Stein den Weg sucht, auf dem er sich die meiste Zeit lassen kann. Viel unterschiedlicher könnten die physikalischen Erzählungen kaum sein, und doch bekommen wir am Ende die gleiche Lösung heraus (allerdings mit einem feinen aber wichtigen Unterschied in der Interpretation der Koordinaten)! Das ist erst einmal sehr überraschend. Und gleichzeitig eine gute Nachricht für Einsteins Theorie. Schließlich führen Newtons Formeln im Rahmen der Messgenauigkeit zum richtigen Ergebnis. Käme die Allgemeine Relativitätstheorie zu einem ganz anderen Ergebnis, würde das ihr Aus bedeuten. Aber heißt das, die Allgemeine Relativitätstheorie ist nur eine andere Sichtweise, eine alternative Formulierung der Physik, die am Ende immer zu den gleichen messbaren Ergebnissen führt? Ist der Unterschied zwischen der Gravitationstheorie Newtons und der Einsteins nur ein philosophischer? Schauen wir uns noch einmal die Planetenbahnen nach Newton an. Wir hatten im letzten Kapitel gesehen, dass es sich um geschlossene Ellipsenbahnen handelt. Bei einer *geschlossenen Bahn* kehrt der Planet nach einem Umlauf (einem „Jahr“) wieder genau an den Startpunkt zurück, um dann wieder die exakt gleiche Bahn erneut zu durchlaufen. Eine geschlossene Ellipsenbahn ergibt sich in der Newtonschen Theorie streng genommen nur für das *Zwei-Körper-Problem*, also den Fall, dass nur *ein* Planet um die Sonne kreist und keine

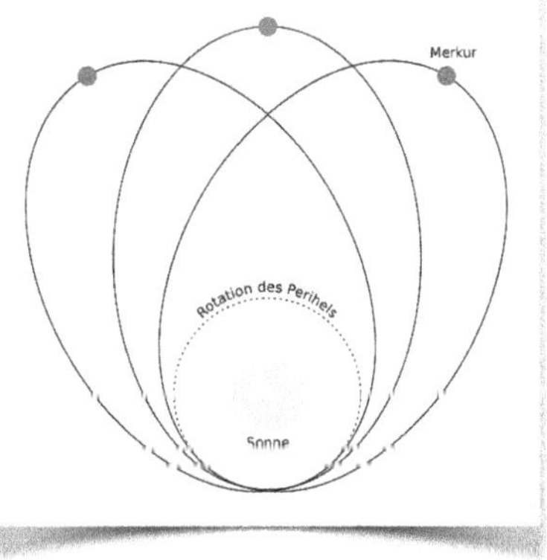

30.1: Periheldrehung des Merkur
Quelle: Wikipedia, gemeinfreies Bild

weiteren Planeten seine Bahn durch zusätzlich wirkende Anziehungskräfte stören. Im realen Sonnensystem gibt es aber bekanntlich mehr als einen Planeten. Dementsprechend zeigen die Planetenbahnen leichte Abweichungen von der perfekten Ellipsenform.

Mitte des 19. Jahrhunderts sagt der französische Mathematiker Urbain le Verrier aufgrund solcher Bahnstörungen des Planeten Uranus die Existenz eines weiteren Planeten voraus. Kurz darauf wird der neue Planet *Neptun* tatsächlich an der vorhergesagten Position entdeckt. Eine weitere spektakuläre Bestätigung der Newtonschen Theorie — und der menschlichen Fähigkeit komplizierte Differentialgleichungen zu lösen! Wenige Jahre später will Verrier die so genannte Periheldrehung des Planeten Merkur (Abbildung 30.1)[37] auf ähnliche Weise erklären und postuliert einfach noch einen Planeten namens *Vulkan*. Bei einer *Periheldrehung* wandert der sonnenfernste Punkt der Ellipsenbahn (der *Perihel*) bei jedem Umlauf um die Sonne um einen gewissen Winkel weiter. Im Gegensatz zu Neptun wird Vulkan nie gefunden. Die Newtonsche Theorie scheint zum ersten Mal an ihre Grenzen zu stoßen. Die Abweichung ist allerdings minimal und keiner nimmt das Thema sonderlich ernst. Auch für Einstein ist die Periheldrehung des Merkur nicht der Grund für seine neue Theorie der Gravitation. Aber als seine Gleichungen schließlich genau den gemessenen Wert der Periheldrehung ausspucken, bekommt er vor Aufregung dann doch Herzrasen. Die Allgemeine Relativitätstheorie hat einen wichtigen Realitätstest bestanden. Und der Fall hat gezeigt, dass Einsteins Theorie eben nicht nur eine interessante philosophische Spielerei ist, sondern zu messbar anderen Vorhersagen führt.

1911 veröffentlicht Einstein ein Papier zur Ablenkung des Lichts in Gravitationsfeldern. Zu diesem Zeitpunkt hat er noch keine funktionierende Gravitationstheorie gefunden, kann aber die Lichtablenkung allein aus dem Äquivalenzprinzip ableiten. Wenn du dich nicht mehr erinnerst, lies noch einmal Schritt 21. Der britische Astronom Arthur Eddington ist von Einsteins neuer Theorie begeistert und sucht nach einer Gelegenheit, die vorhergesagte Lichtablenkung astronomisch zu überprüfen. Die Sonnenfinsternis am 29. Mai 1919 bietet die perfekte Chance dafür. Warum braucht er eine Sonnenfinsternis? Die Lichtablenkung erfordert zwei Dinge: eine Lichtquelle im All, deren Position bekannt ist, und eine große Masse, die das Licht auf seinem Weg zu uns passieren muss. Ideal ist also ein Stern (die Lichtquelle), der zum

[37] Quelle: Wikipedia

Zeitpunkt der Beobachtung direkt neben der Sonne (der schweren Masse) zu sehen ist (Abbildung 30.2). Nun sieht man aber Sterne eigentlich nur nachts und die Sonne nur am Tag. Ein Stern, der am Himmel neben der Sonne steht, ist unter normalen Umständen aufgrund des grellen Sonnenlichts nicht zu sehen. Bei einer Sonnenfinsternis ist das Licht der Sonne ausgeblendet, ihre Masse aber noch da — perfekte Bedingungen um zu beobachten, ob und wie stark das Licht des betrachteten Sterns beim Passieren der Sonne abgelenkt wird. Eddington versucht während des Ersten Weltkriegs für die Ideen Einsteins zu werben. Er hat bei seinen englischen Kollegen mit wachsenden Ressentiments gegenüber dem deutschen Physiker zu kämpfen, der mit den Feinden unter einer Decke steckt. „Denken Sie nicht an einen symbolischen Deutschen, sondern zum Beispiel an ihren früheren Freund Professor X. Nennen Sie ihn einen Hunnen, einen Piraten oder Kindermörder und versuchen Sie ein bisschen in Rage zu kommen. Sie werden jämmerlich scheitern." appelliert er an seine Kollegen[38]. Das Ende des Krieges 1918 hilft Eddington schließlich dabei, seinen Plan umzusetzen: die aufgeheizte nationalistische Stimmung beruhigt sich und die nötigen Mittel für eine Expedition zur Vermessung der bevorstehenden Sonnenfinsternis auf der Südhalbkugel werden bewilligt.

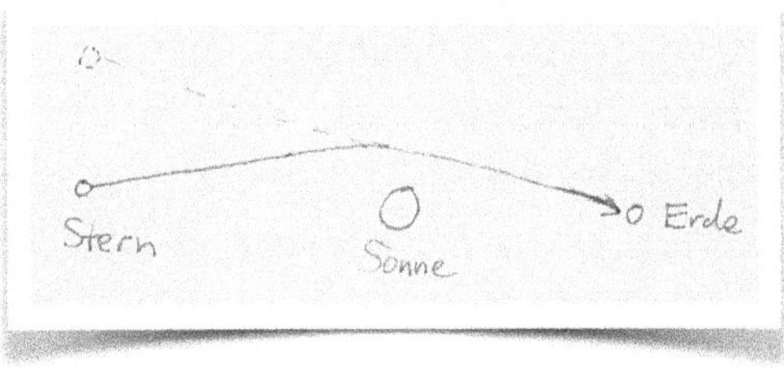

30.2: Die Sonne verbiegt Licht ferner Sterne

Auf der Insel Príncipe im Golf von Guinea angekommen hat Eddington am Vormittag des 29. Mai dann ganz andere Sorgen. Es ist ein regnerischer, wolkenverhangener Tag und es sieht nicht gut aus für eine Vermessung des Himmels wenige Stunden später. In letzter Minute gegen 14.15 Uhr reißen die Wolken auf und geben den Blick für die Teleskope frei. Eddington und sein Team messen den Stand der Sterne um 1,61 Bogensekunden verschoben gegenüber ihrer wahren Position — bei einer Fehlergrenze von 0,3 Bogensekunden. Eine spektakuläre Bestätigung der Einsteinschen Vorhersage von 1,7 Bogensekunden[39]. Die internationale Presse berichtet über die Sensation und macht Einstein über Nacht zu der wissenschaftlichen Ikone, die er bis heute geblieben ist.

---

[38] Ferreira 2014

[39] Ferreira 2014

Es wurden immer wieder Zweifel an den Messungen Eddingtons geäußert. Waren seine Instrumente überhaupt genau genug oder war die Übereinstimmung mit der Theorie nur ein glücklicher Zufall? Hatte der Brite gar die Messdaten so hingebogen, dass sie Einstein recht gaben? Historiker glauben heute, dass alles mit rechten Dingen zuging. Für die Bestätigung der Allgemeinen Relativitätstheorie ist das längst unerheblich. Ihre Vorhersagen wurden in der Zwischenzeit in Dutzenden Messungen immer wieder und mit viel größerer Genauigkeit bestätigt. Die Periheldrehung des Merkur und die Ablenkung des Lichts lieferten die ersten empirischen Nachweise der neuen Theorie. Bei beiden Phänomenen führte Einsteins Theorie lediglich zu geringfügigen Korrekturen der Newtonschen Ergebnisse. Die neue Gravitationstheorie sagte aber auch ganz neue und viel faszinierendere physikalische Objekte vorher, an die selbst Einstein anfangs nicht glauben wollte: Gravitationswellen und Schwarze Löcher. Sie sind das Thema der nächsten Schritte.

SCHRITT 31

Schwarze Löcher

The essential result of this investigation is a clear understanding as to why the „Schwarzschild singularities“ do not exist in physical reality.

Albert Einstein, 1939, über Schwarze Löcher[40]

Die Geschichte Schwarzer Löcher ist die Geschichte ihrer Leugnung. John Michell philosophiert Ende des 18. Jahrhunderts über Sterne, deren Masse auf so kleinem Raum komprimiert ist, dass ihre Fluchtgeschwindigkeit größer als die Lichtgeschwindigkeit ist. Wie wir in Schritt 28 sahen, führt ihn eine einfache Newtonsche Rechnung zum Radius $r_S = 2GM$: in eine Kugel mit diesem Radius muss ich die Masse M hineinquetschen, damit Licht nicht mehr entkommen kann. Für die Erde beträgt dieser so genannte *Schwarzschild-Radius* 9 mm. Für eine Situation mit so starker Gravitation sollten wir zwar skeptisch gegenüber einer Newtonschen Rechnung sein — aber wir werden gleich sehen, dass Einsteins Theorie den Wert für r_S bestätigt. Vor 250 Jahren kann niemand etwas mit Michells Idee anfangen. Zu abwegig erscheint die Vorstellung, die Masse der Erde in eine Haselnuss hineinzupressen. Es ist ein lustiges Gedankenexperiment, aber in der realen Welt wird so etwas gewiss nie vorkommen. Die Idee gerät in Vergessenheit.

Die kugelsymmetrische Lösung, die Karl Schwarzschild 150 Jahre später aus den russischen Schützengräben an Einstein schickt, enthält dieselbe merkwürdige Größe $2GM$. Schwarzschild baut sie nicht aktiv in die Gleichung ein. Der Schwarzschild-Radius taucht vielmehr unweigerlich auf, wenn man versucht, die Einsteinschen Gleichungen für eine kugelförmige Masse zu lösen. Er ruft uns quasi aus der Gleichung zu, dass seltsame Dinge passieren, wenn eine Masse M in eine Kugel mit Radius $< 2GM$ gepresst wird. Wie 150 Jahre zuvor wissen die Physiker mit dieser kuriosen Größe erst einmal nichts anzufangen. Einstein selbst ist glücklich über Schwarzschilds Lösung, tut aber die beunruhigenden Phänomene, die sie für extrem komprimierte Sterne

[40] Einstein 1939

suggeriert, als mathematische Kuriosität ohne physikalische Bedeutung ab. Wieder wird die Sache zu den Akten gelegt.

In den Zwanzigerjahren macht sich dann derselbe Arthur Eddington, der 1919 mit dem Nachweis der Lichtablenkung Einsteins Theorie zum Durchbruch verholfen hatte, daran, die Entwicklung von Sternen zu erklären. Wenn man über die Existenz von Sternen nachdenkt, ist die erste logische Frage: warum sind Sterne überhaupt stabil, warum fallen sie nicht in sich zusammen? Stellen wir uns ein Sandkorn an der Oberfläche der Erde vor. Es wird von der Schwerkraft zum Erdmittelpunkt gezogen. Der einzige Grund, warum das Sandkorn (oder du und ich) nicht in den Erdmittelpunkt fällt, ist die harte Oberfläche der Erde. Sterne dagegen bestehen aus heißem Gas, es gibt keine harte äußere Kruste, die ein Gasmolekül daran hindern könnte, nach innen zu fallen. Warum fällt ein Stern trotzdem nicht in sich zusammen? Der Grund ist der Gasdruck, der im Inneren des Sterns der Schwerkraft entgegenwirkt. Vielleicht erinnerst du dich aus Schulzeiten noch an das ideale Gasgesetz. Es sagt im wesentlichen, dass der Druck in einem Gas proportional zur Temperatur zunimmt. Stell dir einen beliebigen Würfel aus Gas irgendwo im Inneren des Sterns vor (Abbildung 31.1). Auf ihn wirkt einerseits die Schwerkraft, die ihn zum Mittelpunkt des Sterns zieht, und andererseits der Druck des umgebenden Gases. Damit unser kleiner Gaswürfel an seiner Stelle bleiben kann, muss der Druck P_i, der auf seine sternzugewandte Seite wirkt und ihn nach außen schieben will, etwas größer sein als der Druck P_a, der auf seine sternabgewandte Seite wirkt und ihn nach innen schieben will. Die Differenz dieser beiden Drücke führt daher zu einer resultierenden Kraft nach außen, die für einen stabilen Stern gerade die Schwerkraft F_G kompensiert. Es muss also ein Druckgefälle und aufgrund des Gasgesetzes folglich ein Temperaturgefälle geben: im Inneren des Sterns ist es heißer als weiter außen. Im Zentrum der Sonne herrschen etwa 10 Millionen Grad, an ihrer Oberfläche nur ungefähr 6000 Grad. Aber das führt zu einem Rätsel: Wie kann sich ein solch gewaltiger Temperaturunterschied erhalten? Wenn ich kaltes und heißes Wasser mische,

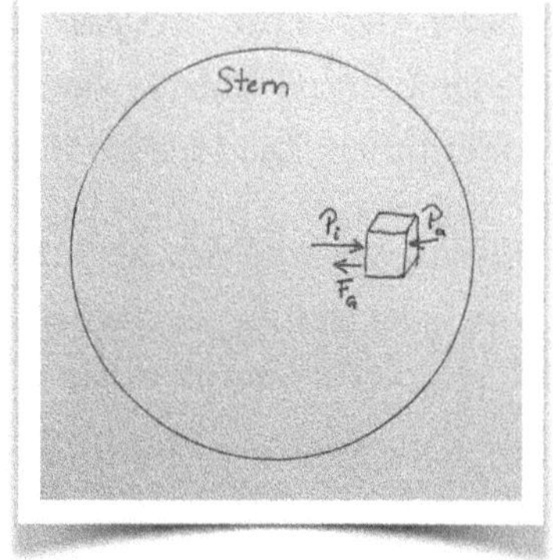

31.1: Gaswürfel im Stern

gleichen sich alle Unterschiede in kürzester Zeit aus, und es stellt sich eine Durchschnittstemperatur ein. In der Sonne müsste das Gleiche passieren.

Eddington findet eine Erklärung, die in den Grundzügen bis heute Gültigkeit hat: es gibt im Inneren eine gigantische Energiequelle, die das riesige Temperaturgefälle zwischen dem Zentrum der Sonne und ihrer Oberfläche aufrechterhält. Sterne bestehen anfangs im wesentlichen aus Wasserstoff. Aufgrund der hohen Temperaturen und Drücke im Inneren des Sterns kann Kernfusion stattfinden und aus vier Wasserstoffkernen ein Heliumkern entstehen. Ein Heliumkern hat aber etwa 0,7 Prozent weniger Masse als vier Wasserstoffkerne. Die Massendifferenz wird bei der Fusionsreaktion nach $E = mc^2$ als Energie freigesetzt und schließlich als Strahlung ins Universum abgestrahlt. Diese Energiequelle ist es, die das Temperatur- und Druckgefälle im Stern erhält und damit dafür sorgt, dass der Stern seiner eigenen Gravitation standhält anstelle zu kollabieren. Seine Theorie des Energiehaushalts der Sterne macht Eddington schlagartig zur Koryphäe der Astrophysik. Aber sie hat einen Haken: Eddington kann zwar das Leben der Sterne erklären, aber nicht ihren Tod. Was passiert, wenn dem Stern der Treibstoff ausgeht, weil aller Wasserstoff in schwerere Elemente umgewandelt ist? Der Stern kann dann nicht mehr den nötigen Gasdruck produzieren und müsste unter seiner eigenen Schwerkraft zusammenbrechen. Eddington ist dieses Problem bewusst, aber er hat keine Lösung dafür.

Sein Kollege Ralph Fowler findet sie. Wenn dem Stern der nukleare Brennstoff ausgeht, erleidet er tatsächlich einen Gravitationskollaps und beginnt zu schrumpfen. Allerdings hört dieser Kollaps an einem bestimmten Punkt auf und der Stern erreicht einen neuen stabilen Zustand: er wird zum *Weißen Zwerg*. Dieser stabile Zustand wird nicht durch klassischen Gasdruck erhalten, sondern durch einen quantenmechanischen Effekt. Die Materie im Inneren eines Weißen Zwerges ist so heiß und verdichtet, dass Protonen und Elektronen ihre Atombindung aufgeben und sich in einem so genannten Plasma frei bewegen. Aufgrund der Gesetze der Quantenmechanik dürfen sich zwei Elektronen nie im exakt gleichen Energiezustand befinden. Dies führt dazu, dass sich ein großer Teil der frei beweglichen Elektronen mit hohen Geschwindigkeiten bewegen muss. Dies erzeugt einen Druck, der klassisch nicht erklärbar und unabhängig von der Temperatur ist. Dieser so genannte *Entartungsdruck* bewahrt einen Weißen Zwerg vor dem weiteren Kollaps. Die typische Dichte eines Weißen Zwergs beträgt $\rho = 10^6$ g/cm³ , also eine Tonne pro Kubikzentimeter! Das ist etwa die millionenfache Dichte der Sonne. Ein kugelförmiger Weißer Stern der Masse der Sonne hat den Radius (Masse der Sonne: $2 \times 10^{30} kg$):

$$\frac{4}{3}\pi r^3 \rho = M \quad \rightarrow \quad r = \left(\frac{3M}{4\pi\rho}\right)^{\frac{1}{3}} \approx 10.000\,\text{km}$$

Ein typischer Weißer Zwerg ist also ungefähr so groß wie die Erde. Sein Schwarzschild-Radius ist mit $r_S \approx 3km$ immer noch viel kleiner als sein Radius. Fowlers Argumentation schließt Eddingtons Erzählung vom Leben der Sterne elegant ab. Die Sterne halten auch am Lebensende sicheren Abstand zum Radius $2GM$, der weiter als absurdes mathematisches Kuriosum abgetan werden kann. Die Welt des Arthur Eddington ist wieder in Ordnung.

Doch das soll nicht lange so bleiben. 1930 besteigt im indischen Madras ein junger, ehrgeiziger Physiker ein Schiff nach England, um in Cambridge zu promovieren. Subrahmanyan Chandrasekhar hat an der Universität von Madras studiert und voller Begeisterung die Entwicklung der Quantenmechanik in Europa verfolgt. Er gesteht später, dass er sich unter den Großen der modernen Physik beweisen und der Welt zeigen wollte, „wozu ein Inder imstande war". Mit erst 19 Jahren verlässt er Indien in Richtung England. In den achtzehn Tagen der Überfahrt von Madras nach Southampton beschäftigt er sich mit Fowlers Theorie der Weißen Zwerge und entdeckt einen Fehler in seiner Rechnung. Chandrasekhar rechnet aus, wie schnell sich die Elektronen im Inneren des Weißen Zwergs bewegen müssen, um ausreichend Druck zur Kompensation der Gravitation zu erzeugen. Es kommen Geschwindigkeiten nahe der Lichtgeschwindigkeit heraus und damit dürfen relativistische Effekte nicht vernachlässigt werden. Genau das hatte Fowler aber getan. Als Chandrasekhar in Southampton von Bord geht, weiß er, dass Fowlers Theorie von den Weißen Zwergen als stabilem Endstadium ausgebrannter Sterne nur für kleine Sterne stimmt. Hat ein Stern mehr als 1,4 Sonnenmassen, kann der Entartungsdruck der Elektronen den Kollaps nicht mehr aufhalten. Das Schwarze Loch ist zurück im Rennen der Kandidaten für das Endstadium eines Sterns.

In Cambridge angekommen stellt Chandrasekhar seine Ergebnisse Eddington und Fowler vor. Die sind nicht begeistert, dass ein neunzehnjähriger wissenschaftlicher Nobody vom anderen Ende der Welt ihre Theorie vom Leben und Sterben der Sterne aus den Angeln heben will — und reagieren kühl. Aber

Chandrasekhar glaubt an seine Berechnungen und arbeitet in den folgenden vier Jahren weiter an Weißen Zwergen. Im Januar 1935 stellt er seine Theorie bei der ehrwürdigen Royal Astronomical Society in London vor. Nach seinem Vortrag bittet der Präsident der Society Eddington ans Rednerpult, um die beunruhigenden Ergebnisse des jungen Inders zu bewerten. Und Eddington tut etwas, das wohl zeigt, wie sehr er sich durch Chandrasekhars Theorie persönlich angegriffen fühlt. Er stellt seinen eigenen Doktoranden bloß und verwirft dessen Ergebnisse mit dem berühmt gewordenen Satz: „There ought to be a law to forbid such ridiculous behavior." Eddington hat eine solche Autorität, dass Chandrasekhars Ergebnisse damit erst einmal vernichtet sind. Der Neuling, der aus einer britischen Kolonie gekommen ist, und sich in England, der Kolonialmacht, unter Koryphäen wie Eddington beweisen will, hat erst einmal den Kürzeren gezogen. Er verlässt an diesem Tag frustriert London und bald auch Cambridge, um in Chicago weiter zu forschen. Fünfzig Jahre später erhält Chandrasekhar den Nobelpreis. Die Wahrheit setzt sich am Ende durch, aber es dauert manchmal ein bisschen. Hätte Eddington mehr auf seinen Studenten als auf sein Bauchgefühl gehört, wäre die Erforschung Schwarzer Löcher heute vierzig Jahre weiter. Aber Eddington ist mit seiner Ablehnung in bester Gesellschaft. Noch 1939 veröffentlicht Einstein einen Artikel mit keinem anderen Ziel als die Existenz Schwarzer Löcher zu widerlegen[41]. Daraus stammt das Zitat am Anfang dieses Schrittes.

Auch Chandrasekhar kann zunächst nicht vorhersagen, was mit Sternen mit Massen oberhalb des *Chandrasekhar-Limits* von 1,4 Sonnenmassen passiert. Klar ist nur, dass sie nicht als Weiße Zwerge existieren können, sondern zu noch kompakteren Objekten kollabieren müssen. Aber was für Objekten? In den Sechzigerjahren wird eine neue Art exotischer Himmelskörper entdeckt, die Neutronensterne — extrem kompakte Sterne mit Dichten von rund $5 \cdot 10^{14}$ g/cm^3. Ein Esslöffel eines Neutronensterns wiegt etwa eine Milliarde Tonnen! Ein Neutronenstern zweifacher Sonnenmasse hat einen Radius von 12 km und einen Schwarzschild-Radius von rund 6 km. Neutronensterne bewegen sich also schon sehr nah am Abgrund des vollständigen Gravitationskollapses. Die Raumzeit an ihrer Oberfläche ist stark gekrümmt und relativistische Effekte sind nicht mehr zu ignorieren. Lichtstrahlen werden so stark gebogen, dass wir aus der Ferne nicht nur die uns zugewandte Hemisphäre eines Neutronensterns

[41] Einstein 1939

sondern auch Teile seiner Rückseite sehen können.[42] Auch die gravitationsbedingte Zeitdilatation ist sehr real: Uhren an der Oberfläche eines Neutronensterns gehen rund 30% langsamer als weit entfernte (Aufgabe 31.1). Neutronensterne können nur in einem recht engen Massenbereich von etwa ein bis drei Sonnenmassen existieren. Ein schwererer Stern kollabiert zu einem Schwarzen Loch. Rund ein halbes Jahrhundert, nachdem Schwarze Löcher in der Schwarzschild-Lösung aufgetaucht waren, begannen Physiker schließlich die Sache ernst zu nehmen. Heute wissen wir, dass Schwarze Löcher keine kosmischen Einzelfälle sind, sondern in riesiger Zahl unser Universum bevölkern. Schon allein in der Milchstraße vermuten Astronomen viele Millionen davon, die meisten davon im Größenbereich einiger weniger Sonnenmassen. Im Zentrum unserer Galaxie sitzt dagegen ein wahres Monster: ein Schwarzes Loch mit einer Masse von rund 4 Millionen Sonnen!

Aufgabe 31.1 (mittel): Berechne mithilfe der Schwarzschild-Metrik die Zeitdilatation an der Oberfläche eines Neutronensterns (Masse $4 \cdot 10^{30}$ kg, Radius 12 km).

---

[42] Rees 2015

SCHRITT 32

Ereignishorizont

Der Schwarzschild-Radius der Erde beträgt weniger als einen Zentimeter. Ein fallender Stein wird von der Erdoberfläche abgebremst, bevor er auch nur in die Nähe von r_S gelangen kann. Deswegen müssen wir uns keine Gedanken über die seltsamen Eigenschaften der Metrik bei $r = r_S$ machen. Dieser Radius liegt im Erdinneren, wo die Schwarzschild-Metrik gar nicht gilt. Bei einem Schwarzen Loch ist dagegen die Ausdehnung geringer als der Schwarzschild-Radius. Der fallende Stein würde dann früher oder später den *Ereignishorizont*, die Kugeloberfläche mit Radius r_S, erreichen. Was passiert dort? Fragen wir die Gleichungen, die wir in Schritt 29 für eine radiale Geodäte gefunden haben. Aus Gleichung (29.3) ergab sich $(1 - \frac{r_S}{r})\frac{dt}{d\tau} = 1$ und nach Umformen:

$$\frac{dt}{d\tau} = \frac{1}{1 - \frac{r_S}{r}} \tag{1}$$

Diese Gleichung beschreibt das Verhalten der Zeit t, die die Uhr eines sehr weit vom Planeten entfernten Beobachters zeigt, im Vergleich zur Eigenzeit τ des Steins. Wenn sich der Meteorit dem Ereignishorizont nähert ($r \to r_S$), geht der Nenner gegen 0 und $\frac{dt}{d\tau}$ gegen ∞. Das heißt: Aus Sicht des weit entfernten Beobachters nähert sich der Stein dem Ereignishorizont, erreicht ihn aber nie, da dafür auf seiner Uhr unendlich viel Zeit verstreichen müsste. Für den Beobachter wird der Stein immer langsamer und bleibt schließlich am Schwarzschild-Radius stehen, er friert gleichsam ein. Aus Sicht einer mit dem Stein mitfliegenden Beobachterin passiert dagegen nichts Besonderes. Der Ereignishorizont stellt für sie keine Hürde dar: sie bemerkt nicht einmal, wenn sie ihn durchquert. Sie beschleunigt einfach weiter in Richtung Mittelpunkt ($r = 0$) des Schwarzen Loches. Ihre Uhr tickt dabei normal weiter und zeigt unbeeindruckt die Eigenzeit an.

Das extreme Auseinanderfallen der Zeitmessungen des frei fallenden und des in der Ferne ruhenden Beobachters sind Symptome einer stark verbogenen

Raumzeit. Auch die Bewegung im Inneren des Ereignishorizonts lässt sich mit den r-t-Koordinaten beschreiben. Da $1 - r_S/r$ dort negativ ist, ist das Minuszeichen in der Metrik jetzt von t zu r gewandert. Die beiden Koordinaten haben ihre Rollen vertauscht: r ist jetzt eine Zeit und t ein Ort. Anders ausgedrückt: die Singularität bei $r = 0$ ist kein Ort sondern ein Zeitpunkt. Wenn du die Singularität als Punkt im Raum auffasst, wirst du unweigerlich die Anschauung haben, dass du diesem Punkt bei einer Reise durch das Schwarze Loch irgendwie „ausweichen" könntest, zum Beispiel indem du ganz starke Raketentriebwerke an deinem Raumschiff einschaltest, um dich dem Sog zu entziehen. Da aber innerhalb des Ereignishorizonts die radiale Komponente und die Zeit ihre Rollen vertauschen, ist diese Anschauung falsch. Sobald du den Ereignishorizont durchquert hast, ist die Singularität für dich so unvermeidlich wie der morgige Tag.

Aus Sicht eines Beobachters außerhalb des Schwarzen Loches passiert am Ereignishorizont etwas äußerst Dramatisches. Es ist nicht übertrieben zu sagen, dass dort unser Universum endet. Wir können zwar problemlos Licht und Materie durch den Ereignishorizont ins Schwarze Loch schicken, aber es ist eine reine Einbahnstraße: weder Licht noch irgendwelche wie auch immer gearteten Teilchen können aus dem Schwarzen Loch nach außen gelangen. Das wusste schon John Michell im 18. Jahrhundert und es stimmt auch im Rahmen der Allgemeinen Relativitätstheorie. Wenn weder Licht noch Materie aus dem Schwarzen Loch entkommen, können wir auch kein Signal aus dem Inneren des Ereignishorizonts empfangen. Zwar könnte ein Physiker ins Schwarze Loch reisen und dort physikalische Experimente durchführen. Aber wir würden die Ergebnisse nie erfahren.

Naturwissenschaftliche Erkenntnis kommt nicht ohne empirische Überprüfung sprich Beobachtung aus. Physiker können die elegantesten Theorien postulieren — am Ende entscheiden Beobachtung und Experiment, ob die Theorie stimmt. Physikalische Aussagen über das Innere des Ereignishorizonts sind daher streng genommen sinnlos. Und da wir das Wort *Universum* für den beobachtbaren Teil der Welt verwenden, gehört das Innere eines Schwarzen Lochs nicht zum Universum. Es ist eine verstörende und zugleich faszinierende Vorstellung, dass im Inneren unserer Galaxie ein Gebiet außerhalb unseres Universums liegt. Es könnten dort grüne Flamingos leben, die Pelzmäntel tragen und „Jingle Bells" auf koreanisch singen. Du kannst das unplausibel finden, aber widerlegen kannst du es nicht, weil es sich komplett außerhalb unserer Beobachtung abspielt.

Soweit der strenge Standpunkt zu den Grenzen der Wissenschaft. Die meisten Physiker vertreten allerdings die weniger puristische Position, dass die Naturgesetze, die außerhalb des Ereignishorizonts gelten, auch innerhalb gültig sind. Diesen Standpunkt haben wir stillschweigend eingenommen, als wir die Geodäte eines Lichtstrahls im Inneren des Ereignishorizonts berechnet haben. Die implizite Annahme war, dass dort auch die Einstein-Gleichungen gelten und sich die Schwarzschild-Metrik ins Innere fortsetzen lässt. Das ist eine plausible Hypothese, sogar plausibler als jede andere. Nur: wenn ein Kollege etwas anderes behauptet, können wir ihn nicht widerlegen.

Wenn wir uns schon mit physikalischer Spekulation bis zur Singularität vorgekämpft haben, warum dort aufhören? Ist die Singularität das Ende der Reise oder ist es nur ein Schlupfloch woanders hin? Die Idee eines Wurmlochs, das unterschiedliche Teile des Universums über ein Schwarzes Loch miteinander verbindet, ist in der Science-Fiction-Szene sofort begierig aufgesaugt worden. Es mag überraschen, aber das Ganze hat eine handfeste mathematische Grundlage. Die Koordinaten t und r, mit denen wir bisher gearbeitet haben, sind zwar recht anschaulich, aber nicht unbedingt die geeignetsten für die spezielle Raumstruktur, die sich Schwarzes Loch nennt. Verwendet man so genannte *Kruskal-Szekeres-Koordinaten,* zeigt das Schwarze Loch auf einmal Eigenschaften, die in den gewöhnlichen t-r-Koordinaten verborgen bleiben. Zum Beispiel taucht ein neuer Bereich der Raumzeit auf, der sich wie ein Spiegelbild des Inneren des Schwarzen Lochs verhält und *Weißes Loch* genannt wird.[43] Während Teilchen in ein Schwarzes Loch nur hinein- aber nicht herausfliegen können, können Teilchen aus einem Weißen Loch nur heraus- aber nicht hineinfliegen. Zumindest mathematisch ist ein Schwarzes Loch also mit einem Weißen Loch verbunden, und diese Verbindung könnte theoretisch wie ein Wurmloch zwischen unterschiedlichen Gegenden des Universums funktionieren. Ist dies mehr als eine mathematische Spielerei, gibt es so etwas in der realen Welt? Es erscheint eher unwahrscheinlich, jedenfalls gibt es bisher keinerlei Hinweise auf solche Wurmlöcher.

[43] Zee 2013

SCHRITT 33

Wellen

Du bist bei deiner Reise durch die modernen Theorien von Raum und Zeit schon weit gekommen. So weit, dass wir jetzt die Gravitationswelle in Angriff nehmen können, von der wir dir am Anfang des Buches erzählt haben und die 1,3 Milliarden Jahren quer durchs Universum gerast ist, bevor sie 2015 von Menschen gemessen wurde. In diesem Schritt wollen wir erst einmal verstehen, was eigentlich eine Welle ist. Im nächsten Schritt kommen wir zu dem besonderen Fall der Gravitationswellen.

Du stehst am Strand und beobachtest die Brandung der Wellen. Dabei spielen drei unterschiedliche Wellen zusammen: die Wasserwellen, die Lichtwellen, die dich das Wasser sehen lassen, und die Schallwellen, die dich die Brandung hören lassen. Dabei schwingen jeweils ganz unterschiedliche Dinge: Wassermoleküle, elektromagnetische Felder und Gasmoleküle in der Luft. Mathematisch liegt diesen unterschiedlichen Wellenphänomenen immer dieselbe Differentialgleichung zugrunde. Um sie abzuleiten brauchen wir ein System, das sich einfach beschreiben lässt und Wellen erzeugt. Zum Beispiel ein Seil. Wenn du ein langes Seil auf den Boden legst und ein Ende ruckartig nach oben und wieder nach unten bewegst, wird diese Störung als Welle das Seil entlangwandern. Ein Seil ist ein rein mechanisches Problem und wir können es mit Newtonscher Mechanik lösen. Im Ruhezustand (im Gleichgewicht) sei das Seil vollkommen gerade und liege genau auf der x-Achse. Wir nehmen außerdem an, dass das Seil mit einer Kraft T gespannt ist aber in y-Richtung nach oben und unten schwingen kann. Die Seilspannung bedeutet, dass jeder beliebige Seilabschnitt eine Kraft T nach links und eine entgegengesetzte Kraft nach rechts spürt. Spannungskräfte im Seil wirken immer exakt in Richtung des Seils, nicht senkrecht oder schräg zum Seil. Im Ruhezustand ist das Seil gerade und daher ziehen die beiden Kräfte in genau

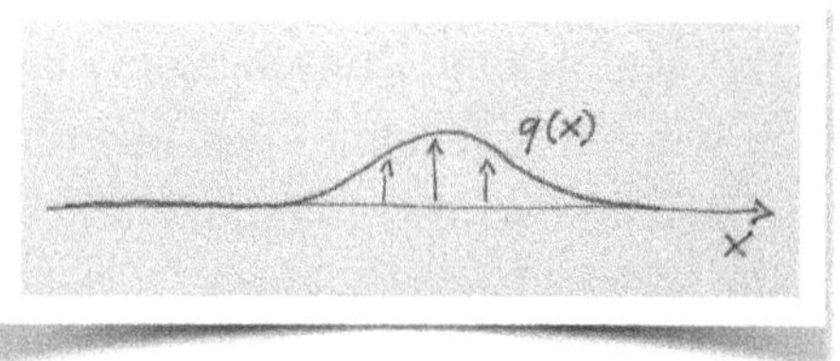

33.1.: Seil mit Auslenkung

entgegengesetzte Richtungen und heben sich exakt auf. Hat das Seil an irgendeiner Stelle dagegen eine kleine Auslenkung wie in Abbildung 33.1, ändert sich das. Um das Ganze mathematisch beschreiben zu können, bezeichnen wir die Auslenkung am Punkt x mit $q(x)$. Die Kurve der Funktion $q(x)$ beschreibt dann einfach die Position des Seils an jedem Punkt. Zurück zu unserer kleinen Ausbuchtung in Abbildung 33.1: An einem kleinen Seilabschnitt der Länge Δx ziehen noch immer Kräfte des gleichen Betrags T — allerdings sind sie jetzt richtungsmäßig nicht mehr exakt entgegengesetzt (Abbildung 33.2), weil das Seil auf der kurzen Strecke von x bis $x + \Delta x$ etwas die Richtung ändert. Dementsprechend unterscheidet sich die vertikale Komponente der beiden Kräfte geringfügig, was zu einer Nettokraft in vertikaler Richtung führt. Die Kraft resultiert also von der *Änderung der Steigung der Funktion* $q(x)$ auf der kurzen Strecke Δx. Kommt dir das bekannt vor? Die Steigung einer Funktion ist ihre erste Ableitung. Die Änderung der Steigung ist dann die Änderung der ersten Ableitung und damit die zweite Ableitung. Wir würden also erwarten, dass die resultierende Kraft aufs Seil etwas mit der zweiten Ableitung $q''(x)$ zu tun hat. Das war jetzt natürlich etwas grobkörnig argumentiert. Lass uns schauen, was Newton dazu sagt!

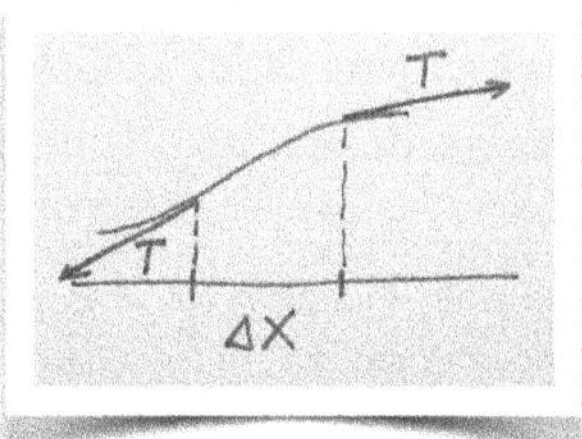

33.2: Kräfte auf kleinen Seilabschnitt

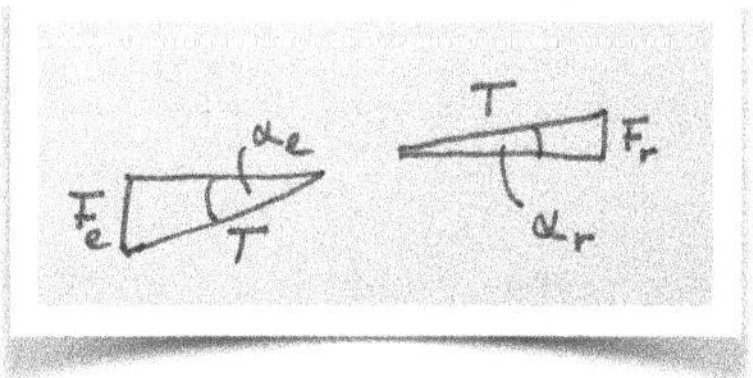

33.3: Die vertikalen Kräfte

Dazu wenden wir einfach $F = ma$ auf unseren kleinen Seilabschnitt an. Beginnen wir mit der Kraft: Mit der Definition des Sinus finden wir für die vertikale Komponente F_l der linken Kraft (Abbildung 33.3):

$$\frac{F_l}{T} = \sin \alpha_l$$

Für kleine Auslenkungen (kleine Winkel α_l) lässt sich der Sinus durch den Tangens abschätzen[44]. Der Tangens gibt aber gerade die Steigung der Geraden an[45] und ist damit gleich der Ableitung der Funktion an der Stelle. Damit:

$$\frac{F_l}{T} = q'(x)$$

Das gleiche Spiel können wir auch für die vertikale Komponente F_r der rechten Kraft spielen:

$$\frac{F_r}{T} = q'(x + \Delta x)$$

Entscheidend ist, dass die Ableitung jetzt an der Stelle $x + \Delta x$ ausgewertet wird. Nur weil die Steigung am rechten Ende des Seilabschnitts etwas anders ist als am linken Ende, ergibt sich ja überhaupt eine Nettokraft! Im Ergebnis erhalten wir also:

$$F = F_r - F_l = T\,(q'(x + \Delta x) - q'(x)) \tag{1}$$

Jetzt setzen wir diese Kraft mit ma gleich und teilen beide Seiten durch die Länge des Seilabschnitts Δx (du wirst gleich sehen warum):

$$\frac{m}{\Delta x}a = T\,\frac{q'(x + \Delta x) - q'(x)}{\Delta x}$$

$\frac{m}{\Delta x}$ auf der linken Seite ist die Seilmasse je Länge, also die Massendichte μ des Seils. Bei einem Seil, das überall gleich beschaffen ist, ist μ unabhängig von Δx. Lässt man jetzt Δx gegen null gehen, wird die rechte Seite zu $Tq''(x)$. Wenn wir außerdem $\ddot{q}$ für die Beschleunigung a schreiben, erhalten wir:

$$\mu\ddot{q} = Tq''$$

Jetzt definieren wir noch $v^2 = \frac{T}{\mu}$ (du wirst gleich sehen warum) und erhalten schließlich:

[44] Der Grund: Für kleine Winkel gilt $\cos\alpha \approx 1$ und somit $\tan\alpha = \frac{\sin\alpha}{\cos\alpha} \approx \sin\alpha$

[45] Um das zu verstehen betrachtest du das rechte Dreieck in Abbildung 33.3. Der Tangens ist „Gegenkathete dividiert durch Ankathete", aber das ist nichts anderes als „y-Abschnitt durch x-Abschnitt der Geraden T". Und das ist die Definition der Steigung.

$$\ddot{q} = v^2 q'' \tag{2}$$

Zur Erinnerung: die Punkte bedeuten *zweite Ableitung nach der Zeit t,* die Striche bedeuten *zweite Ableitung nach dem Ort x*. Mathematisch gesehen ist q also eine Funktion von zwei Variablen: $q(x,t)$. Und die Ableitungen sind dementsprechend *partielle* Ableitungen. Wer es ein bisschen formaler mag, schreibt statt (2):

$$\frac{\partial^2 q(x,t)}{\partial t^2} = v^2 \frac{\partial^2 q(x,t)}{\partial x^2} \tag{3}$$

Diese simple Differentialgleichung ist die Bewegungsgleichung des Seils nach den Gesetzen der klassischen Mechanik. Wie sehen ihre Lösungen aus? Starrt man die Gleichung lange genug an, stellt man fest, dass für jede beliebige Funktion f

$$q(x,t) = f(x - vt) \tag{4}$$

eine Lösung von ist. Den Nachweis überlasse ich dir als Aufgabe.

Aufgabe 33.1 (mittel): Zeige, dass (4) eine Lösung von (2) ist.

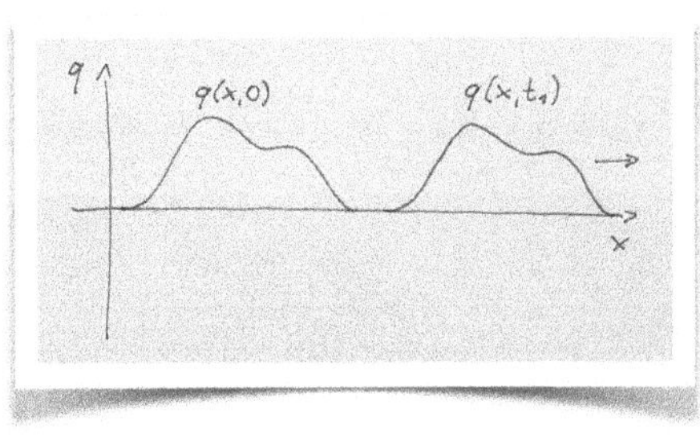

33.4: Eine Welle

Welche Bewegung des Seils wird durch diese Lösung beschrieben? Nehmen wir an, zum Zeitpunkt $t = 0$ hätte das Seil eine beliebige Form $q(x,0) = f(x - v \cdot 0) = f(x)$. Zu einem späteren Zeitpunkt t_1 ist die Kurve der Funktion um die Strecke vt_1 nach rechts gewandert, siehe Abbildung 33.4. Das heißt, die Lösung stellt eine Art Welle dar, die von links nach rechts wandert. Die Geschwindigkeit der Welle ist v, was im Nachhinein unsere Wahl $v^2 = \frac{T}{\mu}$ erklärt. Man kann sich das so vorstellen: man gibt dem Seil mit der Hand an einem Ende einen Ausschlag und diese

„Störung“ bewegt sich dann mit der Geschwindigkeit v durch die Kette nach rechts.[46]

Die Differentialgleichung (3) ist nicht nur die Bewegungsgleichung eines Seils. Sie heißt *Wellengleichung* und ist eine der wichtigsten Gleichungen der Physik. Was wir hier für das Seil in einer Dimension gefunden haben, ist ein universelles Naturphänomen. Bevor wir diese hochtrabende Aussage nachvollziehen können, müssen wir Gleichung (3) erst einmal auf drei Raum-Dimensionen verallgemeinern. Formal mathematisch ist das einfach: Man ersetzt einfach die partielle zweite Ableitung $\frac{\partial^2}{\partial x^2}$ durch die Summe der Ableitungen in allen drei Raumrichtungen $\frac{\partial^2}{\partial x^2}+\frac{\partial^2}{\partial y^2}+\frac{\partial^2}{\partial z^2}$ und weil das umständlich zu schreiben ist, kürzen wir es mit Δ ab. Dann wird aus (3) die dreidimensionale *Wellengleichung:*

$$\textbf{Wellengleichung:}\quad \frac{\partial^2 q(\boldsymbol{r},t)}{\partial t^2} = v^2\,\Delta\, q(\boldsymbol{r},t) \qquad (5)$$

Was passiert hier anschaulich? Statt gekoppelter schwingender Massen in einer Dimension (wie beim Seil) beschreibt diese Gleichung gekoppelte schwingende Massen, die in drei Dimensionen angeordnet sind! Stell dir etwa Gasmoleküle in der Luft vor, die Schallwellen produzieren können. Oder Schwingungen von Atomen in einem Festkörper. Das sind Beispiele *mechanischer* Wellen, weil jeweils physische Massen schwingen. Wellen gibt es aber auch im Vakuum, wo weit und breit kein Teilchen ist, das schwingen könnte. Was schwingt da? Als Maxwell 1864 die Grundgleichungen von Elektrizität und Magnetismus aufstellte, bemerkte er eine sonderbare Eigenschaft: Verknüpft man sie geschickt miteinander, ergibt sich für das elektrische Feld $\boldsymbol{E}$ (wie auch für das magnetische Feld) eine Wellengleichung:

$$\frac{\partial^2 \boldsymbol{E}(\boldsymbol{r},t)}{\partial t^2} = v^2\,\Delta\, \boldsymbol{E}(\boldsymbol{r},t) \qquad (6)$$

Eigentlich sind das drei Wellengleichungen in einer, für jede der drei Komponenten des elektrischen Feldes $\boldsymbol{E} = (E_x, E_y, E_z)$ eine. Elektromagnetische Felder werden in der Umgebung elektrischer Ladungen erzeugt. Wenn für diese Felder eine Wellengleichung gilt, kann das nur heißen, dass sie sich von den

[46] Natürlich gibt es auch eine Lösung, die nach links läuft: $f(x + vt)$. Warum sollte die Natur auch zwischen rechts und links unterscheiden?

elektrischen Ladungen lösen und selbstständig durch den leeren Raum bewegen können. Für das v in (6) ergibt sich aus den Maxwell-Gleichungen genau die Lichtgeschwindigkeit! Dieses kleine Detail bewegte Maxwell zu der bahnbrechenden These, dass elektromagnetische Wellen nicht nur so schnell sind wie Licht sondern einfach Licht *sind* — frei nach dem Ententest: If it looks like a duck, swims like a duck, and quacks like a duck, then it probably is a duck!

Nur weil die Maxwell-Gleichungen des elektromagnetischen Feldes eine Wellengleichung zulassen, kann das Licht, das von der Sonne in 15 Millionen Kilometern Entfernung ausgesandt wird, die Erde erreichen. Ohne die Wellengleichung kein Leben auf der Erde.

SCHRITT 34

Gravitationswellen

Nach der Aufstellung seiner Feldgleichungen stellt sich Einstein die Frage, ob sie auch auf eine Wellengleichung führen würden, ob also Gravitationswellen existierten. Newtons Gravitationstheorie lässt keine Wellen zu. Für seine eigene Theorie ist Einstein anfangs auch skeptisch. Erst nach einigem Hin und Her vermutet er schließlich doch, dass solche Wellen wohl existieren, aber viel zu schwach sind, um jemals nachgewiesen zu werden.

Bei elektromagnetischen Wellen schwingen elektromagnetische Felder, aber was soll bei einer Gravitationswelle schwingen? In Einsteins Gravitationstheorie gibt es keine Felder, nur eine verbogene Raum-Zeit-Geometrie. Wenn etwas in Schwingungen versetzt wird, kann das nur die Geometrie der Raumzeit selbst sein! Die Geometrie wird durch die Metrik $g_{\mu\nu}$ beschrieben. Wenn man also aus den Einsteinschen Feldgleichungen eine Wellengleichung ableiten kann, muss darin die Metrik auftauchen als die dynamische Größe, die „schwingt". Dinge schwingen immer um eine Nulllage oder Gleichgewichtsposition: eine Wasserwelle ist eine Welle in Bezug zur glatten ungestörten Wasseroberfläche, ein Seil schwingt rund um seine Ruhelage, elektromagnetische Wellen schwingen rund ums Vakuum, ihre Ruhelage ist also der Zustand „kein elektrisches und kein magnetisches Feld". Was ist die Ruhelage oder Gleichgewichtsposition der Geometrie? Oder mit dem Bild von Wasserwellen gesprochen: was ist die „glatte ungestörte Wasseroberfläche" der Geometrie, die dann von den Gravitationswellen „gekräuselt" wird? In Analogie zu elektromagnetischen Wellen liegt die Vermutung $g_{\mu\nu} = 0$ nahe, also eine 4×4 Matrix, in der nur Nullen stehen. Aber das ergibt keinen Sinn! Die Metrik ist unser Rezept zur Messung von Abständen in der Raumzeit. Wenn sie verschwindet, sind alle Abstände null. Die Raumzeit schnurrt zu einem Punkt zusammen. Das kann kaum die Ruhelage der Geometrie sein! Als wir die allgemeine Relativitätstheorie und das Konzept der gekrümmten Raumzeit eingeführt haben, standen wir vor einer ähnlichen Frage: was ist eigentlich der ungekrümmte „Normalzustand" der Raumzeit, was ist ihre Geometrie weit entfernt von Himmelskörpern, die sie krümmen könnten? Die Antwort ist die flache vierdimensionale Raumzeit mit der Metrik (20.1):

$$ds^2 = -dt^2 + dx^2 + dy^2 + dz^2 = f_{\mu\nu} dx^\mu dx^\nu \qquad (1)$$

Wenn die Raumzeit um diese Ruhelage schwingen soll, brauchen wir eine Größe, die kleine Abweichungen von $f_{\mu\nu}$ beschreibt. Wir schreiben die Metrik der Raumzeit $g_{\mu\nu}$ daher als die Metrik der flachen Raumzeit $f_{\mu\nu}$ plus einer kleinen Abweichung $h_{\mu\nu}$:

$$g_{\mu\nu} = f_{\mu\nu} + h_{\mu\nu} \qquad (2)$$

Im Prinzip kann man jede beliebige Metrik so zerlegen, wenn man möchte. Sinn macht es aber eigentlich nur, wenn $h_{\mu\nu}$ klein ist im Vergleich zu $f_{\mu\nu}$, d.h. wenn die Komponenten von $h_{\mu\nu}$ betragsmäßig viel kleiner als 1 sind. Das ist für Gravitationswellen eine sinnvolle Annahme. Die entscheidende Frage ist: gilt für $h_{\mu\nu}$ eine Wellengleichung, wie wir sie im letzten Schritt kennengelernt haben? Wie findet man das heraus? Indem man die Metrik (2) in die Einsteinsche Feldgleichung im Vakuum $R_{\mu\nu} = 0$ einsetzt und schaut, ob sich daraus eine Wellengleichung für $h_{\mu\nu}$ ergibt. Wenn man das tut, erhält man erst einmal eine ziemlich komplizierte Gleichung für $h_{\mu\nu}$. Durch diverse Umformungen und eine geeignete Wahl der Koordinaten gelangt man aber schließlich zu folgender Gleichung:

$$\frac{\partial^2 h_{\mu\nu}}{\partial t^2} = c^2 \, \Delta \, h_{\mu\nu}$$

Das hat genau die Form der Wellengleichung (33.5)! Die einzig mögliche Folgerung ist, dass sich Störungen in der Geometrie der Raumzeit wellenförmig ausbreiten können, dass also Gravitationswellen möglich sind. Ich sage „möglich“, weil die Natur ihre mathematischen Optionen nicht unbedingt nutzen muss. Seit dem ersten Nachweis von Gravitationswellen 2015 wissen wir aber, dass sie es tut.

Und was für eine Option! Die Metrik ist eine Messvorschrift, die uns sagt, wie Abstände an einem bestimmten Raumzeit-Punkt, einem bestimmten Ort zu einer bestimmten Zeit, zu messen sind. Bei einer Gravitationswelle beginnt diese Messvorschrift zu schwingen also kontinuierlich zu variieren. Und diese

Variation pflanzt sich mit Lichtgeschwindigkeit durch den Raum fort. Wenn ich irgendwo auf der Erde stehe und plötzlich eine Gravitationswelle über mich hinweg schwappt, ändert sich kurzzeitig die Raumzeit-Geometrie derart, dass Punkte, die normalerweise 10 Meter entfernt sind, zum Beispiel dein Briefkasten und der deines Nachbarn, plötzlich nicht mehr 10 Meter sondern 10,00000001 Meter und kurz darauf nur noch 9,99999999 Meter entfernt sind! Und danach wieder 10,00000001 Meter und so weiter.

Aber wie soll man so etwas nachweisen? Das Prinzip des *LIGO-Detektors*, der 2015 die erste Gravitationswelle gemessen hat, beruht auf der Interferenz von Lichtwellen. Wenn zwei Wellen aufeinander treffen, können sie sich gegenseitig verstärken oder auslöschen. Haben beide Wellen am Punkt des Zusammentreffens einen Wellenberg, so hat die kombinierte Welle dort einen Wellenberg doppelter Höhe — man würde dann einen besonders hellen Lichtpunkt messen. Trifft dagegen ein Wellenberg der einen Welle auf ein Wellental der anderen, so löschen sich die beiden gegenseitig aus — es herrscht an dem Punkt Dunkelheit. Der LIGO-Detektor besitzt zwei jeweils 4 Kilometer lange unterirdische Arme, die einen rechten Winkel miteinander bilden (Abbildung 34.1[47]). Am kurzen Ende eines Armes sendet eine Laserquelle einen Strahl in den Arm. Am Kreuzungspunkt der beiden Arme befindet sich ein halbdurchlässiger Spiegel, der die Hälfte des Strahls durchlässt und die andere in den anderen Arm ablenkt. Am Ende jedes Armes befindet sich ein weiterer Spiegel, der das Licht wieder zurückwirft. Die beiden Laserstrahlen treffen dann auf dem Rückweg am Kreuzungspunkt wieder aufeinander und überlagern sich. Jetzt kommt die oben beschriebene Interferenz ins Spiel. Wenn die Längen der beiden Arme exakt gleich lang sind, würden wir erwarten, dass Wellenberge aufeinander treffen, dass sich die Wellen also gegenseitig verstärken. Geht

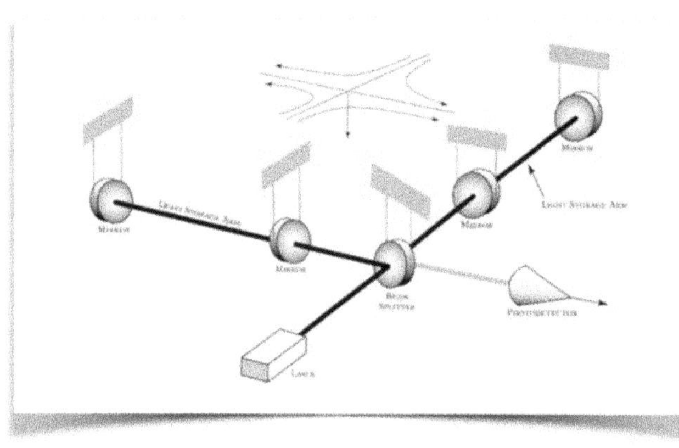

34.1: Prinzip des LIGO
Quelle: Caltech/MIT/LIGO Lab

[47] Quelle: LIGO Laboratory

dagegen eine Gravitationswelle durch die Anlage, so stört sie die Raumzeit-Geometrie derart, dass ein Arm kurzfristig etwas länger ist als der andere. Jetzt hat ein Laserstrahl plötzlich einen längeren Weg als der andere. Wenn sich die beiden wieder treffen, hat einer möglicherweise jetzt ein Wellental, wo der andere einen Wellenberg besitzt. Statt eines verstärken Lichtpunktes, würde man dann einen dunklen Punkt sehen. Zu sagen, ein Arm sei „etwas" länger als der andere, ist eine maßlose Übertreibung: der Längenunterschied, den eine typische Gravitationswelle erzeugt, ist ein winziger Bruchteil des Durchmessers eines Protons. LIGO kann noch Längenunterschiede von 1/200 des Protonendurchmessers nachweisen — und das auf einer Länge von 4 Kilometern! Das entspricht einem relativen Längenunterschied von 1 : 1.000.000.000.000.000.000.000 ($=10^{21}$). Das ist ohne Frage eine der größten technischen Leistungen, die Menschen je zustande gebracht haben. Tausende von Menschen haben über einen Zeitraum von über fünfzig Jahren darauf hingearbeitet.

Aber es geht bei LIGO nicht allein darum Gravitationswellen nachzuweisen. An deren Existenz hat ohnehin kaum noch ein Physiker gezweifelt. Es geht darum ein ganz neues Fenster zum Kosmos aufzustoßen. Gravitationswellen geben neue Einblicke in die Physik von Neutronensternen und Schwarzen Löchern, indem sie uns Signale von Zusammenstößen und anderen Interaktionen dieser Objekte senden, die wir mit elektromagnetischen Wellen nicht empfangen könnten. Und — wenn unsere Detektoren noch empfindlicher werden — werden uns Gravitationswellen irgendwann Botschaften vom Urknall selbst oder von der unmittelbar folgenden Inflationsphase senden.

Woraus alles besteht

Ein kurzer Einschub über Quantenfeldtheorie

SCHRITT 35

Eine Welt aus drei Teilchen

Sieh dich um. Egal wo du gerade bist — alles was du siehst, besteht aus nur drei Arten von Teilchen: Up-Quarks, Down-Quarks und Elektronen. Der Baum vor dem Fenster, die Sterne am Himmel, die Tasse in deiner Hand, deine Hand — Up-Quarks, Down-Quarks und Elektronen! Up- und Down-Quarks verbinden sich zu Protonen und Neutronen, die sich wiederum zu unterschiedlichen Atomkernen verbinden. Diese verbinden sich dann mit Elektronen zu den Atomen der verschiedenen chemischen Elemente. Die gesamte materielle Welt mit all ihrer Komplexität aus Farben, Formen, Stoffen, Tieren und Pflanzen zurückgeführt auf drei elementare Bausteine — das ist ein bisschen ernüchternd, aber zweifellos einer der größten Erfolge der Naturwissenschaft. Ein sprechender Affe zerlegt den Stoff, aus dem er selbst besteht, so hartnäckig in seine fundamentalsten Zutaten, bis nur noch drei übrig sind:

150.000.000 chemische Verbindungen

→ 118 Elemente

→ 3 Elementarteilchen

Die Welt wäre allerdings ein ziemlich öder Ort, würden Quarks und Elektronen einfach nur nebeneinander her existieren, ohne miteinander zu sprechen. Quarks könnten keine Protonen und Neutronen und schließlich Atomkerne bilden, und Atomkerne und Elektronen würden nie zu Atomen werden, gäbe es keine Kräfte zwischen ihnen. Man glaubt heute, dass vier Naturkräfte die Materie auf verschiedenen Größenskalen zusammenhalten:

1. Die *starke Wechselwirkung* (oder *starke Kernkraft*) verbindet Quarks zu Protonen und Neutronen. Sie ist auch verantwortlich für die Bildung der Atomkerne aus Protonen und Neutronen. Und sie bestimmt die nuklearen Fusionsprozesse, die die Sterne und unsere Sonne zum Leuchten bringen.

Nur Quarks spüren die starke Kernkraft, Elektronen bekommen nichts von ihr mit.

2. Die *elektromagnetische Wechselwirkung* verbindet negativ geladene Elektronen und positiv geladene Atomkerne und erzeugt so Atome. Sie verbindet außerdem Atome zu Molekülen und Kristallstrukturen und bestimmt damit die Beschaffenheit der gesamten stofflichen Welt um uns herum. Chemie ist nichts anderes als Elektromagnetismus!

3. Die *schwache Wechselwirkung* (oder *schwache Kernkraft*) bestimmt viele Prozesse auf nuklearer Ebene wie zum Beispiel Beta-Zerfälle von Atomkernen.

4. Die *Gravitation* schließlich ist die mit großem Abstand schwächste Wechselwirkung der vier. So ist die Schwerkraft zwischen einem Proton und einem Elektron um einen Faktor 10^{39} (eine 1 mit 39 Nullen!) schwächer als ihre elektrische Anziehung. Dennoch ist die Gravitation die einzige Kraft, die in unserer Alltagserfahrung eine Rolle zu spielen scheint. Der Grund: im Gegensatz zu elektrischen Kräften, die anziehen und abstoßen können und sich daher meist schon auf mikroskopischer Ebene neutralisieren, ist die Gravitation immer anziehend. Und im Gegensatz zur schwachen und starken Wechselwirkung ist die Gravitation von langer Reichweite. Diese beiden Eigenschaften sorgen dafür, dass die Gravitation für die Bildung von Strukturen wie Planeten, Sternen und Galaxien in einem sonst fast leeren Kosmos verantwortlich ist.

Das Sonnenlicht verdanken wir der perfekten Zusammenarbeit der vier Kräfte. Die Gravitation lässt die anfangs annähernd gleichmäßig verteilten Atome zu Sternen zusammenklumpen. Dabei werden die Teilchen schneller — sie wärmen sich auf. Irgendwann ist die Temperatur hoch genug, dass die starke Kernkraft Protonen (Wasserstoffkerne) zu Heliumkernen zusammenschweißen kann. Dabei werden riesige Energiemengen frei, die die Sonne weiter aufheizen. Aber erst die elektromagnetische Wechselwirkung bringt unseren Heimatstern zum Leuchten, indem sie die frei gewordene Fusionsenergie als Lichtwellen ins Weltall schickt. Aber was ist mit der schwachen Kernkraft? Sie gibt den Takt vor: sie regelt bei einigen Prozessschritten die Reaktionsgeschwindigkeit. Sie sorgt dafür, dass unser Heimatstern seinen nuklearen Brennstoff nicht auf einen Schlag verbraucht, sondern uns viele Milliarden Jahre Licht spenden kann. Man kann es so sagen: die Gravitation baut das Kraftwerk, die starke

Kernkraft erzeugt die Energie, die dann von der elektromagnetischen Kraft in alle Welt verteilt wird. Die schwache Wechselwirkung sorgt für geordnete Abläufe und verhindert, dass das Kraftwerk in die Luft fliegt.

Drei Arten von Elementarteilchen, die über vier fundamentale Kräfte miteinander sprechen — dieses Erklärung der Welt ist beeindruckend einfach. Aber sie hat einen Schönheitsfehler: sie ist falsch. Oder zumindest ist es nicht die ganze Wahrheit. Es gibt diese Elementarteilchen zwar zweifellos, aber sie stellen nicht die fundamentalste Ebene dar. Nicht etwa weil wir vermuten würden, Elektronen und Quarks irgendwann in noch kleinere Elementarteilchen zerlegen zu können. Sondern weil wir heute *Quantenfelder* und nicht *Elementarteilchen* als die grundlegenden Bausteine der Welt ansehen. Um das zu verstehen müssen wir etwas ausholen.

SCHRITT 36

Quantenmechanik in fünf Minuten

Die Annahme ..., daß die Energie von vorneherein gezwungen ist, in gewissen Quanten beieinander zu bleiben, ... war eine rein formale Annahme, und ich dachte mir eigentlich nicht viel dabei, sondern nur das, daß ich unter allen Umständen ein positives Resultat herbeiführen mußte. ... Kurz zusammengefaßt kann ich die ganze Tat als einen Akt der Verzweiflung bezeichnen.

Max Planck über die Entdeckung der Quantenphysik[48]

Michael Faraday hat um das Jahr 1850 eine ziemlich gute Idee. Er untersucht elektrische und magnetische Phänomene und begegnet derselben Fernwirkung, die schon Newton in seiner Gravitationstheorie beunruhigte. Immer besser versteht er die elektromagnetischen Effekte und kommt schließlich zu der Überzeugung, dass ein Magnet auf den anderen keine Kraft aus der Ferne ausübt, sondern ein Kraftfeld in seiner Umgebung aufbaut, und dass der zweite Magnet eine lokale Kraftwirkung in diesem Feld erfährt. Das Feld erfüllt den gesamten Raum, auch den Ort, an dem sich der zweite Magnet befindet. Die magnetische Anziehung ist keine Fernwirkung sondern ein lokales Phänomen. Diese Idee ist revolutionär wie nur wenige in der Geschichte der Naturwissenschaften. Faraday postuliert mit dem Konzept des Kraftfeldes ein neues physikalisches Objekt neben den materiellen Körpern. Er lässt damit einen Geist aus der Flasche, der die Physik weit mehr verändern wird, als Faraday ahnt. Der englische Forscher läutet — seiner Zeit um fünfzig Jahre voraus — die Physik des 20. Jahrhunderts ein. Fünfzehn Jahre später vollendet der Schotte Maxwell Faradays Feldtheorie und legt damit die Grundlage für Einsteins Relativitätstheorie. Die Idee eines physikalischen Feldes reicht aber noch viel weiter, sie ist auch die Grundlage für die Entwicklung der Quantenmechanik am Anfang des 20. Jahrhunderts.

Aber was genau ist ein *Feld*? Mathematisch ist ein Feld einfach eine Funktion, die jedem Punkt des Raumes eine Zahl zuordnet. Stell dir etwa vor, du würdest

[48] Gaßner 2019

überall in der Atmosphäre den Luftdruck messen. Die Messwerte würden natürlich von Punkt zu Punkt variieren. Deine gemessenen Daten könntest du dann in einem „Druckfeld“ zusammenfassen, das jedem Punkt $\boldsymbol{r}$ in der Atmosphäre den dort gemessenen Luftdruck $P(\boldsymbol{r})$ zuordnet. Oder denk an die Oberfläche des Meeres, die eben sein kann (bei Windstille) oder sich in allen erdenklichen Weisen kräuseln und wellen kann. Stell dir diesen zweidimensionalen Meeresspiegel in drei Dimensionen vor und du hast schon ein ziemlich gutes Bild eines Feldes. Auf elementarster Ebene besteht unsere Welt aus solchen Feldern, die in Raum und Zeit variieren. Ein wogender Ozean von Quantenfeldern, die still stehen oder oszillieren, je nachdem wieviel Energie sie gerade enthalten. Für jede Elementarteilchen-Art und jede der vier Naturkräfte gibt es ein solches Quantenfeld, eines für Elektronen, eines für Up-Quarks, eines für Photonen (also die elektromagnetische Wechselwirkung) und so weiter. Was haben diese Quantenfelder mit den entsprechenden Elementarteilchen zu tun? Um das zu verstehen, musst du ein paar Tatsachen aus der Quantenmechanik kennen. Eine grundlegende Einführung in das Thema würde ein eigenes Buch füllen. Die Quantenmechanik ist mathematisch ziemlich anspruchsvoll und fordert unsere Intuition noch mehr heraus als Einsteins Relativitätstheorie. Zum Glück benötigen wir in diesem Buch nur ein absolutes Minimum an Quantenphysik. Bist du bereit?

Wenn du ein physikalisches Problem quantenmechanisch lösen willst, sind ein paar Dinge anders, als du sie kennst. Nehmen wir den harmonischen Oszillator, den wir aus Schritt 27 kennen. Der Ausdruck für die Energie gilt auch noch quantenmechanisch:

$$E = \frac{p^2}{2m} + \frac{1}{2} m \omega^2 x^2 \tag{1}$$

Wir haben lediglich die Definition des Impulses $p = m\dot{x}$ verwendet, um $\dot{x}$ zu ersetzen, ansonsten ist alles gleich. Klassisch ist der Zustand eines Teilchens zu einem festen Zeitpunkt durch seinen Ort und seinen Impuls (bzw. seine Geschwindigkeit) vollständig beschrieben. Das ist in der Quantenmechanik fundamental anders: dort wird der Zustand eines Teilchens durch eine Wellenfunktion beschrieben, die die Wahrscheinlichkeit für jeden Punkt im Raum beschreibt, das Teilchen genau dort zu finden. Man kann zwar immer noch den Ort und den Impuls des Teilchens messen, aber dabei passiert etwas Merkwürdiges: es kommt auf die Reihenfolge der Messungen an: wenn ich erst den Ort des Teilchens und dann seinen Impuls messe, erhalte ich ein anderes Ergebnis, als wenn ich erst den Impuls und dann den Ort messe. Im mathematischen Formalismus der Quantenmechanik schreibt man diese Tatsache so auf:

$$xp \neq px \qquad (2)$$

Du musst kein Mathematiker sein, um über diese Ungleichung entsetzt zu sein. In der Schule lernt man $5 \cdot 3 = 3 \cdot 5$, und wenn die Lehrerin etwas auf sich hält, wird sie vom *Kommutativgesetz der Multiplikation* sprechen. Dieses Gesetz gilt für quantenmechanische Größen nicht mehr. Und zwar nicht nur für Ort und Impuls, sondern auch für andere Größen wie die Richtungen des Drehimpulses. Dass diese Größen nicht mehr miteinander kommutieren, widerspricht natürlich nicht wirklich den Gesetzen der Mathematik, es bedeutet nur, dass x und p in der Quantenwelt keine einfachen Zahlen mehr sind, sondern komplexere mathematische Objekte, so genannte Operatoren[49]. Und das führt zu einer ganz neuen Physik. Eine unmittelbare Konsequenz ist die Heisenbergsche Unschärferelation, die wohl populärste Aussage der Quantenmechanik:

$$\Delta x \cdot \Delta p \geq \frac{\hbar}{2} \qquad (3)$$

Diese Ungleichung sagt uns, dass wir den Aufenthaltsort eines Teilchens und seine Geschwindigkeit nicht zugleich beliebig genau beobachten können: je genauer wir eine Größe messen, desto mehr zerstören wir die Information bezüglich der anderen Größe. Das Produkt der Messunschärfen beträgt mindestens $\hbar/2$, wobei $\hbar$ *Plancksches Wirkungsquantum* heißt und die fundamentale Naturkonstante der Quantenmechanik ist. Diese Unschärfe hat nichts mit der Imperfektion unserer Messgeräte zu tun, sondern wohnt der Natur der Dinge selbst inne. Sie liegt mathematisch darin begründet, dass das Teilchen durch eine räumlich „ausgeschmierte" Wellenfunktion beschrieben wird.

Zurück zu Gleichung (1), der Energie eines Teilchens im harmonischen Oszillator. In der klassischen Behandlung des Problems können wir dem Teilchen jede Energie von null bis unendlich geben. Schließlich können wir ihm

[49] Vielleicht erinnerst du dich aus Schulzeiten noch an Matrizen? Für sie gilt das Kommutativgesetz auch nicht. Tatsächlich sind die physikalischen Größen der Quantenmechanik genau solche Matrizen.

jeden beliebigen Anfangsimpuls p und jede beliebige Anfangsauslenkung x geben[50]. Die Energie des quantenmechanischen Oszillators kann dagegen nur ganz bestimmte diskrete Energiewerte annehmen:

$$E_n = \left(n + \frac{1}{2}\right) \hbar\omega \quad (n = 0, 1, 2, 3, \ldots) \tag{4}$$

Das heißt, die niedrigste erlaubte Energie ist $E_0 = 1/2\, \hbar\omega$ und von dort geht es in Sprüngen oder „Quanten" von $\hbar\omega$ nach oben: $E_1 = 3/2\, \hbar\omega$, $E_2 = 5/2\, \hbar\omega$ etc. Diese „Quantelung" der Energie taucht nicht nur beim harmonischen Oszillator sondern bei den meisten quantenmechanischen Problemen auf und hat der Quantenmechanik ihren Namen gegeben. Warum ist das so? Wir haben ja festgestellt, dass ein Teilchen in der Quantenmechanik durch eine Wellenfunktion beschrieben wird. Ist diese Wellenfunktion in ihrer Freiheit durch ein lokales Kraftfeld räumlich eingeschränkt, wie es beim harmonischen Oszillator oder auch beim Elektron in einem Atom der Fall ist, so verhält sie sich ähnlich wie eine schwingende Gitarrensaite.

Bei einer Saite unterscheidet man die verschiedenen Schwingungszustände nach der Zahl der *Knoten*. Das sind Punkte auf der Saite, die bei der Schwingung in Ruhe bleiben. In Abbildung 36.1 von unten nach oben: Die Grundschwingung hat keine Knoten, die 1. Oberschwingung hat einen Knoten, die 2. Oberschwingung zwei und so weiter. Die quantenmechanische Wellenfunktion beschreibt keine Saite, aber auch für sie gibt es kein Kontinuum unendlich vieler Schwingungszustände sondern nur einzelne („diskrete") Zustände, die sich nach der Anzahl der Knoten klassifizieren lassen. Jetzt kommt der springende Punkt: jeder dieser Zustände besitzt ein bestimmtes Energieniveau, das von der zweiten Ableitung der Wellenfunktion nach dem Ort abhängt. Das heißt, je mehr Knoten die Wellenlinie hat, desto stärker muss sie zwischen den Knoten gebogen sein, desto größer ist ihre zweite Ableitung und desto höher ihre Energie. Weil also die Zahl der Knoten in diskreten Schritten wächst (0, 1, 2, 3, ...), wächst auch die Energie in diskreten Schritten. In anderen Worten: die Energie ist gequantelt!

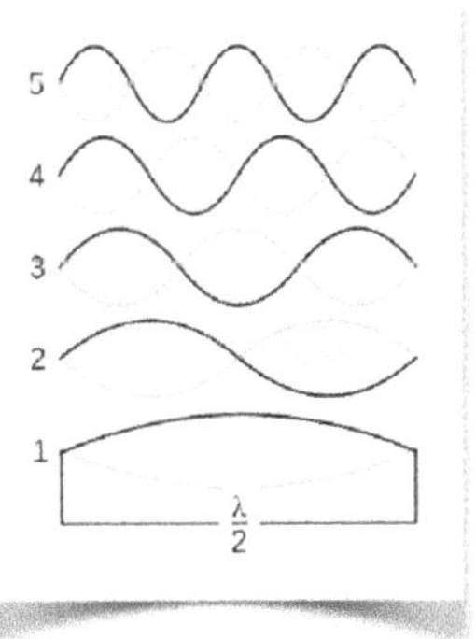

36.1: Grund- und Oberschwingungen
Quelle: hrstraub.ch

[50] in der realen Welt gibt es natürlich Grenzen: wenn du es übertreibst, geht die Feder kaputt

Ein anderes Beispiel, das Physikgeschichte gemacht hat, ist das Wasserstoffatom. Dort kreist bekanntlich ein Elektron um den Atomkern, der in diesem einfachsten aller Atome aus einem einzelnen Proton besteht. Klassisch endet dieses Problem in einer Katastrophe: das Elektron verliert als beschleunigte elektrische Ladung permanent Energie in Form elektromagnetischer Strahlung und ist dazu verdammt nach kürzester Zeit in den Atomkern zu stürzen. Klassisch dürfte es Atome gar nicht geben — ein Problem, das nur deshalb im 19. Jahrhundert niemanden um den Schlaf brachte, weil die meisten Physiker ohnehin nicht an Atome glaubten. Ähnlich wie beim harmonischen Oszillator führt die quantenmechanische Version des Wasserstoffatoms zu diskontinuierlichen Energieniveaus und auch hier ist die niedrigste erlaubte Energie größer als null. Das Elektron muss daher einen Sicherheitsabstand zum Atomkern einhalten. Der Kollaps ist abgewendet, das Atom ist stabil.

Auch andere physikalische Größen, die klassisch beliebige Werte annehmen können, haben in der Quantenmechanik ein *diskretes Spektrum*. Das heißt, sie können nur bestimmte Werte annehmen. Zum Beispiel der Drehimpuls. Elementarteilchen haben einen inneren Drehimpuls, den sie auch in Ruhe besitzen. Dieser so genannte *Spin* ist spezifisch für das jeweilige Elementarteilchen und kann nur Vielfache von $\frac{1}{2}\hbar$ annehmen. Elektronen und Quarks haben Spin $\frac{1}{2}\hbar$, Photonen haben dagegen Spin $\hbar$.

Eine weitere faszinierende Konsequenz der Heisenbergschen Unschärferelation ist die Existenz von Antimaterie! Zu jedem Teilchen existiert ein Antiteilchen, das die gleiche Masse aber umgekehrte elektrische Ladung besitzt. Die Kombination aus Relativitätstheorie und Unschärferelation führt zwingend zu solchen Antiteilchen[51]. Abbildung 36.2 zeigt eine typische elektromagnetische Wechselwirkung von Elektronen und Photonen: ein Elektron emittiert erst ein Photon (Ereignis $A = (t_A, \boldsymbol{x}_A)$) und absorbiert dann ein Photon (Ereignis $B = (t_B, \boldsymbol{x}_B)$). Nach der Speziellen Relativitätstheorie bewegt sich das Elektron auf einer zeitartigen Weltlinie von A nach B und daher werden alle Beobachter darin übereinstimmen, dass $t_B > t_A$. Quantenmechanisch sind die Aufenthaltsorte $\boldsymbol{x}_A$ und $\boldsymbol{x}_B$ dagegen nach Heisenberg unscharf und es lässt sich nicht mehr ausschließen, dass der Abstand der Ereignisse A und B raumartig sein könnte. In diesem Fall würde aber die zeitliche Reihenfolge vom Beobachter abhängen.

[51] Das Argument ist an Weinberg 1972 angelehnt.

Abbildungen 36.2 und 36.3 zeigen, wie unterschiedliche Beobachter den Vorgang sehen würden. Für mich findet Ereignis A zuerst statt und ich würde den Vorgang genauso beschreiben wie oben: ein Elektron emittiert erst ein Photon und absorbiert dann ein Photon. Für dich findet dagegen Ereignis B zuerst statt. Das Ausgangs-Elektron ist aber zu diesem Zeitpunkt noch gar nicht bei $\boldsymbol{x}_B$ eingetroffen. Du wirst daher den Ablauf so beschreiben: Ein einlaufendes Photon erzeugt bei $\boldsymbol{x}_B$ ein Teilchenpaar, wobei ein Teilchen als Elektron wegfliegt, während das andere Teilchen kurz darauf bei $\boldsymbol{x}_A$ vom anderen Elektron vernichtet wird und dabei ein Photon erzeugt. Die elektrische Ladung kann bei der Paarerzeugung am Punkt $\boldsymbol{x}_B$ und der Paarvernichtung am Punkt $\boldsymbol{x}_A$ nur erhalten bleiben, wenn das vorübergehend existierende Teilchen positiv geladen ist. Zum Beispiel bei der Paarerzeugung: wenn ein elektrisch neutrales Photon zwei Teilchen erzeugt, von denen eines ein negativ geladenes Elektron ist, muss das andere Teilchen wegen der Erhaltung der elektrischen Ladung positiv geladen sein. Das positiv geladene Teilchen hat ansonsten alle Eigenschaften (Masse etc.) eines Elektrons. Es wird Positron genannt und ist das Antiteilchen des Elektrons!

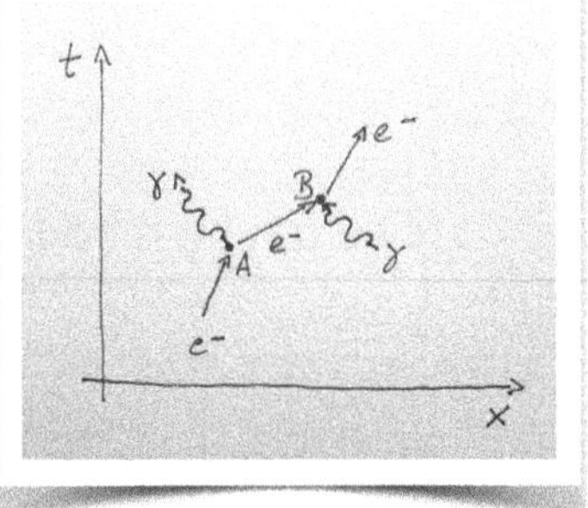

36.2: Was ich sehe

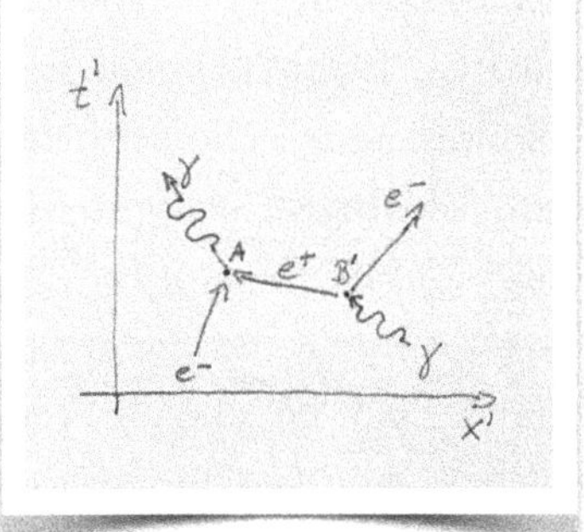

36.3: Was du siehst

SCHRITT 37

Quantenfeldtheorie in fünf Minuten

Mit einem Minimum an Quantenmechanik ausgestattet kehren wir jetzt wieder zu den Quantenfeldern zurück. Wir haben behauptet, dass es zu jedem Elementarteilchen ein solches Quantenfeld gibt, und uns gefragt, was dieses Feld mit „seinem" entsprechenden Elementarteilchen zu tun hat. Diese Frage können wir jetzt in Angriff nehmen. Wir geben dem Feld Quanteneigenschaften, indem wir wieder annehmen, dass sein Ort und sein Impuls nicht kommutieren[52]. Die zeitliche Entwicklung des Feldes — sein Kräuseln, Wogen und Schwingen — wird durch eine Differentialgleichung, die so genannte *Feldgleichung*, bestimmt. Diese Feldgleichung beschreibt das Verhalten der Quantenfelder der Elektronen, Quarks oder Photonen. Ihre Lösungen sind Sinuswellen beliebiger Frequenz und Amplitude. Für die Amplitude einer solchen Sinuswelle ergeben sich dieselben Gleichungen wie für einen quantenmechanischen harmonischen Oszillator. Das heißt aber, dass wir auch einer solchen Sinuswelle nur Energie in Paketen oder „Quanten" von $\hbar\omega$ geben können. So ein Energiequantum verhält sich wie ein Teilchen, das eine Energie von $\hbar\omega$ und einen Impuls von $\hbar\sqrt{\omega^2 - m^2}$ besitzt. Von diesem „verhält sich wie ein Teilchen" ist es nicht besonders weit zu „ist ein Teilchen": Die Anregungen eines Quantenfelds sind nichts anderes als die Teilchen, die wir beobachten und aus denen du und ich bestehen! If it looks like a duck, swims like a duck, and quacks like a duck, let's call it a duck!

Ich weiß, dass dieses Bild der Wirklichkeit schwer zu verdauen ist. Die Quantenfeldtheorie ist eine Zumutung für unser alltägliches Verständnis der Welt. Wir erleben im Alltag eine materielle Welt, die durch direkten Kontakt auf uns reagiert. Gegenstände bewegen sich nur, wenn wir sie anfassen. Der Fussball rollt erst ins Tor, wenn wir ihn dorthin kicken — nicht durch irgendeine mysteriöse Fernwirkung, sondern durch einen kräftigen Stoß mit dem Fuß. Der Teller wird durch die Tischplatte, nicht durch ominöse Fernkräfte

[52] Wir haben nicht erklärt, wie Ort und Impuls eines Feldes überhaupt definiert sind. Du musst mir jetzt einfach glauben, dass es solche Größen gibt, ihre genaue Bedeutung ist für unseren touristischen Kurztrip durch die Quantenfeldtheorie nicht entscheidend.

an seinem Platz gehalten. Es gibt ein paar Alltagsphänomene, die dem widersprechen, und die uns zwingen, auch nicht-materielle Wellen und Felder als real zu akzeptieren: der Magnet wird magisch zur Kühlschranktür hingezogen, das Handy braucht kein Kabel, um Gespräche zu senden, und das Sonnenlicht gelangt über riesige Entfernungen ohne jedes Medium zu uns. Aber das sind im Grunde eher exotische Phänomene, an die wir uns gewöhnt haben, die aber nichts daran ändern, dass massive Objekte der primäre Rohstoff unserer Welt sind und dass sie über direkten Kontakt (Schieben, Stoßen, Ziehen etc.) aufeinander einwirken.

Die ersten Kratzer hatte dieses Weltbild schon vor der Quantenfeldtheorie bekommen. Anfang des 20. Jahrhunderts zeigte Ernest Rutherford, dass Atome fast nur aus leerem Raum bestehen. Negativ geladene Elektronen kreisen um einen positiv geladenen Atomkern, der nur einen winzigen Anteil des Atomvolumens ausmacht. Wenn aber Atome keine massiven Kugeln sind, sondern im wesentlichen aus Vakuum bestehen, dann kann unsere Vorstellung von Kontaktkräften wie Stößen zwischen materiellen Körpern nicht stimmen. Stattdessen sind die Kräfte zwischen makroskopischen Objekten unseres Alltags fast durchweg elektromagnetischer Natur. Wenn du mit der Faust auf den Tisch haust, dann spürst du beim Aufprall nichts anderes als elektrische Kräfte. Auch wenn deine Hand danach Schmerzen mag — es sind dabei Fernkräfte, nicht Kontaktkräfte am Werk! Im Weltbild der Physik in der ersten Hälfte des 20. Jahrhunderts waren also materielle Teilchen immer noch der fundamentale Stoff, aus dem alles besteht, aber die Wechselwirkung zwischen diesen Teilchen geschah nicht über physischen Kontakt sondern über die Fernwirkung fundamentaler Naturkräfte.

Die Quantenfeldtheorie stieß dann Mitte des letzten Jahrhunderts auch dieses „semi-materielle" Weltbild um und stellte ein neues Paradigma auf: Der eigentliche Stoff der Welt sind Felder, Materie ist ein abgeleitetes, sekundäres Phänomen. Alles besteht aus Quantenfeldern. Was wir als Materie wahrnehmen, sind nur die Anregungen dieser Felder. An jedem Punkt unserer Welt — zum Beispiel auch da, wo sich gerade die Spitze deines linken kleinen Fingers befindet — existieren unterschiedliche Quantenfelder, die bei Anregung mit den richtigen Mengen Energie alle existierenden Elementarteilchen erzeugen können. Unser intuitives, semi-wissenschaftliches Weltbild ist doch dieses: An einem bestimmten Punkt im Raum befindet sich zu einem bestimmten Zeitpunkt entweder ein Elektron oder nicht. Wenn nicht, dann

„weiß“ dieser Punkt der Raumzeit auch nichts von oder über Elektronen. Wenn an dem Punkt kein Teilchen ist, dann ist dort einfach nur Vakuum und das Vakuum ist neutral bezüglich der Elementarteilchen. Im Weltbild der Quantenfeldtheorie „weiß“ das Vakuum alles über die Elementarteilchen, weil die Quantenfelder das Vakuum durchziehen und jederzeit bei entsprechender Anregung jedes beliebige Elementarteilchen erzeugen könnten. Der Bauplan aller Teilchen ist an jedem Punkt der Raumzeit „hinterlegt“ und kann jederzeit abgerufen werden. Diese Sichtweise löst eines der größten Rätsel der Natur auf, nämlich dass alle Exemplare einer Teilchenart, also zum Beispiel alle Elektronen, absolut identisch und ununterscheidbar sind. Sie sind einfach die Anregungen des selben omnipräsenten Quantenfeldes.

Aber das Vakuum kann noch mehr! Es enthält die Elementarteilchen nicht nur als latente Möglichkeit, die es erst realisieren kann, wenn ihm jemand „von außen“ die Energie dazu verleiht. Das Vakuum nutzt seine eigenen Möglichkeiten permanent und überall. Es nutzt dafür sein eigenes Energiebudget. Du erinnerst dich, dass ein Quantenfeld als Anordnung vieler harmonischer Oszillatoren angesehen werden kann? Wir sahen, dass jeder Oszillator quantenmechanisch eine Nullpunktsenergie von $E_0 = 1/2\,\hbar\omega$ besitzt. Das heißt, selbst das Vakuum besitzt eine gewisse Energie, und wir können uns vorstellen, dass diese Vakuumenergie dadurch realisiert wird, dass permanent Paare aus Teilchen und Antiteilchen erzeugt werden, die sich kurze Zeit später wieder gegenseitig vernichten. Das Vakuum ist also nicht leer sondern eine brodelnde Substanz, in der Teilchen erscheinen und verschwinden. Diese so genannten Vakuumfluktuationen sind nicht direkt beobachtbar, lassen sich aber indirekt nachweisen.

Aber kann man mit der Quantenfeldtheorie denn auch irgendetwas Konkretes ausrechnen und damit das Ergebnis eines Experiments vorhersagen? Auf den ersten Blick erscheint das Ganze ziemlich hoffnungslos: Die Wechselwirkungen der Elementarteilchen werden durch komplizierte Differentialgleichungen beschrieben, die die verschiedenen Quantenfelder miteinander koppeln. Was machen Physiker, wenn Funktionen zu kompliziert werden? Sie entwickeln das ganze in einer Taylorreihe und berücksichtigen nur deren erste Glieder. Wie wir aus Schritt 15 wissen, geht das allerdings nur, wenn es einen kleinen Parameter x gibt, nach dem wir entwickeln können — sonst werden die höheren Potenzen von x immer größer und lassen sich kaum vernachlässigen. Für eine Quantenfeldtheorie ist das nur der Fall, wenn die Wechselwirkung der Felder schwach ist. Das drückt sich dann in einer kleinen Kopplungskonstanten aus, nach der man entwickeln kann. Das funktioniert für die Quantenelektrodynamik, also die quantisierte Version des Elektromagnetismus, so gut, dass man eine messbare Größe wie das magnetische Moment des Elektrons bis zur 10-ten Nachkommastelle korrekt vorhersagen kann. Für die starke Wechselwirkung funktioniert das Ganze nicht. Wie der Name schon sagt, ist sie so stark, dass man ihre Wirkung nicht nach einem kleinen Parameter entwickeln kann. Die Kräfte, die Quarks zu Protonen und Neutronen und diese zu Atomkernen zusammenbinden, sind deswegen viel schwerer auszurechnen als die elektromagnetischen.

SCHRITT 38

Abstecher zum Fundament der Physik

Derselbe David Hilbert, der sich mit Einstein 1915 einen Wettlauf um die richtige Formulierung der Allgemeinen Relativitätstheorie liefert, holt im Frühjahr desselben Jahres eine junge deutsche Mathematikerin nach Göttingen. Die neue Theorie der Gravitation scheint die Energieerhaltung zu verletzen, und er erhofft sich von Emmy Noether Unterstützung bei der Lösung des Problems. Und die bekommt er — die Mathematikerin löst nicht nur Hilberts Energieerhaltungsparadox, sondern entdeckt gleich noch ein ganz allgemeines mathematisches Gesetz, dass nämlich jede Symmetrie einer physikalischen Theorie zu einer Erhaltungsgröße führt. Trotz solch bahnbrechender Leistungen regt sich in Göttingen Widerstand gegen Noethers Berufung. Frauen sind in der akademischen Welt damals bestenfalls geduldet, nicht aber als vollwertige Wissenschaftler anerkannt. Vor allem Hilberts Kollegen an den historischen und philologischen Fakultäten sind der Meinung, Frauen dürften nicht als Privatdozenten zugelassen werden. Hilbert ist empört und entgegnet, er verstehe nicht, wie das Geschlecht ein Argument gegen die Berufung einer Frau sein könne: „Meine Herren, eine Universität ist doch keine Badeanstalt".[53] Noether unterrichtet unbezahlt als eine Art wissenschaftliche Hilfskraft für Hilbert. Die Habilitation von Frauen ist an preußischen Universitäten verboten. 1917 stellt Hilberts Fakultät beim zuständigen preußischen Minister den Antrag für Noether eine Ausnahme zu machen. Der Antrag wird abgelehnt, man möchte keinen Präzedenzfall schaffen. Erst die Revolution von 1918/19 bringt mehr Rechte für Frauen und 1919 habilitiert sich Emmy Noether als erste Frau in Deutschland in Mathematik. Drei Jahre später wird sie die erste deutsche Professorin für Mathematik — selbstverständlich noch immer ohne Bezahlung! Erst 1923 erhält sie ihren ersten bezahlten Lehrauftrag. 1933 wird der Jüdin Noether die Lehrerlaubnis dann wieder entzogen. Sie emigriert in die USA. In Deutschland gibt es für die größte Mathematikerin des 20.

[53] Quelle: en.wikipedia.org

Jahrhunderts weder Geld noch einen Platz im akademischen Betrieb. 1935 stirbt Emmy Noether im amerikanischen Exil.[54]

Es ist schwierig, die Bedeutung des Noether-Theorems zu übertreiben. Es wird die gesamte Physik des 20. Jahrhunderts prägen und ihr unter anderem den Weg zum Standardmodell der Elementarteilchenphysik weisen. Um es nachzuvollziehen werden wir zuerst einen Ausflug zu den Fundamenten der Physik machen und den Lagrangeformalismus einführen. Von dort ist es dann nicht mehr weit zu Noethers Satz über Symmetrien und Erhaltungsgrößen. Bist du bereit?

In Schritt 23 haben wir gesehen, dass Teilchen ihren Weg durch die gekrümmte Raumzeit finden, indem sie die Weltlinie mit maximaler Eigenzeit wählen. Mathematisch bedeutet das, das Extremum einer Funktion von Kurven zu suchen. Lässt sich diese Grundidee auch auf andere Bereiche der Physik ausweiten? Testen wir es an einem einfachen Beispiel. Du kannst es dir schon denken: am fallenden Stein. Und zwar in der Newtonschen Version, die wir im ersten Teil des Buches gelöst haben. Wir suchen eine Funktion S, die für die tatsächliche Weg-Zeit-Funktion $z(t)$ ihr Extremum annimmt. In Analogie zu Gleichung (24.5) soll S dabei ein Integral über eine Funktion $L(z,\dot{z})$, die *Lagrange-Funktion*, sein, die sowohl von z als auch seiner zeitlichen Ableitung $\dot{z}$ abhängt:

$$S = \int_{t_1}^{t_2} L(z,\dot{z})\, dt \qquad (1)$$

S hat dort ein Extremum, wo kleine Veränderungen von z und $\dot{z}$ keine Auswirkung auf S haben. Diese Forderung auf folgende Differentialgleichung:

$$\frac{d}{dt}\frac{\partial L}{\partial \dot{z}} = \frac{\partial L}{\partial z} \qquad (2)$$

Diese so genannte *Lagrange-Gleichung* muss an jedem Punkt erfüllt sein, damit S extremal wird. Wir wissen aber auch, dass ein fallender Stein an jeder Stelle die Bewegungsgleichung

$$m\ddot{z} = -mg \qquad (3)$$

[54] Quelle: wikipedia.de

erfüllt. Wenn unser Ansatz funktionieren soll, müssen wir L so wählen, dass (2) gerade (3) ergibt! Das ist nicht besonders schwer. Wir gleichen erst die linken Seiten ab:

$$\frac{d}{dt}\frac{\partial L}{\partial \dot{z}} = m\ddot{z} \qquad \rightarrow \qquad \frac{\partial L}{\partial \dot{z}} = m\dot{z} \qquad \rightarrow \qquad L = \frac{1}{2}m\dot{z}^2 + \ldots \tag{4}$$

Das ist eine alte Bekannte, die kinetische Energie. Natürlich kann L auch noch andere Bestandteile haben, die nicht von $\dot{z}$ abhängen. Jetzt die rechte Seite:

$$\frac{\partial L}{\partial z} = -\,mg \qquad \rightarrow \qquad L = -\,mgz + \ldots \tag{5}$$

Das ist gerade die potenzielle Energie, allerdings mit Minuszeichen davor. Fassen wir (4) und (5) zusammen, erhalten wir:

$$L = \frac{1}{2}m\dot{z}^2 - mgz = E_{kin} - E_{pot} \tag{6}$$

Die Funktion, die für die tatsächliche Kurve $z(t)$ im Weg-Zeit-Diagramm minimal wird, ist die kinetische Energie des Steins abzüglich seiner potenziellen Energie. Bitte nicht mit der Gesamtenergie verwechseln, bei der die beiden Größen addiert werden! Warum braucht man hier die Differenz? Ich habe keine gute Erklärung dafür, außer dass es funktioniert. Übrigens wäre die ganze Sache wenig hilfreich, wenn man bei jedem physikalischen Problem eine andere Lagrangefunktion basteln müsste, um aus (2) die richtige Bewegungsgleichung zu bekommen. Das Gegenteil ist der Fall. Die Vorschrift „Lagrange-Funktion = kinetische Energie - potenzielle Energie" funktioniert nicht nur in der klassischen Mechanik sondern auch in der Quantentheorie bis hin zur Elementarteilchenphysik! Und immer erhält man die Bewegungsgleichung für das jeweilige Problem in Form der Lagrangegleichung (2). Der fallende Stein ist ein eindimensionales Problem und kann durch eine Koordinate z beschrieben werden. Im allgemeinen wird die Lagrangefunktion von mehreren, nicht zwingend kartesischen, Koordinaten abhängen. Für ein zwei-dimensionales Problem würden wir allgemein $L(q_1, q_2, \dot{q}_1, \dot{q}_2)$ schreiben und für jede Koordinate eine Lagrangegleichung der Form (2) erhalten.

Die Lagrange-Gleichung ist das Band, das die moderne Physik zusammenhält, von der Mechanik bis zur Stringtheorie. Wenn du ein Lehrbuch der theoretischen Physik aufschlägst — ganz gleich zu welchem Thema —, wirst du früher oder später auf diese Formel stoßen. Sie ist das Fundament der gesamten bekannten Physik. Aber der Lagrange-Formalismus ermöglicht nicht nur eine einheitliche Formulierung aller physikalischen Theorien, sondern sie macht auch den Blick frei auf tiefgründige Strukturen der Natur. Jetzt sind wir auf unserem Ausflug endlich beim Noether-Theorem angelangt!

Stell dir vor, du untersuchst ein physikalisches System und findest seine Lagrangefunktion L. Wenn eine Koordinate q in L nicht vorkommt, hängt dein Experiment nicht davon ab, bei welchem Wert von q du es beginnst. Das System ist bezüglich q *invariant* oder *symmetrisch*. Wenn q in L nicht vorkommt, ist $\frac{\partial L}{\partial q} = 0$. Eingesetzt in die Lagrangegleichung bedeutet das:

$$\frac{d}{dt}\frac{\partial L}{\partial \dot{q}} = 0 \qquad \rightarrow \qquad \frac{\partial L}{\partial \dot{q}} = \text{konstant}$$

$\frac{\partial L}{\partial \dot{q}}$ ist also eine Erhaltungsgröße deines Systems. Das ist das Noether-Theorem: Für jede Symmetrie der Lagrangefunktion gibt es eine Erhaltungsgröße des physikalischen Systems! Ein Beispiel: Ein Teilchen, auf das keine Kräfte wirken, hat keine potenzielle Energie, seine Lagrangefunktion ist $L(x, \dot{x}) = \frac{1}{2}m\dot{x}^2$. Da zwar $\dot{x}$, aber nicht x vorkommt, ist $\frac{\partial L}{\partial x} = 0$ und damit

$$\frac{\partial L}{\partial \dot{x}} = m\dot{x}$$

eine erhaltene Größe. Das ist aber nichts anderes als der Impuls $p = mv$. Das heißt: Ist ein System translationsinvariant (von x unabhängig), bleibt sein Impuls erhalten. Ein anderes Beispiel: die Erde auf ihrer Umlaufbahn um die Sonne. In Polarkoordinaten ist die Lagrangefunktion:

$$L = E_{kin} - E_{pot} = \frac{1}{2}mv^2 + \frac{GMm}{r^2} = \frac{1}{2}m\left(\dot{r}^2 + r^2\dot{\phi}^2\right) + \frac{GMm}{r^2}$$

Vorsicht: es sieht so aus, als würden wir die kinetische und potenzielle Energie *addieren*, im Widerspruch zu unserem allgemeinen Rezept für die Lagrangefunktion. Das täuscht: die potenzielle Energie $E_{pot} = -\frac{GMm}{r^2}$ (siehe Gleichung 28.4) ist negativ, daher resultiert in der Lagrangefunktion ein positives Vorzeichen. Wir sehen, dass ϕ in L nicht explizit vorkommt, das

Problem also rotationsinvariant ist! Was ist die zugehörige Erhaltungsgröße? Noether ruft uns die Antwort zu:

$$\frac{\partial L}{\partial \dot{\phi}} = mr^2\dot{\phi}$$

Das ist nichts anderes als der Drehimpuls in Polarkoordinaten! $r\dot{\phi}$ ist nämlich die zum Ortsvektor $\boldsymbol{r}$ senkrechte Komponente der Geschwindigkeit.

Was haben wir gelernt? Immer wenn ein Problem symmetrisch unter Verschiebungen ist (die Ortskoordinaten nicht explizit in der Lagrangefunktion auftauchen), bleibt der Impuls erhalten. Immer wenn ein Problem symmetrisch unter Drehungen ist, bleibt der Drehimpuls erhalten. Wir können die Reihe fortsetzen: immer wenn ein Problem symmetrisch unter Zeitverschiebungen ist, gilt Energieerhaltung. Sag mir, welche Symmetrien ein System besitzt, und ich sage dir, welche physikalische Größe zeitlich konstant ist. Das Noether-Theorem ist so elegant und einfach, dass es im Nachhinein überrascht, dass es keinem früher aufgefallen ist, nicht Newton, nicht Gauß, nicht Einstein.

Es ist auch nicht auf Raum-Zeit-Symmetrien beschränkt, sondern gilt auch für die inneren Symmetrien von Quantenfeldern und definiert damit die Erhaltungsgrößen von Elementarteilchen. Das einfachste Beispiel ist die Erhaltung der elektrischen Ladung, die wir aus der Schule kennen. Quantenmechanisch wird ein geladenes Teilchen wie das Elektron durch eine Wellenfunktion beschrieben, die jedem Punkt im Raum eine komplexe Zahl zuordnet. Wir sahen in Schritt 27, dass eine komplexe Zahl einem zweidimensionalen Vektor in einer komplexen Zahlenebene entspricht. Der entscheidende Punkt ist, dass nur der Betrag der komplexen Zahl, also die Länge des Vektors, nicht aber seine Richtung in die Lagrangefunktion eines geladenen Teilchens eingeht. Ich kann den Vektor in der komplexen Ebene drehen, wie ich will, die Lagrangefunktion bekommt nichts davon mit — sie ist symmetrisch unter solchen Drehungen. Zugegeben, das ist eine abstraktere Symmetrie als eine Verschiebung im Raum, aber das Noether-Theorem gilt trotzdem. Und die Erhaltungsgröße, die es in diesem Fall vorhersagt, ist die elektrische Ladung. Es gibt also einen direkten Zusammenhang zwischen Drehungen in der komplexen Zahlenebene und der Tatsache, dass ich elektrische Ladung weder erzeugen noch zerstören kann. Ohne das Noether-Theorem hätte sich die Elementarteilchenphysik im Dschungel der Teilchen verlaufen und wäre nie beim Standardmodell angelangt!

SCHRITT 39

Das Standardmodell der Teilchenphysik

Die Quantenfeldtheorie sagt uns, dass die Bestandteile unserer Welt in Wahrheit nicht Elektronen, Up- und Down-Quarks sind, sondern ihre zugrundeliegenden Felder: das Elektronen-Feld, und zwei Quark-Felder. Um das Bild zu vervollständigen müssen wir noch das Neutrino-Feld hinzufügen. Das Neutrino entsteht beispielsweise beim Beta-Zerfall des Neutrons, wurde aber erst spät entdeckt, weil es als elektrisch neutrales Teilchen den meisten Detektoren entwischt. Die Felder für Elektron, Neutrino und die beiden Quarks „sprechen" über die fundamentalen Wechselwirkungen miteinander, die ihrerseits durch Quantenfelder und entsprechende Teilchen dargestellt werden:

Wechselwirkung	**Teilchen**
Starke Kernkraft	Gluon
Elektromagnetische Kraft	Photon
Schwache Kernkraft	W- und Z-Boson

Ein Teilchen fehlt noch, es ist vielleicht das berühmteste von allen: das *Higgs-Boson*. Es wurde schon in den 60er Jahren im Rahmen der Vereinheitlichung von elektromagnetischer und schwacher Wechselwirkung postuliert. Experimentell nachgewiesen wurde es erst 2013, ein halbes Jahrhundert später. Es spielt eine entscheidende Rolle, indem es den anderen Teilchen ihre Massen verleiht. Damit ergibt sich ein Modell unserer Welt mit neun Teilchen (Abbildung 39.1). Vielleicht ist dir aufgefallen, dass die Gravitation fehlt. Mehr dazu später.

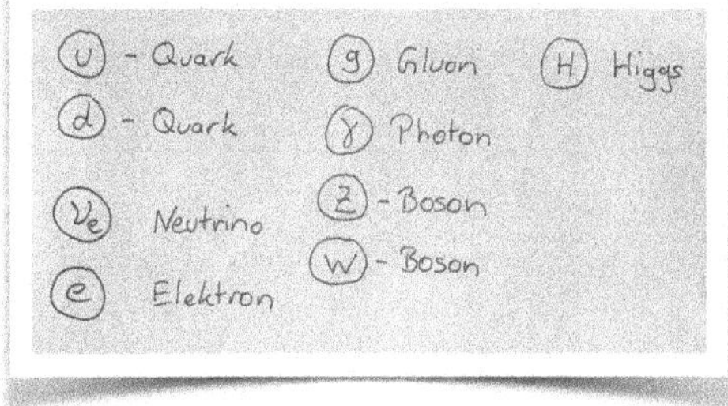

39.1: Eine Welt aus 9 Teilchen

Eigentlich hätte sich die Natur mit diesen neun Feldern und ihren zugehörigen Teilchen zufriedengeben können. Mit ihnen lässt sich das Verhalten der uns umgebenden Materie und all ihrer Wechselwirkungen beschreiben. Stattdessen macht die Natur etwas, was keiner versteht: sie fügt dem Bild noch einmal je zwei leicht abgewandelte Kopien der vier Materiefelder hinzu. Neben dem Elektron gibt es noch das Myon und das Tauon. Die beiden Teilchen haben die gleiche elektrische Ladung und den gleichen Spin wie das Elektron, sind aber deutlich schwerer. Das Tauon hat etwa die 3500-fache Masse des Elektrons! Neben diesen Schwesterteilchen des Elektrons gibt es auch zum Neutrino und zum Up- und Down-Quark je zwei schwerere Geschwister (Abbildung 39.2). Diese beiden zusätzlichen Teilchengenerationen spielen für die Materie um uns herum praktisch keine Rolle und tauchen höchstens in Teilchenbeschleunigern gelegentlich auf. Wir verstehen nicht, warum die Natur sie braucht. Nach der Entdeckung des Myons 1936 stellte der amerikanische Physiker Isidor Isaac Rabi die Frage „Who ordered that?“ und auch über 80 Jahre später hat er noch keine Antwort bekommen.

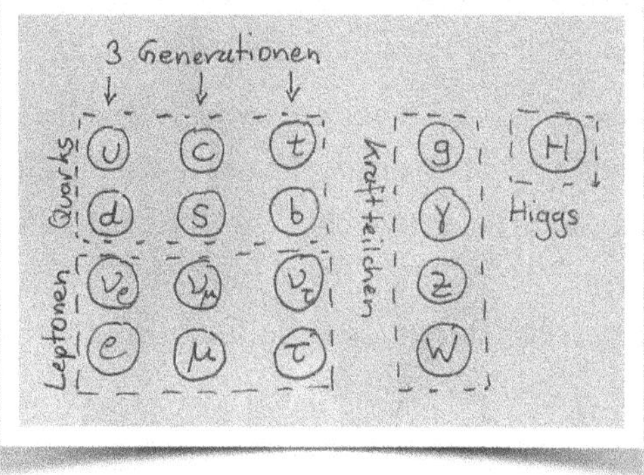

39.2: Eine Welt aus 17 Teilchen

An dieser Stelle kann ich der Versuchung nicht widerstehen, dir von einer der faszinierendsten Erkenntnisse der modernen Physik zu erzählen — obwohl wir sie in diesem Buch eigentlich gar nicht brauchen. Wenn man von den Materiefeldern (Quarks und Leptonen) bestimmte Symmetrieeigenschaften fordert, ergeben sich die vier Wechselwirkungen quasi von alleine! Dieses Prinzip nennt sich Eichinvarianz und funktioniert folgendermaßen. Beginnen wir beispielsweise mit dem Quantenfeld des Elektrons. Ich hatte dir im vorigen Schritt gesagt, dass man sich das Quantenfeld an einem Punkt im Raum als einen Vektor vorstellen kann, der in einem abstrakten Raum lebt. Im einfachsten Fall ist das Quantenfeld einfach ein Vektor in einer zweidimensionalen Ebene. Jedem Punkt unseres normalen dreidimensionalen Raumes ist ein solcher Zweier-Vektor $\phi(\boldsymbol{x})$ „angeklebt“, der in dieser abstrakten Ebene lebt (Abbildung 39.3). Geht man vom Punkt $\boldsymbol{x}_1$ zum Punkt $\boldsymbol{x}_2$, dann unterscheiden sich die Vektoren $\phi(\boldsymbol{x}_1)$ und $\phi(\boldsymbol{x}_2)$ im

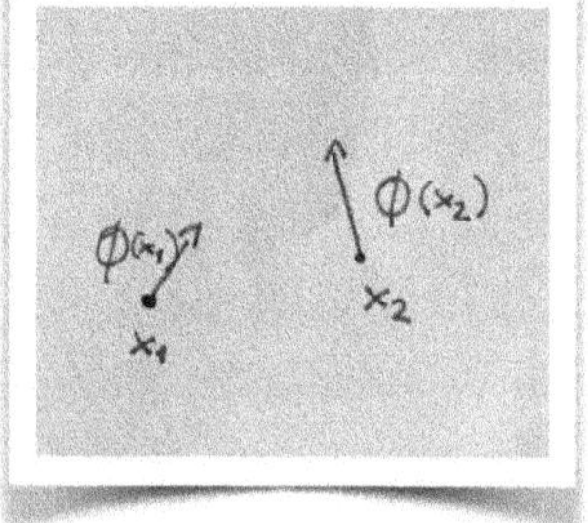

39.3: Das Feld an zwei Punkten

allgemeinen sowohl in ihrer Länge als auch in ihrer Richtung. Wenn man nun die Vektoren $\phi(\boldsymbol{x})$ an allen Punkten im Raum gleichzeitig um einen Winkel θ weiter dreht (Abbildung 39.4), ändert sich die Physik nicht. Der Grund: die Physik hängt nur von zwei Dingen ab: von der Länge der Vektoren an den verschiedenen Punkten im Raum und davon, wie sich der Vektor von Punkt zu Punkt in Länge und Richtung verändert. Beides wird durch eine Drehung aller Vektoren um den *gleichen* Winkel θ nicht beeinflusst. Man sagt, die Physik ist *invariant* unter einer *globalen* Drehung des Feldes. Was aber passiert, wenn wir die Vektoren an unterschiedlichen Punkten um unterschiedliche Winkel $\theta(\boldsymbol{x})$ drehen (Abbildung 39.5)? Warum sollte man so etwas überhaupt machen? Die Antwort ist: einfach so! Es gibt keine gute Begründung dafür, aber es stellt sich als eine der besten Ideen der Physikgeschichte heraus. Was passiert, wenn man es tut? Wenn man die obigen Kriterien noch einmal heranzieht, sieht man, dass eine solche *lokale* Drehung die Physik *nicht* unverändert lässt! Zwar bleiben die Vektoren in ihrer Länge unverändert, aber weil sie an verschiedenen Orten unterschiedlich weit gedreht werden, ändert sich der Unterschied zwischen benachbarten Vektoren (die Ableitung von $\phi(\boldsymbol{x})$ nach $\boldsymbol{x}$)! Irgendwann hat sich ein Physiker die Frage gestellt: was wenn man einfach *fordert*, dass die Physik sich auch unter solchen lokalen Drehungen nicht ändert? Man braucht dann ein weiteres Feld, dass genau den Effekt der lokalen Drehung um $\theta(\boldsymbol{x})$ auf die Ableitung von $\phi(\boldsymbol{x})$ kompensiert. Das ist natürlich erst einmal nur ein mathematischer Trick und die Frage drängt sich auf, warum man den ganzen Aufwand macht, erst lokal zu drehen und dann ein zusätzliches Feld einzuführen, um den Schaden wieder zu beheben. Der Grund ist, dass das zusätzliche Feld nichts anderes als das elektromagnetische Feld ist!

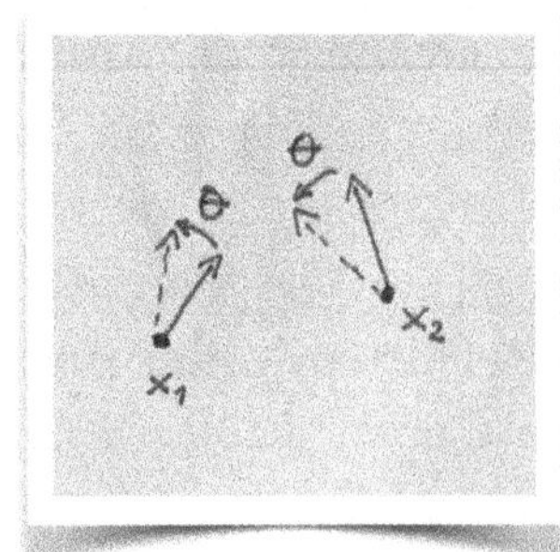

39.4: *Globale* Drehung um den gleichen Winkel θ

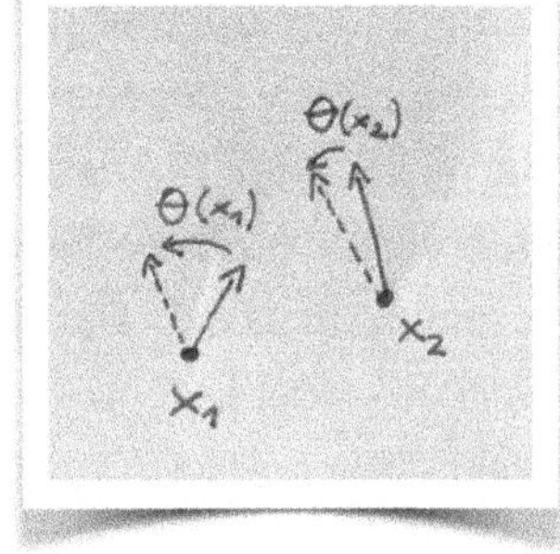

39.5: Drehung um *ortsabhängigen* Winkel $\theta(x)$

Das ist — vorsichtig ausgedrückt — eine ziemliche Überraschung. Man fordert, dass man das Feld des Elektrons an jedem Punkt um einen beliebigen Winkel drehen darf, ohne dass sich die Physik ändert. Das zieht dann zwangsläufig eine elektromagnetische Wechselwirkung der Elektronen und die Existenz von Photonen nach sich. Das Photon kann als eine Art Vermittler gesehen werden, der die unterschiedlichen Winkel des Elektronenfelds an unterschiedlichen Punkten abgleicht und somit die „Kommunikation" zwischen zwei Elektronen ermöglicht. Mit diesem so genannten *Eichprinzip* kann man auch die anderen Wechselwirkungen erklären, allerdings finden die lokalen Drehungen in Räumen höherer Dimension statt. Auch die Allgemeine Relativitätstheorie als Theorie der Gravitation lässt sich so formulieren — nur geht es dann nicht mehr um lokale Drehungen in einem abstrakten Raum sondern um lokale Transformationen der Raum- und Zeitkoordinaten.

Es macht nichts, wenn ich dich gerade abgehängt habe. Ich möchte dir nur eine Ahnung davon geben, wie sich die Wechselwirkungen zwischen den Materieteilchen zwingend ergeben, wenn man bestimmte Symmetrien von den Materiefeldern fordert. Das zeigt, dass die Wechselwirkungen den Elementarteilchen nicht von außen übergestülpt werden, sondern schon tiefgründig in ihnen angelegt sind.

Das Standardmodell der Elementarteilchenphysik lässt sich in einer einzigen Lagrange-Funktion zusammenfassen, die so aussieht[55]:

$$L = \int d^4x \sqrt{-g} \left(R - F_{\mu\nu}F^{\mu\nu} - G_{\mu\nu}G^{\mu\nu} - W_{\mu\nu}W^{\mu\nu} + \sum_i \bar{\psi}_i \gamma_\mu D^\mu \psi + \mathrm{D}_\mu H^\dagger \mathrm{D}^\mu H - V(H) - \lambda_{ij} \bar{\psi}_i H \psi_j \right)$$

Keine Sorge, du musst das nicht verstehen. Der Punkt ist, dass auch dieses Modell als Lagrangefunktion formuliert ist! Diese Lagrangefunktion beschreibt alle bekannten Elementarteilchen, ihr Verhalten und ihre Wechselwirkungen untereinander. Viele Jahrhunderte Wissenschaft sind in dieser einen Formel zusammengefasst. Der Ausgang jedes Experiments, das je mit Elementarteilchen durchgeführt wurde, lässt sich mit dieser einen Lagrange-Funktion exakt vorhersagen.

Trotzdem sind viele Fragen unbeantwortet. Das Modell hat rund 30 freie Parameter —Größen, deren Werte das Modell nicht vorhersagt, sondern die wir nur experimentell bestimmen können. So wissen wir beispielsweise nicht, warum die 16 Quarks und Leptonen genau die gemessenen und keine anderen

[55] Das ist die Kurzversion. Es gibt auch deutlich längere Versionen, die aber lediglich die hier gezeigten Bestandteile ausdetaillieren.

Massen haben. Na und, wirst du sagen. Dieser Schönheitsfehler mindert sicher nicht die Fähigkeit des Standardmodells den Ausgang jedes nur denkbaren Experiments der Teilchenphysik korrekt vorherzusagen. Aber er gibt uns eine Ahnung davon, dass das Modell nicht vollständig ist, dass es jenseits davon noch Strukturen gibt, die wir nicht verstehen.

Insbesondere gibt es zwei große Fragen der Kosmologie, die das Standardmodell nicht beantworten kann. Die erste Frage ist: Was ist Dunkle Materie? Verstehen wirst du diese Frage erst im nächsten Teil des Buches. Hier nur soviel: der Großteil der Materie im Universum ist wahrscheinlich von einer Art, die im Standardmodell nicht vorkommt und über deren Natur wir noch im Dunkeln tappen.

Die zweite Frage ist: was genau passierte beim Urknall? Nicht eine Sekunde, nicht eine Millisekunde nach dem Urknall, sondern *genau* im Moment des Urknalls bei $t = 0$? Wir werden im nächsten Teil des Buches sehen, dass uns die Allgemeine Relativitätstheorie lehrt, dass in diesem Moment alles eine Ausdehnung von null hatte und die Energiedichte unendlich groß war. Immer wenn in der Physik irgendetwas unendlich ist, sollten wir misstrauisch werden. Es gibt in der Natur keine Unendlichkeiten — außer vielleicht der raumzeitlichen Ausdehnung des Universums, und auch da gibt es Zweifel. Die unendliche Energiedichte beim Urknall ist die Notlüge einer Theorie, die bisher vergeblich auf ihre Quantisierung wartet! Die Frage nach der korrekten Quantentheorie der Gravitation ist die Millionen-Dollar-Frage der modernen Physik. Das ist kein Buch über Quantengravitation, aber ich werde dir in Schritt 63 zumindest eine Ahnung des Problems geben.

Teil 4:
Die expandierende Raumzeit

Einführung in die Kosmologie

Eine Beobachtung anstelle einer Einleitung

Warum ist der Himmel nachts dunkel? Die Antwort scheint so offensichtlich, dass niemand die Frage stellt. Dabei ist die Frage ziemlich gut und die Antwort gar nicht offensichtlich. Nehmen wir einmal an, es gäbe überall im Universum gleich viele Sterne, also eine feste Anzahl von Sternen pro Volumeneinheit, und jeder Stern strahle gleich hell. Die Strahlungsleistung eines Sterns verteilt sich mit wachsender Entfernung r über eine immer größere Kugeloberfläche $4\pi r^2$, also nimmt die Strahlungsintensität (die Strahlung pro Fläche) mit $\frac{1}{4\pi r^2}$ ab. Jetzt betrachten wir nicht nur das Licht von *einem* Stern, sondern das Licht *aller* Sterne in einer Entfernung r von der Erde. Sie liegen auf einer Kugelschale mit Radius r und Oberfläche $4\pi r^2$. Das heißt: die Intensität *eines Sterns* in der Schale nimmt mit $\frac{1}{4\pi r^2}$ ab, aber gleichzeitig nimmt die *Zahl der Sterne* in der Schale mit $4\pi r^2$ zu. Die beiden Effekte heben sich auf und im Ergebnis trägt jede Kugelschale — egal wie weit weg sie ist — gleich viel zur Strahlungsintensität auf der Erde bei. Das heißt: Schaut man immer weiter ins Universum und fügt immer mehr „Zwiebelschalen" von Sternen hinzu, wird die Intensität auf der Erde beliebig groß. Die Nacht müsste taghell sein. Es gibt viele berechtigte Einwände gegen unsere Annahmen: Sterne haben in Wahrheit unterschiedliche Strahlungsleistungen. Sterne verdecken sich gegenseitig. Es gibt Staubwolken, die das Licht auf dem Weg zur Erde abschwächen. Und so weiter. Eine genauere Analyse zeigt, dass diese Einwände alle das Problem nicht lösen. Es bleibt dabei: Die Nacht müsste taghell sein!

Die Auflösung ist eine andere: das Universum hatte einen Anfang und das Licht von den entferntesten Sternen hatte schlichtweg noch keine Zeit, die Erde zu erreichen. Der Blick in den Himmel verrät uns jede Nacht, dass der Kosmos nicht ewig ist, sondern einen Anfang hatte. Dieser Teil des Buches erzählt von diesem Anfang und der Entwicklung des Universums seither.

SCHRITT 40

Das Universum expandiert

Ich habe auch wieder etwas verbrochen in der Gravitationstheorie, was mich ein wenig in Gefahr versetzt, in einem Tollhaus interniert zu werden.

Albert Einstein an Paul Ehrenfest, 1917

Als Einstein diese Zeilen schreibt, ist die Veröffentlichung der Allgemeinen Relativitätstheorie gerade mal ein gutes Jahr her. Er macht sich jetzt daran, seine Feldgleichungen auf das Universum als Ganzes anzuwenden. Wenn Massen in ihrer Umgebung die Geometrie von Raum und Zeit bedingen, warum sollte dann nicht die Raum-Zeit-Struktur des ganzen Universums von der Gesamtheit der darin enthaltenen Massen, der Sterne und Galaxien, abhängen? Wenn man Einsteins neue Theorie ernst nimmt, ist das der logische nächste Schritt. Vier Tage nach seinem Brief an Ehrenfest veröffentlicht Einstein die Schrift *Kosmologische Betrachtungen zur allgemeinen Relativitätstheorie.* Einstein hat erkannt, dass seine Theorie das Universum als Ganzes, seine Ausdehnung, seine Geometrie, zu einer dynamischen Größe macht. Allerdings lassen die Gleichungen keine statische, in der Zeit stabile Lösung zu. Einstein ist entsetzt: ein zeitlich veränderliches Universum geht selbst ihm, der in den letzten zehn Jahren immerhin das gesamte physikalische Weltbild umgeworfen hat, zu weit. Er traut seinen eigenen Gleichungen nicht und löst das Problem quasi von Hand, indem er in die Feldgleichungen (Gleichung 25.1) eine so genannte *kosmologische Konstante* Λ einbaut. Das Problem scheint gelöst. Der Zusatz ändert nichts an den Lösungen „im Kleinen". Die Erfolge der Theorie wie die Periheldrehung des Merkur oder die Ablenkung des Lichts bleiben unberührt, aber die Gleichungen lassen jetzt ein statisches Weltall als Lösung zu. Einstein, der erst wenige Jahre zuvor unser Verständnis von Raum und Zeit komplett über den Haufen geworfen hat, schreckt davor zurück auch noch die Vorstellung eines statischen Universums aufzugeben, obgleich ihm seine eigenen Gleichungen eine andere Geschichte erzählen. Seine Präferenz für ein unveränderliches Universum ist durchaus im Einklang mit der astronomischen Beobachtung der damaligen Zeit. Anfang des zwanzigsten Jahrhunderts reichen die Teleskope noch kaum über die Milchstraße hinaus. Die bekannten Sterne scheinen sich kaum relativ zueinander zu bewegen, was jedes Kind daran sehen kann, dass ein Sternbild wie der Große Wagen seine Form nicht ändert. Erst langsam kommen mysteriöse spiralförmige Nebel in den Blick und es wird gestritten, ob es sich um Gaswolken in unserer Milchstraße oder um sehr weit entfernte Sternhaufen, sprich andere Galaxien jenseits der Milchstraße, handelt. Der amerikanische Astronom Edwin Hubble ist überzeugt von der Galaxie-These. An dem neu gebauten 2,5 Meter Spiegelteleskop der Mount-Wilson-Sternwarte in Pasadena in Kalifornien, sammelt er in den 1920er Jahren Bilder und Daten dieser weit entfernten Objekte. Und er kann nachweisen, dass einer dieser Nebel, der *Andromeda-Nebel,* rund zehn Mal weiter von uns entfernt ist als die entferntesten Sterne in unserer Galaxie.[56] Damit weist er nicht nur die Existenz anderer Galaxien nach, sondern er erweitert nebenbei auch unseren Beobachtungshorizont um mehrere Größenordnungen. 1929 gelingt ihm eine noch folgenschwerere Entdeckung: diese Spiralnebel, die er als andere Galaxien identifiziert hat, bewegen sich von uns weg, und zwar um so schneller je weiter sie von uns entfernt sind:

Hubblesches Gesetz: $v = H(t)\,d$

d ist die Entfernung der betrachteten Galaxie und v die Geschwindigkeit, mit der sie sich von uns entfernt. Der Proportionalitätsfaktor $H(t)$ heißt *Hubble-Konstante* und hängt von der Zeit ab (ist also eigentlich keine *Konstante*). Zwölf Jahre nach Einsteins Versuch mit der kosmologischen Konstante das Universum zu stabilisieren, ist bewiesen, dass sich das Weltall ausdehnt — eine Niederlage für Einstein, und zugleich einer seiner größten Triumphe. Er hat mit seinem statischen Weltall ziemlich daneben gelegen, aber seine Feldgleichungen machen jetzt *universell,* für das Universum als Ganzes, richtige Vorhersagen — und zwar ganz ohne Schönheitsreparaturen wie die kosmologische Konstante. Die moderne Kosmologie ist geboren.

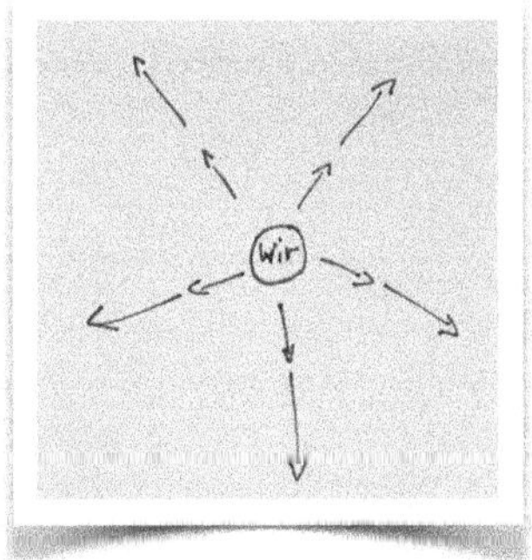

40.1: Sind wir doch der Mittelpunkt?

Auf den ersten Blick hat Hubbles Entdeckung, dass sich alle Galaxien radial von uns entfernen, etwas Beunruhigendes. Sie scheint zu bedeuten, dass

[56] Ferreira 2014

unser Sonnensystem der Mittelpunkt (oder mindestens ein ganz besonderer Ort) des Universums ist (Abbildung 40.1). Das ist aber gewissermaßen eine optische Täuschung. In Abbildung 40.2 sieht man, wie zwei Beobachter, die sich relativ zueinander mit Geschwindigkeit v bewegen, die Relativgeschwindigkeit benachbarter Sterne wahrnehmen. Jeder der beiden Beobachter wird den Eindruck haben, an einem einzigartigen Ort des Universums zu sein. In Wahrheit ergibt sich an jeder Stelle das gleiche Bild: alle beobachteten Galaxien bewegen sich radial vom Beobachter weg. Man kann sich das Weltall wie einen riesigen Hefeteig mit Rosinen vorstellen. Wenn der Teig aufgeht, bewegen sich von jeder Rosine aus gesehen alle anderen Rosinen radial nach außen. Oder wem eine Analogie in zwei Dimensionen weiterhilft, der stelle sich einen Luftballon vor, auf den man einige Punkte für die Galaxien aufmalt. Bläst man ihn jetzt weiter auf, entfernen sich die Punkte voneinander. Die 2D-Ameise aus Schritt 18 würde ein zweidimensionales Hubble-Gesetz finden: Punkte bewegen sich umso schneller von der Ameise weg, je weiter sie von ihr entfernt sind.

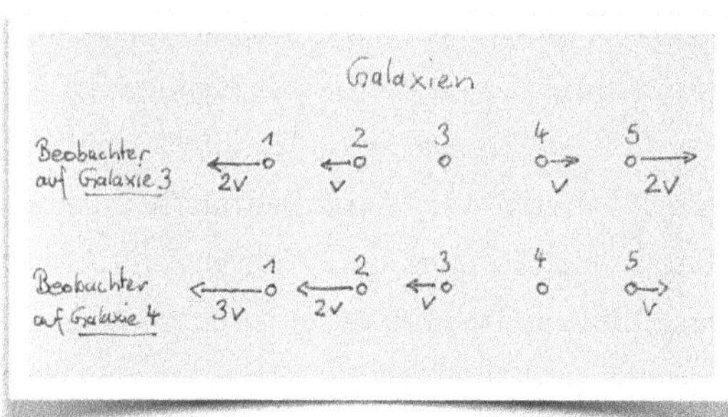

40.2: Das expandierende Universum von unterschiedlichen Standpunkten beobachtet

SCHRITT 41

Crashkurs in Astronomie

Wie war es Hubble gelungen die Entfernungen und Geschwindigkeiten weit entfernter Galaxien zu messen? Was sind Galaxien überhaupt und wie viele gibt es davon? Bevor wir tiefer in die Kosmologie einsteigen, brauchen wir einen Crashkurs in Astronomie.

Das Weltall hat eine Ausdehnung von etwa 50 Milliarden Lichtjahren. Es ist so groß, dass es sich mit nichts uns Bekanntem vergleichen lässt. Versuche dir die größte denkbare Ausdehnung vorzustellen — sie wird im Vergleich zum Weltall immer noch winzig sein. Was gibt es im Universum? Schauen wir am Nachthimmel nach! Wir sehen Sterne und einen milchigen Streifen, der sich über den Himmel zieht. Dieser Streifen heißt *Milchstraße* und ist unsere Galaxie. Er besteht aus sehr vielen weit entfernten Sternen, die für unser Auge zu einem weißlichen Nebel verschwimmen. Die Sonne gehört zur Milchstraße, ist aber so nah, dass sie aus dem Nebel heraussticht. Auch anderswo im Universum sind Sterne nicht gleichmäßig verteilt, sondern treten gehäuft in solchen Galaxien auf. Diese Sternhaufen haben meistens die Form einer flachen Spirale, etwa wie eine Rosinenschnecke — die Rosinen sind die Sterne, die Schnecke ist die Galaxie. Es gibt ganz unterschiedliche Arten von Sternen: gesunde, kräftige, hell strahlende wie die Sonne, und alte, schwache, die kaum oder gar nicht mehr strahlen wie die Weißen Zwerge und Neutronensterne, die wir schon kennengelernt haben. Und dazwischen gibt es hier und da Schwarze Löcher — Sterne, die keine mehr sind. Dann gibt es Kleinkram wie Planeten und Asteroiden, die um Sterne kreisen, Monde, die um Planeten kreisen, und so weiter. Hier noch ein paar Zahlen, die man sich leicht merken kann: Es gibt im sichtbaren Teil des Universums rund 100 Milliarden Galaxien, von denen jede im Durchschnitt aus etwa 100 Milliarden Sternen besteht.[57]

Warum leuchten Sterne? Sterne sind Kugeln aus verdichtetem Gas, hauptsächlich Wasserstoff und Helium[58], die über Millionen Jahre aus lockeren

[57] Tong 2019

[58] In Schritt 56 werden wir sehen, woran das liegt.

Gaswolken entstehen. Aufgrund der Gravitation rücken die Gasteilchen auf immer engerem Raum zusammen, ihre potenzielle Energie sinkt. Aufgrund der Energieerhaltung muss dann ihre kinetische Energie entsprechend steigen — so wie beim fallenden Stein. Die Teilchen werden immer schneller — der Stern wird heißer. Irgendwann ist es im Inneren des Sterns so heiß, dass Kernfusion einsetzt: Wasserstoffkerne verbinden sich zu Heliumkernen. Das passiert in mehreren Schritte, wobei die nötigen Neutronen über Reaktionen der schwachen Wechselwirkung aus Protonen entstehen. Ein Heliumkern hat eine Masse von $6{,}65 \cdot 10^{-27}\,\text{kg}$. Vergleicht man das mit den Massen der zwei Neutronen und zwei Protonen, aus denen er besteht, stellt man fest, dass in diesem Fall das Ganze weniger ist als die Summe seiner Teile! Und zwar um $0{,}049 \cdot 10^{-27}\,\text{kg}$, also etwa $0{,}7\,\%$. Wohin geht diese Masse? Masse ist Energie $E = mc^2$. Dieser Massenverlust ist es, der Sterne leuchten lässt. Er steckt hinter dem Sonnenbad am Strand, dem Wachstum der Pflanzen, unserer Nahrung, dem Leben auf der Erde. Um die Sterne zum Leuchten zu bringen, arbeiten die vier fundamentalen Wechselwirkungen aufs engste zusammen — jede ist dabei absolut unentbehrlich. Die Gravitation verdichtet die Gaswolke und setzt damit die Energie frei, um die Kernfusion zu zünden. Die schwache Wechselwirkung sorgt dann die für die nötigen Bausteine, indem sie einige Wasserstoffkerne (sprich Protonen) in Neutronen umwandelt. Die starke Wechselwirkung wiederum macht dann die eigentliche Fusionsarbeit: sie verbindet Protonen und Neutronen zu Heliumkernen und setzt dabei die Bindungsenergie frei, die dann in Form von elektromagnetischen Wellen ins All abgestrahlt werden. Der Stern leuchtet.

Wenn ein Stern den Wasserstoff zu Helium „verbrannt" hat, fällt sein Kern unter der Wirkung der Gravitation in sich zusammen und heizt sich dadurch weiter auf, bis er die notwendige Temperatur für die Fusion von Heliumkernen zu noch schwereren Elementen erreicht. In mehreren Schritten werden so die verschiedensten Elemente erzeugt, bis der Prozess beim Eisen schließlich zum Erliegen kommt. Wir wissen aus Schritt 16, dass Eisen das Element mit der höchsten Bindungsenergie pro Nukleon ist. Um noch schwerere Atomkerne zu machen, müsste der Stern nun Energie investieren. Unter normalen Umständen kann er sich so etwas nicht leisten. Unter besonderen Umständen schon. Wenn der Stern all seinen nuklearen Brennstoff aufgebraucht hat, kann er der Selbst-Gravitation keinen Gegendruck mehr entgegensetzen und kollabiert. Bei großen Sternen passiert das so schnell, dass es zu einer

Supernova-Explosion kommen kann — einem wahren Inferno, in dem die freiwerdenden Energien dann sogar ausreichen um kleine Mengen schwererer Elemente als Eisen zu bilden. In einer solchen Supernova schleudert der Stern seine Schätze — Kohlenstoff, Sauerstoff, Eisen und all die anderen Elemente — in dic Tiefen des Weltraums, wo sie sich Milliarden Jahre später zu Planeten und noch ein paar Milliarden Jahre später zu dir und mir verdichten.

Wie Edwin Hubble schlagen sich Astronomen meistens mit zwei Fragen herum: wie weit ist ein Objekt am Himmel entfernt und wie schnell bewegt es sich? Fragen, die leicht gestellt und verdammt schwierig zu beantworten sind. Beginnen wir mit der ***Entfernung***. Wenn du irgendwo ein Auto siehst, weißt du sofort, wie weit es ungefähr weg ist. Nicht etwa weil deine Augen die Entfernung messen könnten, sondern weil du weißt, wie groß das Auto in Wahrheit ist. Dein Gehirn vergleicht die wahrgenommene mit der wahren Größe und errechnet daraus die Entfernung. Bei Sternen und Galaxien funktioniert das nicht so einfach. Sie kommen in den unterschiedlichsten Größen vor. Wenn ein Stern heller als ein anderer leuchtet, könnte er entweder größer oder näher sein, oder beides. Über die Jahrhunderte haben Astronomen allerdings einige wenige Typen von Sternen bzw. Ereignissen entdeckt, die immer die gleiche absolute Helligkeit haben. Wenn man eine solche so genannte *Standardkerze* findet, kann man aus der beobachteten Helligkeit auf die Entfernung schließen. Die wichtigsten *Standardkerzen* der Astronomie sind die so genannten *Cepheiden*, eine Gruppe von Sternen, deren Helligkeit pulsiert, also mit großer Regelmäßigkeit an- und abschwillt. Da man einen festen Zusammenhang zwischen der Frequenz dieses Pulsierens und ihrer absoluten Helligkeit festgestellt hat, kann man bei einem Cepheiden aus der wahrgenommenen Helligkeit direkt auf seine Entfernung schließen. Eine weitere Standardkerze, die Typ-Ia-Supernovae, werden wir in Schritt 49 kennenlernen.

Die ***Geschwindigkeit*** eines Sterns oder einer Galaxie zu messen erscheint auf den ersten Blick noch aussichtsloser — und zwar gerade wegen der Hubble-Expansion des Universums. Die Geschwindigkeit eines an uns vorbeifahrenden Autos lässt sich leichter messen als die eines radial von uns wegfahrenden Autos. Wie Hubble aber feststellte, sind Galaxien eher *von uns wegfahrende* als *an uns vorbeifahrende* Autos, und Ihre Geschwindigkeit ist daher schwer zu messen. Aber wir haben Glück. Dank des in Schritt 22 beschriebenen Doppler-Effekts können wir die Geschwindigkeiten von Himmelsobjekten tatsächlich sehr genau bestimmen. Elektromagnetische Wellen eines sich entfernenden Objekts werden „rotverschoben": wir messen eine längere Wellenlänge[59] als das Objekt tatsächlich emittiert. Aber wie sollen wir herausfinden, welche Wellenlänge das Objekt tatsächlich emittiert? Dazu müssen wir ein bisschen ausholen. Wie du aus dem Quantenmechanik-Crashkurs in Schritt 36 Kapitel weißt, können Elektronen in Atomen nur bestimmte Energieniveaus besitzen und daher Energie auch nur in ganz bestimmten „Paketgrößen" aufnehmen oder abgeben — nämlich solchen, die gerade der Differenz zweier seiner Energieniveaus entsprechen. Solche Energiequanten werden in Form von Photonen, also elektromagnetischen Wellenpaketen, aufgenommen oder abgegeben. Ein Beispiel: Die Differenz des ersten und zweiten Energieniveaus im Wasserstoffatom beträgt $E = 10{,}2\,\mathrm{eV}$[60] und daher absorbiert oder emittiert Wasserstoff Lichtquanten genau dieser Energie. Photonen dieser Energie besitzen eine Wellenlänge von $\lambda = \frac{hc}{E}$, und diese Wellenlänge finden wir daher im Emissionsspektrum von Wasserstoff. Wenn wir von einem Stern Licht empfangen, das statt dieser erwarteten Wellenlänge λ_1 die Wellenlänge λ_2 besitzt, können wir aus der Rotverschiebung $\Delta\lambda = \lambda_2 - \lambda_1$ seine radiale Geschwindigkeit berechnen.[61]

Dabei haben wir stillschweigend eine ziemlich weitreichende Annahme gemacht: dass überall im Universum die quantenmechanischen Gesetze und damit die Energieniveaus eines Wasserstoffatoms dieselben sind. Das ist nicht selbstverständlich und wirklich beweisen können wir es nicht. Nur mit dieser Annahme erhalten wir aber sinnvolle kosmologische Gesetze, was ein indirekter Beweis der Universalität der Naturgesetze ist!

---

[59] Eine kurze Einführung in Wellengrößen wie Frequenz oder Wellenlänge findest du im Anhang zu Schritt 22.

[60] eV oder *Elektronenvolt* ist eine Einheit, die Physiker gerne für kleine Energien verwenden. 1 eV entspricht ungefähr $1{,}6 \cdot 10^{-19}$ Joule und ist die Energie, die ein Elektron erhält, wenn es die Spannung von 1 Volt durchläuft.

[61] In Wahrheit ist die Situation noch etwas komplizierter: die gemessene Rotverschiebung ist eine Mischung der *Doppler*-Rotverschiebung und der *kosmologischen* Rotverschiebung, die wir in Schritt 47 kennenlernen werden.

SCHRITT 42

Die Metrik des Universums

Aber kann das Hubblesche Gesetz überhaupt stimmen? Alles im Universum bewegt sich radial von uns weg? Der Mond am Himmel wird kleiner, weil sein Abstand zur Erde stetig wächst? Die Sonne fliegt von uns weg, und es wird langsam kälter und dunkler auf der Erde? Die Milchstraße am Nachthimmel verliert an Strahlkraft, weil unsere Galaxie auseinandergeht wie ein Hefeteig? Nichts davon beobachten wir.

Die Expansion des Universums beschreibt das Verhalten des Raumes im Großen, also über Entfernungen, die weit größer sind als unser Sonnensystem. Im Kleinen verbiegen Sterne, Schwarze Löcher und andere Himmelskörper die Raumzeit und zwingen benachbarte Massen auf geodätische Bahnen, die nicht dem Hubbleschen Gesetz folgen. Um die Raumzeit-Geometrie des Universums zu beschreiben, müssen wir die Details verschmieren und mit halb zugekniffenen Augen darauf schauen. Ungefähr so, wie wenn man behauptet, die Erde sei rund, obwohl es „im Kleinen" Berge und Täler gibt. Wer naturwissenschaftliche Aussagen macht, sollte immer die Größenskala ihrer Gültigkeit angeben. Wenn man die Gesetze der Hydrodynamik, also des fließenden Wassers, sucht, kommt man nur weiter, wenn man die Relativbewegung der einzelnen Moleküle zunächst ignoriert und sich das Wasser als homogene Flüssigkeit vorstellt. Der einzige Unterschied ist, dass die „Teilchen" in der Kosmologie keine Moleküle sind, sondern Sterne und Galaxien. Man muss also „herauszoomen", bis man das Universum auf Längenskalen betrachtet, bei denen die Himmelskörper als homogen verteilter Staub erscheinen. Das funktioniert natürlich nur, wenn es eine Größenskala gibt, auf der Masse und Energie wirklich annähernd homogen und isotrop verteilt sind. Diese Annahme heißt — etwas hochtrabend — *kosmologisches Prinzip*. Sie war lange nur eine sinnvolle und notwendige Hypothese, um überhaupt kosmologische Aussagen machen zu können. Heute sind unsere Teleskope so stark, dass wir ein gutes Verständnis der Massenverteilung „im Großen" haben und glauben, dass sie auf Größenskalen oberhalb von 300

Millionen Lichtjahren tatsächlich recht homogen ist[62]. Was heißt das? Beginnen wir mit den winzigen Maßstäben unseres Planeten: die Erdkruste hat eine Dichte von etwa $3000\,\mathrm{kg/m^3}$. Die durchschnittliche Dichte in unserer Galaxie, der Milchstraße, beträgt schon nur noch $10^{-20}\,\mathrm{kg/m^3}$. Auf Skalen von 300 Millionen Lichtjahren sinkt die Massendichte auf rund $10^{-26}\,\mathrm{kg/m^3}$.[63] Das entspricht etwa einem Wasserstoffatom pro Kubikmeter. Wenn man noch weiter herauszoomt, bleibt die Dichte recht stabil bei diesem Wert — egal wo man im beobachtbaren Universum hingeht. Das kosmologische Prinzip ist erfüllt.

Wir wollen jetzt mithilfe von Einsteins Feldgleichungen herausfinden, welche Geometrie die Raumzeit auf kosmischen Skalen besitzt. Die ganze Geometrie steckt in der Metrik. Welche Form muss sie haben, um das kosmologische Prinzip zu erfüllen? Ist dir aufgefallen, dass das kosmologische Prinzip nur über den dreidimensionalen Raum spricht, nicht aber über die Zeit? Andernfalls müsste das Universum auch zeitlich homogen sein, also heute so aussehen wie übermorgen oder vorgestern. Das kann aber nicht stimmen: das Universum expandiert und es hatte einen Anfang. Wir machen daher den Ansatz:

$$ds^2 = -\,dt^2 + a(t)^2 d\tilde{s}^2 \tag{1}$$

ds^2 ist die Metrik der *vierdimensionalen* Raumzeit, $d\tilde{s}^2$ die Metrik des *dreidimensionalen* Raumes. Den Faktor $a(t)$ brauchen wir, um die allgemeinste Metrik zu bekommen, die mit dem (räumlichen) kosmologischen Prinzip vereinbar ist. Die Funktion $a(t)$ kann erst einmal machen, was sie will. Natürlich nur bis die Einsteinschen Feldgleichungen kommen und ihr sagen, was sie zu tun hat! Vielleicht ahnst du es schon: $a(t)$ beschreibt genau die Expansion des Raumes, die Hubble vor Hundert Jahren mit dem Teleskop in Pasadena gemessen hat. Aber es ist wichtig sich klarzumachen, dass wir $a(t)$ nicht in die Metrik einbauen, weil wir das Hubblesche Gesetz kennen, sondern weil ein solcher relativer Skalenfaktor zwischen Raum und Zeit zwingend notwendig ist, um die allgemeinste Metrik aufzustellen, die das kosmologische Prinzip erfüllt.

---

[62] Tong 2019

[63] Tong 2019

Wenn sich der Raum ausdehnt, muss man sich genau überlegen, wie man die Koordinaten (x, y, z) definiert. Man könnte wieder die guten alten Zollstöcke hervorholen und fest im Raum installieren und damit die Entfernungen im Universum vermessen. Aufgrund der Expansion würden sich dann die Koordinaten von Galaxien kontinuierlich verändern. Wenn der Andromeda-Nebel heute (in den Zollstock-Koordinaten ausgedrückt) die Koordinaten (1,0,0) hat, dann hätte er in ein paar Millionen Jahren die Koordinaten (2,0,0), weil die Hubble-Expansion diese Galaxie von uns wegtreibt. Man kann mit solchen Koordinaten arbeiten, aber praktischer sind meistens so genannte *mitbewegte Koordinaten*: man kann sie sich wie dehnbare Zollstöcke vorstellen, die mit dem Universum mit-expandieren. In mitbewegten Koordinaten ausgedrückt bleiben Galaxien am gleichen Punkt (es sei denn, sie haben abgesehen von der Expansion des Raumes noch eine Eigenbewegung). Das heißt aber, dass sie nicht die physikalische Entfernung angeben, die du mit deinen Zollstöcken messen würdest. Diese physikalischen Entfernungen werden durch die Metrik (bei gleicher Zeitkoordinate, also $dt = 0$) angegeben, das heißt $ds = a(t)\,d\tilde{s}$. Wir haben oben in Formel (1) stillschweigend angenommen, dass $d\tilde{s}^2$ in mitbewegten Koordinaten angegeben ist, und brauchten deshalb den Skalierungsfaktor $a(t)$. Welche mitbewegten Koordinaten wir den Punkten im Raum — zum Beispiel den Galaxien — geben, ist natürlich beliebig. Schließlich geben sie ja ohnehin nicht die physikalischen Entfernungen an. Wir könnten zum Beispiel die Koordinatenabstände verdoppeln (also einer Galaxie statt der Koordinaten (1,0,0) die Koordinaten (2,0,0) geben) und dann den Skalierungsfaktor $a(t)$ halbieren. Die wahren physikalischen Abstände $ds = a(t)\,d\tilde{s}$ wären unverändert, und das ist das einzige, was wir messen können. Üblicherweise wählen wir die mitbewegten Koordinaten so, dass sie heute[64] mit den physikalischen (gemessenen) Entfernungen übereinstimmen. Das heißt $a(t_0) = 1$, wobei wir mit t_0 den heutigen Zeitpunkt bezeichnen. Würden wir die Funktion $a(t)$ kennen, wüssten wir im Prinzip, wie sich das Universum in der Vergangenheit entwickelt hat und wie es sich in der Zukunft entwickeln wird. Wird es weiter expandieren oder wird es irgendwann seine maximale Ausdehnung erreichen und dann wieder schrumpfen? In der Funktion $a(t)$ steckt das Geheimnis unserer Vergangenheit und Zukunft! Wir werden es ab Schritt 44 ergründen. Bevor wir

[64] Das kosmologische „Heute“ ist nicht ein Tag sondern ein paar Jahrtausende, da sich in diesen Zeiträumen $a(t)$ kaum ändert.

das tun, schauen wir erst die räumliche Metrik $d\tilde{s}^2$ genauer an. Welche Form muss sie haben, um das kosmologische Prinzip zu erfüllen? Die Geometrie des Raumes muss homogen und isotrop sein. Das sind ziemlich strenge Auflagen für eine Metrik. Kann da überhaupt noch etwas anderes herauskommen als der gute alte „flache“ Euklidische Raum, den wir seit unserem ersten Lebensjahr kennen?[65]

$$\textbf{Flacher Raum:} \qquad d\tilde{s}^2 = dr^2 + r^2\, d\Omega^2 \tag{2}$$

Überraschenderweise ja! Wenn die Geometrie überall im Raum gleich sein soll, kann sie durchaus gekrümmt sein, sie muss nur überall die gleiche Krümmung haben. Es ist wie bei der zweidimensionalen Kugeloberfläche: sie hat eine konstante Krümmung von $1/R^2$ und sieht daher für unsere 2D-Ameisen an jedem Punkt und in jeder Richtung gleich aus! Einem dreidimensionalen Raum konstanter Krümmung mit Metrik

$$\textbf{Raum mit positiver Krümmung:} \quad d\tilde{s}^2 = dr^2 + R^2 \sin^2\!\left(\frac{r}{R}\right) d\Omega^2 \tag{3}$$

sind wir in Schritt 19 schon begegnet. Seine Krümmung ist *positiv*: Kreise haben Umfänge $< 2\pi r$. Du kannst dir diesen Raum als dreidimensionale „Oberfläche“ einer vierdimensionalen Kugel mit Radius R vorstellen (falls du dir so etwas vorstellen kannst). Es gibt aber auch einen dreidimensionalen Raum mit konstanter *negativer* Krümmung, in dem alle Kreise Umfänge $> 2\pi r$ besitzen. Seine Metrik sieht ähnlich aus wie (3), nur dass statt $\sin x$ eine andere Funktion von r/R auftaucht, der so genannte *hyperbolische Sinus* $\sinh x$. Die genaue Definition dieser Funktion spielt hier keine Rolle — wir werden diese Metrik im weiteren Buch nicht mehr brauchen. Um ein Gefühl für positive und negative Krümmung zu bekommen, betrachten wir einen Doughnut (Abbildung 42.1). Auf der Außenseite ist die Krümmung positiv (Punkt 1): legt man an einen Punkt eine Ebene an, krümmt sich die Oberfläche überall in der gleichen Richtung von der Ebene weg. Auf der Innenseite ist die Krümmung dagegen negativ (Punkt 2): horizontale Linien auf der Oberfläche krümmen sich in einer Richtung von der Ebene weg, vertikale Linien in der anderen Richtung. Ein Sattel ist ein anderes Beispiel einer negativ gekrümmten Fläche. Das sind allerdings Flächen, deren negative Krümmung sich von Punkt zu Punkt ändert. Es gibt zwar zweidimensionale Flächen konstanter negativer Krümmung, aber

[65] $d\Omega^2$ ist wieder die Abkürzung für $d\theta^2 + \sin^2\theta\, d\phi^2$, siehe Schritt 18.

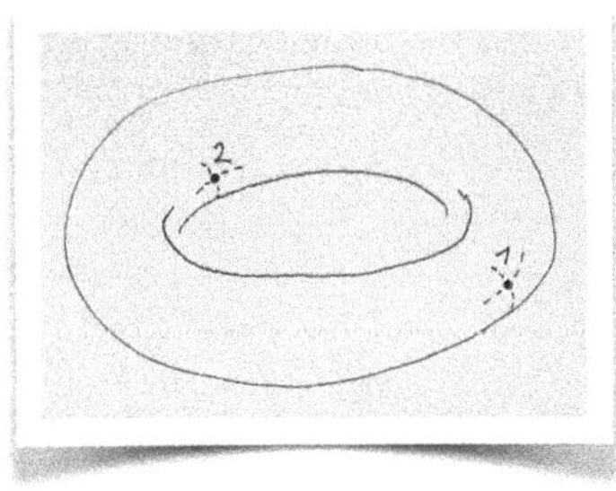

42.1 Die Krümmung des Doughnuts

die lassen sich nicht in den dreidimensionalen Raum „einbetten“. Diese überraschende Tatsache konnte David Hilbert (der Mann, der sich mit Einstein einen Wettlauf um die Allgemeine Relativitätstheorie lieferte) 1901 beweisen. Das Ganze zeigt nur wieder einen Punkt, den man gar nicht oft genug wiederholen kann: Die Geometrie und Krümmung einer Fläche oder eines Raumes sind innere Eigenschaften, sie existieren unabhängig davon, ob sie sich anschaulich im dreidimensionalen Raum verwirklichen lassen oder nicht.

Wir haben die Metrik (1) allein aus dem kosmologischen Prinzip, nicht aus dem Hubbleschen Gesetz abgeleitet. Würde in einem Universum mit der *raumzeitlichen* Metrik (1), wobei wir für $d\tilde{s}^2$ eine der *räumlichen* Metriken (2) oder (3) einsetzen, das Hubblesche Gesetz gelten? Probieren wir es aus! Wir wählen die Koordinaten so, dass wir im Nullpunkt sitzen und die beobachtete Galaxie die mitbewegten Koordinaten (r, θ, ϕ) besitzt. Dann ergibt sich die gemessene Entfernung d, indem man ds bei fester Zeit t $(dt = 0)$ entlang eines radialen Weges $(d\theta = d\phi = 0)$ integriert. Dann gilt für alle drei möglichen Raumgeometrien (keine *oder* positive *oder* negative Krümmung) $ds = a(t)\,r$ und somit:

$$d = a(t) \int_0^r dr = a(t)\,r \tag{4}$$

Um zu erfahren, wie sich die gemessene Entfernung mit der Zeit ändert, leiten wir ab. Die mitbewegte Radialkoordinate r hängt nicht von der Zeit ab. Daher:

$$\dot{d} = \dot{a}(t)\,r = \frac{\dot{a}(t)}{a(t)}\,d \tag{5}$$

wobei wir im zweiten Schritt (4) verwendet haben. Das ist genau das Hubblesche Gesetz: Galaxien entfernen sich mit einer Geschwindigkeit $\dot{d}$, die proportional zur Entfernung d ist. Es ist ermutigend, dass uns die betrachteten Metriken wieder zu Hubble zurückführen. Und wir haben gleich noch eine

Beziehung zwischen der Hubble-Konstante $H(t)$ und dem Expansionsfaktor $a(t)$ gefunden:

$$H(t) = \frac{\dot{a}(t)}{a(t)} \tag{6}$$

$H(t)$ hat die Einheit 1/Zeit. Daher ist $1/H(t)$ eine Zeit, die so genannte *Hubble-Zeit*. Damit können wir auch die

$$\textbf{Hubble-Entfernung:} \qquad \frac{c}{H(t)} = \frac{1}{H(t)}$$

definieren, wobei wir im zweiten Ausdruck natürliche Einheiten ($c = 1$) verwendet haben. Die Hubble-Entfernung ist ein grobes Maß für die Entfernung, die Licht seit dem Urknall zurückgelegt hat — kein *exaktes* Maß, weil das Licht je nach Expansionsgesetz $a(t)$ in der Hubble-Zeit eine etwas andere Strecke zurücklegt.

SCHRITT 43

Uralte Menschheitsfragen

Bist du bereit für eine uralte Menschheitsfrage: Ist das Universum endlich oder unendlich? Im letzten Schritt haben wir gelernt, dass es in drei Dimensionen drei Räume konstanter Krümmung gibt: den bekannten Euklidischen Raum ohne Krümmung, den Raum mit positiver und den mit negativer Krümmung. Der positiv gekrümmte Raum hat als einziger der drei eine endliche Ausdehnung. Wieder hilft die zweidimensionale Analogie: die (positiv gekrümmte) Erdoberfläche ist nach menschlichen Maßstäben zwar groß, aber nicht unendlich groß, sie kann in Quadratkilometern angegeben werden. Mit dem dreidimensionalen positiv gekrümmten Raum ist es genauso, seine Ausdehnung ist begrenzt und sein Volumen kann in Kubikkilometern angegeben werden. Die anderen beiden Räume konstanter Krümmung sind dagegen unendlich groß. Für den (flachen) Euklidischen Raum leuchtet das sofort ein: er geht in allen Richtungen immer weiter. Das Gleiche gilt für den negativ gekrümmten Raum. Abbildung 43.1 fasst die Eigenschaften der drei Räume zusammen.

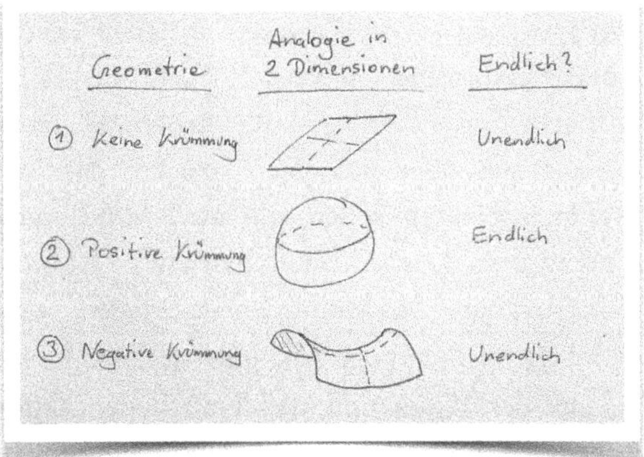

43.1: Die 3 möglichen Geometrien des Universums

Welche der drei Möglichkeiten hat die Natur gewählt? Wie können wir durch Beobachtung herausfinden, ob das Universum endlich ist? Wenn du auf einer Kugeloberfläche geradeaus läufst, kommst du irgendwann zum Ausgangspunkt zurück. Genauso würde es Lichtstrahlen in einem Raum positiver Krümmung gehen. In einem solchen Universum müssten wir jede Galaxie irgendwann mehrfach sehen. Wir würden sie nicht nur in einer bestimmten Richtung am

Himmel beobachten, sondern auch in der exakten Gegenrichtung (wofür wir auf die andere Seite der Erde reisen müssten), weil das Licht ja auch „andersherum“ zu uns gelangen könnte (Abbildung 43.2). Aber damit noch nicht genug: wir würden auch schon in einer Richtung mehrere Bilder der Galaxie sehen — das Licht könnte ja das Universum einmal oder mehrere Male umrunden, bevor es auf unser Teleskop trifft. Wir müssten jedes hell leuchtende Objekt am Himmel mehrfach sehen. Theoretisch würden wir sogar in der Ferne noch einmal die Erde sehen — wenn sie hell genug wäre. Nichts dergleichen beobachten wir am Himmel.

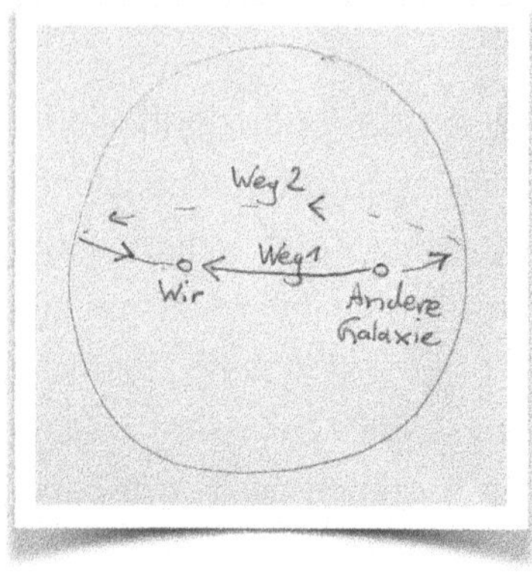

43.2: Wege des Lichts in einem positiv gekrümmten Universum

Aber kann man daraus schon schließen, dass das Universum unendlich sein muss? Nein, vielleicht ist der Weg für das Licht einfach zu weit, um seit dem Urknall auf unterschiedlichen Wegen zu uns zu kommen. Zumindest können wir aber aus der Tatsache, dass wir keine „Phantombilder“ von Himmelsobjekten sehen, auf eine Mindestgröße des Universums schließen. Und zwar so: Das Universum ist etwa 14 Milliarden Jahre alt. Licht konnte seit dem Urknall 14 Milliarden Lichtjahre zurücklegen. Der Umfang eines (Groß-)Kreises auf der dreidimensionalen Kugeloberfläche ist $2\pi R$, wobei R der Radius der Kugel und damit auch der Krümmungsradius ist. Wenn dieser Umfang kleiner als 14 Milliarden Lichtjahre ist, hatte das Licht genügend Zeit das Universum einmal zu „umrunden“. Falls der Kosmos überhaupt positiv gekrümmt ist, muss sein Krümmungsradius zumindest größer als $14/(2\pi) \approx 2$ Milliarden Lichtjahre sein. Andernfalls müssten wir die gleichen Galaxien mehrfach sehen! Das ist eine grobe Abschätzung, die genaue Rechnung ist etwas komplizierter: in einem expandierenden Universum nimmt der Umfang zu, während das Licht es umrundet. Das prinzipielle Argument bleibt aber richtig.

Wir können also eine Mindestgröße für das Universum bestimmen, aber damit wissen wir noch nicht, ob es *sehr groß aber endlich* oder *unendlich* ist. Spielt das überhaupt eine Rolle für uns? Selbst wenn das Universum unendlich ist, wird das beobachtbare Universum für uns immer endlich sein, weil Licht seit dem Urknall nur eine endliche Distanz zurücklegen konnte. Was kümmert uns die

Ausdehnung eines Raumes, den wir nie sehen werden und über den wir nie etwas erfahren können? Die Sache ist zumindest philosophisch interessant. Zum Beispiel für die Frage, ob wir allein im Kosmos sind. Ist das Universum endlich, kann man versuchen eine Wahrscheinlichkeit dafür anzugeben, dass noch irgendwo anders Leben existiert. Man schätzt ab, wie viele Planeten mit lebensfreundlichen Bedingungen es gibt und wie wahrscheinlich es ist, dass das Leben seine Chance auf einem prinzipiell lebensfreundlichen Planeten auch tatsächlich nutzt. Daraus kann man grob die Wahrscheinlichkeit außerirdischen Lebens abschätzen. Soweit im Fall eines endlichen Universums — im unendlichen Fall sieht die Sache ganz anders aus. „Unendlich" ist nämlich nicht ein bisschen mehr als „sehr viel", sondern unendlich mal soviel! Und das hat dramatische Konsequenzen: Leben hat jetzt nicht *sehr viele* Planeten, auf denen es entstehen könnte, sondern *unendlich viele*. Selbst wenn die Wahrscheinlichkeit dafür, dass Leben auf einem bestimmten Planeten entsteht, sehr gering sein mag — bei unendlichen vielen Planeten gibt es unendlich viele Versuche und damit ist es 100% sicher, dass es auch anderswo im Universum Leben gibt. Es ist sogar sicher, dass es auch noch weitere Planeten gibt, auf denen es Lebewesen gibt, die so aussehen wie wir. Man kann das immer weiter spinnen: im Prinzip müsste es auch irgendwo einen Planeten geben, auf dem Menschen leben, die deutsch sprechen. Einfach weil bei unendlich vielen Versuchen jedes Ergebnis vorkommen muss. Es ist ein faszinierender Gedanke. Und doch wird man das Gefühl nicht los, dass unser Konzept von „unendlich" uns hier in die Irre führt. Wir wissen es nicht — und werden es vielleicht nie wissen, weil der beobachtbare Teil des Kosmos immer endlich sein wird.

Auch wenn das Universum offensichtlich so groß ist, dass Licht es noch nicht mehrfach durchqueren konnte — es könnte dennoch positiv, negativ oder gar nicht gekrümmt, sprich räumlich flach, sein. Wie können wir die Krümmung denn eigentlich messen? Wir könnten dasselbe tun wie die 2D-Ameisen, nur in drei Dimensionen: den Umfang und den Radius eines großen Kreises im Kosmos ausmessen und schauen, ob ihr Verhältnis kleiner, größer oder gleich 2π ist. Im Prinzip geht das, praktisch ist es unmöglich. Bei den unvermeidlichen Ungenauigkeiten einer solchen Messung könnten wir bestenfalls sehr starke Krümmungen feststellen. Wenn es die gäbe, hätten wir das schon früher gemerkt. Wahrscheinlich hätten wir dann in der Schule gar nicht erst gelernt, dass der Umfang eines Kreises $2\pi r$ beträgt. Und Euklid hätte einen anderen Beruf ergriffen. Wir wissen also, dass die Krümmung, wenn es denn eine gibt, erst auf sehr großen Skalen messbar ist. Aber wie können wir das herausfinden? Indem wir uns eine Strecke kosmischen Ausmaßes suchen, deren Länge wir kennen, und dann nachsehen, wie groß sie am Himmel erscheint. Das klingt vielleicht nicht nach der einfachsten Aufgabe, ist aber tatsächlich möglich! Der Urknall hat das Urplasma in Schwingungen versetzt, die wir noch heute am Himmel beobachten können. Aus ihrer Vermessung können wir schließen, dass das Universum räumlich nahezu flach ist. Wir werden diese Rechnung in Schritt 58 durchführen. Ob das Universum nur nahezu oder exakt flach ist, werden wir möglicherweise nie erfahren. Es könnte eine sehr geringe Krümmung geben, die unterhalb unserer Messgenauigkeit liegt. Wie auf einer Kugeloberfläche: Für sehr große Radien lässt sich die Oberfläche aus der Nähe betrachtet kaum noch von der Euklidischen Ebene unterscheiden. Nur deswegen konnten die Menschen so lange glauben, sie würden auf einer Scheibe leben. So ähnlich könnte es uns in drei Dimensionen gehen, falls es nur eine winzige Krümmung gibt.

Innerhalb des Messfehlers glauben wir also, dass das Universum *räumlich* flach ist und daher diese Metrik besitzt (siehe letzter Schritt):

$$\textbf{Metrik des Universums:}\quad ds^2 = -\,dt^2 + a(t)^2\,(dr^2 + r^2\,d\Omega^2) \qquad (1)$$

Das ist ein sensationell einfaches Ergebnis: das kosmologische Prinzip und die Beobachtung, dass der Raum auf großen Skalen flach ist, grenzen die Metrik soweit ein, dass sie nur noch eine unbekannte Funktion $a(t)$ enthält, die von der Zeit aber nicht vom Ort abhängt! Dieses $a(t)$ muss sich um die nach Einstein nötige Krümmung kümmern. Denn: das Universum ist zwar *räumlich* flach, die vierdimensionale *Raumzeit* muss dagegen gekrümmt sein. Nach Einstein könnte nur ein leeres Universum ohne Masse und Energie eine *ungekrümmte* Raumzeit besitzen. Da wir aber selbst aus Fleisch und Blut sind und um uns herum überall Galaxien sehen, gibt es offenbar Masse und Energie, die die Raumzeit des Universums krümmen.

Bevor wir uns die Geometrie eines Universums mit der Metrik (1) genauer ansehen, beantworten wir im Vorübergehen noch kurz eine andere uralte Menschheitsfrage: Hat das Universum einen Rand? Die meisten Menschen, die über diese Frage nachdenken, kommen irgendwann zu dem Schluss: Wenn das Universum unendlich groß ist, dann geht es in allen Richtungen immer weiter. Wenn es endlich ist, geht es irgendwann nicht mehr weiter, und dort muss es einen Rand geben. Der Gedanke ist faszinierend und ziemlich beunruhigend:

wie sollte ein Rand aussehen, an dem der Raum abrupt endet? Was kommt dahinter? Aber hat ein endliches Universum überhaupt einen Rand? Das ist jetzt wenigstens mal eine Frage, die wir klar beantworten können: das Universum hat keinen Rand. Ein endliches Universum hat positive Krümmung und die Geometrie der Oberfläche einer vierdimensionalen Kugel. Ein solcher Raum ist endlich, hat aber ebensowenig einen Rand wie die Oberfläche eines Fußballs einen Rand hat! Ein Universum mit einem Rand wäre auch gar nicht mit dem kosmologischen Prinzip vereinbar: in der Nähe des Randes wäre der Raum nämlich weder homogen (überall gleich) noch isotrop (in allen Richtungen gleich).

SCHRITT 44

Das Schicksal des Universums in einer Formel

Edwin Hubble fand heraus, dass das Universum aufgeht wie ein Hefeteig. Aber warum tut es das? Und nimmt die Expansionsgeschwindigkeit zu oder ab? Könnte es sein, dass sich die Expansion irgendwann umkehrt und das Weltall wieder kleiner wird? Um Antworten zu finden, folgen wir dem radikalen Ansatz von Einstein: wenn die Masse und Energie eines Himmelskörpers die Raumzeit in seiner Umgebung formt, warum sollte dann nicht die Gesamtheit aller Massen und aller Energie im Universum die Raumzeit des Universums als Ganzem erzeugen und formen? Die Idee ist bestechend: Die Einsteinschen Feldgleichungen sagen uns, welche Struktur das Universum als Ganzes hat und wie es sich entwickelt.

Machen wir uns an die Arbeit. Für die linke, die „geometrische" Seite der Feldgleichungen brauchen wir eine Metrik, aus der wir den Einstein-Tensor berechnen können. Diese Metrik des Universums (Gleichung 43.1) haben wir in den letzten beiden Schritten aus dem kosmologischen Prinzip und der beobachteten Flachheit des Kosmos abgeleitet. Sie enthält nur noch die unbekannte Expansionsfunktion $a(t)$. Für die rechte Seite der Feldgleichungen brauchen wir eine Annahme, wie Masse und Energie auf kosmischen Skalen verteilt sind. Dazu bemühen wir wieder das kosmologische Prinzip: Wir ignorieren die genaue Verteilung von Sternen, Galaxien und Schwarzen Löchern und betrachten sie als so genannte *ideale Flüssigkeit*. Das ist eine Flüssigkeit, die homogen und isotrop ist und deren Bestandteile so weit voneinander entfernt sind, dass man Kollisionen zwischen ihnen vernachlässigen kann. So effizient ist physikalische Modellbildung: Wir sehen um uns herum Sterne und Galaxien unvorstellbarer Größe und Komplexität und dann zucken wir die Schultern und begeben uns gedanklich soweit heraus aus der Welt, dass die Himmelskörper aus der Ferne auf die Größe mikroskopischer Teilchen in einer Flüssigkeit zusammenschrumpfen. Wir überspringen dabei etwa 34 Zehnerpotenzen, als wäre das gar nichts. Aber das Beste ist, dass wir mit dieser schulterzuckenden

Ignoranz durchkommen. Es ist größenwahnsinnig, das ganze Universum mit einem solch absurden Modell erklären zu wollen, aber es funktioniert!

Um eine Differentialgleichung für den Expansionsfaktor $a(t)$ aufzustellen, genügt die 00-Komponente der Einsteinschen Feldgleichung

$$R_{00} - \frac{1}{2} g_{00} R = 8\pi G T_{00} \tag{1}$$

Deswegen müssen wir die genaue Form des Energie-Impuls-Tensors auch gar nicht kennen. Wir brauchen nur seine erste Komponente T_{00}, also die Energiedichte $\rho = E/V$ der kosmischen „Flüssigkeit". Die linke Seite berechnen wir aus der Metrik 43.1. Das ist eine recht mühsame und wenig inspirierende Übung im Ableiten von Funktionen. Damit du siehst, dass hier nichts Geheimnisvolles passiert, aber viel Schweiß und Tränen vergossen werden, findest du die Rechnung für R_{00} im Anhang. Das Ergebnis:

$$R_{00} = -3\frac{\ddot{a}}{a} \qquad R = 6\left(\frac{\ddot{a}}{a} + \frac{\dot{a}^2}{a^2}\right)$$

$$\rightarrow \quad R_{00} - \frac{1}{2} g_{00} R = 3\frac{\dot{a}^2}{a^2}$$

Mit $T_{00} = \rho$ wird (1) damit zu:

$$\frac{\dot{a}^2}{a^2} = \frac{8\pi G}{3}\rho \tag{2}$$

Das ist die *Friedmann-Gleichung* für ein Universum ohne räumliche Krümmung. Sie beschreibt, wie sich die Ausdehnung des Universums — ausgedrückt durch $a(t)$ — in Abhängigkeit der Energiedichte mit der Zeit verändert.

Was lernen wir aus dieser Gleichung durch bloßes Anstarren? Je mehr Materie oder andere Energie im Universum vorhanden ist (großes ρ), desto schneller dehnt es sich aus (großes $\dot{a}^2$ und damit großes $\dot{a}$). Bringt man a^2 auf die andere Seite, erhält man die Proportionalität $\dot{a}^2 \propto \rho a^2$. Da a mit der Zeit immer größer wird, könnte man eine zunehmende Expansionsgeschwindigkeit $\dot{a}$, sprich eine beschleunigte Expansion des Universums, erwarten. Allerdings nur auf den ersten Blick! Wir haben vergessen, dass die Energiedichte mit der Expansion abnimmt: die vorhandene Energie verteilt sich auf immer größerem Raum, sie wird durch die Expansion „verdünnt“! Je nach Art der betrachteten Energie fällt dieser Verdünnungseffekt unterschiedlich aus. Wir werden in den nächsten Schritten sehen, welche Folgen das für die Expansion des Universums hat.

Aber wir entdecken noch etwas, wenn wir die Friedmann-Gleichung lange genug anstarren: Auf der linken Seite steht nicht $\dot{a}$ sondern $\dot{a}^2$. Das bedeutet, die Gleichung merkt noch nicht einmal, ob $\dot{a}$ positiv oder negativ ist, ob also a zunimmt oder abnimmt. Wir wissen zwar, dass unser Universum expandiert, $\dot{a}$ also positiv ist. Wenn es nach der Friedmann-Gleichung ginge, könnten wir aber genauso gut in einem Universum leben, das schrumpft und unaufhaltsam auf einen Urknall zusteuert — eine rückwärts in der Zeit ablaufende Version unseres Universums! In Schritt 61 wirst du erfahren, warum das so sein muss: alle physikalischen Gesetze sind auf fundamentaler Ebene *zeitumkehrinvariant*, sie unterscheiden nicht, in welcher Zeitrichtung ein Vorgang abläuft. Das gilt für die Allgemeine Relativitätstheorie genauso wie für die Newtonsche Mechanik. Und weil die Friedmann-Gleichung direkt aus der Allgemeinen Relativitätstheorie folgt, kann auch sie keine Zeitrichtung bevorzugen. Wir haben in Schritt 28 in der klassischen Mechanik eine perfekte Analogie zur Friedmann-Gleichung kennengelernt. Für einen Stein, den wir von der Erde so ins All werfen, dass er gerade genug kinetische Energie hat, um sich aus dem irdischen Schwerefeld zu befreien, fanden wir folgende Gleichung:

$$\frac{1}{2}m\dot{r}^2 = \frac{GMm}{r}$$

Auch hier geht die Radialgeschwindigkeit quadratisch ein, und deswegen unterscheidet die Gleichung nicht zwischen einem fallenden Stein ($\dot{r} < 0$) und einem hochgeworfenen Stein ($\dot{r} > 0$).

Bevor wir uns jetzt gleich daran machen Lösungen zu suchen, sollten wir einmal tief durchatmen und die Friedmann-Gleichung bestaunen: eine einfache Gleichung, die die Vergangenheit und Zukunft unseres Universums erklären kann. Was für eine geistige Leistung eines sprechenden Affen! Er windet sich aus seinem Platz im Universum und der in drei Milliarden Jahren Evolution entwickelten Anschauung von Raum und Zeit heraus und schaut mit dem Blick eines Fremden auf die Dinge. Massen verbiegen Raum und Zeit? Nicht gerade das, was uns beim Jagen in der Savanne weiterhilft. Das ganze Universum eine homogene Flüssigkeit? Erscheint ziemlich abwegig, wenn man nachts in die

Sterne schaut. Die Friedmann-Gleichung vereinigt diese beiden Akte geistiger Emanzipation.

SCHRITT 45

Materie

Die Energiedichte ρ auf der rechten Seite der Friedmann-Gleichung ist das, was die Raumzeit krümmt und damit über die Expansion $a(t)$ des Weltalls bestimmt. Aber woraus besteht die Energiedichte im Universum? Wegen $E = mc^2$ trägt jede Masse im Universum, jeder Stern, jeder Planet, jedes Schwarze Loch zu ρ bei. Schauen wir, was passiert, wenn wir ein Spielzeug-Universum annehmen, in dem Materie die einzige Energieform ist. Auf den ersten Blick sieht es so aus, als käme $a(t)$ nur auf der linken Seite der Friedmann-Gleichung vor. Wir hatten aber schon im letzten Schritt erwähnt, dass sich auch ρ mit $a(t)$ ändert: es ist nämlich $\rho = E/V$ und das Volumen V wächst, wenn das Universum expandiert. Wenn sich die gleiche Menge Energie über ein größer werdendes Universum verteilt, nimmt die Energiedichte ρ ab — die kosmische Suppe wird durch die Hubble-Expansion verdünnt! Da alle Längen im Universum mit $a(t)$ wachsen und ein Volumen in Kubikmetern, also einer Länge hoch drei, gemessen wird, muss die Energiedichte $\rho = E/V$ proportional zu $1/a(t)^3$ sein. Um $a(t_0) = 1$ sicherzustellen, muss die Proportionalitätskonstante die heutige Energiedichte ρ_0 sein:

$$\rho(t) = \frac{\rho_0}{a(t)^3} \tag{1}$$

Eingesetzt in die Friedmann-Gleichung bekommen wir:

$$\frac{\dot{a}^2}{a^2} = \frac{8\pi G}{3} \frac{\rho_0}{a^3} \tag{2}$$

Um die Formeln übersichtlich zu halten, schreiben wir jetzt a statt $a(t)$. Außerdem erinnern wir uns an $H = \dot{a}/a$ und schreiben $H_0 = H(t_0)$ für den heutigen Wert der Hubble-Konstante. Dann liefert Gleichung (2) für $t = t_0$ (heute):

$$H_0^2 = \frac{8\pi G\rho_0}{3} \qquad \rightarrow \qquad H_0 = \sqrt{8\pi G\rho_0/3} \tag{3}$$

Beim Wurzelziehen haben wir die positive Wurzel gewählt, weil uns Astronomen einen positiven Wert für H_0 melden — oder einfacher ausgedrückt: weil das Universum zur Zeit expandiert und nicht schrumpft! Damit können wir (2) vereinfachen und umformen:

$$\frac{\dot{a}^2}{a^2} = \frac{H_0^2}{a^3} \qquad \rightarrow \qquad \dot{a} = \frac{H_0}{\sqrt{a}} \tag{4}$$

Mit $n = 1/2$ und $b = H_0$ ist das ein Spezialfall der Differentialgleichung $y' = b/y^n$, für die wir in Schritt 26 die Lösung $y(t) = \big((n+1)\,b\,t\big)^{\frac{1}{n+1}}$ fanden. Die Lösung von (4) ist somit:

$$a(t) = \big(\frac{3}{2} H_0\, t\big)^{\frac{2}{3}} \tag{5}$$

Man muss diese Funktion nicht lange anstarren, um die berühmteste Schlussfolgerung in der Geschichte der Kosmologie zu ziehen: Für $t = 0$ ist $a(t) = 0$! Das heißt: Verfolgt man die Expansion des Universums in der Zeit zurück, kommt ein Zeitpunkt, an dem es keine räumliche Ausdehnung mehr gibt, der Raum schnurrt auf einen Punkt zusammen. Wir haben gerade den Urknall entdeckt!

Mit $a(t_0) = 1$ folgt aus (5) $t_0 = \frac{2}{3H_0}$. Damit können wir das Alter t_0 eines solchen Universums aus dem aktuell gemessenen Wert $H_0 = 7 \cdot 10^{-11}/\text{Jahr}$ der Hubble-Konstanten ausrechnen und erhalten ein Alter von 9,5 Milliarden Jahren. Die Formel für die zeitliche Entwicklung eines Weltalls, in dem es nur Materie gibt, wird damit:

Universum aus Materie: $$a(t) = \big(\frac{t}{t_0}\big)^{\frac{2}{3}} \tag{6}$$

Abbildung 45.1 zeigt den Verlauf dieser Funktion. Wie wir sehen, nimmt die Expansionsgeschwindigkeit (die Steigung der Kurve) stetig ab. Was können wir aus dieser Expansionsfunktion über die Ausdehnung des heute beobachtbaren Universums lernen? *Beobachtbar* ist ein Punkt im Kosmos, wenn wir zumindest im Prinzip Licht oder andere elektromagnetische Wellen von ihm empfangen können. Naiv scheint das Problem trivial: Lichtstrahlen bewegen sich auf Geraden von der Quelle zum Empfänger. In der flachen Raumzeit der Speziellen Relativitätstheorie ist das richtig. In einer gekrümmten Raumzeit mit der Metrik $ds^2 = -\,dt^2 + a(t)^2\,(dr^2 + r^2\,d\Omega^2)$ ist die Situation etwas komplizierter. Aus Schritt 13 wissen wir, dass sich Licht auf Weltlinien der Länge null, so genannten *Nullgeodäten*, bewegt. Sie erfüllen an jeder Stelle die Bedingung $ds^2 = 0$. Wenn uns ein Lichtstrahl von einem weit entfernten Stern erreicht, und wir unsere Koordinaten so wählen, dass wir bei $r = 0$ sitzen, wird das Licht radial einfallen: $d\phi = d\theta = 0$ und damit $d\Omega = 0$. Dann ist $ds^2 = 0$ gleichbedeutend mit $dt^2 = a(t)^2\,dr^2$. Ziehen wir auf beiden Seiten die Wurzel, bekommen wir wie immer zwei Lösungen, eine positive und eine negative. Welche die physikalisch relevante ist, hängt von der jeweiligen Situation ab: in diesem Fall sitzen wir bei $r = 0$ und das Licht kommt auf uns zu. r wird mit der Zeit kleiner, für $dt > 0$ ist also $dr < 0$. Daher:

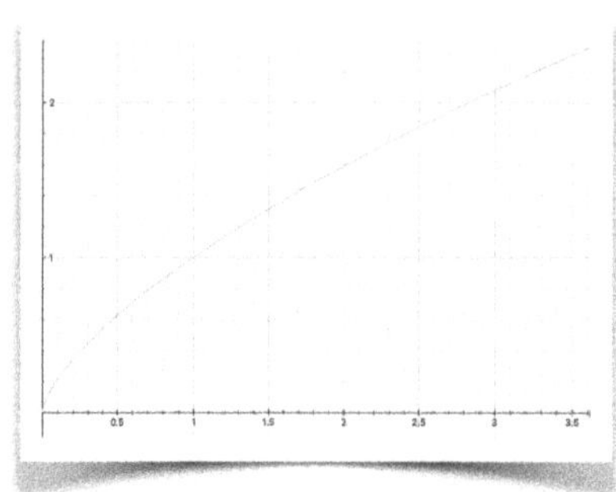

45.1: Expansion eines Materie-Universums

$$dt = -\,a(t)\,dr \qquad (7)$$

Diese Gleichung muss der Lichtstrahl an jedem Punkt seiner Reise einhalten. Da sich $a(t)$ mit der Zeit ändert, ist die Bedingung an jedem Ort seiner Reise eine etwas andere. Während der Lichtstrahl auf uns zu fliegt, dehnt sich der durchquerte Raum aus. Nehmen wir an, ein Stern in einer Entfernung r_e emittiere einen Lichtstrahl zur Zeit t_e (e für *emitted*), den wir zur Zeit t_r (r für *received*) auf der Erde ($r_0 = 0$) empfangen. Wir integrieren jetzt (7) vom Anfangs- zum Endpunkt:

$$-\int_{r_e}^{0} dr = \int_{t_e}^{t_r} \frac{1}{a(t)} dt \qquad (8)$$

Die linke Seite ergibt die zurückgelegte *Koordinaten*-Entfernung $-\int_{r_e}^{0} dr = -\,(0 - r_e) = r_e$. Um daraus die *echte gemessene* Entfernung d zu erhalten, müssen wir mit a multiplizieren:

$$d = a(t_0)\, r_e = a(t_0) \int_{t_e}^{t_r} \frac{1}{a(t)} dt = \int_{t_e}^{t_r} \frac{1}{a(t)} dt \tag{9}$$

wobei wir im letzten Schritt unsere Eichung $a(t_0) = 1$ verwendet haben. Wenn wir annehmen, unser Lichtstrahl wurde zu Beginn des Universums ausgesandt ($t_e = 0$) und heute auf der Erde empfangen ($t_r = t_0$), erhalten wir die größtmögliche Entfernung, die wir überhaupt beobachten können. Aus größerer Entfernung wäre Licht seit dem Urknall nicht bis zu uns gelangt, und — da nichts schneller als Licht ist — auch kein anderes Signal. Diese Entfernung wird Beobachtungshorizont genannt und definiert die Größe des beobachtbaren Universums:

Beobachtungshorizont: $$d_H = \int_0^{t_0} \frac{1}{a(t)} dt \tag{10}$$

Mit der Funktion (6) für $a(t)$ ist das eine einfache Integrationsaufgabe (siehe Aufgabe 45.1):

$$d_H = \int_0^{t_0} \frac{1}{a(t)} dt = \int_0^{t_0} \left(\frac{t_0}{t}\right)^{\frac{2}{3}} dt = 3t_0 \tag{11}$$

Eine Entfernung gleich einer Zeit? Nicht vergessen: wir rechnen in natürlichen Einheiten, Entfernungen werden in Lichtsekunden oder Lichtjahren gemessen. Mit $t_0 = 9{,}5$ Milliarden Jahren ergibt sich ein *Beobachtungshorizont* von $d_H = 3t_0 \approx 30$ Milliarden Lichtjahren. Wir sollten diese Werte für Alter und Größe des Universums mit Vorsicht genießen — sie gelten nur für ein Universum, in dem Materie die einzige Form der Energie ist. Wir werden bald sehen, dass es noch viel mehr als nur Materie gibt. Aber zuerst schauen wir uns den gerade entdeckten Urknall genauer an.

Aufgabe 45.1 (einfach): Zeige $\int_0^{t_0} \left(\frac{t_0}{t}\right)^{\frac{2}{3}} dt = 3t_0$

SCHRITT 46

Im Anfang war die Singularität

Die Welt wurde nicht innerhalb der Zeit, sondern gleichzeitig mit der Zeit geschaffen. Augustinus, ca. 420 n.Chr.[66]

Hubble ist mit der Entdeckung der kosmischen Expansion in die Wissenschaftsgeschichte eingegangen. Dabei hatte der Belgier Georges Lemaître schon 1927, zwei Jahre vor Hubbles Messungen, die Expansion und sogar das Hubble-Gesetz vorhergesagt. Die Arbeit wurde kaum beachtet. Lemaître entwickelte auch die erste Theorie des Urknalls, den er „kosmisches Ei" nannte. Als Einstein bei einer Konferenz im selben Jahr auf Lemaître traf, gab er zu, dass dessen expandierende Lösung der Einsteinschen Gleichungen mathematisch zulässig seien, tat sie aber als unphysikalisch ab[67]. Ihm war die Idee eines kosmischen Anfangs aufgrund der Ähnlichkeit mit der christlichen Schöpfungsgeschichte zutiefst suspekt. Dass Lemaître nicht nur Physiker sondern auch katholischer Priester war, machte die Sache nicht besser. Später ließ sich Einstein natürlich von Lemaître überzeugen, aber es bleibt kurios, dass die Physik bei einer Theorie der Entstehung des Universums angekommen ist, die eine Art Schöpfungsmoment enthält.

Eine wichtige Bestätigung erfuhr die Big Bang Theory schon in den 1940er Jahren, als Gamow und Alpher ein Modell für die Entstehung leichter Elemente unmittelbar nach dem Urknall aufstellten und damit den korrekten Massenanteil von Helium im Universum vorhersagten. Wir kommen darauf in Schritt 56 zurück. Ein direkter Nachweis, dass das Universum am Anfang extrem heiß und dicht war, kam erst 1964 mit der Entdeckung der kosmischen Hintergrundstrahlung, mit der wir uns in Schritt 54 beschäftigen werden.

Wenn wir uns — rückwärts in der Zeit — dem Urknall nähern, schrumpfen nicht nur alle Entfernungen immer weiter zusammen, sondern es wird auch immer heißer. Wer die Vorgänge in den ersten Sekunden nach dem Urknall

[66] Augustinus 1961

[67] Ferreira 2014

kennen möchte, muss deshalb die Physik bei extrem hohen Energien verstehen. Mit der Quantenfeldtheorie der Elementarteilchen hat sich die Naturwissenschaft immer näher an die Singularität, den Nullpunkt der Zeit, herangerobbt. So unglaublich es klingt, wir haben heute ein genaues Bild des Kosmos Millisekunden nach dem Urknall. Um noch weiter zurückzugehen bräuchten wir eine Quantentheorie der Gravitation. Aber selbst, wenn wir die irgendwann gefunden haben, werden wir mit unseren Theorien und Erklärungen doch immer an die Grenze des Urknalls selbst stoßen. So als liefen wir mit dem Kopf gegen eine Wand, ohne auf die andere Seite zu gelangen oder auch nur blicken zu können.

Aber was meinen wir eigentlich mit dem *Urknall*? Der Begriff wurde von den Gegnern der Theorie erfunden. Sie glaubten nicht an eine Geburtsstunde des Universums und verspotteten sie als Explosion, als „großen Knall" oder „Big Bang". Sie wurden widerlegt, aber ihr Begriff ist geblieben. Obwohl er falsche Assoziationen weckt. Hören wir Big Bang, stellen wir uns Materie vor, die erst in einem Punkt konzentriert ist und dann plötzlich in den umgebenden Raum explodiert. Es gibt aber gar keinen umgebenden Raum, es ist der Raum selbst, der sich ausdehnt und dabei erst entsteht. Der Urknall ist ein Zeitpunkt, kein Punkt im Raum. Wir wissen, wann er stattgefunden hat, nämlich vor etwa 14 Milliarden Jahren. Die Frage, *wo* der Urknall stattgefunden hat, ergibt dagegen keinen Sinn. Er hat überall stattgefunden, denn *überall* bedeutet *an allen Punkten des Raumes* und zum Zeitpunkt des Urknalls gab es eben nur den Raum, der sich ausdehnte, und nichts drum herum! War das Universum zum Zeitpunkt des Urknalls endlich oder unendlich? Die Antwort ist enttäuschend einfach: es war so, wie es heute ist, nur viel, viel kleiner. Falls es heute endlich ist (was wir nicht wissen), war es das auch beim Urknall. Es war dann wirklich (oder nahezu) punktförmig. Falls es heute unendlich ist, dann war es das auch schon beim Urknall. Es ist nämlich physikalisch schwer vorstellbar, dass sich etwas Endliches in etwas Unendliches verwandelt. Das scheint jedenfalls die Mehrheitsmeinung — wenn auch nicht die einzige Meinung — unter Kosmologen zu sein[68]. Wenn man dieser Meinung folgt, muss man sich aber fragen, wie etwas keine räumliche Ausdehnung (da $a(t) = 0$) haben und gleichzeitig unendlich groß sein kann. Ich habe keine gute Antwort.

Eine noch spannendere Frage ist: Was war vor dem Urknall? Wir wissen es nicht und werden es vielleicht nie wissen. Aber wir können Antworten

[68] Høg 2014

ausprobieren. Eine ist, dass es nichts vor dem Urknall gab, weil mit ihm so etwas wie Zeit überhaupt erst begann. Nach dieser Sichtweise sind Raum und Zeit mit dem Urknall entstanden. Es gibt keinen Raum jenseits des Raumes und keine Zeit vor der Zeit. Das widerspricht zwar radikal unserer Anschauung, passt aber durchaus zum Geist der Allgemeinen Relativitätstheorie, in der Raum und Zeit dynamische Größen sind. Wenn durch die kosmische Expansion ständig neuer Raum aus dem nichts entsteht, warum sollte dann nicht auch der Raum überhaupt irgendwann erstmals entstanden sein? Und die Zeit genauso, schließlich ist sie doch aus dem gleichen Stoff wie der Raum? Dennoch ist diese Antwort ziemlich unbefriedigend. Denn sie erklärt nicht, warum der Urknall stattgefunden hat. Er ist dann einfach der Anfang von allem und lässt sich aus nichts ableiten, was davor gewesen wäre.

Eine andere Antwort sagt, dass der Urknall nur ein besonderer Punkt in der Entwicklung des Universums war. Es gab auch davor schon etwas. Diese Antwort ist deutlich intuitiver, weil sie uns uns keinen „Beginn der Zeit“ zumutet. Allerdings ist sie wissenschaftlich nicht besonders fruchtbar, weil wir die Zeit vor dem Urknall nicht beobachten können. Der Urknall ist wie eine Mauer ist, hinter die wir nicht blicken können.

Deshalb lehnen die meisten Physiker nicht nur beide Antworten sondern sogar schon die Frage als unwissenschaftlich ab. Was ich nicht beobachten kann, darüber kann ich auch nicht sprechen. Es sei denn ich möchte Philosoph oder Priester werden. Ich finde diesen Standpunkt zu radikal. Fortschritt in der Naturwissenschaft besteht oft darin, die Grenzen der Wissenschaft zu überschreiten und sie damit letztlich zu erweitern. Es mag unwissenschaftlich sein, über die Zeit vor dem Urknall nachzudenken, aber es ist auf jeden Fall interessant. Und wer weiß, vielleicht können wir in zwanzig Jahren genauso seriös über die Zeit *unmittelbar vor* dem Urknall sprechen, wie heute über die Zeit *unmittelbar danach*.

SCHRITT 47

Dunkle Materie

„Sonne, Mond und Sterne..." — jedes Kind weiß, wo im Weltall die Materie steckt. Aber wie sollen wir jemals abschätzen, wieviel es davon pro Kubikmeter, oder — für unsere Zwecke passender — pro Kubik-Lichtjahr, gibt? Man kann aus der Helligkeit und Entfernung von Sternen und Galaxien deren Masse abschätzen. Astronomen wissen aber schon lange, dass es zwischen Sternen Gaswolken gibt, die sogar mehr Masse beisteuern als die Sterne selbst. Nimmt man diese unterschiedlichen Himmelskörper und Gaswolken zusammen, bekommt man eine gute Vorstellung von der Massenverteilung in einer Galaxie und kann dann mithilfe der Gravitationsgesetze ausrechnen, auf welchen Bahnen Sterne um das Zentrum der Galaxie kreisen müssten. Bei den verhältnismäßig geringen Gravitationsfeldern am Rande einer Galaxie ist die Newtonsche Theorie annähernd richtig. Die Geschwindigkeit einer kleinen Masse m auf einer Kreisbahn[69] um eine große Masse M haben wir schon in Schritt 28 ausgerechnet:

$$v = \sqrt{\frac{GM}{r}} \tag{1}$$

Die gleiche Formel gilt auch für einen Stern, der um eine Galaxie der Masse M kreist. Die Gravitationswirkungen aller Sterne, die in der Galaxie weiter außen liegen, auf unseren Stern heben sich gegenseitig auf [70]. Wir müssen bei M also nur Massen berücksichtigen, die weiter innen als unser Stern liegen. In den äußeren Bereichen der Galaxie ist die Sterndichte niedrig im Vergleich zum Inneren der Galaxie. Es kommen dann mit wachsendem Abstand r vom Mittelpunkt der Galaxie fast keine Sterne mehr hinzu — M ist praktisch konstant. Für die äußeren Sterne in einer Galaxie müsste (1) also annähernd erfüllt sein: die Geschwindigkeit der Sterne müsste mit $1/\sqrt{r}$ abnehmen (wie

[69] Wir nehmen der Einfachheit halber an, dass sich Sterne am Rande einer Galaxie auf Kreisbahnen bewegen.

[70] Das lässt sich beweisen unter der Annahme, dass diese Sterne in allen Richtungen annähernd gleich verteilt sind.

auf der Kurve a in Abbildung 47.1). Vera Rubin und Kent Ford verglichen 1970 dieses Ergebnis mit gemessenen Bahngeschwindigkeiten von Sternen in der Galaxie M31. Was sie fanden, war aber nicht Kurve a, sondern Kurve b! Die Abweichung zwischen Theorie und Messung war so eklatant, dass ein Messfehler ausgeschlossen war. Es war sofort klar, dass das Problem grundlegender war. Stell dir vor, du kommst an einem Spielplatz vorbei und siehst eine Wippe, auf der ein Kind an einem Ende hoch gehoben wird, obwohl niemand am anderen Ende sitzt[71]. Verwundert siehst du nach, ob es ein Problem mit der Mechanik gibt, vielleicht hat sich die Achse festgefressen und muss geölt werden. Aber mit der Wippe ist alles in bester Ordnung. Es gibt nur zwei Möglichkeiten: entweder wird das unbesetzte Ende der Wippe durch eine unsichtbare Masse zu Boden gedrückt oder etwas stimmt mit den physikalischen Gesetzen nicht. Rubin und Ford standen vor einer ähnlichen Situation: Entweder die Gesetze der Gravitation waren falsch oder die beobachteten Galaxien enthalten viel mehr Materie, als man allein aufgrund der beobachteten Sterne und Gaswolken annehmen würde. Das Problem war nicht ganz neu: Der Schweizer Fritz Zwicky hatte schon 1933 beobachtet, dass sich die Galaxien im Coma-Galaxienhaufen zu schnell für die angenommene Masse bewegten. Er vermutete, dass sich große Mengen nicht-leuchtender Materie zwischen den Sternen versteckten, und prägte den Ausdruck „Dunkle Materie“. Seine Ergebnisse stießen auf breite Ablehnung. Seit den präzisen Messungen von Rubin und Ford war Leugnen allerdings keine gute Strategie mehr, um mit dem Rätsel der Dunklen Materie umzugehen. Und es sind seither viele andere Indizien hinzugekommen. Beispielsweise lässt sich die Entstehung von Galaxien ohne Dunkle Materie nicht erklären.

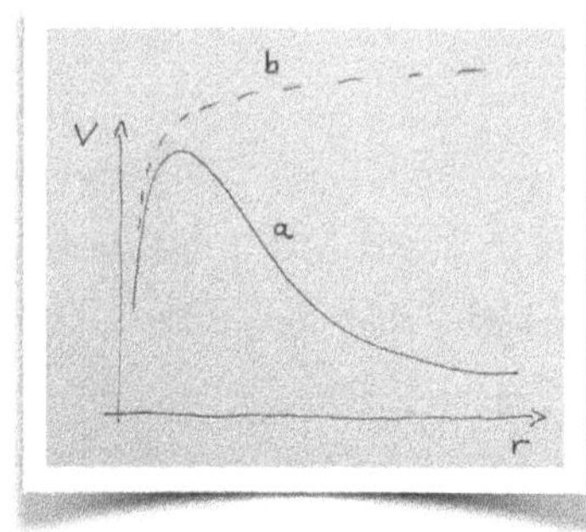

47.1: Geschwindigkeiten von Sternen in einer Galaxie

Seit einem halben Jahrhundert ringen die Physiker um eine Erklärung. Sie haben keine gefunden. Die Dunkle Materie bleibt eines der größten Rätsel der Naturwissenschaft. Was das Ganze so spannend macht: große nicht-leuchtende Himmelskörper wie Planeten oder Ähnliches lassen sich fast sicher ausschließen. Wenn sie die zusätzliche Gravitationsquelle wären, müssten es so

[71] Necib 2020

viele sein, dass man sie bemerken müsste. Zum Beispiel so: große Massen wirken nach Einsteins Relativitätstheorie wie optische Linsen, weil vorbeilaufende Lichtstrahlen in der verbogenen Raumzeit in ihrer Nähe abgelenkt werden. Die Astronomen haben tatsächlich einige dunkle Massen entdeckt, die als Gravitationslinsen wirken — allerdings viel zu wenige um auch nur einen nennenswerten Bruchteil der Dunklen Materie zu erklären.

Und wenn die Gravitationsgesetze nicht stimmen? Die allgemeine Relativitätstheorie ist wahrscheinlich — neben der Quantenelektrodynamik — die am besten bestätigte Theorie in der Geschichte der Naturwissenschaft. Natürlich ist ihr Gültigkeitsbereich nicht unbegrenzt: im ganz Kleinen, auf Längenskalen weit unter denen von Atomkernen, muss sie durch eine Theorie der Quantengravitation ersetzt werden, die wir noch nicht gefunden haben. Für Rotationskurven von Sternen in Galaxien spielt das aber keine Rolle. Nach dem Motto „If it ain't broke don't fix it" sind Physiker deshalb nicht gerade davon begeistert an einer ihrer besten Theorien herum zu schrauben. Dennoch gab es ernsthafte Versuche die Gravitationsgesetze so zu verändern, dass auf Größenskalen deines Wohnzimmers oder des Sonnensystems alles beim alten bleibt, aber auf Skalen von Galaxien oder noch größerer Entfernungen Korrekturen greifen, die die Beobachtungen ohne Dunkle Materie erklären können. Allerdings scheitern diese Theorien an den anderen astronomischen Hinweisen auf Dunkle Materie. Deshalb gibt es heute kaum noch Anhänger solcher „Modified Gravity"-Theorien.

Man würde erwarten, dass die Dunkle Materie den Physikern ein ziemlicher Dorn im Auge sein müsste. Schließlich ist sie wie ein Spiegel, der ihnen sagt, „Du weißt nichts". Aber gerade dafür lieben die Forscher die Dunkle Materie. Sie gilt als einer der wichtigsten Schlüssel zu neuer Physik, denn als Erklärung bleibt eigentlich nur noch irgendeine bisher unbekannte Form von Materie. Und zwar eine, die nicht an der elektromagnetischen Wechselwirkung teilnimmt. Sonst müsste Dunkle Materie nämlich leuchten und wir hätten sie schon längst entdeckt. Es gibt nur ein „dunkles" Teilchen im Standardmodell der Elementarteilchenphysik: das Neutrino. Es nimmt nur an der Gravitation (wie alle Teilchen) und an der schwachen Wechselwirkung teil, nicht aber an der starken oder der elektromagnetischen Wechselwirkung. Neutrinos haben also alle Qualifikationen, um als Dunkle Materie anerkannt zu werden. Und zweifellos tragen sie auch zur Dunklen Materie bei, allerdings nur einen geringen Anteil — es gibt einfach nicht genug Neutrinos. Nach allem, was wir heute wissen, besteht der Großteil der Dunklen Materie aus etwas, das im Standardmodell nicht vorkommt! Man muss sich einmal klarmachen, wie absurd die Situation ist: die Physik hat ein Modell, das jede Beobachtung und jede Messung, die Teilchenphysiker je gemacht haben, in großer Präzision erklären kann. Aber gleichzeitig stellt sich heraus, dass etwa 85% der Materie im Universum von irgendeiner anderen Art sind. Etwas, das noch in keinem Labor und keinem Teilchenbeschleuniger je beobachtet worden ist. Etwas, das weder im Periodensystem der Elemente noch im Standardmodell der Elementarteilchenphysik vorkommt — aber in der Luft, die du gerade atmest! Die Welt bleibt auch im 21. Jahrhundert ein ziemlich rätselhafter Ort.

SCHRITT 48

Strahlung

Wir kehren jetzt zur Inventur der kosmischen Energieformen zurück. In Schritt 45 hatten wir uns ein Spielzeug-Universum aus Materie gebaut und mithilfe der Friedmann-Gleichung seine Expansion, sein Alter und seinen Beobachtungshorizont ausgerechnet. Wenn Materie allerdings der einzige Beitrag zur kosmischen Energiedichte wäre, wüssten wir so gut wie nichts über das Universum. Unser Fenster zum Kosmos ist elektromagnetische *Strahlung:* Licht und Radiowellen, die wir mit unseren Teleskopen empfangen. Der Kosmos ist voller Strahlung. Sie transportiert Energie und trägt zur kosmischen Energiedichte ρ bei. Man würde intuitiv erwarten, dass die Energiedichte der Strahlung ρ_S genauso durch die Expansion des Weltalls verdünnt wird wie ρ_M. Bei der Strahlung kommt aber noch ein anderer Effekt hinzu: die kosmologische Rotverschiebung. Die müssen wir erst verstehen, bevor wir unser nächstes Spielzeug-Universum bauen können.

Nehmen wir an, ein Stern in der Koordinaten-Entfernung r von der Erde schicke zur Zeit t_e eine Lichtwelle, genauer einen *Wellenberg,* zur Erde. Genau diesen Wellenberg empfangen wir auf der Erde zur Zeit t_r. Wir kennen aus Schritt 45 die Beziehung zwischen r, t_e und t_r:

$$\int_{t_e}^{t_r} \frac{1}{a(t)} dt = r \tag{1}$$

Eine Wellenperiode T_e später, also zur Zeit $t_e + T_e$ wird der nächste Wellenberg auf die Reise geschickt und zur Zeit $t_r + T_r$ auf der Erde empfangen. Wir können nicht einfach voraussetzen, dass $T_r = T_e$ ist — schließlich macht die Allgemeine Relativitätstheorie komische Dinge mit Raum und Zeit! Wir wissen aber, dass sich auch der zweite Wellenberg auf einer Null-Geodäten bewegt und daher eine zu (1) analoge Beziehung gelten muss.

$$\int_{t_e+T_e}^{t_r+T_r} \frac{1}{a(t)} dt = r \tag{2}$$

Außerdem wissen wir, dass das r auf der rechten Seite beider Gleichungen identisch ist. Wir arbeiten nämlich in mitbewegten Koordinaten und da bleiben die Koordinaten eines Sterns unverändert, selbst wenn sich der Raum ausdehnt. Wir können also die linken Seiten von (1) und (2) gleichsetzen:

$$\int_{t_e}^{t_r} \frac{1}{a(t)} dt = \int_{t_e+T_e}^{t_r+T_r} \frac{1}{a(t)} dt \tag{3}$$

Das sind zwei Integrale über die gleiche Funktion aber mit etwas unterschiedlichen Integrationsgrenzen. In Abbildung 48.1 sehen wir, dass die beiden Intervalle von $t_e + T_e$ bis t_r überlappen. Dieses Intervall dürfen wir auf beiden Seiten von Gleichung (3) gefahrlos herausschneiden, da wir ja beide Male das Gleiche abziehen. Übrig bleibt dann eine Gleichung für die beiden „überstehenden Ränder“:

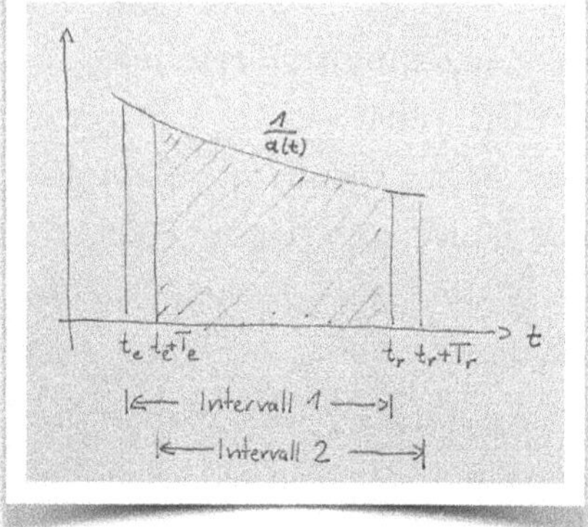

48.1 Überlapp der Integrationsintervalle

$$\int_{t_e}^{t_e+T_e} \frac{1}{a(t)} dt = \int_{t_r}^{t_r+T_r} \frac{1}{a(t)} dt \tag{4}$$

Die typischen Perioden elektromagnetischer Wellen sind viel kürzer als eine Sekunde und in dieser Zeit ist die Änderung von $a(t)$ völlig zu vernachlässigen. Daher können wir $a(t)$ zur Beginn der Periode auswerten und dann vor das Integral ziehen:

$$\frac{1}{a(t_e)} \int_{t_e}^{t_e+T_e} dt = \frac{1}{a(t_r)} \int_{t_r}^{t_r+T_r} dt \tag{5}$$

Wir integrieren und erhalten:

$$\frac{T_r}{a(t_r)} = \frac{T_e}{a(t_e)} \tag{6}$$

Aus der Wellenperiode T ergibt sich die Wellenlänge $\lambda = cT$ oder in natürlichen Einheiten $\lambda = T$. Daher gilt die gleiche Beziehung auch für die Wellenlänge:

$$\frac{\lambda_r}{a(t_r)} = \frac{\lambda_e}{a(t_e)} \tag{7}$$

Wenn wir das Licht heute empfangen, ist $a(t_r) = 1$ ist, und damit $\lambda_r = \lambda_e / a(t_e)$. Das Licht kommt bei uns mit anderer Wellenlänge an, als es emittiert wurde! Die Expansion des Raums zieht Wellen in die Länge. Wenn Licht von einem Stern zu einem Zeitpunkt ausgesandt wurde, als der Skalenfaktor $a(t)$ halb so groß wie heute war, kommt es bei uns mit doppelter Wellenlänge an. Da im sichtbaren Teil des Spektrums rotes Licht die längsten Wellenlängen hat, spricht man von der *kosmologischen Rotverschiebung*. In Wahrheit werden die Wellenlängen natürlich nicht alle in den roten Bereich, sondern je nach ursprünglicher Wellenlänge und Expansion während der Reise in jeden beliebigen Bereich verschoben.

48.2: Expansion eines Strahlungs-Universums

Zurück zur Frage, wie Strahlung durch die Expansion des Raumes „verdünnt" wird und was das mit der kosmologischen Rotverschiebung zu tun hat. Elektromagnetische Wellen haben nach den Gesetzen der Quantenmechanik eine gequantelte Energie, die umgekehrt proportional zur Wellenlänge λ ist und damit direkt von der Rotverschiebung betroffen ist:

$$E = h\nu = \frac{hc}{\lambda} \propto \frac{1}{a(t)}$$

Außerdem vergrößert die Expansion jedes Volumen im Raum gemäß $V \propto a(t)^3$. Im Gegensatz zu Materie, die nur mit $a(t)^3$ verdünnt wird, wird die Energiedichte von *Strahlung* $\rho_S = E/V$ daher mit $a(t)^4$ verdünnt:

$$\rho_S(t) = \frac{\rho_S(t_0)}{a(t)^4} \tag{8}$$

So, jetzt können wir ein neues Spielzeug-Universum bauen, in dem es dieses Mal nur Strahlung geben soll. Wie in Schritt 45 kannst du in Aufgabe 48.1 mithilfe der Friedmann-Gleichung die Expansion $a(t)$, das Alter und den Horizont ausrechnen. Hier das Ergebnis:

Universum aus Strahlung: $$a(t) = \left(\frac{t}{t_0}\right)^{\frac{1}{2}} \tag{9}$$

Mit der heutigen Hubble-Konstante hätte ein solches Spielzeug-Universum ein Alter von 7,1 Milliarden Jahren und einen Beobachtungshorizont von rund 14 Milliarden Lichtjahren. Der Verlauf von $a(t)$ (Abbildung 48.2) unterscheidet sich qualitativ kaum von dem des materie-dominierten Universums (Abbildung 45.1): Wieder gibt es einen Urknall bei $t = 0$ und wieder verlangsamt sich die Expansion.

Aufgabe 48.1 (mittel): Leite Gleichung (9) her, indem du die Friedmann-Gleichung für ein Spielzeug-Universum aus Strahlung löst. Berechne außerdem sein Alter und seinen Beobachtungshorizont.

SCHRITT 49

Dunkle Energie

Wirf einen Stein in die Luft. Vielleicht findest du das alles mittlerweile etwas fantasielos — aber der Fall des Steins ist noch lange nicht am Ende! Das einfachste aller physikalischen Experimente taugt auch als Analogie für die kosmische Expansion. Jedenfalls dann, wenn wir den Stein mit der Fluchtgeschwindigkeit aus Schritt 28 nach oben werfen: Er fliegt nach oben, wird dabei immer langsamer, kehrt aber nie zur Erde zurück. Unsere Spielzeug-Universen mit Materie und Strahlung teilen dasselbe Schicksal: ihre Expansion beginnt rasant und verliert dann an Schwung, geht aber immer weiter — kehrt sich also nie in eine „Schrumpfung" um. Anschaulich wirkt die Gravitation der Masse und Energie im Universum der Expansion entgegen und bremst sie ab, genau wie die Masse der Erde den hoch geworfenen Stein abbremst. Die Analogie reicht sogar in die Mathematik hinein. Die Funktion $a(t)$ ist für kleine t sehr steil und flacht dann ab. Für das Materie-Universum hat $a(t)$ die gleiche $t^{\frac{2}{3}}$-Abhängigkeit (Gleichung 45.6) wie der nach oben geworfene Stein (Gleichung 28.6). Dass die Analogie — zumindest mathematisch — für unser Spielzeug-Universum aus Strahlung mit seiner $t^{\frac{1}{2}}$-Expansion schiefgeht, erinnert uns daran, dass die Welt eben doch etwas mehr auf Einstein als auf Newton hört. Klassisch hat Strahlung keine Gravitation. Bei Einstein ist die Währung der Gravitation dagegen nicht Masse sondern Energie, und Strahlung damit eine ihrer Quellen! Bis Ende des letzten Jahrhunderts glaubte man, *Materie* und *Strahlung* seien das komplette Inventar der kosmischen Energiedichte und rechnete mit einer stetigen Verlangsamung der kosmischen Expansion. Ende der Neunziger Jahre stellten sich Physiker folgende Frage: Genügt die Masse im Universum aus, um die Ausdehnung nicht nur zu verlangsamen sondern am Ende auch umzukehren, also von einem expandierenden zu einem schrumpfenden Universum zu kommen? Diese Frage ist vielleicht etwas überraschend. Schließlich hatten wir in Schritt 45 die Beziehung $a(t) \propto t^{\frac{2}{3}}$ und damit ein ewig expandierendes Universum gefunden, ohne eine bestimmte Massendichte anzunehmen. Diese Schlussfolgerung gilt aber nur in einem flachen Universum. Ist das Universum positiv gekrümmt und enthält viel Masse, hört die Expansion irgendwann auf, das Universum implodiert und schnurrt schließlich in einem Big Crunch — einem „umgekehrten“ Urknall — wieder auf einen Punkt zusammen. Dieses Szenario hatten wir in Schritt 45 nicht weiter beachtet, weil heute alles darauf hindeutet, dass das Universum flach ist. In den Neunziger Jahren war das aber noch eine offene Frage und so machten sich einige Astronomen daran, die Zukunft des Universums aufzuklären. Ihr Ansatz: Schau in die Vergangenheit und finde heraus, wie schnell das Universum in früheren Zeiten expandierte, und schließe aus der beobachteten Verlangsamung der Expansion auf das künftige Schicksal des Universums. Aber wie schaut man in die Vergangenheit? Man schaut in den Himmel! Eine Galaxie, die eine Million Lichtjahre entfernt ist, sehen wir so, wie sie vor einer Million Jahren aussah. Wenn wir von sehr weit entfernten Galaxien sowohl ihre Entfernung als auch ihre Geschwindigkeit bestimmen und das mit dem heutigen Hubble-Parameter vergleichen, erfahren wir, wie sich die Expansionsgeschwindigkeit entwickelt hat. Die Geschwindigkeit kann man mithilfe der Rotverschiebung bestimmen. Die eigentliche Herausforderung in der Astronomie ist die Entfernungsmessung. Wir hatten in Schritt 41 schon das Konzept der Standardkerzen eingeführt: Arten von Himmelskörpern oder astronomischen Ereignissen mit immer gleicher *intrinsischer* Helligkeit. Sieht man eine solche Standardkerze am Himmel, kann man aus der *beobachteten* Helligkeit auf die Entfernung schließen. Um die Verlangsamung der Expansion zu messen wurden so genannte *Typ-Ia Supernovae* als Standardkerzen verwendet.

Was sind Typ-Ia Supernovae? Erinnerst du dich an die Weißen Zwerge aus Schritt 31? Das waren ausgebrannte Sterne, die ihren Wasserstoffvorrat verbraucht haben, aber zu leicht sind, um zu einem Neutronenstern oder gar einem Schwarzen Loch zu kollabieren. Sie bestehen im wesentlichen aus Kohlenstoff, Sauerstoff und Stickstoff, den Produkten der verschiedenen Fusionsprozesse. Ein Weißer Zwerg kann mit einem anderen Stern ein *Doppelsternsystem* bilden, bei dem die beiden Sterne gravitativ aneinander gebunden sind, sprich einander umkreisen. Hier passiert nichts anderes als bei Sonne und Erde, die ebenfalls durch Schwerkraft aneinander gebunden sind. Ist der Partner ein jüngerer Stern, der noch aus Wasserstoff und Helium besteht, „saugt“ der Weiße Zwerg Gas von ihm ab. Wasserstoff und Helium fallen auf den Weißen Zwerg und werden dabei aufgrund der Gravitation dichter und heißer, bis sie schließlich zu Kohlenstoff, Sauerstoff und Stickstoff fusionieren. Der Weiße Zwerg wird immer schwerer. Wie schwer kann er werden? Kommt dir die Frage bekannt vor? Genau das hatte Subrahmanyan Chandrasekhar auf seiner langen Überfahrt von Madras nach Southhampton ausgerechnet. Ein Weißer Zwerg ist nur bis zum Chandrasekhar-Limit von 1,4 Sonnenmassen stabil. Wird er schwerer, kollabiert er unweigerlich. Dann fusioniert die gesamte Materie des Weißen Sterns explosionsartig zu schwereren Elementen wie beispielsweise Eisen. Eine solche so genannte Typ-Ia Supernova strahlt heller als eine ganze Galaxie und lässt sich daher noch aus sehr großen Entfernungen beobachten. Entscheidend ist aber, dass aufgrund des Chandrasekhar-Limits immer die gleiche Materiemenge explodiert und daher auch die gleiche Helligkeit erzeugt wird. Das macht Typ-Ia Supernovae zu perfekten Standardkerzen — oder in diesem Fall eher Standardbomben! Perlmutter, Schmidt, Riess und ihr Team suchten also den Himmel nach solchen Typ-Ia Supernovae ab, um die Verlangsamung der Expansionsgeschwindigkeit zu messen. Die Beobachtungen waren ein Schock für die kosmologische Gemeinde. Die Werte zeigten eindeutig, dass das Universum nicht langsamer sondern immer schneller expandiert!

Wie ist das zu erklären? Mathematisch ist es nicht schwierig die Gleichungen so zu manipulieren, dass sie exponentielle Expansion vorhersagen. Statt Materie oder Strahlung, die durch die Ausdehnung des Raumes unweigerlich verdünnt werden, setzen wir in die Friedmann-Gleichung einfach eine konstante, von $a(t)$ unabhängige Energiedichte ρ_Λ ein:

$$\frac{\dot{a}^2}{a^2} = \frac{8\pi G}{3}\rho_\Lambda \qquad \rightarrow \qquad \dot{a} = \sqrt{\frac{8\pi G}{3}\rho_\Lambda}\, a \tag{1}$$

Wir müssen diese Differentialgleichung noch nicht einmal lösen, um zu sehen, was hier passiert. Da $\dot{a} > 0$, wird a immer größer. Das bedeutet *Expansion*. Da aber $\dot{a}$ proportional zu a ist, wird $\dot{a}$ immer größer. Das bedeutet *beschleunigte Expansion*. (1) entspricht genau der Differentialgleichung $y' = a\,y$ aus Schritt 27. Lass dich nicht durch die unterschiedlichen Verwendungen des Buchstaben a verwirren! Die Lösung ist eine Exponentialfunktion:

Universum aus Dunkler Energie: $$a(t) = b\, e^{\sqrt{\frac{8\pi G}{3}\rho_\Lambda}\, t}$$

wobei wir b wieder so wählen, dass $a(t_0) = 1$. In Abbildung 49.1 siehst du, dass wir in der Tat ein exponentiell expandierendes Universum erhalten! Auch wenn es nach schlechter Science-Fiction klingt: Für ρ_Λ hat sich der Name *Dunkle Energie* durchgesetzt. Mathematisch ist hier nichts Weltbewegendes passiert:

wir haben eine Funktion $\rho(a)$ gesucht und gefunden, mit der die Friedmann-Gleichung eine beschleunigte Expansion „ausspuckt", nämlich $\rho(a) = \text{const.}$, also eine Energiedichte, die immer gleich bleibt, egal wie sich das Universum ausdehnt. Es ist genau der gleiche Taschenspielertrick, den Einstein 1917 anwandte, als er die kosmologische Konstante Λ in seine Gleichungen einführte. Allerdings tat er es aus anderen Gründen: es war der minimal-invasive Eingriff, um seine Theorie mit einem statischen Universum vereinbar zu machen. Λ wirkt der Selbst-Gravitation der Massen im Universum entgegen. Macht man diese „Anti-Gravitation" groß genug, bekommt man exponentielle Expansion. Tariert man sie dagegen genau aus, heben sich beide „Kräfte" gerade auf — herauskommt das ewig unveränderliche Weltall, das Einstein um jeden Preis erzwingen wollte. Kurz darauf entdeckte Hubble, dass das Universum alles andere als statisch war, und das Thema war vom Tisch. Einstein bereute die kosmologische Konstante später, und sie blieb jahrzehntelang das schwarze Schaf der Kosmologie. Hättest du in den Siebzigerjahren eine Theorie mit einer kosmologischen Konstante vorgeschlagen, hättest du bestenfalls ein müdes Lächeln geerntet. Doch mit den Messergebnissen der Supernovae-Studie war die kosmologische Konstante schlagartig rehabilitiert.

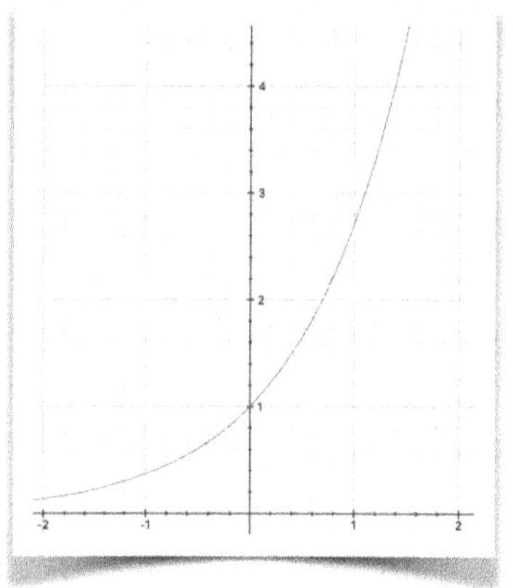

49.1: Expansion mit Dunkler Energie

Physikalisch ist die Annahme einer konstanten von $a(t)$ unabhängigen Energiedichte ziemlich beunruhigend: Nehmen wir einmal an, es gebe heute eine bestimmte Menge Energie im Universum. Morgen ist das Universum etwas größer, aber die Energiedichte soll gleich bleiben. Die Energie wird nicht verdünnt! Das bedeutet, dass für jeden Kubikmeter neu geschaffenen Raums immer gerade soviel Energie aus dem nichts erzeugt wird, dass die Energie pro Kubikmeter, sprich die Energiedichte, unverändert bleibt! Das klingt etwas unseriös. Überraschenderweise sagt die Quantenfeldtheorie genau eine solche Energieform vorher. In Schritt 37 haben wir mit der Nullpunktsenergie des quantenmechanischen Oszillators die Vakuumenergie eines Quantenfeldes begründet. Jeder Schwingungsmodus eines Quantenfeldes verhält sich wie ein harmonischer Oszillator und besitzt daher auch eine Mindestenergie von

$E_0 = 1/2\,\hbar\omega$. Die Summe dieser *Nullpunktsenergien* ergibt die Energie des Vakuums. Die Existenz von Quantenfeldern ist nichts, das von außen in den Raum gesteckt würde, sondern eine Eigenschaft des Vakuums selbst. Wenn durch die Expansion neuer Raum erzeugt wird, dann ist dieser automatisch auch mit Quantenfeldern und deren Vakuumenergie ausgestattet. Diese Vakuumenergie hat also genau die entscheidende Eigenschaft der Dunklen Energie: sie wird mit dem Raum mitgeschaffen und sorgt so für eine konstante Energiedichte. Ist die Vakuumenergie der Quantenfelder also die Dunkle Energie, die das Universum immer schneller expandieren lässt? Vermutlich ja — wir haben zumindest keinen besseren Kandidaten! Es gibt da allerdings ein Problem. Wir wissen nicht, wie groß die Vakuumenergie ist. Wie gesagt: Ein Schwingungsmodus eines Quantenfeldes mit Frequenz ω trägt eine Energie von $E_0 = 1/2\,\hbar\omega$ zur Vakuumenergie bei. Wenn man Schwingungszustände beliebig hoher Frequenz berücksichtigt, erhält man so allerdings eine Summe, die unendlich groß wird. Das macht physikalisch keinen Sinn, schon alleine, weil wir nicht erwarten können, dass die Quantenfeldtheorie bei beliebig hohen Energien gilt. Aber wo sollen wir die Summe abbrechen? Mit gutem Gewissen können wir zumindest Energien berücksichtigen, die in den stärksten existierenden Teilchenbeschleunigern wie dem Large Hadron Collider in Genf auftreten, und bei denen die Quantenfeldtheorie hervorragend bestätigt worden ist. Mit diesem Ansatz kommt man auf einen Wert, der 10^{60} (eine 1 mit 60 Nullen!) mal größer ist als die gemessene Dichte der Dunklen Energie im Universum! Das ist mit Sicherheit die schlechteste Übereinstimmung von theoretischer Vorhersage und Beobachtung in der Geschichte der Naturwissenschaft. Das eigentliche Rätsel ist also nicht, dass es Dunkle Energie gibt, sondern dass es so unglaublich wenig davon gibt.

SCHRITT 50

Glanz und Elend der Kosmologie

Wir haben jetzt eine ganze Weile mit Spielzeug-Universen gespielt, die jeweils nur eine der Energieformen Materie, Strahlung oder Dunkle Energie enthielten. Jetzt wird es Zeit das Kinderzimmer zu verlassen und zu sehen, wieviel es wovon da draußen wirklich gibt. Was würden wir erwarten? Wir wissen, wie die Ausdehnung des Raumes die verschiedenen Energien verdünnt: Strahlung mit $\frac{1}{a^4}$, Materie mit $\frac{1}{a^3}$ und Dunkle Energie überhaupt nicht. Die kosmische Expansion wird also als erstes die Strahlung niederringen, später die Materie und nur die Dunkle Energie wird ganz unbeeindruckt fortbestehen und zuletzt über die anderen Formen dominieren. Wir würden also erwarten, dass zumindest Strahlung heute kaum noch eine Rolle spielt und die Entwicklung des Universums durch Materie und Dunkle Energie bestimmt wird.

Bevor wir uns anschauen, was die Messungen sagen, brauchen wir erst ein Schema, um die Messdaten einzuordnen. Die Friedmann-Gleichung $H^2 = \frac{8\pi G}{3}\rho$ ist in der Kosmologie immer ein guter Ausgangspunkt. In dieser Form enthält sie allerdings eine kleine didaktische Lüge: Eigentlich gibt es auf der rechten Seite noch einen Term, der die Krümmung k enthält. Wir konnten diesen Teil der Gleichung getrost unter den Teppich kehren, weil unser Universum nach heutigem Wissensstand flach ($k = 0$) ist. Manchmal ist es aber nützlich, die allgemeinste Form der Friedmann-Gleichung aufzustellen:

$$H^2 = \frac{8\pi G}{3}\rho - \frac{k}{R^2} \tag{1}$$

Wir können ρ in seine Komponenten aufspalten und beide Seiten durch H^2 dividieren:

$$1 = \frac{8\pi G}{3H^2}\left(\rho_M + \rho_S + \rho_\Lambda\right) - \frac{k}{R^2H^2} = \Omega_M + \Omega_S + \Omega_\Lambda - \Omega_k \tag{2}$$

Im zweiten Schritt ist nicht viel passiert. Wir haben die einzelnen Komponenten einfach nur durch neue Symbole Ω_i abgekürzt, um uns

Schreibarbeit zu sparen: Ω_M für $\frac{8\pi G}{3H^2}\rho_M$ und so weiter. Jetzt sind die Energiedichten so umskaliert, dass sie in einem flachen Universum ($\Omega_k = 0$) in Summe 1 ergeben. Falls sich die Energiedichten dagegen nicht zu 1 addieren, muss es der Krümmungsterm „richten“ und die Abweichung ausgleichen, damit (2) wieder stimmt. Da Ω_S wie gesagt im heutigen Universum praktisch keine Rolle mehr spielt, bleibt eine Gleichung mit drei Unbekannten übrig:

$$1 = \Omega_M + \Omega_\Lambda - \Omega_k \qquad (3)$$

Man kann zwei der Unbekannten frei wählen, die dritte folgt dann aus der Gleichung. Man kann also die möglichen Zusammensetzungen des Universums als Punkte in einem $\Omega_M\,\Omega_\Lambda$-Diagramm darstellen (Abbildung 50.1). Ein flaches Universum ($\Omega_k = 0$) muss irgendwo auf der Geraden $\Omega_\Lambda = 1 - \Omega_M$ liegen, die die Punkte (0,1) und (1,0) verbindet. Für $\Omega_M\,\Omega_\Lambda$-Kombinationen oberhalb dieser Geraden ist das Universum positiv gekrümmt, darunter negativ. Das Universum als Punkt in einem Diagramm — was für ein Akt geistiger Abstraktion, und was für eine Hybris!

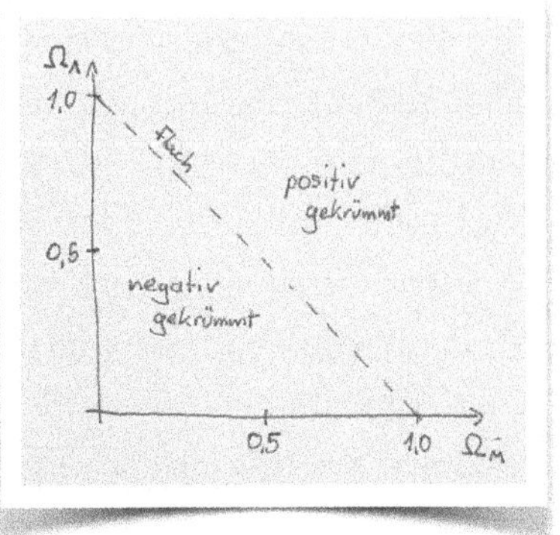

50.1: Das Universum als Diagramm

Welche Ω_M - Ω_Λ - Kombination beschreibt unsere Welt, wo ist unser Punkt im Diagramm?

In Schritt 49 sahen wir, dass wir mithilfe von *Supernovae* die Beschleunigung der kosmischen Expansion messen können. Die Beobachtungen sind nur mit ganz bestimmten Kombinationen der Materiedichte ρ_M und Dunklen Energie ρ_Λ vereinbar, und zwar denen, die auf der roten Geraden in Abbildung 50.2 liegen.

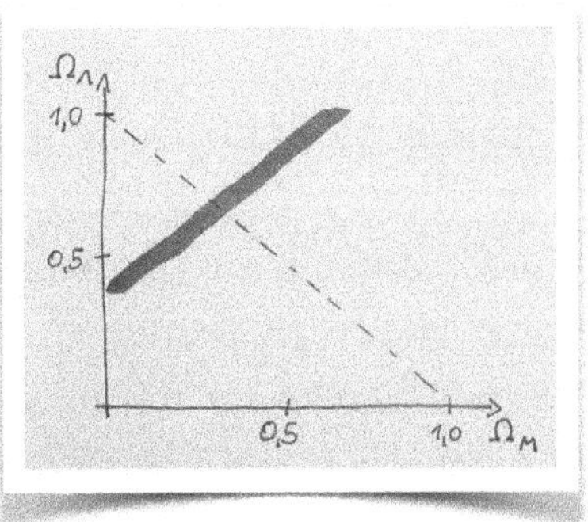

50.2: Supernovae-Messungen (rot)

In Schritt 58 werden wir *akustische Schwingungen* im frühen Universum kennenlernen, die zeigen, dass die Krümmung unseres Kosmos annähernd null ist. Ein Universum ohne Krümmung liegt auf der blauen Geraden $\Omega_\Lambda = 1 - \Omega_M$ in Abbildung 50.3.

Damit sind wir am Ziel! Mit dem Schnittpunkt der beiden Geraden haben wir den Ort unserer Welt im Diagramm gefunden. Unsere Adresse — nicht die der Erde im Universum, sondern die des Universums in einem theoretischen Raum kosmischer Optionen — ist:

$$\Omega_M = 0{,}3\,, \Omega_\Lambda = 0{,}7$$

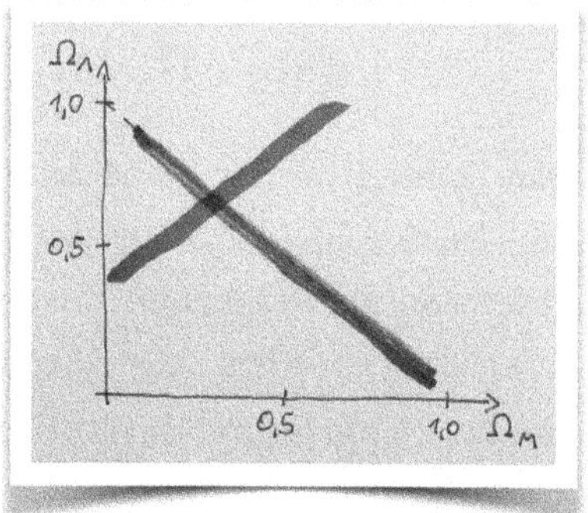

50.3: Akustische Schwingungen (blau)

Das heißt, Materie (normale und Dunkle) trägt 30% zur kosmischen Energiedichte bei, und die restlichen 70% sind Dunkle Energie. Aber wie verlässlich ist das alles? Zwei Geraden schneiden sich immer irgendwo (es sei denn, sie sind parallel). Wenn wir mit einer der beiden Geraden danebenlägen, bekämen wir die falsche Adresse ohne es zu merken. Hätten wir eine dritte Gerade, die sich aus einer anderen, unabhängigen Beobachtung ergäbe, käme es zum Schwur: Drei Geraden schneiden sich in der Regel nicht in einem, sondern in drei Punkten. Würde die dritte Gerade die anderen beiden im selben Punkt schneiden, wäre das ein starker Hinweis, dass wir auf dem richtigen Weg sind. Wenn nicht, hätte die Kosmologie ein Problem.

Es gibt tatsächlich eine weitere Beobachtung: Computer-Simulationen zeigen, dass sich die beobachteten Galaxieverteilungen nur mit einer bestimmten Materiedichte Ω_M vereinbaren lassen. In Schritt 47 haben wir diese Tatsache als Beweis für die Existenz Dunkler Materie schon erwähnt. Alle Punkte mit dem gefundenen Wert für Ω_M liegen in unserem kosmischen Optionenraum auf der schwarzen, senkrechten Geraden in Abbildung 50.4. Und jetzt bitte Trommelwirbel — diese dritte Gerade geht tatsächlich durch den Schnittpunkt der beiden anderen! Diese erstaunliche Tatsache ist einer der großen

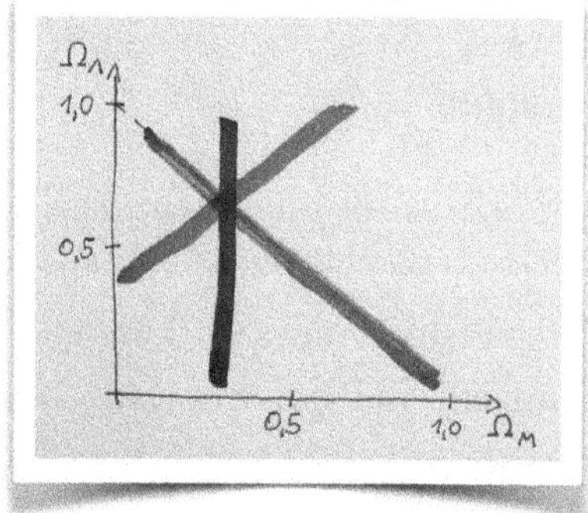

50.4: Galaxieverteilungen (schwarz)

Triumphe der Kosmologie. Auch wenn man ihre Aussagen nicht in irdischen Laboren nachprüfen kann, so ist die Kosmologie in den letzten hundert Jahren doch eine empirische tatsachenbasierte Wissenschaft geworden. Abbildung 50.4 legt die Grundlage für das so genannte Standardmodell der Kosmologie, auch ΛCDM-Modell genannt — Λ für die Dunkle Energie und CDM für *Cold Dark Matter*. In den letzten zwanzig Jahren hat dieses Modell jeden nur denkbaren empirischen Test bestanden und alle möglichen astronomischen Messungen erklären können.

Was bedeutet das für die Expansion des Universums und seine Vergangenheit und Zukunft? Jetzt, wo wir Ω_M und Ω_Λ kennen, können wir diese Frage beantworten: Nach einer kurzen Strahlungsdominanz unmittelbar nach dem Urknall wurde Materie schnell zur dominanten Energie. Das ist sehr lange so geblieben. Erst in jüngerer Zeit hat die Dunkle Energie dann die Führung übernommen und ist heute die dominante Energieform. Ihr gehört die Zukunft. Soweit wir wissen, kann sie nichts mehr stoppen. Sie wird das Universum bis ans Ende seiner Tage falls es so etwas geben sollte — immer schneller expandieren lassen! Den genauen zeitlichen Verlauf der Expansion $a(t)$ können wir nur numerisch am Computer bestimmen. Aber aus unserer unbeschwerten Zeit mit den Spielzeug-Universen wissen wir, dass $a(t)$ in der ersten strahlungsdominierten Phase ungefähr gemäß $t^{1/2}$ und in der darauffolgenden materiedominierten Phase gemäß $t^{2/3}$ gewachsen ist, und in der aktuellen durch die Dunkle Energie dominierten Phase gemäß e^{bt} wächst. Abbildung 50.5 zeigt diese Expansionsgeschichte des Universums. Die Spielzeuguniversen, die wir in den Schritten 45 und 48 untersucht haben, ergaben ein Alter des Universums von 7 bis knapp 10 Milliarden Jahren. Nimmt man die Dunkle Energie hinzu und berücksichtigt die relativen Anteile der verschiedenen Energiedichten, erhält man einen Wert von 13,8 Milliarden Jahren für das Alter der Welt. Dieser Wert gilt heute als sehr verlässlich — mit einem Fehler von weniger als einem

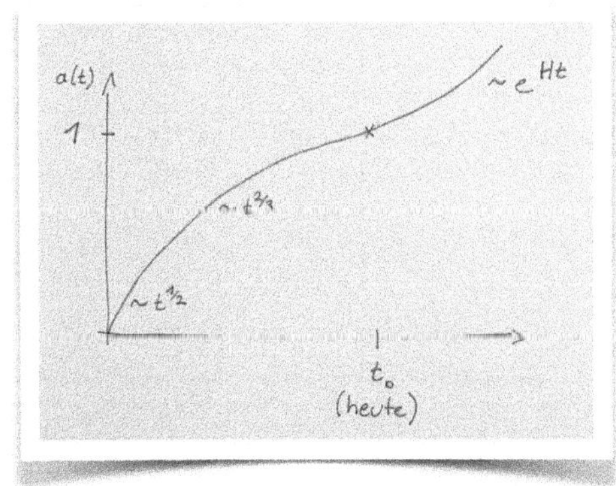

50.5: Expansionsgeschichte des Universums

Prozent! Als Beobachtungshorizont erhält man knapp 50 Milliarden Lichtjahre, also etwas mehr als für die Spielzeuguniversen aus Materie und Strahlung.

Heißt das, wir verstehen das Universum? Überhaupt nicht! Wir verstehen 5% seiner Energie: nämlich die sichtbare Materie der Sterne, Gaswolken und Schwarzen Löcher. Für die anderen 95% haben wir klangvolle Namen wie Dunkle Materie oder Dunkle Energie gefunden, damit unser Unwissen etwas zum Anziehen hat und nicht nackt herumlaufen muss. Triumph und Elend der Kosmologie liegen nah beieinander.

Teil 5: Was vom Urknall übrig blieb

Einführung in die Thermodynamik des Universums

Eine Beobachtung anstelle einer Einleitung

Wirf einen Eiswürfel in ein Glas Wasser. Nimm dir die Zeit ihm beim Schmelzen zuzuschauen. Dieser banale Vorgang birgt einige der tiefgründigsten Rätsel der Physik und Kosmologie. Warum läuft der Prozess immer nur in einer Richtung ab, warum bildet sich in einem Wasserglas nie spontan ein Eiswürfel bei gleichzeitiger Erwärmung des restlichen Wassers, obwohl aus Sicht der Energieerhaltung nichts dagegen spräche? Und warum gibt es auf der Welt überhaupt Temperaturunterschiede, die uns erlauben, einen Eiswürfel in ein Glas Wasser zu werfen?

Der Eiswürfel im Wasserglas enthält nicht nur den Schlüssel zur Unumkehrbarkeit der Zeit, sondern zeigt uns auch, dass das Universum einen Anfang gehabt haben muss. Der folgende Teil des Buches erzählt dir von der Geburtsstunde unserer Welt, und wie sie sich noch heute in den Strukturen des Universums offenbart. Es steckt alles in einem schmelzenden Eiswürfel!

SCHRITT 51

Viele Teilchen

Stell dir einen Behälter von der Größe eines Schuhkartons vor, der mit Gas gefüllt ist, sagen wir mit Sauerstoff. Bei normalem Luftdruck enthält er etwa 10^{23} (eine 1 mit 23 Nullen!) O_2-Moleküle. Egal wie oft du in den Behälter schaust, egal wie viele solcher Behälter du präparierst — das Gas wird immer gleichmäßig im Behälter verteilt sein! Nie wirst du alle Gasmoleküle in einer Ecke zusammengedrängt finden. Warum eigentlich nicht? Die Gesetze der Mechanik und Quantenphysik hätten nichts dagegen einzuwenden. Um das zu verstehen bauen wir uns ein einfaches Modell.

Stell dir ein Kind vor, das 9 nummerierte Kugeln auf beliebige Weise in einen Setzkasten mit $3 \cdot 3 = 9$ Fächern legt (Abbildung 51.1). „Auf beliebige Weise" heißt, das Kind legt jede Kugel *mit gleicher Wahrscheinlichkeit* in jedes der 9 Fächer. Die Eltern beobachten ihr Kind mit unterschiedlicher Genauigkeit: während die Mutter genau erkennen kann, *welche* Kugel in *welchem* Fach liegt, hat der Vater seine Brille nicht auf und sieht nur, welche Fächer überhaupt mit Kugeln besetzt sind.

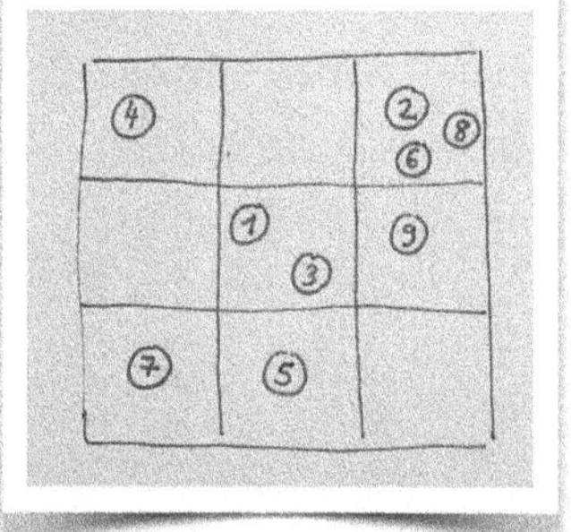

51.1 Setzkasten

In physikalischem Jargon ausgedrückt unterscheidet der Vater nur die *Makrozustände* des Systems, die Mutter dagegen seine *Mikrozustände*. Wie viele Möglichkeiten hat das Kind, die Kugeln so zu verteilen, dass der kurzsichtige Vater den Makrozustand „Alle Kugeln im Fach links oben" sieht? Natürlich nur eine: es muss alle neun Kugeln in das Fach links oben legen. Die nächste Frage ist interessanter: Wie viele Möglichkeiten hat das Kind, die Kugeln so zu verteilen, dass der Vater den Makrozustand „Alle Fächer sind besetzt" sieht? Bei der ersten Kugel ist der Setzkasten noch leer, das Kind hat 9 Fächer zur Auswahl. Bei der zweiten Kugel ist ein Fach bereits besetzt, es bleiben nur noch 8 Möglichkeiten. Diese 8 Möglichkeiten gibt es jeweils für jede der neun möglichen Platzierungen der ersten Kugel. Es gibt also insgesamt $9 \cdot 8 = 72$ Möglichkeiten zwei Kugeln in den Setzkasten zu legen. Du ahnst schon, wie es weitergeht: für jede dieser 72 Konstellationen der ersten zwei Kugeln bleiben dann jeweils für die dritte Kugel noch 7 leere Fächer zur Auswahl. Für drei Kugeln gibt es also $9 \cdot 8 \cdot 7 = 504$ Möglichkeiten. Und so immer weiter. Wenn man neun Kugeln auf neun Fächer verteilen möchte, hat man dafür $9 \cdot 8 \cdot 7 \cdot 6 \cdot 5 \cdot 4 \cdot 3 \cdot 2 \cdot 1 = 9! = 362.880$ Möglichkeiten[72]. Die Mutter unterscheidet also 362.880 unterschiedliche Mikrozustände, wo der Vater immer den gleichen Makrozustand „Alle Fächer sind besetzt“ sieht. Jetzt kommt unser anfängliches Postulat ins Spiel: das Kleinkind legt jede Kugel *mit gleicher Wahrscheinlichkeit* in jedes der 9 Fächer. Anders ausgedrückt: Alle Mikrozustände sind gleich wahrscheinlich. Das bedeutet aber, dass der Makrozustand „Alle Fächer sind besetzt“ 362.880 mal wahrscheinlicher ist als der Makrozustand „Alle Kugeln im Fach links oben“.[73] Die Eltern werden sehr lange auf diesen Makrozustand warten müssen.

Zurück zum Gasbehälter. Natürlich sind O_2-Moleküle keine Kugeln und unser Gasbehälter kein Setzkasten. Die Physik von Gasmolekülen ist etwas komplexer. Dennoch reicht die Analogie völlig aus um zu erklären, warum wir das Gas nie in einer Ecke konzentriert vorfinden werden. Schon bei neun Kugeln ist der Makrozustand mit allen Kugeln in einer Ecke extrem unwahrscheinlich. Stell dir jetzt einen Setzkasten mit 10^{23} Fächern vor, in die du 10^{23} Kugeln verteilen kannst. Es gibt nach wie vor nur eine Möglichkeit, sprich einen *Mikrozustand,* zur Realisierung des Makrozustands „Alle Kugeln im Fach links oben“, aber $10^{23}!$ unterschiedliche Mikrozustände zur Realisierung des Makrozustands „Alle Fächer sind besetzt“. Eine (sehr) grobe Abschätzung für $10^{23}!$ ist $e^{(10^{23})}$. Das ist eine unvorstellbar große Zahl, weitaus größer als die Anzahl aller Atome im beobachtbaren Universum. Sie ist so groß, dass jeder Vergleich mit irgendeiner realen Größe völlig bedeutungslos ist. Die Wahrscheinlichkeit, alle Kugeln konzentriert in einer Ecke des Setzkastens vorzufinden, ist so absurd gering, dass man diesen Zustand in jedem realen Kontext vollständig ausschließen kann. Das gleiche gilt für das Gas im Behälter.

Im realen Leben sind wir umgeben von makroskopischen Objekten, die aus sehr vielen Teilchen bestehen. Schau dich um, der Stuhl, das Buch, die Flasche Wasser, sie alle enthalten jeweils mehr als 10^{23} Atome. Das sind so viele Atome

[72] Die Fakultät $n!$ einer Zahl haben wir in Schritt 15 erklärt.

[73] Natürlich gibt es noch weitere mögliche Makrozustände als diese beiden, zum Beispiel „8 von 9 Fächern besetzt“.

und sie sind so klein, dass wir beim Betrachten makroskopischer Dinge immer die unscharfe Brille des Vaters aus unserem Setzkasten-Beispiel aufhaben. Wir sehen nur Makrozustände. Ein Mikrozustand enthält die vollständige Information über den Zustand jedes einzelnen Teilchens. In Schritt 26 hatten wir das die *Anfangsbedingungen* genannt und gesehen, dass diese die Zukunft des Systems eindeutig vorherbestimmen. Im Prinzip gilt das auch für die 10^{23} Teilchen eines makroskopischen Gegenstands. Praktisch gibt es allerdings zwei Probleme. Erstens ist es völlig unmöglich den Zustand von 10^{23} Teilchen herauszufinden. Zweitens müsste man 10^{23} gekoppelte Differentialgleichungen lösen, was genauso unmöglich ist. Aber wir wollen ja auch gar nicht den *Mikrozustand* der Dinge kennen, sondern ihren *Makrozustand*, also ihre makroskopisch beobachtbaren Zustandsgrößen — ihre Energie, ihren Druck, ihre Temperatur. Wie man den *Makrozustand* eines Objekts aus der Statistik seiner möglichen *Mikrozustände* ableiten kann, ist die Kernfrage der Statistischen Physik. Ihr Ansatz lässt sich in drei Punkten zusammenfassen, die sich alle anhand unseres Setzkastens erklären lassen:

1. Ein *Mikrozustand* beschreibt den Zustand des Systems vollständig im Kleinen. In einem klassischen System wären das zum Beispiel die Orte und Geschwindigkeiten aller Teilchen. Ein *Makrozustand* beschreibt seinen Zustand im Großen, also das, was man makroskopisch messen kann, etwa seine Energie oder seinen Druck. *Im Beispiel des Setzkastens sagt ein Mikrozustand, welche Kugeln in welchen Fächern liegen, ein Makrozustand, welche Fächer überhaupt Kugeln enthalten.*

2. Ein System, das keine Energie mit seiner Umwelt austauschen kann, wird nach einer Weile ein *Gleichgewicht* erreichen. Es ändert sich dann makroskopisch nicht mehr, bleibt also im selben Makrozustand. Das fundamentale Postulat der Statistischen Physik lautet: Im Gleichgewicht sind alle Mikrozustände gleich wahrscheinlich. Beweisen lässt sich das nicht, aber es funktioniert — sogar extrem gut: die ganze Statistische Physik baut darauf auf. *Beim Setzkasten war das die Annahme, dass das Kleinkind jede Kugel mit gleicher Wahrscheinlichkeit in jedes Fach legt.*

3. Viele Mikrozustände „erzeugen" jeweils den gleichen Makrozustand. Da alle Mikrozustände im Gleichgewicht gleich wahrscheinlich sind, ist die Wahrscheinlichkeit eines Makrozustands proportional zur Anzahl der Mikrozustände, die ihn erzeugen. Wenn 90% aller Mikrozustände den

gleichen Makrozustand erzeugen, befindet sich das System mit 90% Wahrscheinlichkeit in diesem Makrozustand. Je größer ein System (je mehr Kugeln beim Setzkasten, je mehr Teilchen im Gasbehälter) desto stärker dominiert ein Makrozustand. In realen Systemen mit $\approx 10^{23}$ Teilchen sind alle Makrozustände außer einem komplett zu vernachlässigen. Das macht die Statistische Physik so erfolgreich: der wahrscheinlichste Makrozustand ist *der* Makrozustand des Systems, alle anderen spielen in der realen Welt keine Rolle. *Beim Setzkasten gibt es zum Beispiel* $9!$ *unterschiedliche Mikrozustände um den Makrozustand „Alle Fächer sind besetzt" zu realisieren.*

Wenn du diese drei Punkte verstehst, verstehst du die Statistische Physik. Im nächsten Schritt verlassen wir das Spielzimmer und übertragen die Logik des Setzkastens auf ein einfaches Modell eines Magneten. Auch dort werden wir diese drei Punkte wiederfinden. Im übernächsten Schritt werden wir dann die Konzepte auf beliebige Systeme mit vielen Teilchen verallgemeinern und dabei die Entropie kennenlernen.

SCHRITT 52

Magnet

Der Trick physikalischer Modellbildung ist es, ein reales System aufs Allerwesentlichste zu reduzieren und alles andere zu ignorieren. Bei einem Magneten ist das wesentliche, dass seine Atome mikroskopische Mini-Magnete, so genannte *Elementarmagnete,* sind. Nur wenn alle (oder wenigstens die deutliche Mehrheit der) Elementarmagnete in die selbe Richtung zeigen, ist das ganze auch makroskopisch ein Magnet. Stellen wir uns ein Stück Metall vor, das aus N Elementarmagneten besteht, die nur in zwei mögliche Richtungen zeigen können: nach oben oder nach unten (Abbildung 52.1). Reale Atome können natürlich noch viel mehr machen: sich mit unterschiedlicher Geschwindigkeit bewegen, um ihre Ruhelage vibrieren und so weiter. Aber das haben wir alles als unwichtige Details aus unserem Modell verbannt. In unserem Modell ist ein *Mikrozustand* vollständig durch die Angabe der Ausrichtungen aller Elementarmagnete beschrieben. Ein *Makrozustand* ist dagegen durch die *Magnetisierung* des Systems gegeben, also die Anzahl der nach oben ausgerichteten Elementarmagnete minus die Anzahl der nach unten ausgerichteten Elementarmagnete. Ehrlich gesagt ist unser Modell kein Magnet sondern die Karikatur eines Magneten. Bei realen Magneten tendieren benachbarte Elementarmagnete dazu, in die gleiche Richtung zu zeigen, weil das die Gesamtenergie reduziert. In unserem Modell wissen benachbarte Elementarmagnete gar nichts voneinander, jeder ist allein und macht, was er will. Das Modell ist aber völlig ausreichend um zu sehen, wie mit wachsender Anzahl Teilchen ein Makrozustand immer dominanter wird. Und nur darum geht es uns hier.

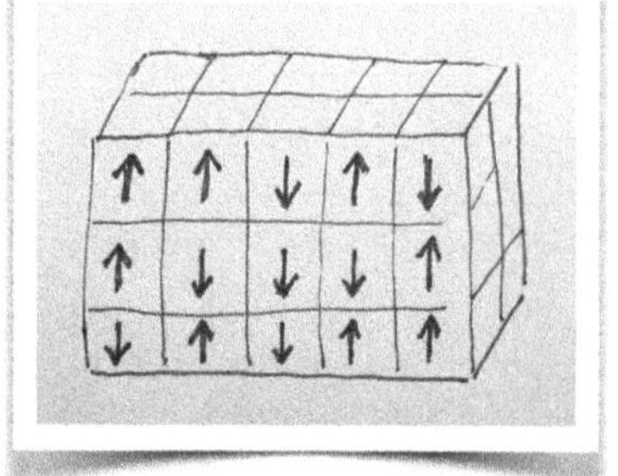

52.1: Magnet

Wir beginnen ganz klein, mit $N = 2$, nehmen also an, unser System bestehe aus nur zwei Elementarmagneten. Es gibt dann vier mögliche Mikrozustände und drei Makrozustände (Abbildung 52.2).

	Mikrozustand		Magnetisierung
	Elementarmagnet 1	Elementarmagnet 2	
1	Up	Up	2
2	Up	Down	0
3	Down	Up	0
4	Down	Down	–2

52.2: $N = 2$

Wie du siehst, lässt sich eine Magnetisierung von 2 oder -2 jeweils nur durch einen Mikrozustand realisieren, eine Magnetisierung von 0 dagegen durch zwei. Letztere ist somit doppelt so wahrscheinlich wie die anderen beiden. Für drei Elementarmagnete wird die Tabelle schon etwas komplizierter (Abbildung 52.3).

	Mikrozustand			Magnetisierung
	Elementarmagnet 1	Elementarmagnet 2	Elementarmagnet 3	
1	Up	Up	Up	3
2	Up	Up	Down	1
2	Up	Down	Up	1
4	Up	Down	Down	–1
5	Down	Up	Up	1
6	Down	Up	Down	–1
7	Down	Down	Up	–1
8	Down	Down	Down	–3

52.3: $N = 3$

Wir können das Spiel beliebig fortsetzen. Mit steigender Zahl der Atome werden die Tabellen allerdings sehr kompliziert. Und eigentlich wollen wir ja auch gar nicht alle Mikrozustände im Detail kennen, sondern nur wissen, durch wie viele verschiedene Mikrozustände sich die unterschiedlichen Makrozustände, sprich Magnetisierungen, realisieren lassen. Warum wollen wir das wissen? Weil es uns sagt, mit welcher Wahrscheinlichkeit wir welche Magnetisierung beobachten werden. Je mehr Mikrozustände zu einem Makrozustand gehören, desto wahrscheinlicher ist dieser Makrozustand. Diese Information kann man am besten in einem *Histogramm* abbilden: für jeden

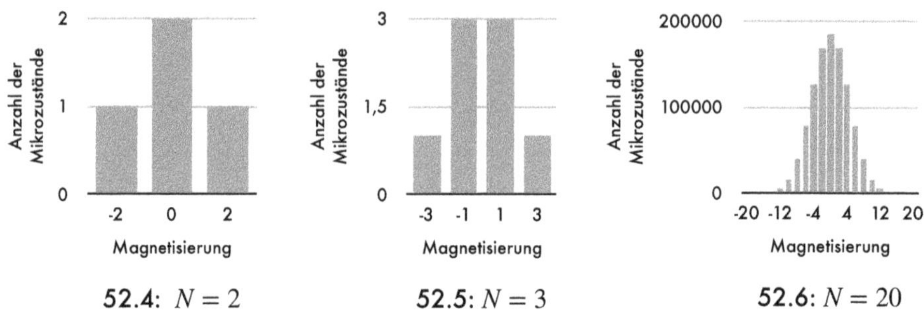

52.4: $N = 2$ **52.5**: $N = 3$ **52.6**: $N = 20$

Makrozustand (jede Magnetisierung) wird die Anzahl der möglichen Mikrozustände als Balken entsprechender Höhe dargestellt. Abbildungen 52.4 und 52.5 zeigen die Histogramme für zwei und drei Elementarmagnete.

Um solche Histogramme leichter auch für größere N aufstellen zu können, suchen wir jetzt eine einfache Formel, mit der wir die Anzahl der Mikrozustände zu einem gegeben Wert der Magnetisierung ausrechnen können. N ist die Zahl der Elementarmagnete, $n_\uparrow$ die Zahl der nach oben ausgerichteten Elementarmagnete, $n_\downarrow$ die Zahl der nach unten ausgerichteten. Dann ist $N = n_\uparrow + n_\downarrow$ und die Magnetisierung ist $m = n_\uparrow - n_\downarrow$. Ein einfaches Beispiel: $N = 9$ und $n_\uparrow = 3$. Wie viele Möglichkeiten gibt es, aus den 9 Elementarmagneten 3 auszuwählen und nach oben auszurichten? Bei der Wahl des ersten Atoms hat man 9 Atome zur Auswahl. Bei der Wahl des zweiten Atoms gibt es nur noch 8 zur Auswahl, da ein Atom schon „vergeben" ist. Kommt dir das bekannt vor? Die Logik ist die gleiche wie bei den Kugeln im Setzkasten. Für $N = 9$ und $n_\uparrow = 3$ gibt es $9 \cdot 8 \cdot 7 = 504$ Möglichkeiten. Das kann man auch so schreiben:

$$9 \cdot 8 \cdot 7 = \frac{9 \cdot 8 \cdot 7 \cdot 6 \cdot 5 \cdot 4 \cdot 3 \cdot 2 \cdot 1}{6 \cdot 5 \cdot 4 \cdot 3 \cdot 2 \cdot 1} = \frac{9!}{6!} = \frac{N!}{n_\downarrow!}$$

Im letzten Schritt haben wir gleich auf beliebige N, $n_\uparrow$ und $n_\downarrow$ verallgemeinert. Aber gibt es wirklich so viele Mikrozustände zur Magnetisierung $n_\uparrow - n_\downarrow = -3$? Nein, wir haben einige Möglichkeiten doppelt bzw. dreifach gezählt. Eine der 504 Möglichkeiten ist beispielsweise, als erstes Atom das Atom Nummer 5 und als zweites das Atom Nummer 6 zu wählen. Das führt aber zum selben Ergebnis wie erst Atom 6 und danach Atom 5 auszuwählen! Um solche Doppelzählungen zu vermeiden, müssen wir uns überlegen, in welchen unterschiedlichen Reihenfolgen wir die selben drei Atome auswählen können. Es gibt genau 6 solcher Reihenfolgen: wenn man Platz 1 der Reihenfolge belegen möchte, hat man noch 3 Wahlmöglichkeiten, für Platz 2 nur noch 2 und für Platz 3 nur noch eine, also $3 \cdot 2 \cdot 1 = 6 = 3! = n_\uparrow!$ Das heißt in den 504 Möglichkeiten wurde jeder Mikrozustand sechsfach gezählt. Wirklich unterschiedliche Mikrozustände gibt es daher nur $504 : 6 = 84$. Oder allgemein:

$$\Omega = \frac{N!}{n_\downarrow!\, n_\uparrow!} \tag{1}$$

Ω ist die Zahl der Mikrozustände zur Magnetisierung $m = n_\uparrow - n_\downarrow$. Probieren wir es für $N = 20$ aus. Um beispielsweise eine Magnetisierung von $m = -4$ zu erreichen müssen $n_\uparrow = 8$ und $n_\downarrow = 12$ sein und es gibt $\Omega = \frac{20!}{12!\,8!} = 125.970$ zugehörige Mikrozustände. Mit etwas Fleißarbeit und einem Taschenrechner findet man die entsprechenden Ergebnisse zu den anderen m-Werten und erhält schließlich das Histogramm in Abbildung 52.6.

Diese Verteilung kommt einem irgendwie bekannt vor. Sie erinnert an die Glockenkurven, die beschreiben, wie eine statistische Größe um den Erwartungswert verteilt ist — beispielsweise die Körpergröße männlicher Erwachsener in Bayern oder die Niederschlagsmengen im Oktober in den letzten hundert Jahren in Düsseldorf. Wenn der Datensatz groß genug ist, folgen solche Variablen einer *Normal-* oder *Gauß-Verteilung*:

$$f(x) = e^{-\frac{(x-a)^2}{c^2}} \tag{2}$$

a ist der Punkt, wo die Glocke ihren höchsten Wert annimmt, und c ein Maß für die Breite der Glockenkurve, die *Standardabweichung*. Führt die Verteilung (1) der Magnetisierungen für große N auch auf eine Gauß-Verteilung oder sieht sie nur ähnlich aus? Um das herauszufinden nähern wir die Fakultät $N!$ mit der so genannten *Stirling-Formel* an:

$$N! \approx (2\pi N)^{\frac{1}{2}} N^N e^{-N} \tag{3}$$

Für große N ist diese Abschätzung sehr gut. Nach einigem Umformen (schau es dir im Anhang an) wird aus (1) tatsächlich näherungsweise eine Gauß-Verteilung:

$$\Omega \propto e^{-\frac{1}{2}\frac{m^2}{N}+\dots} \tag{4}$$

Das hat nämlich genau die Form von (2), wenn wir $x = m$, $a = 0$ und $c = \sqrt{2N}$ einsetzen. Das bedeutet, dass mit wachsender Zahl N der Atome die Breite der Glockenkurve proportional zu $\sqrt{N}$ ist. Entscheidend für die makroskopisch gemessene Magnetisierung unserer Ansammlung von Atomen ist aber das Verhältnis von m zur Zahl der Atome N. Dieses Verhältnis hat dann eine Breite von $\sqrt{N}/N = 1/\sqrt{N}$. Das bedeutet, dass die makroskopisch gemessene Magnetisierung mit wachsender Anzahl Atome statistisch immer weniger um

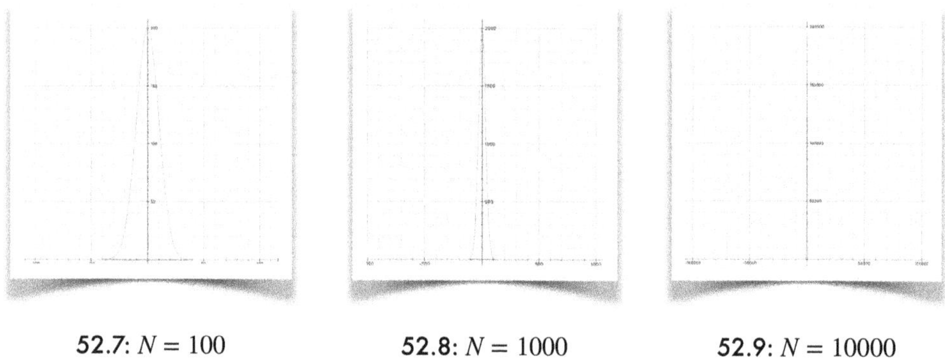

52.7: $N = 100$ **52.8**: $N = 1000$ **52.9**: $N = 10000$

den Erwartungswert $m = 0$ streut. Abbildungen 52.7 - 52.9 zeigen diesen Effekt eindrücklich für wachsendes N. Für $N = 100.000$ ist die Verteilung schon fast zu einem vertikalen Strich degeneriert. Für $N = 10^{23}$ ist die Verteilung so stark bei $m = 0$ konzentriert, dass schon geringste Abweichungen so absurd unwahrscheinlich sind, dass sie praktisch nicht existieren. Ein Beispiel: für eine Magnetisierung $m = N/10^6$, also einem Millionstel der maximalen Magnetisierung $m = N$, wäre die Zahl der verfügbaren Mikrozustände schon um einen Faktor $e^{-\frac{1}{2}\frac{N}{10^{12}}} = e^{-\frac{1}{2}10^{11}}$ geringer als für den Erwartungswert $m = 0$. Die Wahrscheinlichkeit, das System in einem solchen Mikrozustand anzutreffen ist praktisch null.

Warum reite ich auf diesem Punkt so lange herum? Weil er Statistische Physik überhaupt erst möglich macht! Stell dir vor, Abbildung 52.7 wäre die Verteilung für $N = 10^{23}$, also für makroskopische Objekte, und nicht für $N = 100$. Die Magnetisierung wäre dann eine völlig instabile Größe: in einem Augenblick hätte der Magnet seinen Nordpol oben und seinen Südpol unten, im nächsten wäre es umgekehrt und kurz darauf wäre das Magnetfeld ganz verschwunden.

Es gäbe keinen stabilen Makrozustand. Dass die Verteilung um den Erwartungswert für große N immer „schmaler" und schließlich praktisch ein Strich wird, ist keine Besonderheit des Magneten. Dieses *Gesetz der großen Zahlen* gilt für makroskopische physikalische Objekte im allgemeinen: Sobald das System ein Gleichgewicht erreicht hat, gibt es einen Makrozustand, der so absurd viel wahrscheinlicher ist als alle anderen, dass wir nie einen anderen beobachten werden — selbst wenn man in kosmischen Zeiträumen von Jahrmilliarden denkt.

SCHRITT 53

Entropie

Leg einen kühlen Stein neben ein Glas heißes Wasser. Angenommen, dem Stein stünden Ω_S und dem Wasser Ω_W Mikrozustände zur Verfügung. Wie viele Mikrozustände Ω stehen dem Gesamtsystem „Stein + Wasser“ zur Verfügung? Ein Mikrozustand des Gesamtsystems ist einfach eine Kombination eines beliebigen Mikrozustands des Steins mit einem beliebigen Mikrozustand des Wassers. Es gibt $\Omega_S \cdot \Omega_W$ solcher Kombinationen. Also stehen dem Gesamtsystem

$$\Omega = \Omega_S \cdot \Omega_W \tag{1}$$

Mikrozustände zur Verfügung. So weit, so gut. Was, wenn wir den Stein ins Wasser werfen? Der Stein wird sich aufwärmen und dabei das Wasser etwas abkühlen. Er tauscht mit dem Wasser Energie in Form von Wärme aus: Die Energie des Steins E_S und die des Wassers E_W werden sich ändern, die Gesamtenergie $E = E_S + E_W$ bleibt aber konstant. Mit der Energie E_S des Steins wächst auch die Zahl seiner verfügbaren Mikrozustände Ω_S, weil es einen größeren „Kuchen“ an Energie zu verteilen gibt und es dementsprechend mehr Möglichkeiten gibt ihn unter den Teilchen aufzuteilen. Wir schreiben deshalb ab jetzt $\Omega_S(E_S)$. Das Gleiche gilt für das Wasser: $\Omega_W(E_W)$. Wenn der Stein die Energie E_S besitzt, bleibt dem Wasser wegen der Energieerhaltung nichts anderes übrig, als die Energie $E_W = E - E_S$ zu besitzen. Die Zahl der möglichen Mikrozustände Ω des Gesamtsystems ist daher eine Funktion nur einer Variablen E_S und (1) wird zu[74]:

$$\Omega(E_S) = \Omega_S(E_S)\,\Omega_W(E - E_S) \tag{2}$$

[74] Beachte die unterschiedlichen Symbole: $\Omega_S(E_S)$ zählt die Mikrozustände, die dem *Stein* bei einer Energie von E_S zur Verfügung stehen; $\Omega(E_S)$ zählt die Mikrozustände, die dem *Gesamtsystem* zur Verfügung stehen, wenn der Stein eine Energie von E_S besitzt.

Das Wasser wird den Stein erwärmen, bis das kombinierte System ein neues Gleichgewicht gefunden hat. Wie sieht das neue Gleichgewicht aus? Es wird sich bei dem Wert E_S einstellen, bei dem $\Omega(E_S)$ maximal wird. Wenn nämlich alle Mikrozustände gleich wahrscheinlich sind, ist derjenige Makrozustand der wahrscheinlichste (und damit der Gleichgewichtszustand), der sich durch die maximale Anzahl von Mikrozuständen realisieren lässt. Wir müssen also das Maximum der Funktion $\Omega(E_S)$ suchen. Jeder Oberschüler weiß, wie das geht: Funktion ableiten und Nullstellen der Ableitung suchen:

$$\Omega'(E_S) = \Omega'_S(E_S)\,\Omega_W(E - E_S) - \Omega_S(E_S)\,\Omega'_W(E - E_S) = 0$$

$$\rightarrow \quad \Omega'_S(E_S)\,\Omega_W(E - E_S) = \Omega_S(E_S)\,\Omega'_W(E - E_S)$$

$$\rightarrow \quad \frac{\Omega'_S}{\Omega_S} = \frac{\Omega'_W}{\Omega_W} \tag{3}$$

wobei wir im letzten Schritt die Argumente der Funktionen weggelassen haben. Für jede Funktion[75] $f(x)$ gilt aufgrund der Kettenregel $(\ln f(x))' = \frac{f'(x)}{f(x)}$. Aus (3) wird $(\ln \Omega_S)' = (\ln \Omega_W)'$. Die Größe $\ln \Omega(E)$ heißt *Entropie* und ist eine der wichtigsten der gesamten Physik:

Entropie: $\qquad S = \ln \Omega(E) \qquad (4)$

Damit lässt sich Bedingung (3) für die wahrscheinlichste Aufteilung der Gesamtenergie E auf die beiden Teilsysteme Stein und Wasser noch kompakter schreiben:

Thermisches Gleichgewicht zweier Körper: $\qquad \frac{dS_S}{dE_S} = \frac{dS_W}{dE_W} \qquad (5)$

Nach soviel Abstraktion solltest du jetzt wieder den Alltagsverstand einschalten! Woran erkennt man, dass zwei Körper in thermischem Kontakt wie Stein und Wasser einen Gleichgewichtszustand erreicht haben? Daran dass sie die gleiche Temperatur besitzen! Also, sagte sich Boltzmann vor 150 Jahren, muss die Ableitung der Entropie nach der Energie ein Maß für die Temperatur sein! Damit allerdings hohe Temperaturen Hitze und niedrige Temperaturen Kälte beschreiben, definiert man das Inverse dieser Ableitung als Temperatur:

[75] $f(x)$ muss allerdings größer null sein, sonst ist $\ln f(x)$ nämlich gar nicht definiert.

$$\textit{Temperatur:} \qquad \frac{1}{T} = \frac{dS}{dE} \tag{6}$$

(5) wird damit $\frac{1}{T_S} = \frac{1}{T_W}$ und schließlich nach Multiplikation mit $T_S \cdot T_W$:

$$\textit{Thermisches Gleichgewicht zweier Körper:} \qquad T_S = T_W \tag{7}$$

Und das weiß nun wirklich jedes Kind: zwei Dinge tauschen Wärme aus, bis sie gleich warm oder kalt sind. Es klingt banal, aber die zugrundeliegende Physik ist es nicht. Gleichung (6) stellt eine exakte Verbindung her zwischen scheinbar völlig unterschiedlichen Welten: dem Thermometer auf dem Balkon, das dir sagt, ob du draußen eine Jacke brauchst, und einer abstrakten Welt, in der Mikrozustände eines physikalischen Systems gezählt werden!

Gleichung (5) bedeutet nichts anderes, als dass sich die Energie so auf die beiden Teilsysteme Stein und Wasser aufteilen wird, dass das Gesamtsystem die größtmögliche Entropie besitzt. Warum folgt das aus (5)? Die Gleichung sagt, dass das System im Gleichgewicht ist, wenn die Ableitung der Entropie nach der Energie für Stein und Wasser den gleichen Wert erreicht haben. Nehmen wir an, die beiden Ableitungen seien *nicht* gleich, also zum Beispiel $\frac{dS_S}{dE_S} > \frac{dS_W}{dE_W}$. Dann könnte man die Entropie erhöhen, indem man Energie vom Wasser zum Stein transferiert. Man bekäme nämlich für die übertragene Energiemenge mehr Entropie*zuwachs* beim Stein als Entropie*verlust* beim Wasser. Wenn dagegen (5) gilt, also $\frac{dS_S}{dE_S} = \frac{dS_W}{dE_W}$, dann lässt sich die Entropie durch Umverteilen der Energie nicht mehr steigern, ist also maximal! Übrigens gelten diese Überlegungen und Formeln nicht nur für einen Stein im Wasser, sondern auch für zwei Gasbehälter oder zwei Metallblöcke, die wir in thermischen Kontakt bringen — oder jedes andere System mit sehr vielen Teilchen! Das Konzept der Entropie ist völlig unabhängig vom konkreten System. Und weil es so universell ist, hier noch einmal in drei Sätzen: *Jeder Makrozustand eines Systems lässt sich durch unterschiedliche Mikrozustände realisieren. Die Entropie eines Makrozustands zählt diese Mikrozustände. Der wahrscheinlichste Makrozustand ist der mit maximaler Entropie.*

Entscheidend ist, dass das System aus sehr vielen Teilchen besteht, zum Beispiel 10^{23}. Nur dann ist der wahrscheinlichste Makrozustand so dominant, dass alle anderen Makrozustände nicht nur sehr unwahrscheinlich sondern nach kosmischen Maßstäben komplett ausgeschlossen sind. Auch wenn sich ein

System anfangs in einem Makrozustand niedriger Entropie befindet — zum Beispiel weil wir es so präpariert haben — wird es auf einen Gleichgewichtszustand hoher Entropie zusteuern. Am Beispiel des Steins im Wasser: das Maximum von $\Omega(E_S)$ ist bei $T_S = T_W$ so scharf, dass alle anderen Aufteilungen der Energie in der Realität nie vorkommen werden. Andernfalls würden Stein und Wasser ja nur *meistens* aber nicht immer die gleiche Temperatur annehmen. Manchmal würden sich der Stein spontan erwärmen und das Wasser abkühlen. Nichts dergleichen ist je beobachtet worden. Mathematisch passiert hier das Gleiche wie beim Magneten im letzten Schritt: $\Omega(E_S)$ folgt einer Gauß-Verteilung um den wahrscheinlichsten Wert E_S, deren relative Breite für große Teilchenzahlen stark abnimmt, siehe Abbildung 52.9.

In welcher Einheit messen wir die Temperatur T? Du wirst sagen, natürlich in Grad Celsius — oder Kelvin oder Fahrenheit. Wenn du allerdings Gleichung (6) lang genug anstarrst, kommst du zu einem anderen Schluss. Die Entropie ist einfach nur eine Zahl ohne Einheit (der Logarithmus der Zahl der Mikrozustände) und ihre Ableitung nach der Energie $\frac{dS}{dE}$ muss somit Einheiten von 1/Energie also zum Beispiel 1/Joule haben. Damit beide Seiten in gleichen Einheiten gemessen werden, muss die Temperatur in Einheiten von Energie gemessen werden. Das ist etwas gewöhnungsbedürftig, schließlich sagt niemand, es sei draußen „120 Joule" heiß. Was ist hier passiert? Du erinnerst dich, als wir in Schritt 10 die Lichtgeschwindigkeit gleich eins setzten und plötzlich Längen in Sekunden gemessen wurden? Hier ist es ähnlich: Üblicherweise enthält die Entropie noch die Boltzmannsche Konstante k_B, nämlich $S = k_B \ln \Omega$. Wir haben einfach $k_B = 1$ gesetzt und damit einen natürlichen „Wechselkurs" zwischen Energien und Temperaturen eingeführt. Im Ergebnis werden dann Temperaturen in Joule gemessen!

Jetzt leiten wir die wichtigste Formel der Statistischen Physik her. Der Ausgangspunkt ist wieder der Stein im Wasser, nur machen wir jetzt den Stein ganz klein. Und zwar so klein, dass die ausgetauschten Energiemengen praktisch keine Auswirkung auf die Temperatur des Wassers mehr haben. Im Extremfall betrachten wir ein einzelnes Molekül im Wasser. Für die Mikrozustände des Gesamtsystems gilt immer noch Gleichung (2), nur dass wir jetzt Funktionen von $E - E_S$ wegen $E_S \ll E$ [76] in einer Taylorreihe entwickeln

[76] Wir bleiben beim Index S, obgleich der Stein jetzt ein Molekül ist

können. Und zwar so: Wir drücken $\Omega_W(E - E_S)$ durch die Entropie $S_W(E - E_S)$ aus und schätzen dann mithilfe der ersten beiden Terme der Taylor-Reihe ab:

$$\Omega_W(E - E_S) = e^{S_W(E-E_S)} \approx e^{S_W(E)-E_S\frac{dS_W}{dE}} = e^{S_W(E)}e^{-\frac{E_S}{T}} \tag{8}$$

wobei wir im letzten Schritt $\frac{1}{T} = \frac{dS}{dE}$ verwenden. Die Wahrscheinlichkeit $p(m)$, das Molekül in einem bestimmten Zustand m mit Energie E_S befindet, ist also proportional zu $e^{-\frac{E_S}{T}}$:

$$\textbf{\textit{Boltzmann-Verteilung}}: \qquad p(m) \propto e^{-\frac{E}{T}} \tag{9}$$

Wir lassen jetzt den Index S weg, müssen aber daran denken, dass E die Energie des Moleküls, nicht die des Gesamtsystems ist. Die *Boltzmann-Verteilung* sagt uns, mit welcher Wahrscheinlichkeit sich das Molekül in einem bestimmten Zustand befindet. Da dieses Argument für jedes Molekül in der Flüssigkeit gilt, wissen wir damit auch, welcher Anteil der Teilchen sich in welchem Zustand befindet. Das ist eine ziemlich nützliche Sache. Die Boltzmann-Verteilung ist viel universeller, als ihre Herleitung vermuten lässt. Sie taucht an den verschiedensten Stellen in Physik, Chemie, Biologie und Medizin auf.

Aufgabe 53.1 (mittel): Schätze mithilfe der Boltzmann-Verteilung ab, wie die Dichte der Luft auf der Erde mit der Höhe abnimmt (im Vergleich zur Dichte ρ_0 am Boden). Mache die vereinfachende Annahme, dass die Atmosphäre auf jeder Höhe die gleiche Temperatur hat.

In der Kosmologie brauchen wir sie beispielsweise zur Beschreibung der Teilchen im frühen Universum. In den ersten 300.000 Jahren ist es für Elementarteilchen zu heiß, um sich zu Atomen zu verbinden. Sie fliegen frei umher und bilden ein so genanntes *Plasma*. Die Boltzmann-Verteilung sagt uns dann, wie viele Teilchen einer bestimmten Energie statistisch im Plasma vorkommen. Betrachten wir zunächst nur Teilchen mit einem bestimmten Impuls $\boldsymbol{p}$. Nach der Speziellen Relativitätstheorie haben solche Teilchen die Energie $E_p = \sqrt{m^2 + \boldsymbol{p}^2}$. Im Anhang findest du die Herleitung dieser Beziehung.

Nach der Boltzmann-Verteilung (9) ist die Wahrscheinlichkeit eines Zustands bestehend aus n Teilchen mit Impuls $\boldsymbol{p}$ dann proportional zu $e^{-\frac{nE_p}{T}}$. Am Ende sind wir weniger an der Wahrscheinlichkeit interessiert, eine *bestimmte* Anzahl Teilchen mit Impuls p im Plasma zu finden, als an der *durchschnittlichen* Anzahl Teilchen mit Impuls p, oder genauer an der *durchschnittlichen* Anzahl solcher Teilchen pro Volumen, also der *Teilchendichte*. Wie man dahin gelangt, kannst du im Anhang nachlesen. Die Rechnung ist ein schönes Beispiel dafür, wie man komplizierte Aufgaben mit ein paar mathematischen Tricks extrem vereinfachen kann. Das Ergebnis:

Teilchendichte bei Impuls p:
$$N(p) \propto \frac{p^2}{e^{\frac{\sqrt{m^2+p^2}}{T}} - 1} \qquad (10)$$

Mit dieser einen Formel werden wir im Laufe des Buches das Verhalten der unterschiedlichsten Teilchen in den unterschiedlichsten Situationen erklären: von den Photonen der kosmischen Hintergrundstrahlung bis zum Konkurrenzkampf der Teilchen in den ersten Sekunden nach dem Urknall.

Ich weiß, die letzten fünf Seiten waren ziemlich abstrakt und mathematisch, aber die Mühe hat sich gelohnt: du bist jetzt bestens ausgestattet für eine Reise ins frühe Universum und zur Frage, warum die Zeit eine Richtung hat!

SCHRITT 54

Befreiung des Lichts

1964 richten die Astronomen Arno Penzias und Robert Wilson eine neu entwickelte Antenne des amerikanischen Telekom-Unternehmens Bell ins All um Radiosignale aus unserer Galaxie zu untersuchen. Statt der erhofften Radiowellen aus der Milchstraße empfängt die Antenne ein hartnäckiges Rauschen in Form diffuser Strahlung, die immer gleich bleibt, egal wohin die beiden Forscher ihr Gerät richten. Nun gehört ein solches Rauschen zum Alltag der Radioastronomie: alles um uns herum produziert störende elektromagnetische Signale, die Antenne ebenso wie die Erdatmosphäre. Die Hintergrundstrahlung aber, die Penzias und Wilson messen, passt nicht so recht ins Muster. Schließlich glauben sie die Quelle ausgemacht zu haben: zwei Tauben haben sich auf der Antenne häuslich eingerichtet und — nach den Worten der beiden Astronomen — größere Mengen eines „weißen dielektrischen Materials“ darauf abgelagert. Das könnte die Quelle des Übels sein. Die Tauben werden vertrieben, die Antenne gereinigt, aber das störende Rauschen bleibt. Penzias und Wilson fragen entnervt ihre Kollegen um Rat, ohne Erfolg. Schließlich fällt einem Kollegen die Hypothese des Kosmologen Jim Peebles aus Princeton ein, dass eine solche Hintergrundstrahlung aus der Frühzeit des Universums noch heute nachweisbar sein müsste. Das störende Rauschen in Penzias‘ und Wilsons Radioantenne stellt sich als größte kosmologische Entdeckung des zwanzigsten Jahrhunderts heraus. Die *kosmische Hintergrundstrahlung* (kurz *CMB* für Cosmic Microwave Background), ist seither zur wichtigsten empirischen Quelle der Kosmologie geworden. Sie gewährt uns einen direkten Blick auf das Universum, als es nur ein Vierzigtausendstel (!) seines heutigen Alters hatte. Und was wir sehen, ist ein homogenes, isotropes und sehr heißes frühes Universum. Das ist kein Beweis, aber doch ein starkes Indiz für die Theorie des Urknalls.

Wie ist der CMB entstanden? Der Kosmos 300.000 Jahre nach seiner Entstehung ist eine brodelnde einige Tausend Grad heiße Suppe, die im wesentlichen aus Photonen, Elektronen und Protonen besteht. Elektronen und Protonen spüren eine starke elektrische Anziehung zueinander und wollen sich schrecklich gerne zu Wasserstoffatomen verbinden. Aber es will einfach nicht gelingen. Bei den hohen Temperaturen im Plasma sind die Photonen extrem energiereich. Und es gibt unglaublich viele davon — auf ein Proton kommen etwa eine Milliarde Photonen. Kaum haben sich ein Proton und ein Elektron zu einem *H*-Atom verbunden, kommt ein Photon angeschossen und schlägt die beiden wieder auseinander. Daher sind die meisten Elektronen zu diesem Zeitpunkt ungebunden. Photonen werden von freien Elektronen gestreut, also von ihrem Pfad abgelenkt. Sie kommen nicht wie ein ordentlicher Lichtstrahl voran, sondern irren auf einem wilden Zickzackkurs durch den Kosmos. Dann, um das Jahr 370.000, beginnt sich etwas zu verändern. Die Temperatur ist auf etwa 3.000 Grad abgesunken, und die Photonen haben an Kraft und Zerstörungswut verloren. Protonen und Elektronen beginnen stabile Wasserstoffatome zu bilden, Photonen können immer längere Strecken zurücklegen, ohne von einem freien Elektron aus der Bahn geworfen zu werden. Es dauert nicht lange, bis der Punkt erreicht ist, an dem sich die allermeisten Photonen praktisch ungestört durchs All bewegen können. Nach 370.000 Jahren ist das Licht plötzlich frei. Es ist nicht mehr Teil der kosmischen Suppe, sondern geht jetzt seine eigenen Wege. Diese Wege sind bis heute praktisch nicht gestört worden. Und auch die Anzahl der befreiten Photonen hat sich nicht geändert. Auch heute gibt es je Proton noch rund eine Milliarde davon. Und da es heute im Durchschnitt noch ein Proton je Kubikmeter gibt (siehe Schritt 42), finden wir diese eine Milliarde Photonen der kosmischen Hintergrundstrahlung in jedem Kubikmeter des Universums[77] — auch da wo du gerade bist! Dieses befreite Licht messen Penzias und Wilson 1964 mit ihrem Teleskop. Es ist kaum vorstellbar, aber die kosmische Hintergrundstrahlung besteht aus Photonen, die seit 13,7 Milliarden Jahre ungestört durch den Kosmos rasen. Es ist wie bei einer Wolke: Statt freier Elektronen gibt es dort viele kleine Wassertröpfchen, die das Licht in alle Richtungen streuen. Erst wenn das Licht die Wolke verlässt, kann es ungestört und geradlinig zum Auge gelangen. Deswegen sehen wir von einer Wolke die Oberfläche, können aber nicht ins Innere schauen.

Bevor sie sich aus dem Plasma befreien und zur kosmischen Hintergrundstrahlung werden, streuen die Photonen permanent an Elektronen und tauschen dabei Energie mit ihnen aus. Anders ausgedrückt: Die Photonen sind Teil des Plasmas. Aus dem letzten Schritt kennen wir die Impulsverteilung von

[77] Liddle 2015

Teilchen im Plasma, sprich die Wahrscheinlichkeit ein Teilchen mit einem bestimmten Impuls anzutreffen. Da Photonen keine Masse haben, ist $m = 0$ und aus Gleichung (53.10) wird:

$$n(p) \propto \frac{p^2}{e^{\frac{p}{T}} - 1} \qquad (1)$$

In natürlichen Einheiten ($c = 1$) ist der Impuls eines Photons gleich seiner Energie $p = E = \hbar\omega$ und aus der *Impuls*verteilung (1) wird eine *Frequenz*verteilung, die *Planck-Verteilung*:

$$n(\omega) \propto \frac{\omega^2}{e^{\frac{\hbar\omega}{T}} - 1}$$

Falls du dich fragst, warum im Zähler kein $\hbar^2$ auftaucht: Solange wir nur eine Proportionalität zeigen (ausgedrückt durch das Symbol $\propto$), können wir solche konstanten Faktoren fröhlich ignorieren. Wenn wir diese Planck-Verteilung noch mit der Energie $\hbar\omega$ der Photonen multiplizieren, erhalten wir die Energiedichte oder *Intensität* des Photonengases bei unterschiedlichen Frequenzen:

$$\rho(\omega) \propto \frac{\omega^3}{e^{\frac{\hbar\omega}{T}} - 1} \qquad (2)$$

Abbildung 54.1 zeigt die Intensitätsverteilung für verschiedene Temperaturen. Mit steigender Temperatur verschiebt sich das Maximum zu immer kürzeren Wellenlängen und damit höheren Frequenzen. Die Planck-Verteilung gilt aber nicht nur für Photonen im Urplasma sondern ganz allgemein für Photonen, die von einem Körper mit Temperatur T ausgestrahlt werden! Die elektromagnetische Strahlung befindet sich nämlich im thermischen Gleichgewicht mit dem emittierenden Körper und deshalb folgt ihre Impuls- und damit ihre Frequenz-

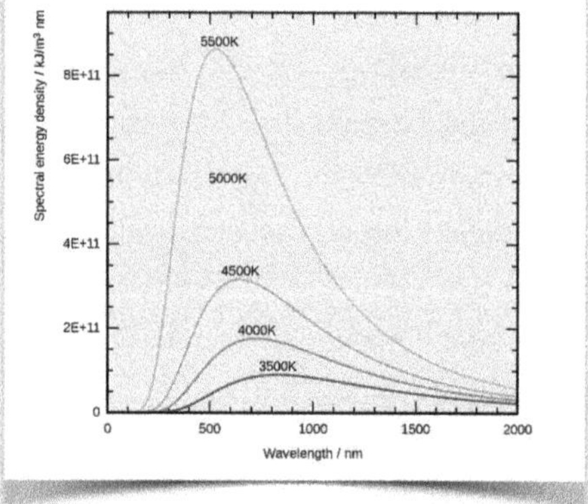

54.1: Planck-Verteilung für verschiedene Temperaturen

Quelle: 4C (https://commons.wikimedia.org/wiki/File:Wiens_law.svg), „Wiens law", https://creativecommons.org/licenses/by-sa/3.0/legalcode

verteilung derselben statistischen Verteilung wie Photonen, die im thermischen Gleichgewicht mit einem Teilchenplasma sind. Danach emittieren warme Objekte Strahlung höherer Frequenz als kalte. Es erklärt, warum die Glut im Lagerfeuer erst rot und irgendwann weiß wird. Und es zeigt die wunderbare Ökonomie der Evolution: An der Oberfläche der Sonne herrscht eine Temperatur von etwa 6.000 Grad. Bei dieser Temperatur liegt die maximale Intensität des Lichts im sichtbaren Bereich. Über Jahrmillionen haben die Augen von Tieren genau dort ihre größte Empfindlichkeit ausgebildet, wo es am meisten „zu holen gibt“, nämlich dort, wo das Licht der Sonne am intensivsten ist. Würde unser Planet um einen anderen Stern mit anderer Oberflächentemperatur kreisen, könnten wir vielleicht nur im infraroten oder ultravioletten Teil des Spektrums sehen.

Hat der CMB tatsächlich eine Planck-Verteilung? Die Strahlung, die Penzias und Wilson 1964 maßen, hatte nur eine Frequenz — nämlich 4,3 GHz, die Radiofrequenz, die ihre neuartige Antenne empfangen konnte. Mit einem Punkt lässt sich der Kurvenverlauf nicht überprüfen. Weitere Messungen mussten her. Die waren aber gar nicht so einfach zu bekommen. 1987, fast ein Vierteljahrhundert später, nahmen die Universitäten Nagoya und Berkeley mithilfe einer Rakete neue Daten bei höheren Frequenzen auf. Als sie ihre Messungen veröffentlichten, hielten Physiker den Atem an. Die Ergebnisse waren eine Enttäuschung: Die Punkte lagen deutlich neben der erwarteten Verteilung, und zwar so weit, dass ein Messfehler ausgeschlossen werden konnte. Es herrschte Ratlosigkeit: War die Theorie der kosmischen Hintergrundstrahlung doch falsch? Kam die Strahlung aus einer ganz anderen Quelle? Oder hatte man etwas übersehen, irgendeinen banalen Fehler gemacht? Kurz nach diesen rätselhaften Ergebnissen gab es neue Daten, diesmal von einem Satelliten. Im November 1989 schoss die NASA den Cosmic Background Explorer (COBE) ins All. In den folgenden Jahren schickte der Satellit Daten zur Erde, die die Kosmologie verändern sollten. Die Intensitäten der einzelnen Frequenzen folgten mit einer Präzision der Planck-

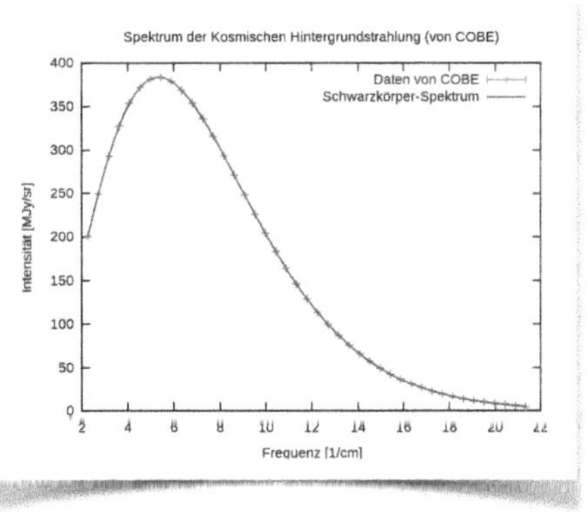

54.2. Der CMB im Vergleich zur perfekten Schwarzkörperstrahlung
Quelle: Wikipedia, gemeinfreies Bild

Verteilung, die alle Erwartungen übertraf. Abbildung 54.2 zeigt die perfekte Übereinstimmung der Messdaten mit der theoretisch vorhergesagten Kurve. So technisch und unspektakulär es erscheinen mag — dieses Diagramm ist ein Höhepunkt der menschlichen Geistesgeschichte. Ein sprechender Affe behauptet, dass ein kosmisches Ereignis vor 13,8 Milliarden Jahren eine Lawine von Photonen auslöste, die seither ungestört mit einer ganz bestimmten Intensitätsverteilung durchs Weltall rast. Dann schießt er einen Satelliten ins All, der mit völlig absurder Präzision genau diese Verteilung misst. Das ist alles so unwahrscheinlich und unfassbar, dass einen das Grauen vor diesem Affen überkommen kann.

Der COBE-Satellit lieferte die perfekte Planck-Verteilung einer strahlenden Quelle bei 2,7 Kelvin, also eiskalten -270 Grad Celsius. Als die Strahlung 370.000 Jahre nach dem Urknall ausgesandt wurde, war das Urplasma aber etwa 3.000 Grad heiß! Die Strahlung müsste bei Wellenlängen von 2 Mikrometern am intensivsten sein, stattdessen hat die gemessene Kurve ihr Maximum bei 2 Millimetern. Wie passt das zusammen? Ganz einfach: wir haben die Rotverschiebung übersehen! Du erinnerst dich: elektromagnetische Wellen werden auf ihrer Reise durch das expandierende Weltall in die Länge gezogen, und zwar nach der Formel $\frac{\lambda_r}{a(t_r)} = \frac{\lambda_e}{a(t_e)}$ (Gleichung 48.7). Oder in ω ausgedrückt (aufgrund der Beziehung $\lambda = 2\pi c/\omega$):

$$\omega_e = \frac{a(t_r)}{a(t_e)}\,\omega_r \tag{3}$$

Das ω in (2) entspricht dem ω_e in (3), denn es bezeichnet die Frequenz der Photonen, als sie sich 370.000 Jahre nach dem Urknall auf die lange Reise durch den Kosmos machten. Wir setzen daher (3) in (2) ein, um zu sehen, wie die Verteilung ausgedrückt durch die rotverschobenen Frequenzen ω_r aussieht:

$$\rho(\omega_e) \propto \frac{\omega_e^3}{e^{\frac{\hbar\omega_e}{T}} - 1} = \frac{a(t_r)^3}{a(t_e)^3}\,\frac{\omega_r^3}{e^{\frac{\hbar a(t_r)\omega_r}{T a(t_e)}} - 1} \propto \frac{\omega_r^3}{e^{\frac{\hbar\omega_r}{T_r}} - 1}$$

wobei wir im letzten Schritt eine neue Temperatur

$$T_r = T\,\frac{a(t_e)}{a(t_r)} \propto \frac{1}{a(t_r)} \tag{4}$$

definiert haben. Die rotverschobenen Frequenzen folgen auch wieder einer Planck-Verteilung, allerdings mit deutlich niedrigerer Temperatur T_r. Das erklärt, warum Penzias und Wilson so niederfrequente Strahlung maßen. Und es sagt uns, dass die Temperatur von Strahlung auf ihrer Reise durch ein expandierendes Universum mit $1/a(t)$ abnimmt.

Aber die COBE-Daten enthielten noch viel mehr Information. Sie zeigten einen nahezu perfekt isotropen CMB — in jeder Himmelsrichtung folgt die Strahlung derselben Planck-Verteilung bei 2,7 Kelvin. Das stützt die Theorie eines heißen und sehr homogenen Universums in den ersten Jahrtausenden nach dem Urknall. Aber richtig interessant wird es erst, wenn man noch genauer hinsieht. Die Isotropie des CMB ist nämlich nur nahezu perfekt: Es gibt winzige Temperaturschwankungen in einer Größenordnung von 1 zu 100.000. Abbildung 54.3 zeigt die vom Weltraumteleskop Planck gemessene Temperaturverteilung: Die Farbtupfer repräsentieren die winzigen Temperaturunterschiede in unterschiedlichen Himmelsrichtungen. An den wärmeren Stellen war das Urplasma etwas dichter als an den kälteren. Diese *Anisotropien* des CMB waren die zweite Sensation der COBE-Daten: Der Satellit lieferte eine Art Foto des Universums, wie es unmittelbar nach dem Urknall aussah. Wenn wir das Universum heute fotografieren, sehen wir viel größere Dichteunterschiede: in einer Richtung sehen wir einen Stern in einer Galaxie und in einer anderen Richtung sehen wir das intergalaktische Vakuum. 370.000 Jahre nach dem Urknall war alles viel homogener, aber auch damals gab es schon die ersten zarten Verdichtungen im Plasma, die „Keime" späterer Galaxien. COBE lieferte eine erste Landkarte dieser Galaxien im „Embryonalstadium". Spätere Satelliten wie WMAP und Planck haben diese Landkarte mit ihrer höheren Auflösung immer weiter verfeinert. Diese „Fotos" von der Geburt des Universums geben uns einen direkten Einblick in die Entstehung der kosmischen Strukturen, die wir heute sehen. Mehr dazu in Schritt 58.

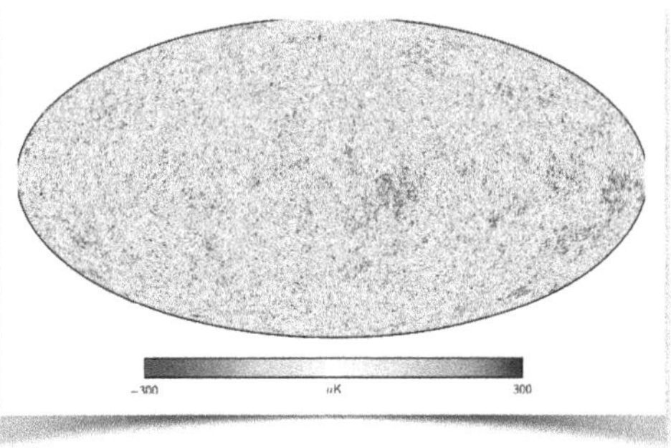

54.3: Temperaturverteilung des CMB, gemessen vom Weltraumteleskop Planck
Quelle: ESA and the Planck Collaboration

SCHRITT 55

Spielregeln im Urplasma

Ganz am Anfang, als es noch keine Galaxien und Sterne und Planeten gab, war das Universum einfach zu verstehen. Der CMB zeigt uns eine Welt, in der es überall gleich aussieht: Eine homogene heiße Suppe, in der Elementarteilchen permanent kollidieren und sich ineinander umwandeln. Das Ganze ist rund 14 Milliarden Jahre her. Aber weil wir die Gesetze eines solchen Plasmas kennen, wissen wir genau, wie es im Universum eine Sekunde nach dem Urknall aussah. Und eine Minute, eine Stunde oder 100.000 Jahre. Kompliziert wird es erst später, wenn sich die ersten Sterne und Galaxien bilden.

Weil das Teilchenplasma des frühen Universums thermodynamisch im Gleichgewicht ist, hat es eine Temperatur. Andererseits wissen wir, dass das Universum immer weiter schrumpft, je weiter wir in der Zeit zurückgehen. Wir hätten gerne eine einfache Beziehung zwischen der Temperatur T des Universums und seiner Ausdehnung a. In Schritt 54 sahen wir, dass die Temperatur elektromagnetischer Strahlung mit dem Inversen der Ausdehnung abnimmt (Gleichung 54.4):

$$T \propto \frac{1}{a} \qquad (1)$$

Im frühen Universum ist elektromagnetische Strahlung der dominierende Bestandteil und daher gilt diese Beziehung für das gesamte Urplasma. Wir können $a(t)$ aus der Friedmann-Gleichung ableiten und dann mithilfe von (1) berechnen, wie heiß es zu jeder Zeit t nach dem Urknall gewesen sein muss. Da uns die Statistische Physik sagt, wie sich Teilchen bei bestimmten Temperaturen verhalten, wissen wir dann auch, was in den ersten Sekunden und Minuten nach dem Urknall passiert sein muss. Wer die Physik bei zehn Milliarden Grad Celsius versteht, versteht die Physik eine Sekunde nach dem Urknall! Man kann die Logik auch umdrehen: Wer die Physik bei zehn Milliarden Grad *nicht* versteht, kann aus der heutigen Zusammensetzung der Welt Rückschlüsse auf die Vorgänge in den ersten Millisekunden nach dem Urknall ziehen und damit auf die Physik bei Energien, die selbst die stärksten

Teilchenbeschleunigern nicht erreichen. Das frühe Universum dient dann als „Labor" für neue Theorien über Elementarteilchen. Führt eine Theorie zu völlig falschen Ergebnissen im frühen Universum, macht es wenig Sinn sie weiterzuverfolgen.

Was passiert im Plasma unmittelbar nach dem Urknall? Photonen, Quarks, Elektronen und Neutrinos — und einigen Teilchen mehr, beispielsweise die noch unbekannten Teilchen der Dunklen Materie — fliegen mit nahezu Lichtgeschwindigkeit durcheinander, wandeln sich mithilfe der unterschiedlichen fundamentalen Kräfte permanent ineinander um und bleiben so im thermischen Gleichgewicht. Die stoffliche und organische Vielfalt unserer heutigen Welt gründet auf der Fähigkeit der Elementarteilchen sukzessive immer komplexere Verbindungen einzugehen: Quarks verbinden sich zu Protonen oder Neutronen, diese tun sich zu Atomkernen zusammen, die dann wiederum Elektronen an sich binden und zu neutralen Atome werden. Atome bilden dann untereinander eine schier endlose Vielfalt chemischer Verbindungen, ohne die Leben undenkbar wäre. All diese Strukturen können im Plasma des frühen Kosmos noch nicht überleben. Die Photonen und andere Teilchen besitzen durchschnittliche Energien, die viel höher sind als die typischen Bindungsenergien von Protonen, Atomkernen oder Atomen — sie würden jede derartige Verbindung sofort wieder auseinanderschlagen.

Um zu verstehen, was mit den Elementarteilchen in den ersten Sekunden passiert, erinnern wir uns an Gleichung (53.10), die Boltzmann-Verteilung für Teilchen im Plasma, die uns schon bei der Erklärung der kosmischen Hintergrundstrahlung geholfen hat. Bei den absurd hohen Temperaturen kurz nach dem Urknall sind die Impulse der Teilchen so immens, dass man die Masse dagegen völlig vernachlässigen kann: $p^2 \gg m^2$. Wir machen also nicht viel falsch, wenn wir in Gleichung (53.10) $m = 0$ setzen. Das hatten wir auch im letzten Schritt getan — allerdings aus anderen Gründen: dort ging es um masselose Photonen. Das mathematische Ergebnis ist aber dasselbe, wir erhalten wieder:

$$n(p) \propto \frac{p^2}{e^{\frac{p}{T}} - 1} \qquad (2)$$

Das einzige, was uns an dieser Formel interessiert, ist, dass sie nicht zwischen den Teilchenarten unterscheidet! Es kommen nämlich gar keine Teilchen-Eigenschaften vor, keine Masse, keine Ladung, kein Spin. Das bedeutet:

unmittelbar nach dem Urknall herrscht demokratische Gleichberechtigung: alle Teilchen haben dieselbe Dichte, sie sind gleich häufig! Das ist einigermaßen überraschend, denn heute sieht die Welt ganz anders aus. Zum Beispiel gibt es heute viel mehr Licht als Materie: auf ein Quark kommen etwa eine Milliarde Photonen! Oder Antimaterie: unmittelbar nach dem Urknall kamen Teilchen annähernd gleich oft vor wie ihre jeweiligen Antiteilchen, also beispielsweise gleich viele Elektronen wie Positronen (Anti-Elektronen). Auch da sieht es heute ganz anders aus: Soweit wir wissen, gibt es im Universum kaum noch Positronen, aber immer noch verdammt viele Elektronen.

Wie kommt das? Irgendwann muss die Gleichberechtigung in Diskriminierung umgeschlagen sein. Um zu sehen, woher die Ungleichbehandlung kam, betrachten wir wieder Gleichung (53.10), aber diesmal im Grenzfall niedriger Temperaturen — schließlich kühlt sich das Universum unaufhaltsam ab! Bei niedrigen Temperaturen kehren sich die Machtverhältnisse um: weil die Teilchen immer langsamer werden, fällt ihr Impuls gegenüber ihrer Masse immer weniger ins Gewicht. Im Grenzfall $m \gg p$ lässt sich (53.10) folgendermaßen umformen:

$$n(p) \propto \frac{p^2}{e^{\frac{\sqrt{m^2+p^2}}{T}} - 1} \approx \frac{p^2}{e^{\frac{\sqrt{m^2+p^2}}{T}}} \approx p^2 e^{-\frac{m}{T}}$$

Was ist hier passiert? Als erstes haben wir -1 im Nenner weggelassen: Für sinkende Temperaturen T wird die Exponentialfunktion im Nenner so groß, dass es keine Rolle spielt, ob wir davon 1 abziehen oder nicht. Im letzten Schritt haben wir in der Wurzel p^2 gegenüber m^2 vernachlässigt. Das ist etwas gewagt, schließlich setzen wir p^2 im Zähler ja auch nicht einfach null! Eine sorgfältigere Rechnung bestätigt aber den entscheidenden Punkt:

$$n(p) \propto e^{-\frac{m}{T}} \tag{3}$$

Diese Formel beendet die liberale Demokratie im Plasma! Die Häufigkeit einzelner Teilchenarten hängt jetzt von ihrer Masse m im Verhältnis zur Temperatur T ab. Man kann natürlich nur Größen vergleichen, die die gleiche

Einheit haben. In der Tat: Dank $c = 1$ werden Massen in Joule oder eV[78] gemessen und dank $k_B = 1$ werden auch Temperaturen in Joule oder eV gemessen. Der Faktor $e^{-\frac{m}{T}}$ wird für große m sehr schnell sehr klein und benachteiligt somit schwere Teilchen gegenüber leichten. Übergewichtige Teilchen werden bei niedrigen Temperaturen aussortiert! *Niedrig* ist natürlich relativ. Für Protonen mit einer Masse von 938 MeV ist 1 Billion Grad (rund 1 MeV) eine niedrige Temperatur. So niedrig, dass Protonen bei dieser Temperatur schon mit einem Faktor $e^{-\frac{m}{T}} = 0{,}00005$ unterdrückt werden. Mit sinkender Temperatur verschwinden schwere Teilchen sukzessive aus der Ursuppe! Aber wohin gehen diese Teilchen? Teilchen können nicht einfach verschwinden, aber sie können sich durch Wechselwirkung mit anderen Teilchen in leichtere Teilchen umwandeln. Ein Beispiel: in den ersten fünf Sekunden gibt es Elektronen und ihre Antiteilchen, die Positronen, in großer Zahl. Treffen sie aufeinander, findet *Paarvernichtung* statt: ein Elektron (e^-) und ein Positron (e^+) vernichten sich gegenseitig und geben die freiwerdende Energie in Form von zwei Photonen (γ) ab:

$$e^- + e^+ \leftrightarrow \gamma + \gamma \qquad (4)$$

Der Doppelpfeil deutet an, dass die Reaktion in beiden Richtungen ablaufen kann. Das heißt, neben der *Paarvernichtung* findet auch *Paarerzeugung* statt: zwei sehr energiereiche Photonen können ein Elektron und ein Positron erzeugen. In den ersten Sekunden des Universums findet die Reaktion in beiden Richtungen gleich häufig statt, so dass sich die Teilchendichte der Elektronen und Positronen nicht verändert. Nach sechs Sekunden hat sich das Universum bereits so weit abgekühlt, dass $T \approx m_{e^-}$. In Schritt 54 sahen wir, dass die Photonen (γ) einer Verteilung folgen, deren Intensitätsmaximum bei Energien von etwa T liegt. Wenn die Temperatur unter $T = m_{e^-}$ fällt, verschiebt sich auch das Intensitätsmaximum der Photonen zu immer niedrigeren Energien. Das bedeutet, es stehen immer weniger Photonen zur Verfügung, die energiereich genug sind, um aus ihnen Elektronen und Positronen zu erzeugen. Paarerzeugung wird immer unwahrscheinlicher. Es stellt sich ein neues Gleichgewicht mit deutlich mehr Photonen als Elektronen und Positronen ein. Je weiter sich das Plasma abkühlt, desto mehr Teilchen werden aussortiert.

[78] eV oder *Elektronenvolt* ist eine Einheit, die Physiker gerne für kleine Energien verwenden. 1 eV entspricht ungefähr $1{,}6 \cdot 10^{-19}$ Joule und ist die Energie, die ein Elektron erhält, wenn es die Spannung von 1 Volt durchläuft.

Zuerst trifft es die schwersten Teilchen, wie zum Beispiel das Higgs, später alle anderen Teilchen bis hin zu leichten Spezies wie den Elektronen. Schon nach kurzer Zeit würden wir ein sehr eintöniges Universum erwarten, in dem es nur noch extrem leichte oder gar masselose Teilchen wie Neutrinos und Photonen gibt.

Aber die Welt um uns herum sieht ganz anders aus. Du und ich und der Sessel, in dem du sitzt, besteht nicht aus Photonen sondern aus rechtschaffenen, grundsoliden Protonen, Neutronen und Elektronen! Wie konnten diese massiven Teilchen überleben? Aufgrund von Formel (3) ist im thermischen Gleichgewicht kein Platz für sie. Aber in unserer Welt ist nicht immer alles im Gleichgewicht! Thermisches Gleichgewicht stellt sich ein, wenn man ein System ohne äußere Einflüsse sich selbst überlässt. Ob es sich schnell oder langsam einstellt, hängt von den Wechselwirkungen ab, mithilfe derer die Teile des Systems Energie austauschen können. Ohne Austausch von Energie gelingt es dem System nicht die richtige Verteilung seiner Mikrozustände zu erreichen. Das sahen wir gerade am Beispiel der Paarvernichtung von Elektronen und Positronen. Es gibt etliche andere Reaktionen, die zwischen den Elementarteilchen stattfinden und das Plasma in Richtung Gleichgewicht treiben. Aber ist das Plasma überhaupt ein System, das „ohne äußere Einflüsse sich selbst überlassen ist"? Da das Universum expandiert, ändern sich die Randbedingungen ständig und das Plasma kann streng genommen gar kein Gleichgewicht erreichen. Wenn aber die Reaktionen sehr häufig stattfinden, wird ein Gleichgewichtszustand in einer so kurzen Zeitspanne erreicht, dass die Expansion des Universums keine Rolle spielt. Nun nimmt aber die Reaktionsrate der typischen Teilchenumwandlungen mit der Temperatur deutlich schneller ab als die relative Expansionsgeschwindigkeit gemessen durch die Hubblerate H. Da die Temperatur seit dem Urknall stetig sinkt, kommt für jede Teilchenart irgendwann der Zeitpunkt, bei dem die Gleichgewichtsprozesse so langsam geworden sind, dass sich die Expansion nicht mehr vernachlässigen lässt. Grob kann man sich vorstellen, dass die Teilchen im immer größer werdenden Universum irgendwann einfach keine Reaktionspartner mehr finden. Die betroffenen Teilchen koppeln sich gleichsam von allen anderen Teilchen ab und gehen ihre eigenen Wege. Sie fallen aus dem thermischen Gleichgewicht mit den anderen Teilchen heraus. Man nennt das *Entkopplung* oder *Freeze-out*. Das bedeutet auch, dass die Gleichungen (2) und (3) für die Dichte ultra-relativistischer und nicht-relativistischer Teilchen nicht mehr gelten. Sie wurden ja aus Annahmen hergeleitet, die nur im thermischen

Gleichgewicht gelten. Der Boltzmann-Faktor $e^{-\frac{m}{T}}$ kann Teilchen nach der Entkopplung nichts mehr anhaben! Sie bleiben jetzt in der Anzahl erhalten, die sie zum Zeitpunkt der Entkopplung hatten. Ihre Anzahl wird *eingefroren* — daher der Ausdruck *Freeze-out*. Im Laufe der ersten Stunden des Kosmos fallen Elektronen, Neutronen und andere Teilchen nach und nach aus dem Gleichgewicht und bleiben so als Bausteine der komplexen Welt, in der wir heute leben, erhalten.

Die Frühgeschichte des Universums lässt sich ziemlich gut mit den drei thermodynamischen Phasen eines Teilchens erklären, die wir gerade kennengelernt haben:

1. Am Anfang sind die Temperaturen so hoch, dass die Energie der Teilchen im wesentlichen kinetische Energie ist, die Masse ist dagegen zu vernachlässigen. Alle Teilchenarten kommen gleich häufig vor.

2. Dann sinkt die Temperatur und mit ihr die kinetische Energie der Teilchen. Irgendwann kommt — erst für die schwersten, dann für immer leichtere Teilchen — der Zeitpunkt, zu dem die Masse über die Energie dominiert. Diese Teilchen werden jetzt immer seltener, sie werden durch den Boltzmann-Faktor aussortiert.

3. Zuletzt fallen Teilchen aus dem thermischen Gleichgewicht mit dem Rest des Plasmas. Nach diesem Freeze-out bleibt ihre Zahl erhalten, der Boltzmann-Faktor kann ihnen nichts mehr anhaben.

SCHRITT 56

Entstehung der Materie

Woher kommen die chemischen Elemente? Wann und wie sind sie entstanden? Über diese Fragen wurden im letzten Jahrhundert zwei konkurrierende Theorien entwickelt. Aus dem dritten Teil des Buches kennen wir Arthur Eddington, der 1920 eine Theorie der Kernfusion in Sternen entwickelt. Dabei geht es hauptsächlich um die Entstehung von Helium aus Wasserstoff, aber Eddington stellt die These auf, dass auch die schwereren Elemente in Sternen entstehen. Die Idee wird von anderen Physikern aufgegriffen und bis in die Fünfzigerjahre zu einer detaillierten Theorie der Fusion aller Elemente bis zum Eisen weiter entwickelt. Aber es gibt noch einen radikal anderen Ansatz: der russische Physiker George Gamow greift in den Vierzigerjahren Lemaîtres Idee des Urknalls auf und entwickelt die Theorie eines heißen Plasmas, in dem in den ersten Minuten des Universums alle Elemente aus Neutronen und Protonen zusammengebacken werden. Gamow veröffentlicht 1948 mit seinem Doktoranden Ralph Alpher den inzwischen legendären Artikel „The origin of chemical elements"[79]. Gamow ist nicht nur für seine physikalische Intuition bekannt, sondern auch für einen etwas skurrilen Humor: er fügt seinen Kollegen Hans Bethe, der an dem Papier gar nicht beteiligt ist, als dritten Autor hinzu, weil erst „Alpher, Bethe, Gamow" so richtig nach griechischem Alphabet klingt. Die kurze Publikation ist als „$\alpha\beta\gamma$" in die Physik-Geschichte eingegangen. Aber hat sie recht?

Urplasma und Sterne sind die beiden naheliegenden Kandidaten für die Entstehung der Elemente, einfach weil man für die Kernfusion extrem hohe Temperaturen braucht. Jahrzehntelang ist nicht klar, welcher Kandidat der richtige ist. Um das herauszufinden ist die chemische Zusammensetzung von Sternen verschiedenen Alters entscheidend. Wenn im Urplasma noch keine Elemente außer Wasserstoff entstanden sind, enthält das Gas, aus dem später die ersten Galaxien und Sterne entstanden, nur Wasserstoff. Jeder Heliumkern, den wir heute in einem Stern nachweisen, muss dann in diesem (oder einem anderen) Stern entstanden sein. Wenn dagegen schon das Ausgangsgas der

[79] Alpher 1948

ersten Sterne Heliumkerne enthielt, müsste eine höhere Heliumkonzentration in Sternen nachweisbar sein, weil der Stern ja schon mit etwas Helium startete und außerdem ständig zusätzliches Helium durch Kernfusion produziert. Außerdem würden sich die Heliumkonzentrationen junger Sterne und alter Sterne nur geringfügig unterscheiden, weil das meiste Helium allen Sternen quasi schon in die Wiege gelegt wurde. Bis Ende der 1950er Jahre ist das Rennen offen, wobei sich die meisten Physiker auf die Theorie der Heliumsynthese in Sternen konzentrieren. Schließlich ist der Urknall damals noch ziemlich umstritten — die Existenz von Sternen aber nicht. Heute wissen wir, dass der Massenanteil von Helium in Sternen und den Gaswolken zwischen Sternen zwar schwankt, aber nie unter 24% liegt[80]. Diesen Anteil muss also schon das Gas gehabt haben, aus dem die ersten Sterne entstanden. Gamow behielt mit seinem $\alpha\beta\gamma$-Papier recht: Der Großteil des Heliums wurde im heißen Plasma direkt nach dem Urknall erzeugt. Auch wenn die konkreten Prozesse, von denen Gamow in $\alpha\beta\gamma$ ausgeht, längst überholt sind, war seine physikalische Intuition der Zeit weit voraus. Dass wir heute nicht nur die Prozesse dieser *Big Bang Nucleosynthesis* im Detail verstehen, sondern auch exakt den Heliumanteil von 24% ableiten können, gehört zu den großen Durchbrüchen der Kosmologie im 20. Jahrhundert. Aber das Beste ist: mit allem, was du bisher über das Universum gelernt hast, kannst du diese Rechnung selbst nachvollziehen. Ich erzähle dir jetzt die Geschichte der ersten Augenblicke unserer Welt, und warum sechs Minuten nach dem Urknall Helium einen Anteil von genau 24% hatte!

Wir beginnen ganz am Anfang. Die kosmische Uhr zeigt eine Zehntausendstel-Sekunde nach dem Urknall an. Protonen und Neutronen, die sich gerade aus Up- und Down-Quarks gebildet haben, fliegen gemeinsam mit Elektronen, Neutrinos, ihre jeweiligen Anti-Teilchen und allen anderen Elementarteilchen mit nahezu Lichtgeschwindigkeit wild durcheinander. Wie wir im letzten Schritt sahen, sind bei solch hohen kinetischen Energien alle Teilchen ungefähr gleich häufig. Insbesondere gibt es gleich viele Teilchen wie Antiteilchen — gleich viele Anti-Protonen wie Protonen, gleich viele Positronen wie Elektronen und so weiter. Trifft ein Teilchen auf sein Anti-Teilchen, vernichten sich die beiden gegenseitig und übrig bleibt Licht. Zum Beispiel Elektronen und Positronen: $e^- + e^+ \leftrightarrow \gamma + \gamma$. Ein ähnlicher Prozess passiert mit Proton-Antiproton- und mit Neutron-Antineutron-Paaren. Bei sehr hohen Tempe-

[80] Ryden 2006

raturen finden sich immer Photonen mit genug Energie, um auch wieder entsprechende Paare zu erzeugen. Die Reaktion findet in beiden Richtungen statt — ein unablässiger Tanz zwischen Teilchen, Anti-Teilchen und Licht, bei dem es (noch) keine Gewinner oder Verlierer gibt. Das ändert sich, wenn die Temperatur sinkt und immer weniger Photonen hoher Energie vorhanden sind. Paarerzeugungen werden im Vergleich zu Paarvernichtungen unwahrscheinlicher und die Population der Materieteilchen (Protonen, Neutronen, Elektronen und ihrer Antiteilchen) bricht rapide ein. Das ist nichts anderes als die Unterdrückung schwerer Teilchen durch den Boltzmann-Faktor $e^{-\frac{m}{T}}$, die wir im letzten Schritt kennengelernt haben — nur anschaulicher erklärt. Würden die Naturgesetze Materie und Antimaterie genau gleich behandeln, hätten sich alle Teilchen und Antiteilchen gegenseitig vernichtet und die freiwerdende Energie wäre in Strahlung umgewandelt worden. Im Kosmos gäbe es nichts als die Photonen der kosmischen Hintergrundstrahlung, die nicht mehr genügend Energie besitzen, um Materie zu erzeugen. Keine Galaxien, keine Sonne, keine Erde, keine Menschen. Stattdessen passiert etwas Merkwürdiges: von einer Milliarde Teilchen finden nur 999.999.999 ein passendes Antiteilchen für die gegenseitige Vernichtung, ein Teilchen geht leer aus und überlebt. Das ist sowohl bei den Protonen und Neutronen als auch bei den Elektronen so. Woher kommt dieser winzige Überschuss der Materie gegenüber der Anti-Materie? Wir wissen es nicht. Es bleibt eines der großen Rätsel der Physik. Wenn wir diesen Umstand auch nicht erklären können — wir verdanken ihm unsere Existenz! Die sichtbare Welt um uns herum und wir selbst bestehen genau aus diesem einen Milliardstel an Überlebenden der Paarvernichtung. Bis zum heutigen Tag hat sich das Verhältnis von Protonen und Neutronen zu Photonen kaum verändert. Seit der ersten Sekunde, in der durch Paarvernichtung die meisten Protonen und Neutronen verloren gingen, hat sich das so genannte *Baryon-to-photon Ratio* bei etwa 1 : 1.000.000.000 gehalten. Nach der massenhaften Auslöschung sind zwar nur noch wenige Protonen und Neutronen übrig, aber es gibt von beiden Teilchenspezies etwa gleich viele. Das ändert sich, wenn die Temperatur weiter sinkt. Der Grund liegt in einem kleinen Massenunterschied der beiden Teilchen. Dieser feine Unterschied entgeht der Boltzmann-Verteilung nicht:

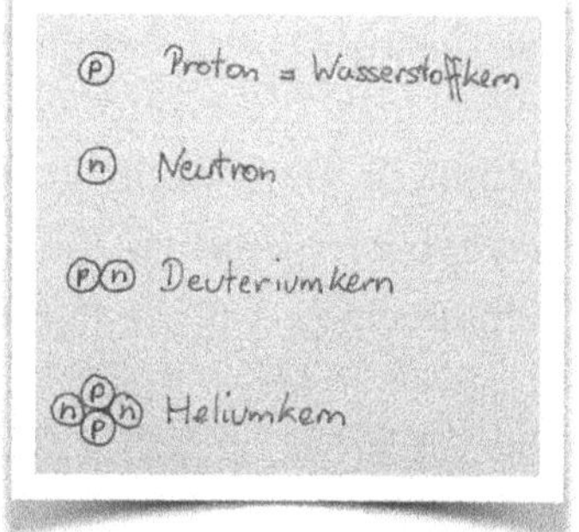

56.1: Dramatis Personae

Teilchendichte der Protonen: $n_p \propto e^{-\frac{m_p}{T}}$ mit Masse $m_p = 938{,}3\,\mathrm{MeV}$

Teilchendichte der Neutronen: $n_n \propto e^{-\frac{m_n}{T}}$ mit Masse $m_n = 939{,}6\,\mathrm{MeV}$

Die Proportionalitätskonstanten sind fast identisch, so dass wir für das Verhältnis der Teilchendichten schreiben können:

$$\frac{n_n}{n_p} = e^{-\frac{m_n - m_p}{T}} = e^{-\frac{1{,}3\,MeV}{T}}$$

Bei einer Temperatur von 1 Billion Grad (entsprechend rund 100 MeV) ist $e^{-\frac{1{,}3\,\mathrm{MeV}}{T}} = 0{,}99$, die Dichte der Neutronen und die der Protonen unterscheiden sich praktisch noch nicht. Bei Temperaturen, die in MeV ausgedrückt unterhalb der Massendifferenz von Proton und Neutron liegen, beginnt sich der Boltzmann-Faktor bemerkbar zu machen. Bei 1 Milliarde Grad würden auf 1 Million Protonen schon nur noch 2 Neutronen kommen! Aber wir hatten ja im letzten Schritt gesehen, dass die Reaktionen eines Teilchens mit dem Rest des Plasma mit sinkender Temperatur irgendwann so langsam werden, dass die Teilchenspezies aus dem thermischen Gleichgewicht fällt. Vielleicht ist das die Rettung für die Neutronen? Tatsächlich findet ein solcher *Freeze-Out* der Neutronen und Protonen bei $T = 0{,}8\,\mathrm{MeV}$ (ungefähr 10 Milliarden Grad) statt. Zu diesem Zeitpunkt liegt das Neutronen-Protonen-Verhältnis bei

$$\frac{n_n}{n_p} = e^{-\frac{1{,}3\,\mathrm{MeV}}{0{,}8\,\mathrm{MeV}}} = 0{,}202 \qquad (1)$$

Auf fünf Protonen kommt nur noch ein Neutron! Der Freeze-out kommt gerade rechtzeitig, bevor die Neutronen ganz von der Bildfläche verschwinden. Aber die Neutronen sind noch immer nicht in Sicherheit. Jetzt wo Protonen und Neutronen auf sich selbst gestellt sind, kommt eine neue Tatsache ins Spiel: Während Protonen extrem stabil sind, haben Neutronen eine endliche Lebensdauer von durchschnittlich 880 Sekunden und zerfallen dann. Warum hat das bisher keine Rolle gespielt? Weil über Wechselwirkungen wie $n + \nu_e \leftrightarrow p + e^-$ permanent neue Neutronen produziert wurden. Sobald diese Reaktionen zum Erliegen kommen, fehlt der „Nachschub“ und die verbliebenen Neutronen werden unaufhaltsam durch Beta-Zerfälle dezimiert. Wer jetzt Helium erzeugen möchte, muss sich beeilen. Der erste Schritt dafür ist die Entstehung von schwerem Wasserstoff, so genanntem *Deuterium*, also Atomkernen, die aus je einem Proton und einem Neutron bestehen (Abbildung

56.1). Bei 10 Milliarden Grad, der Temperatur, bei der Protonen und Neutronen aus dem thermischen Gleichgewicht fallen, kann aber noch nicht viel Deuterium entstehen. Es gibt einfach noch zu viele hochenergetische Photonen, die jede Verbindung zwischen einem Proton und einem Neutron sofort wieder zerschlagen. Zwei Sekunden nach dem Urknall ist das Universum noch kein guter Ort für langfristige Bindungen. Aber lange darf die Bildung von Deuterium nicht auf sich warten lassen. Die Uhr tickt: seit Sekunde 2 der kosmischen Uhr werden keine Neutronen mehr hergestellt, und die wenigen, die es noch gibt, werden unerbittlich durch Beta-Zerfall dahingerafft. Nach 10 Minuten wäre schon die Hälfte der übrig gebliebenen Neutronen verloren! Nach 340 Sekunden, knapp 6 Minuten, aber hat sich die Anzahl hochenergetischer Photonen soweit reduziert, dass Deuterium entstehen kann. Die Deuteriumkerne reagieren dann sofort weiter zu Heliumkernen, also Bindungszuständen von zwei Neutronen und zwei Protonen (Abbildung 56.1). Wie viele Neutronen sind nach 340 Sekunden noch nicht zerfallen? In Schritt 27 haben wir das Zerfallsgesetz von Atomkernen und Teilchen kennengelernt:

$$n(t) = n_0 e^{-\frac{t}{\tau}} \quad (n_0 = \text{Anzahl der Teilchen bei } t = 0,\ \tau = \text{Lebensdauer})$$

Die Lebensdauer der Neutronen beträgt $\tau = 880\,\text{s}$. Und für t wählen wir den Zeitpunkt $t = 340\,\text{s}$, bei dem die Deuteriumbildung beginnt. Zu diesem Zeitpunkt ergibt sich dann ein verbleibender Neutronenanteil von

$$n(t) = 0{,}202 \cdot n_p e^{-\frac{360\,\text{s}}{880\,\text{s}}} = 0{,}137 \cdot n_p$$

Als die Deuteriumbildung einsetzt, gibt es noch 1 Neutron je 7,3 Protonen. Wenn wir annehmen, dass alle Neutronen schlussendlich in Heliumkernen gebunden werden (was der Wahrheit ziemlich nahekommt), können wir das Massenverhältnis von Helium zu Wasserstoff leicht überschlagen: Für einen Heliumkern brauchen wir 2 Neutronen. Je 2 Neutronen stehen, wie gerade berechnet, 14,6 Protonen gegenüber. Von denen werden ebenfalls 2 für den Heliumkern gebraucht. Insgesamt werden also von 16,6 Nukleonen 4 im Heliumkern gebunden, während die übrigen 12,6 weiter als ungebundene Protonen, also Wasserstoffkerne, ihr einsames Dasein fristen. Da Protonen und Neutronen fast identische Masse besitzen, können wir folgern, dass $4/16{,}6 = 0{,}24$ der atomaren Masse im Weltall als Helium und der Rest als Wasserstoff vorkommen. Das sind genau die $24\,\%$, die astronomische Messungen ergeben haben — eine spektakuläre Übereinstimmung von Theorie und Beobachtung und ein indirekter Beweis für den Urknall! Neben Helium werden in den ersten Minuten auch noch kleine Mengen Lithium hergestellt. Die höheren Elemente werden erst später in Sternen und Supernovae produziert. So kommen am Ende beide, sowohl Eddington als auch Gamow, zu ihrem Recht!

Dass es für Neutronen und Protonen energetisch vorteilhaft ist, sich zu Heliumkernen zu verbinden, liegt an ihrer Anziehung durch die starke Kernkraft. Die Masse eines Heliumkerns ist um 0,7% geringer als die Masse von zwei Protonen und zwei Neutronen. Dieser Massenverlust wird als Bindungsenergie frei. Die Vielfalt chemischer Elemente auf der Erde, verdanken wir zu einem guten Teil dieser einen Zahl 0,7%=0,007.[81] Wäre die starke Kernkraft auch nur etwas schwächer, und damit die Bindungsenergie des Heliums etwas geringer, sagen wir 0,006, dann wäre Deuterium schon nicht mehr stabil. Da schwerer Wasserstoff aber der notwendige Zwischenschritt auf dem Weg zum Helium und allen anderen schwereren Elementen ist, gäbe es in diesem Fall im Universum nur Wasserstoff. Es gäbe keine Planeten, und keine Stoffe, aus denen man Leben bauen könnte! Und wenn die starke Kernkraft etwas stärker wäre und die Bindungsenergie des Heliums dementsprechend etwas größer, beispielsweise 0,008? Es stünde nicht viel besser um unsere Existenzchancen. In diesem Fall bräuchten Protonen gar keine Neutronen um schwerere Kerne zu bilden. Ihre Anziehung wäre stark genug um auch ohne die Hilfe neutraler Teilchen ihre elektrische Abstoßung zu überwinden. Fast alle Protonen wären schon kurz nach dem Urknall zu schwereren Elementen zusammengebacken und es gäbe heute so gut wie keinen Wasserstoff mehr. Kein Wasserstoff, kein Wasser, keine Menschen. Wackelt man auch nur ein bisschen an der nuklearen Bindungskraft, kommt sofort eine Welt heraus, in der es entweder *nur* Wasserstoff oder *gar keinen* Wasserstoff gäbe! Nur in einem engen Korridor von 0,006 bis 0,008 kann unsere vielfältige Welt entstehen. Es ist eines der vielen Beispiele für so genanntes *Fine Tuning:* Naturgesetze und Naturkonstanten scheinen gerade so justiert zu sein, dass komplexe Strukturen und schließlich Leben im Universum entstehen konnten. Wir werden auf dieses Wunder im Abspann des Buches zurückkommen.

---

[81] Rees 2015

SCHRITT 57

Klümpchen in der Ursuppe

Wie konnte aus einer homogenen Ursuppe gleichmäßiger Massendichte ein so reich strukturiertes Universum mit riesigen Dichteunterschieden wie unseres entstehen? Um diese Frage zu beantworten, entwickeln wir erst einmal ein ganz einfaches Modell des Universums und bauen dann schrittweise mehr und mehr Elemente ein, bis etwas Interessantes passiert.

Wir beginnen mit einem statischen Universum, das überall die gleiche Massendichte hat, mit Ausnahme einer einzigen Stelle, die etwas dichter ist. Also eine Art homogene Ursuppe mit einem Klümpchen, in dem die Teilchen aus irgendeinem Grund etwas enger beieinander sind. Was wird dann passieren? Wie geht es weiter mit der kleinen Verdichtung? Solange wir keine hohen Dichten annehmen, können wir uns das Leben einfach machen und die Newtonsche Näherung verwenden. Bevor wir aber blind mit irgendwelchen Formeln loslegen, überlegen wir uns erst einmal qualitativ, wie die Sache ausgehen wird. Der Massenüberschuss des Klümpchens im Vergleich zum restlichen Universum zieht Massen in der Umgebung an. Dadurch wird sich das Klümpchen weiter verdichten, was seine Gravitation auf die umgebenden Massen weiter verstärken wird. Wir erwarten also einen sich selbst verstärkenden Prozess der Implosion. Wir kennen einen solchen *Gravitationskollaps* schon aus Schritt 31, wo wir uns mit der Entstehung von Sternen und Schwarzen Löchern beschäftigt haben. Jetzt könnten wir sagen: „Problem gelöst. Nächstes Problem, bitte!“. Wir möchten aber gerne wissen, *wie schnell* die Massen implodieren. Das wird sich nämlich als entscheidende Frage herausstellen. Rechnen wir nach!

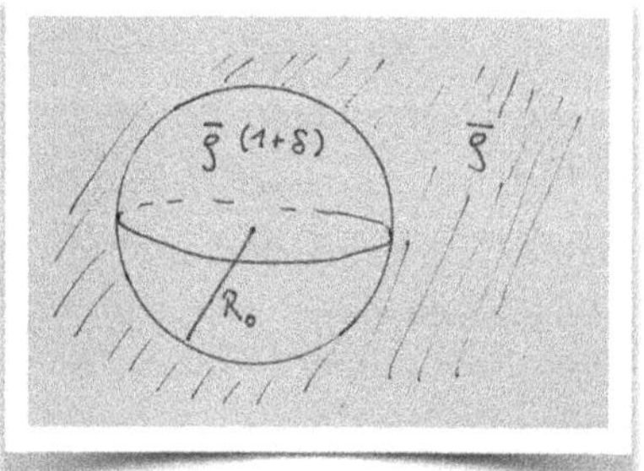

57.1: Klümpchen in einem sonst homogenen Universum

Die Massendichte sei überall im Kosmos $\bar{\rho}$, bis auf eine Kugel mit Radius R_0, die $(1+\delta)$-mal dichter ist — unser Klümpchen

(Abbildung 57.1). $\delta = 0{,}05$ würde beispielsweise bedeuten, dass die Dichte des Klümpchens 5% höher als im restlichen Universum ist. Wieviel Massenüberschuss, also wieviel zusätzliche Masse, enthält das Klümpchen dann? Das Volumen einer Kugel mit Radius R_0 ist $V = \frac{4}{3}\pi R_0^3$, der Dichteüberschuss ist $\bar{\rho}\delta$. Damit ist der Massenüberschuss $\Delta M = \frac{4}{3}\pi R_0^3 \bar{\rho}\delta$. Aufgrund dieses Massenüberschusses spürt ein Teilchen der Masse m an der Oberfläche des Klümpchens eine Gravitationskraft $F_G = -G\frac{m\Delta M}{R_0^2}$ und wird — wie alle anderen Teilchen an der Kugeloberfläche auch — nach innen beschleunigt. Warum ist für F_G nur der Massenüberschuss und nicht die gesamte Masse des Klümpchens relevant? Wenn es keine Verdichtung gäbe, wären die Gravitationskräfte in allen Richtungen gleich stark und würden sich zu null summieren. Nur der Massenüberschuss führt zu einer Nettokraft, die das Teilchen beschleunigt. Da das Teilchen die Radialkoordinate R hat, ist seine Beschleunigung $\ddot{R}$. Nach Newton ist $\ddot{R} = \frac{F_G}{m}$. Durch Einsetzen der richtigen Ausdrücke von oben erhältst du:

$$\ddot{R} = -\frac{4}{3}\pi G\bar{\rho}\delta R_0 \qquad (1)$$

Soweit die Bewegungsgleichung am Anfang des Prozesses. Wenn die Teilchen an der Oberfläche des Klümpchens alle nach innen gezogen werden, wird das Klümpchen noch dichter. Die Kugel schrumpft und ihre Dichte wächst. Der Radius R des Klümpchens und seine Verdichtung δ ändern sich jetzt mit der Zeit. Wie hängen sie von einander ab? Am Anfang des Prozesses ist die Masse der Kugel $M = \bar{\rho}(1+\delta)\frac{4}{3}\pi R_0^3 \approx \bar{\rho}\,\frac{4}{3}\pi R_0^3$, wobei wir im letzten Schritt angenommen haben, dass die Verdichtung am Anfang sehr gering ist. Auch wenn sich der Radius R und ihre Verdichtung δ ändern, die Masse bleibt immer gleich:

$$\bar{\rho}(1+\delta)\frac{4}{3}\pi R^3 = M = \bar{\rho}\,\frac{4}{3}\pi R_0^3 \qquad (2)$$

Jetzt lässt sich eine Menge herauskürzen und nach R auflösen:

$$R = \frac{R_0}{\sqrt[3]{1+\delta}} \approx \left(1 - \frac{1}{3}\delta\right)R_0 \qquad (3)$$

Der letzte Schritt ergibt sich aus der Taylorreihe der Funktion $(1+\delta)^{-\frac{1}{3}}$ (Aufgabe 57.1). Das ist natürlich nur bei geringer Verdichtung $\delta \ll 1$ eine sinnvolle Abschätzung, was aber zumindest zu Beginn des Gravitationskollapses stimmt.

Aufgabe 57.1 (mittel): Zeige $(1+x)^{-\frac{1}{3}} = 1 - \frac{1}{3}x + \ldots$ mithilfe der Taylorentwicklung.

Da R und δ von der Zeit abhängen, können wir Gleichung (3) zweimal nach der Zeit ableiten [82]:

$$\ddot{R} = -\frac{1}{3}\ddot{\delta} R_0 \tag{4}$$

Warum wir das machen? Damit wir zwei Ausdrücke für $\ddot{R}$ erhalten, nämlich (1) und (4), die wir jetzt gleichsetzen können. So können wir das Zusammenspiel von Schrumpfung des Klümpchens durch seine eigene Gravitation einerseits und daraus folgende weitere Verdichtung und Verstärkung der Gravitation andererseits, jeweils ausgedrückt durch die Beziehungen (1) und (4), zu einer einfache Differentialgleichung für die Verdichtung δ des Klümpchens zusammenfassen. Gleichsetzen der rechten Seiten von (1) und (4) liefert:

$$\ddot{\delta} = 4\pi G\bar{\rho}\delta \tag{5}$$

Diese Art von Differentialgleichung kennen wir schon aus Schritt 27! Ihre allgemeine Lösung besteht aus einer exponentiell wachsenden und einer exponentiell abfallenden Komponente. Uns interessiert hier nur die wachsende Komponente, da der Beitrag der abfallenden Komponente schon nach kurzer Zeit zu vernachlässigen ist:

$$\delta(t) = \delta(0)\, e^{\sqrt{4\pi G\bar{\rho}}\, t} = \delta(0)\, e^{\frac{t}{t_d}} \quad \text{(mit der Abkürzung } t_d = \frac{1}{\sqrt{4\pi G\bar{\rho}}}\text{)}$$

---

[82] Wir schreiben jetzt wieder = statt ≈, obwohl wir eigentlich mit Näherungen rechnen. Physiker sind da entspannt.

Was haben wir jetzt eigentlich herausgefunden? Wenn ein Gebiet mehr Masse als seine Umgebung besitzt, wird es einen Gravitationskollaps erleiden, das heißt, der Massenüberschuss wird exponentiell zunehmen. Das ist eine gute und zugleich eine schlechte Nachricht! Es liefert zwar eine Erklärung dafür, warum im Universum Galaxien entstehen. Aber gleichzeitig ist es ziemlich besorgniserregend: um uns herum müsste alles in sich zusammenfallen! Schließlich sind wir umgeben von Bereichen unterschiedlicher Massendichte: Das Glas Wasser in deiner Hand müsste eigentlich in kürzester Zeit implodieren, genauso der Fußball, in dem die Luft etwas komprimierter ist als in seiner Umgebung. Nichts davon erleben wir. Warum?

Den Grund dafür ahnst du, wenn du versuchst dem Gravitationskollaps des Fußballs etwas nachzuhelfen, indem du ihn mit den Händen zusammenpresst. Du kommst dabei nicht weit, weil der Druck im Inneren des Balls dem Zusammenpressen entgegenwirkt. Alle Stoffe — ob gasförmig, flüssig oder fest — besitzen einen inneren Druck, der einen Gravitationskollaps verhindert. Es sei denn, der Kollaps passiert schneller, als sich der Gegendruck formieren kann! Druck baut sich in einem Medium mit Schallgeschwindigkeit auf — schließlich ist Schall nichts anderes als Druckwellen. Bei einer Schallgeschwindigkeit von c_s braucht der Druck die Zeit $t_p = \frac{R}{c_s}$, um sich über eine Entfernung R aufzubauen. Damit Gegendruck entstehen kann, der den Gravitationskollaps aufhält, muss t_p kürzer sein als die charakteristische Zeit des Gravitationskollapses t_d oder genauer[83] $2\pi t_d$:

$$t_p < 2\pi t_d \qquad \rightarrow \quad \frac{R}{c_s} < \frac{2\pi}{\sqrt{4\pi G\bar{\rho}}} \qquad \rightarrow \quad R < \sqrt{\frac{\pi}{G\bar{\rho}}}\, c_s = R_J \qquad (6)$$

Das heißt, Dichtefluktuationen in Bereichen, die kleiner als der so genannte Jeans-Radius R_J sind, „verpuffen" als Druckwelle, während Fluktuationen auf größerer Längenskala zum Gravitationskollaps führen. Welche Schallgeschwindigkeit c_s hatte die Ursuppe im frühen Universum? Vor der Entkopplung der Photonen 370.000 Jahre nach dem Urknall wird das Plasma in seinen Eigenschaften von den Photonen dominiert. Die Schallgeschwindigkeit liegt bei $c_s = \frac{c}{\sqrt{3}}$, also rund der halben Lichtgeschwindigkeit. Mithilfe der

[83] Der Faktor 2π ergibt sich aus einer detaillierteren Rechnung, die ich dir erspare.

Friedmann-Gleichung $H^2 = \frac{8\pi G\rho}{3}$ können wir außerdem $\sqrt{G\bar{\rho}}$ in (6) ersetzen und erhalten:

$$R_J = \sqrt{\frac{\pi}{G\bar{\rho}}}\, c_s = \sqrt{\frac{\pi}{3G\bar{\rho}}}\, c = \sqrt{\frac{8\pi^2}{9}}\frac{c}{H} \approx \frac{3c}{H}$$

Der Jeans-Radius entspricht ungefähr dem Beobachtungshorizont in einem strahlungs- und materiedominierten Universum, also der maximalen Distanz, die Licht seit dem Urknall zurücklegen konnte. Da sich auch die Gravitationswirkung von Massen nach Einstein nicht schneller als Licht ausbreiten kann, macht ein Gravitationskollaps über Distanzen größer $\frac{3c}{H}$ wenig Sinn. Zwar ändert die Inflation, die wir in Schritt 59 kennenlernen werden, die Situation etwas, aber in jedem Fall ist ein Jeans-Radius von $\frac{3c}{H}$ weit größer als die bekannten Strukturen im Universum wie Galaxien oder Galaxiencluster, und kann deren Entstehung nicht erklären. Das heißt, vor der Entkopplung der Photonen aus der Ursuppe kann kein Gravitationskollaps der bekannten massiven Teilchen auf Größenskalen von Galaxien stattfinden. Nach der Entkopplung sieht die Situation anders aus: jetzt sind Protonen und Neutronen in neutralen Wasserstoff- und Helium-Kernen gebunden und sie bilden sozusagen ihre eigene Suppe mit einer eigenen Schallgeschwindigkeit von nur noch etwa $\frac{c}{100.000}$. Entsprechend schrumpft auch die Jeans-Länge um denselben Faktor. Der Bildung von Galaxien steht nichts mehr im Weg.

Bisher haben wir unser Spielzeugmodell lediglich mit Gravitation und Druck ausgestattet und konnten damit schon eine wichtige kosmologische Beobachtung erklären: die Homogenität der kosmischen Hintergrundstrahlung. Wir sahen in Schritt 54, dass diese kosmische Hintergrundstrahlung in allen Richtungen mit hoher Genauigkeit die gleiche Temperatur hat, was nichts anderes bedeutet, als dass die Masse im Universum 300.000 Jahre sehr gleichmäßig verteilt war. Es gab noch keine Galaxien. Wir wissen jetzt warum: erst nach der Entkopplung der Photonen fiel die Schallgeschwindigkeit massiver Teilchen soweit ab, dass Gegenden mit etwas höherer Dichte unter der eigenen Gravitation zu Galaxien kollabieren konnten, ohne dass der Gasdruck etwas dagegen ausrichten konnte.

Eigentlich ist es überraschend, wie weit wir mit unserem Spielzeugmodell gekommen sind, obwohl es auf grob vereinfachten, um nicht zu sagen *falschen,*

Annahmen beruht. Der Ausgangspunkt war ein statisches und homogenes Universum, in dem es irgendwo eine dichtere Stelle erhöhter gibt. Ein statisches Universum expandiert oder schrumpft nicht, sondern bleibt immer gleich. Erinnerst du dich, dass Einstein an genau so ein stabiles Universum glaubte und seine Gleichungen manipulierte, um sie damit in Einklang zu bringen? Letztlich scheiterte er damit. Ein statisches Universum wäre nicht stabil, sondern würde expandieren oder implodieren. Wie können wir den expandierenden Raum unserer realen Welt in unser Spielzeugmodell einbauen? Wir betrachten wieder ein Klümpchen in der sonst homogenen Suppe, beachten aber zusätzlich, dass die Expansion die Massendichte aufgrund des wachsenden Volumens verdünnt, und zwar mit dem Faktor $\frac{1}{V} = \frac{1}{a(t)^3}$. Diese Verdünnung wirkt dem Gravitationskollaps entgegen. Es gibt also zwei widerstreitende Effekte: die Selbst-Gravitation, die das Gas weiter komprimieren möchte, und die Expansion des Raumes, die es auseinanderziehen, sprich verdünnen, möchte. Wer gewinnt? Es hängt ganz davon ab! Die Gleichungen werden komplizierter, sind aber noch lösbar. Ich erspare dir die Details und springe direkt zur Schlussfolgerung: Solange Strahlung das Universum dominiert, kann sich der Gravitationskollaps nicht gegen die Expansion durchsetzen. Eine nennenswerte Verdichtung der kosmischen Materie kann es erst in der materiedominierten Ära geben. Da gibt es aber ein anderes Problem, wie wir gesehen haben: Die Kopplung der Materie mit Photonen und damit der schnelle Druckausgleich im Plasma machen den Jeans-Radius so groß, dass immer noch keine Verdichtung auf den für die Galaxienbildung relevanten Größenskalen passieren kann. Das geht erst nach der Entkopplung von Licht und Materie nach 370.000 Jahren.

Simulationen zeigen allerdings, dass etwas nicht stimmen kann: Hätte die Galaxiebildung erst so spät eingesetzt, wäre sie heute nicht so weit fortgeschritten, wie wir es beobachten. Was haben wir falsch gemacht? Unsere Geschichte hat tatsächlich ein Schlupfloch. Wenn Materie nicht mit Licht „spricht", nicht mit Photonen wechselwirkt, kann ihre Verdichtung schon zu Beginn der materiedominierten Phase einsetzen. Eine solche Art von Materie kennen wir schon: die Dunkle Materie! Sie heißt „dunkel", weil sie nicht mit Licht wechselwirkt. Und deswegen ist ihre Schallgeschwindigkeit von Anfang an gering und ihr Jeans-Radius entsprechend klein. Dunkle Materie hat also einen entscheidenden Vorsprung vor „normaler" Materie bei der Bildung von Galaxien. Wenn sich 300.000 Jahre später die Atome aus ihrer engen Beziehung mit den Photonen gelöst haben und ebenfalls mit der Verdichtung beginnen, werden sie von den Bereichen bereits verdichteter Dunkler Materie angezogen. Dieser Effekt beschleunigt die Galaxiebildung und ist im Einklang mit den heute beobachteten Strukturen im Universum.

SCHRITT 58

Das Universum schwingt

In der Zeit zwischen Urknall und Entkopplung kann sich normale Materie aufgrund ihrer hohen Schallgeschwindigkeit nicht zu Galaxien verdichten. Gibt es an einer Stelle eine lokale Verdichtung, so führt diese nicht zum Gravitationskollaps sondern nur zu einer Schallwelle im Plasma. Wirft man einen Stein ins Wasser, breitet sich die „Störung" auf der Wasseroberfläche als kreisförmige Welle aus. Im Plasma ist es ähnlich, nur dass sich eine Druckwelle (sprich Schallwelle) in drei Dimensionen im Raum und somit als Kugeloberfläche mit wachsendem Radius ausbreitet. Unmittelbar nach dem Urknall gab es viele solcher Punkte mit leicht überhöhtem Druck im Plasma. Von all diesen Punkten gingen solche kugelförmigen Wellen aus, die sich mit einer Schallgeschwindigkeit von $c_s = c/\sqrt{3}$ ausbreiteten. Wie weit kamen sie? Ziemlich weit, denn sie konnten sich 370.000 Jahre ungestört ausbreiten. Erst dann entkoppelten sich die Protonen und Neutronen von den Photonen und die Schallgeschwindigkeit fiel schlagartig auf einen 100.000mal geringeren Wert. Wie ich oben erklärt habe, hatte die Gravitation jetzt leichtes Spiel und begann diese verdichteten Bereiche weiter zu verdichten. Die weitere Ausbreitung der Druckwellen kam zum Erliegen, die verdichteten Bereiche wurden quasi eingefroren. Warum erzähle ich dir diese Geschichte? Weil diese Schallwellen — Kosmologen nennen sie Baryonic Acoustic Oscillations oder *BAO* — einen Abdruck in der kosmischen Hintergrundstrahlung hinterlassen haben, der bis heute nachweisbar ist. Und weil man aus diesem Abdruck sogar ablesen kann, dass das Universum flach ist!

Die verdichteten Stellen waren geringfügig heißer als das restliche Plasma. Und genau diese winzigen Temperaturunterschiede sind es, die den auf den ersten Blick homogenen CMB bei genauerem Hinsehen etwas fleckig werden lassen. Schau dir noch einmal Abbildung 54.3 an. Falls du jetzt nach kreisförmigen Mustern suchst, musst du bedenken, dass die Druckwellen von vielen Stellen ausgingen und daher überlappten. Es bildeten sich komplizierte Muster wie auf einer Wasseroberfläche, wenn man mehrere Kieselsteine ins Wasser wirft. Eine statistische Auswertung zeigt aber, dass Punkte erhöhter Temperatur besonders häufig einen Abstand voneinander haben, der genau der Distanz entspricht, die eine Plasmawelle in den 370.000 Jahren zwischen dem Beginn der Zeit und der Entkopplung des Lichts zurücklegen konnte. Einen Abstand zweier Punkte am Himmel messen wir als den Winkel, um den wir das Teleskop schwenken müssten um von einem Punkt zum anderen zu gelangen. Abbildung 58.1 zeigt die statistische Häufigkeit verschiedener Winkelabstände heißerer Flecken in der kosmischen Hintergrundstrahlung. Das erste Maximum liegt bei einem Winkel von etwa einem Grad. Das bedeutet: die Flecken erhöhter Temperatur sind so verteilt, dass sie paarweise am Himmel besonders oft unter einem Winkel von einem Grad zu beobachten sind. Mit allem, was du in diesem Buch kennengelernt hast, können wir diesen Winkel ausrechnen, und damit einen der größten Erfolge der Kosmologie der letzten Jahrzehnte nachvollziehen. Dass die statistische Auswertung der Flecken in Abbildung 54.3 nämlich tatsächlich ein Maximum bei genau dem Winkel ergibt, den wir mit der Annahme von Schallwellen im Urplasma rechnerisch erhalten, ist eine indirekte Bestätigung unserer Theorie des frühen Universums!

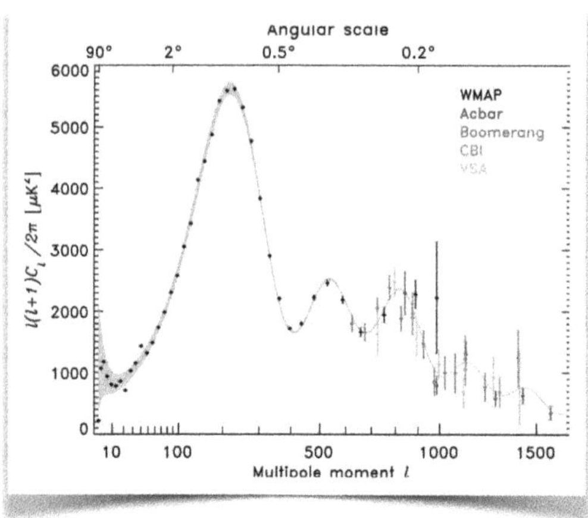

58.1: Statistische Verteilung verschiedener Winkelabstände von Stellen erhöhter Temperatur

Quelle: Wikipedia, gemeinfrei

Wir machen zunächst die Annahme, dass das Universum immer flach gewesen ist, und hinterfragen diese Annahme dann im nächsten Abschnitt. In einem flachen Raum ist der Winkel θ (im Bogenmaß), unter dem die BAO-Welle zu sehen sein müsste, einfach die Länge λ, die die Welle bis zur Entkopplung zurückgelegt hat, dividiert durch die Entfernung d, die das Licht seither zu uns zurückgelegt hat: $\theta = \frac{\lambda}{d}$. λ und d sind dabei die *wahren* oder *physikalischen* Entfernungen. Da wir aber das Verhältnis zweier Längen betrachten und sich der Skalenfaktor herauskürzt (und noch dazu ohnehin 1 ist), können wir die Formeln vereinfachen, indem wir in Koordinatenabständen rechnen. Wir wissen aus Schritt 47, dass Licht in einem expandierenden Universum von t_0

bis t_1 die Koordinaten-Entfernung $r = \int_{t_0}^{t_1} \frac{c}{a(t)} dt$ zurücklegt. Damit können wir die Koordinaten-Entfernung d berechnen, die das Licht seit der Entkopplung zu uns zurückgelegt hat. Da die Dunkle Energie erst seit kurzem die Entwicklung des Skalenfaktors maßgeblich beeinflusst, können wir das Expansionsgesetz der materiedominierten Epoche verwenden: $a(t) = \left(\frac{t}{t_0}\right)^{\frac{2}{3}}$:

$$d = \int_{t_E}^{t_0} \frac{c}{a(t)} dt = ct_0^{\frac{2}{3}} \int_{t_E}^{t_0} t^{-\frac{2}{3}} dt = 3ct_0^{\frac{2}{3}}\left(t_0^{\frac{1}{3}} - t_E^{\frac{1}{3}}\right) \approx 3ct_0$$

Da $t_0 = 13{,}8 \cdot 10^9$ Jahre und $t_E = 3{,}8 \cdot 10^5$ Jahre, kann man $t_E^{\frac{1}{3}}$ gegenüber $t_0^{\frac{1}{3}}$ vernachlässigen. Nun berechnen wir die Koordinatenentfernung λ, die die Welle vom Urknall t_U bis zur Entkopplung t_E zurückgelegt hat. Diesmal haben wir es nicht mit Licht sondern einer Druckwelle zu tun, die sich mit c_S fortbewegt. Das heißt, wir müssen in den Formeln c durch $c_s = \frac{c}{\sqrt{3}}$ ersetzen[84]: $\lambda = \int_{t_U}^{t_E} \frac{c_S}{a(t)} dt$. Zwischen dem Urknall und dem Zeitpunkt der Entkopplung war das Universum zunächst rund 47.000 Jahre strahlungsdominiert mit dem Expansionsgesetz $a(t) = \left(\frac{t}{t_0}\right)^{\frac{1}{2}}$ und dann die restlichen rund 330.000 Jahre materiedominiert mit dem Expansionsgesetz $a(t) = \left(\frac{t}{t_0}\right)^{\frac{2}{3}}$. Da wir uns das Leben möglichst einfach machen wollen und nur an einer Abschätzung interessiert sind, nehmen wir eine materiedominierte Expansion seit dem Urknall an. Wir müssen dann folgendes Integral lösen:

$$\lambda = c_S t_0^{\frac{2}{3}} \int_{t_U}^{t_E} t^{-\frac{2}{3}} dt = 3c_S t_0^{\frac{2}{3}} t_E^{\frac{1}{3}}$$

wobei wir verwendet haben, dass wir unsere kosmische Uhr auf $t_U = 0$ geeicht haben. Für den Winkel θ bedeutet das:

$$\theta = \frac{\lambda}{d} = \frac{3c_S t_0^{\frac{2}{3}} t_E^{\frac{1}{3}}}{3ct_0} = \frac{1}{\sqrt{3}}\left(\frac{t_E}{t_0}\right)^{\frac{1}{3}} = 0{,}017 \text{ rad}$$

84 Das ist eine Näherung, schließlich gilt $d = \int_{t_0}^{t_1} \frac{c}{a(t)} dt$ für Nullgeodäten, sprich Lichtstrahlen, und nicht für andere Wellen.

Dieser Winkel ist im Bogenmaß angegeben und entspricht etwa 1 Grad, also genau dem Wert, den wir in der kosmischen Hintergrundstrahlung beobachten. Trommelwirbel bitte! Mach dir einmal klar, was hier passiert: Wir haben ein Modell des frühen Universums entwickelt und Druckwellen postuliert, die vor 14 Milliarden Jahren durch das Urplasma rasten. Dann haben wir ausgerechnet, wie weit diese Wellen kamen, bis sie von der elektromagnetischen Entkopplung ausgebremst wurden. Und das Ergebnis stimmt mit heutigen Messungen an der kosmischen Hintergrundstrahlung überein!

Ich hatte dir versprochen auf die Annahme einer flachen Raumgeometrie in der vorigen Rechnung zurückzukommen. Wäre diese Annahme falsch, würden wir das an einer Diskrepanz von Messung und Vorhersage merken: Hätte das Universum eine positive oder negative Krümmung, wäre der gemessene Winkel des BAO-Standardlineals im heutigen CMB größer oder kleiner als der gerade für eine flache Geometrie errechnete Wert von etwa 1 Grad. Wir können uns das leicht an der zweidimensionalen Analogie der Kugeloberfläche veranschaulichen. Stell dir vor, eine unserer 2D-Ameisen sitze am Nordpol und betrachte ein Lineal, das sich weiter südlich auf der Kugel befindet und ost-westlich ausgerichtet ist (Abbildung 58.2a). Jetzt denkst du vielleicht, sie könne das Lineal doch gar nicht sehen, weil es für sie auf der gekrümmten Oberfläche ihres Lebensraums doch hinter dem Horizont liegen müsste. Ein berechtigter Einwand. Aber der springende Punkt bei unseren 2D-Ameisen war ja, dass es für sie nur die zwei Dimensionen ihres Lebensraumes gibt. Genau wie im realen Universum würden Lichtstrahlen in einer solchen Welt Geodäten folgen. Auf einer Kugeloberfläche sind das Großkreise. Die Lichtstrahlen von den beiden Enden des Lineals würde unsere Ameise am Pol also entlang der in Abbildung 58.2 gezeigten Längengrade erreichen und somit den Winkel α einschließen. Vergleichen wir das mit der Situation in Abbildung 58.2b, wo die Ameise in einer Ebene lebt und ein Lineal in gleichem Abstand beobachtet, finden wir den Winkel β zwischen den bei der Ameise eintreffenden Lichtstrahlen. Das Bild suggeriert $\alpha > \beta$, aber wir müssen aufpassen: Projektionen gekrümmter

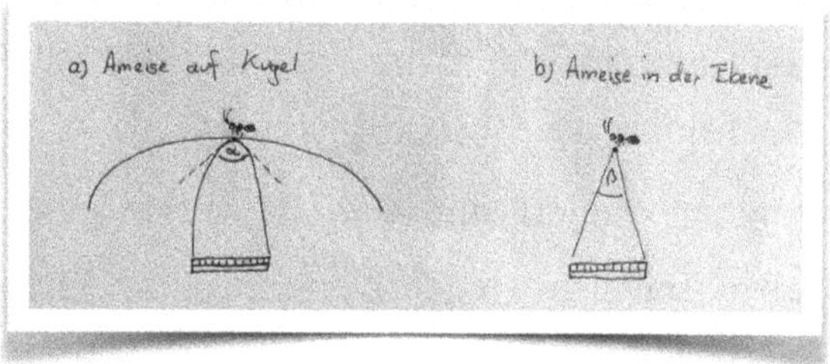

58.2: Ameisen, die Lineale anstarren

Flächen in die Ebene können leicht in die Irre leiten. Hier stimmt der Anschein aber tatsächlich: stell dir ein Lineal vor, das so kurz ist, dass wir seine Länge l durch den entsprechenden Abschnitt eines Kreises um den Nordpol annähern können. Dann ist $\alpha = \frac{l}{U_a}$, wobei U_a der Umfang des Kreises auf der Kugeloberfläche ist. Wir können die gleiche Konstruktion im Fall der Ebene machen $\beta = \frac{l}{U_b}$, nur dass jetzt U_b der Umfang des Kreises in der Ebene ist. Wir wissen aus Schritt 17, dass bei gleichem Radius $U_a < U_b$ und damit $\alpha > \beta$ ist. Dass wir in der kosmischen Hintergrundstrahlung den Winkel messen, den man für ein Universum ohne Krümmung erwarten würden, ist ein starkes Indiz dafür, dass wir in einem flachen Kosmos leben.

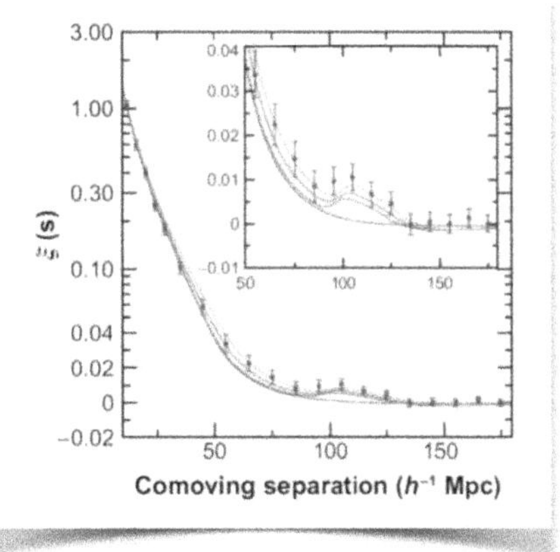

58.3: Verteilung von Galaxien

Quelle: Eisenstein 2005

Aber die Geschichte geht noch weiter. Die Plasmawellen haben dem Universum ihren Stempel nämlich auch noch auf andere Weise aufgedrückt! Wie gesagt hatte das Plasma nach der Entkopplung von den Photonen dem Gravitationskollaps nichts mehr entgegenzusetzen. Dort wo die Druckwellen abrupt zum Stehen kamen, verdichtete sich das Plasma immer weiter — es bildeten sich die Vorläufer von Galaxien. Zeigt sich die charakteristische Länge dieser Schallwellen auch in der heutigen Verteilung der Galaxien und Galaxienhaufen im Universum? Es ist sehr schwierig einen räumlichen Atlas des Kosmos aufzustellen, der ausreichend Galaxien enthält, um statistische Auswertungen zu machen. Erst 2005 gelang der Nachweis, dass tatsächlich auch die Galaxienverteilung die erwartete statistische Auffälligkeit bei 480 Millionen Lichtjahren zeigt — zu erkennen als kleine „Zuckung" der Kurve bei etwa $100\,h^{-1}$ Mpc in Abbildung 58.3.

SCHRITT 59

Inflation

Bist du bereit für die verrückteste Idee der Kosmologie? 1981 stellt der amerikanische Physiker Alan Guth die Theorie auf, dass sich das Universum im ersten Bruchteil der ersten Sekunde rasant exponentiell ausgedehnt hat, bevor es dann in das eher beschauliche Wachstum der strahlungsdominierten Epoche eintrat. Die Zahlen entziehen sich jeder Vorstellungskraft: in einem Zeitraum von nur 10^{-35} Sekunden soll sich das Universum um einen Faktor von rund 10^{26} vergrößert haben. Ein Vergleich: Eine Erbse würde durch die Inflation innerhalb eines winzigen Bruchteiles einer Sekunde auf die zehnfache Größe der Milchstraße aufgeblasen. Ein Vorgang, der sich jeder Vorstellungskraft entzieht. Was treibt Guth zu dieser absurden Behauptung? Er hat festgestellt, dass eine kurze aber sehr dramatische Inflationsphase gleich mehrere Probleme bisheriger kosmologischer Modelle löste. Das wohl gravierendste ist das Horizont-Problem.

Wenn dir zwei Personen unabhängig voneinander Wort für Wort die gleiche Geschichte erzählen, dann würdest du sagen, die beiden haben sich entweder abgestimmt oder in die gleiche Quelle geschaut. Wenn sie dir zum Beispiel dasselbe Shakespeare-Sonett vortragen, dann war keine direkte Abstimmung notwendig, aber die beiden mussten zumindest Zugang zum gleichen Text haben. Sie mögen zwar in unterschiedliche Bücher geblickt haben. Es ließe sich aber — wenigstens im Prinzip — zurückverfolgen, wie die zugrundeliegende Information (das Sonett) vor Jahrhunderten einmal aus ein und derselben Quelle kam, nämlich Shakespeares Feder. Wenn du das Sonett von Bewohnern zweier entfernter Sterne empfangen würden, die soweit voneinander und von der Erde entfernt sind, dass Licht keine Zeit hatte, von dem Ereignis „Shakespeare schreibt das Sonett“ bis zu den beiden Sternen und zurück zum Ereignis „Du empfängst das Sonett von den entfernten Sternen“ zu gelangen, dann wärst du doch zumindest verwundert.

Ersetze das Sonett durch die extreme Homogenität des CMB und du hast das Horizont-Problem. Ich habe dir erzählt, dass die Temperatur der kosmischen

Hintergrundstrahlung bis auf winzige Abweichungen von weniger als einem Tausendstel Grad in jeder Richtung des Himmels gleich ist. Eine Temperatur stellt sich ein, wenn ein System im Gleichgewicht ist. Das erfordert aber, dass die Teilchen des Systems miteinander wechselwirken: sie müssen kollidieren, Kräfte aufeinander ausüben oder auf irgendeine andere Art Energie austauschen können. Wir würden also annehmen, dass das gesamte Universum bis zum Zeitpunkt, als der CMB „losgeschickt" wurde, Gelegenheit hatte miteinander zu „kommunizieren". Ob das stimmt, wollen wir jetzt ausrechnen. Die Frage ist, wie groß der Beobachtungshorizont zum Zeitpunkt der Entkopplung war, wie weit also Licht vom Urknall bis zur Entkopplung gelangen konnte. Wir haben im letzten Schritt eine ganz ähnliche Frage für die akustischen Anregungen gestellt. Die Antwort war $\lambda \approx 3c_S t_0\, a_E^{\frac{1}{2}}$. Für Licht erhält man dieselbe Abschätzung, nur mit c anstatt c_S. Die Entfernung d, die Licht seit der Entkopplung zurückgelegt hat, ist die gleiche wie oben. Damit erhalten wir einen Winkel von $\theta = \frac{\lambda}{d} = \frac{3ct_0\, a_E^{\frac{1}{2}}}{3ct_0} = a_E^{\frac{1}{2}} = 0{,}03$. Dieser Winkel im Bogenmaß entspricht knapp 2 Grad. Das heißt: zwei Punkte des CMB, die weiter als 2 Grad auseinanderliegen, konnten vor der Entkopplung des Lichts nicht miteinander kommunizieren (Abbildung 59.1). Das steht in gravierendem Widerspruch zur Beobachtung. Wir erhalten zwar keine Shakespeare-Sonette vom CMB, aber eine extrem homogene Temperatur, die nur über permanente Interaktion und Austausch von Energie erklärt werden kann. Nach dieser Rechnung konnten die Punkte seit dem Urknall aber nicht einmal Lichtsignale geschweige denn irgendetwas anderes austauschen. Das ist das *Horizontproblem.* Warum wird es durch eine Inflationsphase direkt nach dem Urknall gelöst? Die exponentielle Expansion vergrößert den Beobachtungshorizont exponentiell. Indem man die Dauer der Inflationsphase variiert, kann man einen beliebig großen Beobachtungshorizont erzeugen und damit das Horizontproblem lösen.

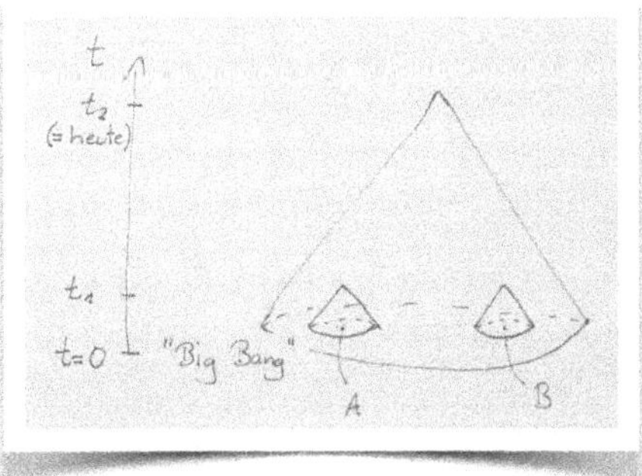

59.1: Das Horizontproblem

Aber was kann so eine extreme exponentielle Expansion auslösen? Wir kennen ja schon die Dunkle Energie als Ursache exponentieller Expansion. Ihre Energiedichte ist allerdings viel zu winzig, um die gigantische explosionsartige

Inflation zu erklären. Dafür muss viel mehr Energie her. Aber woher? Die kurze Antwort ist: wir wissen es nicht. Es gibt aber immerhin Modelle, wie es gewesen sein könnte. Sie können beliebig kompliziert werden, aber die Grundidee ist einfach. Du erinnerst dich bestimmt, dass die Dunkle Energie, die das Universum heute immer schneller expandieren lässt, wahrscheinlich mit der Vakuumenergie von Quantenfeldern zu tun hat. Deswegen ist es naheliegend, auch hinter der Inflation ein Quantenfeld zu vermuten. Allerdings hat keines der bekannten Felder die richtigen Eigenschaften. Egal, sagt der Physiker, dann postulieren wir eben einfach ein neues Feld, das die richtigen Eigenschaften hat. Und weil es keine andere Aufgabe hat, als für Inflation zu sorgen, heißt es *Inflaton-Feld*. Was sind denn die „richtigen Eigenschaften"? Das Feld soll im Augenblick des Urknalls mit extrem hoher Energiedichte starten, um gemäß der Friedmann-Gleichung eine exponentielle Inflation im ersten Bruchteil der ersten Sekunde auszulösen. Wenn es diese hohe Energiedichte allerdings beibehielte, würde die schnelle exponentielle Expansion weitergehen — im Widerspruch zur Beobachtung. Wir wollen also, dass sich das Inflaton-Feld nach einem Sekundenbruchteil selbst abschafft und Platz macht für die deutlich gemächlichere Entwicklung in der strahlungsdominierten Epoche. Das klingt nach einem ziemlich absurden Verhalten.

Es ist nicht ganz so absurd, wie es scheint. Ähnlich wie ein Körper in der Newtonschen Mechanik besitzt auch ein Feld potenzielle und kinetische Energie. Wir nehmen an, dass es unmittelbar nach dem Urknall viel potenzielle und keine kinetische Energie besitzt, sich dann aber ähnlich einem rollenden Ball an einem Hang in Bewegung setzt und dabei immer mehr potenzielle in kinetische Energie umwandelt. Eine Feldkonfiguration mit minimaler Energie heißt in der Quantenfeldtheorie *Vakuum*. Am Anfang befindet sich das Feld auf einer Art „Hochplateau" der potenziellen Energie, einem „falschen" Vakuum und bewegt sich von dort auf das „echte" Vakuum der Talsohle zu. Wenn es das erreicht hat, schwingt es noch ein paar Mal hin und her und kommt dann zur Ruhe. Bei diesem Prozess gibt es seine Energie an neu entstehende Felder ab. Diese neuen Felder sind die heute bekannten Quantenfelder. Aus dem Inflatonfeld geht unsere materielle Welt hervor und bei dieser Umwandlung verliert die Inflation ihre Kraft und kommt zum Erliegen. Mir ist klar, dass ich dir hier eine Geschichte erzählen, die du nicht ganz verstehen kannst — selbst wenn du das Buch bis hierher verstanden hast. Für ein echtes quantitatives Verständnis der Inflation muss man Quantenfeldtheorie studiert haben. Ich wollte dir nur eine Ahnung geben, wie der Mechanismus funktioniert.

Aber den verrücktesten Teil der Geschichte habe ich dir noch gar nicht erzählt. Erinnerst du dich daran, dass das Vakuum kein leerer Ort sondern ein tosender Ozean von Quantenfluktuationen ist? Das falsche Vakuum des Inflaton-Feldes zeigt solche Vakuumfluktuationen, Teilchen werden erzeugt und sofort wieder vernichtet. Das führt zu winzigen räumlichen Unterschieden in der Energiedichte auf Größenskalen von Elementarteilchen. Diese mikroskopischen Inhomogenitäten im Universum unmittelbar nach dem Urknall werden nun von der Inflation zu makroskopischen Inhomogenitäten aufgeblasen. Und Physiker glauben heute, dass es diese aufgeblasenen Dichteunterschiede waren, die sich später in der materiedominierten Epoche zu unseren heutigen Galaxien ausgewachsen haben.

Galaxien als ins Riesenhafte vergrößerte Quantenfluktuationen? Kosmologen haben wirklich eine blühende Fantasie! Aber gibt es irgendwelche Hinweise, dass diese Theorie auch wahr ist? Die gibt es tatsächlich. Die heutige Verteilung von Galaxien und Galaxienclustern im Universum zeigt bestimmte statistische Eigenschaften, die genau zu denen passen, die die Quantenfeldtheorie für die Vakuumfluktuationen vorhersagt! Obgleich noch viele Fragen offen sind, ist es ein faszinierender Gedanke, dass die größten Strukturen im Kosmos ein „Abdruck" der allerkleinsten Strukturen sein könnten. Dies würde eine ganz unerwartete Verbindung herstellen zwischen Quantenphysik und makroskopischer Welt.

Das alles ist kein Beweis, dass Inflation wirklich stattgefunden hat, aber doch ermutigend genug, diese ziemlich irrsinnig anmutende Theorie ernst zu nehmen. Das Ganze führt uns dann aber zu der noch überraschenderen Konsequenz, dass wir nicht in einem Universum sondern einem Multiversum aus vielen kleineren (aber immer noch sehr großen) Universen leben. Um das zu verstehen müssen wir das Verhalten des Inflaton-Feldes genauer anschauen. Die Annahme ist ja, dass das Inflaton-Feld anfangs überall den Wert $\phi = 0$ hat, sich also auf dem „Hochplateau" der potenziellen Energie befindet, das wir „falsches" Vakuum genannt haben. Von dort bewegt es sich dann früher oder später den Berg herunter auf das „wahre" Vakuum zu. „Früher oder später" ist ganz wörtlich gemeint, denn nach den quantenmechanischen Gesetzen tut es das nicht überall gleichzeitig, sondern folgt einer gewissen Wahrscheinlichkeit. An manchen Stellen im Raum setzt der Prozess früher ein als an anderen. Das führt zu einem Flickenteppich aus Gegenden im Universum, wo die rasante Expansion der Inflationsphase schon abgeschlossen ist, und anderen Gegenden, wo das Feld noch bei $\phi = 0$ ausharrt. Man würde denken, dass das kein großes Problem ist, denn es ist ja nur eine Frage der Zeit, bis das Inflaton-Feld überall seinen Weg zum wahren Vakuum gefunden hat. Das stimmt zwar, aber die „Nachzügler"-Gegenden expandieren ja mit der ungebremsten Inflationsgeschwindigkeit und wachsen um viele Größenordnungen schneller als die Gegenden, in denen die Inflation schon abgeschlossen ist. Sie expandieren sogar so schnell, dass das Inflaton-Feld gar nicht mit dem „Herunterrollen zum wahren Vakuum" hinterherkommt. Das führt zur so genannten *ewigen Inflation*: auch wenn immer wieder Bereiche des Universums den rasanten Inflationsprozess erfolgreich beenden und in die ruhigere Phase eines gemächlichen postinflationären Wachstums eintreten, geht in anderen Bereichen die Inflation munter weiter. Die Bereiche mit abgeschlossener Inflation sind prinzipiell bewohnbare Universen (Guth nennt sie *Pocket Universes*) in einem exponentiell wachsenden Meer, in dem die Inflation noch andauert. Folgt man dieser Logik, so ist unser beobachtbares Universum eine dieser Inseln. Die Homogenität und und Isotropie, die wir in unserem Universum beobachten, würde demnach nur in unserem Pocket Universe gelten. Jenseits des Beobachtungshorizont kämen wir irgendwo in einen völlig andersartigen Teil des Kosmos, der rasant expandiert und ständig neue Pocket Universes erzeugt.

Das alles ist sehr spekulativ und zumindest auf absehbare Zeit kaum durch Beobachtung zu überprüfen. Es macht aber Spaß darüber nachzudenken. Und das Konzept des Multiversums wird mittlerweile immerhin von namhaften Physikern akzeptiert — von einigen mehr, von anderen weniger. Alan Guth erzählt die Geschichte, dass der Physiker Martin Rees einmal bekannte, er habe soviel Vertrauen in das Konzept des Multiversums, dass er seinen Hund darauf wetten würde. Andrei Linde erwiderte darauf, er würde sogar sein Leben darauf wetten. Steven Weinberg antwortete darauf, sein Vertrauen in das Multiversum reiche gerade aus, um die Leben von sowohl Andrei Linde als auch Martin Rees' Hund darauf zu wetten.[85]

---

[85] „I have just enough confidence about the multiverse to bet the lives of both Andrei Linde and Martin Rees's dog." zitiert nach Guth 2013

SCHRITT 60

Entropie und Leben

The law that entropy always increases, holds, I think, the supreme position among the laws of nature. If someone points out to you that your pet theory of the universe is in disagreement with Maxwell's equations — then so much the worse for Maxwell's equations. If it is found to be contradicted by observation — well, these experimentalists do bungle things sometimes. But if your theory is found to be against the second law of thermodynamics I can give you no hope: There is nothing for it but to collapse in deepest humiliation. Arthur Eddington [86]

Eddington spricht hier vom *Zweiten Hauptsatzes der Thermodynamik*: *Die Entropie eines abgeschlossenen Systems kann nie abnehmen.* Auch wenn sich ein System anfangs in einem Makrozustand niedriger Entropie befindet — zum Beispiel weil wir es so präpariert haben — wird es auf einen Gleichgewichtszustand hoher Entropie zusteuern. Es gibt für das System also nur zwei Möglichkeiten: Entweder es befindet sich schon im thermischen Gleichgewicht, dann bleibt seine Entropie konstant, oder es befindet sich auf dem Weg zum thermischen Gleichgewicht, dann wächst seine Entropie, bis es das Gleichgewicht erreicht hat. Sinken kann die Entropie aber auf keinen Fall. Diese drei Wörter „auf keinen Fall" sind eine Umschreibung für „so unwahrscheinlich, dass es im gesamten Universum in den 14 Milliarden seit dem Urknall mit an Sicherheit grenzender Wahrscheinlichkeit noch nie vorgekommen ist". Jedenfalls wenn wir mit Sinken eine *deutliches* Sinken meinen — minimalste Schwankungen der Entropie wird es immer geben, auch wenn wir sie nicht messen können.

Der zweite Hauptsatz nimmt einen seltsamen Platz unter den Naturgesetzen ein. Einerseits ist er kein fundamentales Naturgesetz wie die Maxwellschen Gleichungen der Elektrodynamik, da er streng genommen nur auf Wahrscheinlichkeiten beruht. Andererseits ist seine Allgemeingültigkeit unübertroffen. Warum das so ist? Weil das Gesetz der zunehmenden Entropie das Verhalten *jedes* Systems beschreibt, das aus vielen Teilchen besteht, egal ob es sich um Photonen im Urplasma, Atome in einem Gas oder mikroskopisch kleine

[86] Tong 2011

Elementarmagnete eines Stabmagneten handelt. Erinnerst du dich an das Beispiel mit dem Setzkasten? Ein völlig unphysikalisches Beispiel — und doch leuchtet schon der zweite Hauptsatz hindurch!

Ein Beispiel aus dem Alltag: Wenn du morgens Milch in deinen Kaffee gießt, wird sich die Milch nach und nach mit dem Kaffee vermischen. Du wirst nie erleben, dass sich der Milchkaffee von ganz allein wieder entmischt und plötzlich der Kaffee unten in der Tasse und darüber fein säuberlich getrennt die Milch steht. Dabei wäre das theoretisch möglich — der Energieerhaltungssatz, die Gesetze der Elektrodynamik, die Gravitationsgesetze, sie alle hätten nichts dagegen einzuwenden. Verhindert wird es allein vom Gesetz der zunehmenden Entropie!

Oder denk noch einmal an den Gasbehälter aus Schritt 51. Stell dir vor, irgendjemand hätte alles Gas in eine Ecke des Behälters gepumpt, so dass im restlichen Behälter Vakuum herrscht. Nehmen wir an, das Gas könne durch irgendeine dicht schließende Trennwand kurzzeitig in der Ecke festgehalten werden. Nun öffnest du die Trennwand. Das Gas strömt aus und wird nach kurzer Zeit den gesamten Behälter gleichmäßig gefüllt haben. Das ist für einen gasgefüllten Behälter der Zustand maximaler Entropie — sein Gleichgewichtszustand. Nie wirst du erleben, dass das Gas den Gleichgewichtszustand spontan und freiwillig verlässt und sich wieder in einer Ecke des Behälters konzentriert. Wobei das Wort „nie" wieder eine Abkürzung ist für „so unwahrscheinlich, dass es im gesamten Universum in den 14 Milliarden seit dem Urknall ..." und so weiter.

Als letztes Beispiel wirfst du einen Stein in einen Teich. Der Stein beschleunigt bis zur Wasseroberfläche, wird dann durch das Wasser abgebremst, sinkt ab und kommt schließlich am schlammigen Boden des Teiches zum Stillstand. Was sagt der Energieerhaltungssatz zu diesem Vorgang? Der Stein hat vor seinem Flug zunächst potenzielle Energie im Gravitationsfeld. Sobald er deine Hand verlässt und seinen Flug beginnt, wandelt sich diese potenzielle Energie schrittweise in kinetische Energie um — der Stein beschleunigt. Wenn er durch das Wasser abgebremst wird, wird seine kinetische Energie in Wärmeenergie umgewandelt. Der Stein (die Teilchen, aus denen er besteht) wird langsamer und die Wasserteilchen werden dafür schneller, das heißt, das Wasser wärmt sich ein klein wenig auf. Bei diesem Vorgang wächst die Gesamtentropie stark an. Das kann man leicht nachvollziehen: Vor seiner Landung im Wasser ist die

Energie des Steins in einem Mikrozustand[87] konzentriert, der durch die Geschwindigkeit bzw. den Ort des Steins zu jedem Zeitpunkt vollständig beschrieben ist. Nachdem er ins Wasser fällt, beginnt sich dieselbe Energie auf viele Wassermoleküle zu verteilen, was sich auf extrem viele unterschiedliche Arten und Weisen, sprich Mikrozustände, realisieren lässt. Das heißt mehr Entropie! Unter all diesen Billiarden und Aber-Billiarden Mikrozuständen gibt es einen (oder vielleicht auch ein paar wenige), bei dem die Wassermoleküle, die sich unter dem Stein befinden, durch irrsinnigen Zufall so zusammenarbeiten, dass sie den Stein sozusagen mit vereinten Kräften wieder nach oben aus dem Wasser schubsen. Der Stein würde im Ergebnis aus dem Wasser springen und das Wasser würde sich wieder abkühlen. Wenn du das absurd findest, dann nicht weil es irgendeinem Gesetz der Mechanik oder Elektrodynamik widerspräche, sondern allein, weil du den zweiten Hauptsatz der Thermodynamik in vielen Jahren Lebenserfahrung verinnerlicht hast.

Wenn sich alles hin zu höherer Entropie bewegt, wie schaffen wir es dann, immer wieder sehr unwahrscheinliche Zustände niedriger Entropie zu erzeugen? Wir können im Setzkasten bewusst alle Kugeln in ein Fach legen. Oder einen Gasbehälter mithilfe einer Trennwand in zwei Hälften teilen und dann das Gas von einer Hälfte in die andere pumpen. Im Ergebnis hätten wir in einer Hälfte Vakuum und in der anderen ein komprimiertes Gas — ohne Frage ein Zustand geringerer Entropie als der Ausgangszustand! Verletzt das nicht den zweiten Hauptsatz der Thermodynamik? Nein, der Gasbehälter ist ja kein *abgeschlossenes* System, wir müssen mindestens die Pumpe dem System zurechnen. Und die Energiequelle der Pumpe, also den Dieselmotor oder das Kohlekraftwerk, aus dem der Strom kommt. Durch die Verbrennung des Diesels im Motor oder der Kohle im Kraftwerk wächst die Entropie des Gesamtsystems so stark, dass in einem Teilsystem (dem Gaskasten) durchaus die Entropie abnehmen kann, ohne dass der zweite Hauptsatz verletzt wäre.

Alles Leben basiert auf dem gleichen Prinzip: Erzeuge viel Entropie in einem Teil des Systems, um dir die thermodynamische Erlaubnis für niedrige Entropie in einem anderen Teil zu verschaffen. Wir nehmen mit der Nahrung Energie bei niedriger Entropie auf und geben hohe Entropie an unsere Umwelt ab, durch Wärme, Ausatmen, Ausscheiden. Damit können wir die extrem niedrige

[87] Zugegeben, das ist eine vereinfachte Darstellung. In Wahrheit gibt es auch für den fallenden Stein viele Mikrozustände, weil auch die Teilchen eines Festkörpers gewisse Freiheitsgrade (wie etwa Vibration) besitzen. Trotzdem ist die Schlussfolgerung richtig.

Entropie unseres Organismus gegen die Forderungen des zweiten Hauptsatzes verteidigen. Von allen möglichen Formen die Atome unseres Körpers anzuordnen, ist unser Organismus zweifellos eine der unwahrscheinlichsten. Nebenbei können wir auch noch durch gezielte Bewegungen unserer Gliedmaßen die Entropie unserer Umgebung verringern, indem wir zum Beispiel das Laub im Garten harken: „Laub auf einem Haufen" ist ein unwahrscheinlicherer Makrozustand als „Laub auf der Wiese verteilt". Wenn du Zweifel hast, warte auf den nächsten Sturm, der wie ein großer Zufallsgenerator einen beliebigen Mikrozustand für das Laub auswählt. Die Entropie des Gesamtsystems „Mensch + Nahrung + Ausscheidungen + Laub im Garten" wird bei diesem Vorgang in jedem Fall zunehmen. Der zweite Hauptsatz ist unerbittlich. Wir könnten eine ähnliche Bilanz für jedes Bakterium und jeden Baum im Wald aufstellen. Jedes Lebewesen nimmt niedrige Entropie auf und gibt hohe Entropie ab, um so in einem sehr unwahrscheinlichen Makrozustand bleiben, sprich überleben, zu dürfen. Aber warum finden Baum, Bakterium und Mensch in ihrer Umgebung immer wieder die lebensnotwendige niedrige Entropie vor, obwohl doch die Entropie im Universum immer weiter zunehmen müsste?

Beantworten wir diese Frage erst einmal für das Teilsystem „Sonne + Erde". Jedes Kind weiß, dass die Sonne unser Energielieferant ist. Das ist richtig, aber unter dem Strich strahlen wir genauso viel Energie zurück in den Weltraum, wie wir von der Sonne erhalten. Andernfalls würde sich die Erde ja immer weiter aufwärmen! Die Strahlung der Sonne ist ein Mix unterschiedlichster Wellenlängen, aber das Maximum liegt im Bereich des sichtbaren Lichts (im nächsten Kapitel lernen wir, warum das so ist). Die Erdoberfläche empfängt diese Strahlung und wärmt sich dadurch auf. Je wärmer die Erdoberfläche, desto mehr Wärmestrahlung (also elektromagnetische Strahlung großer Wellenlängen) wird wieder ins Weltall zurückgeschickt. Das heißt, die Erde wärmt sich solange auf, bis sie genauso viel Energie als Wärmestrahlung abstrahlt, wie sie als Licht empfängt. Das ist bei etwa 15 Grad der Fall, deswegen ist das die durchschnittliche Temperatur auf der Erde.

Erinnerst du dich noch daran, dass elektromagnetische Strahlung aus Photonen besteht, von denen jedes einzelne eine Energie von $E = \hbar\omega$ hat? Ein Photon des sichtbaren Lichts transportiert also deutlich mehr Energie als ein Photon der Wärmestrahlung. Oder anders ausgedrückt: das Licht, das die Erde von der Sonne empfängt, besteht aus wenigen Photonen hoher Energie, die

Wärmestrahlung, die die Erde ins Weltall abgibt, aus vielen Photonen niedriger Energie. Die spannende Frage ist jetzt: wo steckt mehr Entropie drin, im Licht, das wir erhalten, oder in der Wärmestrahlung, die wir abgeben? In der Wärmestrahlung stecken viel mehr Teilchen, entsprechend gibt es mehr Möglichkeiten — sprich Mikrozustände — die unterschiedlichen erlaubten Wellenlängen auf die Teilchen zu verteilen. Die Wärmestrahlung enthält also mehr Entropie.

Für das Leben auf der Erde ist also weniger entscheidend, dass die Sonne uns *Energie*, sondern dass sie uns *niedrige Entropie* liefert. Diese niedrige Entropie wird von Pflanzen durch Photosynthese in Substanzen gespeichert. Tiere verschaffen sich niedrige Entropie, indem sie diese Pflanzen fressen. Und der Mensch isst schließlich — je nach Präferenz — Pflanzen oder Tiere, um sich seinen Teil der lebensnotwendigen Niedrigentropie zu sichern.

SCHRITT 61

Die Richtung der Zeit

Der Zweite Hauptsatz behauptet, dass makroskopische Vorgänge *irreversibel* sind. Lässt man einen beliebigen Film der realen Welt rückwärts ablaufen, merken wir ziemlich schnell, dass etwas nicht stimmt: Glasscherben fügen sich wieder zu einer Fensterscheibe zusammen oder ein Spiegelei springt aus der Pfanne zurück in die Hand, wo es sich wundersam zu einem Hühnerei zusammenfügt. Auf der Suche nach den tieferen Ursachen dieser Irreversibilität suchen Physiker seit Jahrhunderten nach fundamentalen Naturgesetzen, die eine Zeitrichtung bevorzugen, also irreversibel sind. Bisher ohne Erfolg: Ob Newtonsche Mechanik, Spezielle oder Allgemeine Relativitätstheorie, Maxwell-Gleichungen der Elektrodynamik, Quantenmechanik oder selbst Stringtheorie — sie alle sind symmetrisch bezüglich Zeitumkehr. Mathematisch heißt das: Hat man eine Lösung der Bewegungsgleichung gefunden, sagen wir in der Form einer Weg-Zeit-Funktion $\boldsymbol{r}(t)$ für ein Teilchen, dann ist auch die rückwärts ablaufende Funktion $\boldsymbol{r}(-t)$ eine Lösung der Differentialgleichung und damit ein real möglicher Ablauf der Geschehnisse. Wenn dir das zu abstrakt klingt, geht es auch anschaulicher: stell dir vor, du filmst ein Teilchen, das sich gemäß den Naturgesetzen verhält. Dann lässt du den Film rückwärts ablaufen. Wenn das, was du siehst, nach den Naturgesetzen ebenfalls erlaubt wäre, — wenn also ein Physiker nicht entscheiden könnte, ob der Film gerade vorwärts oder rückwärts läuft, — dann gibt es eine Zeitumkehr-Symmetrie. Ein Beispiel: Wir filmen einen fallenden Stein. Unmittelbar vor dem Aufprall auf dem Boden hat er einen Geschwindigkeitsvektor $\boldsymbol{v}$, der nach unten zeigt. Spielen wir den Film rückwärts ab, beginnt der Stein am Boden mit einer Geschwindigkeit $-\boldsymbol{v}$, die jetzt nach oben zeigt, aufwärts zu fliegen. Er wird immer langsamer und landet schließlich in der Hand, die ihn vorher fallen ließ. Dieser Bewegungsablauf ist völlig im Einklang mit den Newtonschen Gesetzen. Woher der Stein seine anfängliche Geschwindigkeit bekommt, spielt keine Rolle. Vielleicht wirft ihn jemand nach oben, vielleicht kommt er aus einer speziellen Vorrichtung herausgeschossen — es ist einfach die Anfangsbedingung der Differentialgleichung. Und als Lösung erhält man genau die Umkehrung der Fallbewegung.

Vom einfachen Fall des Steins kommen wir jetzt wieder zum komplizierten System des Gasbehälters. Auch hier werden die Teilchen von denselben zeitsymmetrischen Naturgesetzen regiert. Wählt man einen beliebigen Mikrozustand des Systems und verfolgt seine Entwicklung — genauer: die Bewegung aller 10^{23} Gasmoleküle —, dann ist auch der zeitlich umgekehrte Prozess physikalisch erlaubt. Jetzt betrachten wir die zeitliche Entwicklung eines speziellen Mikrozustands, bei dem alle Moleküle in einer Ecke des Behälters konzentriert sind. Nach kurzer Zeit wird sich das Gas gleichmäßig im Kasten verteilt haben. Dann drehen wir bei allen 10^{23} Gasmolekülen den Geschwindigkeitsvektor um. Das mag etwas aufwändig klingen, aber keine Panik: alles nur ein Gedankenexperiment. Was würde passieren? Genau das, was wir sehen würden, wenn wir eine Videoaufnahme des Vorgangs rückwärts abspielen würden: Die Gasmoleküle würden sich wie von Geisterhand wieder in einer Ecke versammeln. Das heißt, der Mikrozustand, der durch das Umdrehen aller Geschwindigkeiten entsteht, entwickelt sich von hoher zu niedriger Entropie. Zu jedem Mikrozustand, der sich von niedriger zu hoher Entropie entwickelt, gibt es genau einen, der sich von hoher zu niedriger Entropie entwickelt, und der durch Zeitumkehr aus jenem hervorgeht. Warum verharren dann Systeme im Gleichgewicht, also in Mikrozuständen hoher Entropie, wenn es doch zu jedem „Hinweg“ zu hoher Entropie auch einen „Rückweg“ zu niedriger Entropie gibt? Weil es überwältigend viele Mikrozustände gibt, die einfach bei hoher Entropie bleiben! Mikrozustände, die sich von niedriger zu hoher Entropie entwickeln (oder umgekehrt), sind unvorstellbar selten. Die Frage drängt sich auf: warum leben wir dann in einer Welt, in der sich fast alles von niedriger zu hoher Entropie entwickelt, in der also der zweite Hauptsatz gilt? Weil sich unsere Welt aktuell in einem der extrem seltenen Zustände niedriger Entropie befindet! Da die meisten verfügbaren Mikrozustände aber höherer Entropie entsprechen, nimmt die Entropie zu und es gilt der Zweite Hauptsatz. Das beschreibt die Situation, beantwortet aber nicht die Frage, *warum* sich die Welt in einem Zustand niedriger Entropie befindet.

Eine Möglichkeit ist, dass es das Ergebnis einer *zufälligen Fluktuation* ist. Wenn das Gas im Gleichgewicht, sprich gleichmäßig im Behälter verteilt ist, würden wir nicht erwarten, dass es sich spontan — ohne unser Zutun — in einer Ecke konzentriert. Dass es dennoch irgendwann passieren muss, hat der französische Mathematiker Henri Poincaré 1890 bewiesen. Sein so genannter Wiederkehrsatz besagt, dass ein System jeden Mikrozustand immer wieder durchläuft — man muss nur lange genug warten. Sehr lange sogar — in diesem Fall länger, als das Universum alt ist! Es gibt aber auch weniger spektakuläre Abweichungen vom Gleichgewicht, auf die man nicht ganz so lang warten muss. Zum Beispiel einen Zustand, bei dem in einer Hälfte des Kastens um 1 Promille mehr Teilchen als in der anderen Hälfte sind. Das ist immer noch eine extrem unwahrscheinliche Fluktuation, aber viel wahrscheinlicher als die vorige: sie wird etliche Male passieren, bevor sich alles Gas in einer Ecke konzentriert. Abbildung 61.1 zeigt schematisch die Entropie des Behälters über sehr lange Zeiträume. Wir sehen, dass immer wieder kleine Abweichungen vom Gleichgewicht auftreten. Könnte die niedrige Entropie der Welt nicht einfach eine solche Fluktuation sein? Also wie beim Gas, nur auf unseren Teil des Universums übertragen? Wir würden dann in der Phase der Fluktuation leben, in der die Welt sozusagen ihr Fehlverhalten erkannt hat und reuig zum Gleichgewicht zurückkehrt. Wir haben beispielhaft einen solchen Zeitpunkt in Abbildung 61.1 mit $t^\star$ markiert. Das Gesetz der wachsenden Entropie wäre dann nur für die zweite Hälfte dieser Fluktuation gültig. Menschen, die in der ersten Hälfte der Fluktuation lebten, fänden ein umgekehrtes Naturgesetz, nämlich eines sinkender Entropie. Beide Gesetze wären lediglich Momentaufnahmen der jeweiligen Phase einer Fluktuation und keine Naturgesetze. Im Prinzip ist das alles möglich. Dennoch sind wir ziemlich sicher, dass wir *nicht* in einer solchen Fluktuation leben. Wenn es nämlich so wäre, dann wäre zu erwarten, dass es die geringstmögliche Abweichung vom Gleichgewicht wäre, die gerade ausreichte, um Leben und unsere Existenz zu ermöglichen. *Kleine* makroskopische Abweichungen vom Gleichgewicht sind bereits sehr unwahrscheinlich — *größere* Abweichungen sind noch einmal um etliche Größenordnungen unwahrscheinlicher. Aber lassen wir uns davon nicht allzu sehr einschüchtern und denken uns eine hypothetische Fluktuation aus, die groß genug ist, um der Erde und dem Leben darauf ein stabiles Umfeld zu verschaffen. Also etwa folgendes Szenario: Das Universum ist im Gleichgewicht, also in einem Zustand maximaler Entropie — ein eintöniger Ort, in dem es nur gleich verteilte Energie gibt, keine Sterne, keine Planeten, keine Schwarzen Löcher. In dieser homogenen Ödnis entsteht durch eine zufällige

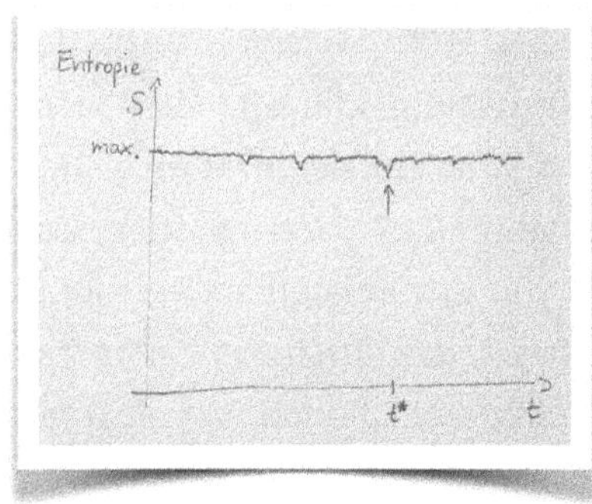

61.1: Winzige Fluktuationen der Entropie

Fluktuation irgendwann unsere Galaxie, die Milchstraße. Wenn das so wäre, gäbe es jenseits unserer Galaxie nur eintönige Ödnis. Stattdessen finden Astronomen aber Strukturen niedriger Entropie, soweit ihre Teleskopen reichen. Jedes Mal, wenn wir mit verbesserten astronomischen Instrumenten in einen neuen Teil des Kosmos vordringen, sind da weitere Galaxien. Das alles passt nicht zu einer zufälligen lokalen Fluktuation in einem ansonsten im Gleichgewicht befindlichen Universum.

Aber woher kommt die niedrige Entropie dann? Es bleibt nur eine Möglichkeit: das Universum hatte anfangs extrem niedrige Entropie und befindet sich seither auf dem Weg zum Gleichgewicht. Wäre die Welt von Anfang an im Gleichgewicht gewesen, gäbe es keinen Zweiten Hauptsatz. Alles wäre dann in einem Zustand maximaler Entropie. Vorgänge abnehmender Entropie wären gleich wahrscheinlich wie Vorgänge zunehmender Entropie — oder genauer: gleich unwahrscheinlich. Die Welt wäre ein öder Ort, an dem von gelegentlichen winzigen Fluktuationen abgesehen überhaupt nichts passieren würde. Dass in unserer Welt der Zweite Hauptsatz gilt, beweist, dass die Welt einen Anfang mit extrem niedriger Entropie hatte. Die Entdecker des Zweiten Hauptsatzes Clausius und Boltzmann lieferten im Grunde schon im 19. Jahrhundert den Beweis, dass das Universum nicht ewig unveränderlich ist, sondern einen Anfang hatte. Sie wussten es nur nicht. Zumindest Boltzmann hatte eine Ahnung, dass sich der zweite Hauptsatz nur mit sehr speziellen „Anfangsbedingungen" erklären ließ. Diese Anfangsbedingungen erhielten wenige Jahrzehnte später den Namen *Urknall*! Wenn wir an einem Sommertag ein eisgekühltes Getränk genießen, nutzen wir die niedrige Entropie des Urknalls. Wir brauchen noch nicht einmal einen Sommertag dafür: die Tatsache, dass es Leben und dich und mich gibt, ist ein Phänomen eines Universums, das seine maximale Entropie noch nicht erreicht hat.

Die speziellen Anfangsbedingungen der Welt erklären auch, warum wir die Vergangenheit fundamental anders wahrnehmen als die Zukunft. Warum wir uns an die Vergangenheit, nicht aber an die Zukunft erinnern. Erinnern heißt, von der Gegenwart auf die Vergangenheit zu schließen. Wenn du dich an etwas erinnerst, befinden sich die Moleküle und elektrischen Potenziale in deinem Gehirn in einer bestimmten Konfiguration, die du mit einem Ereignis in der Vergangenheit verbindest. Die Konfiguration in deinem *heutigen* Gehirn ist kein Beweis, dass ein Ereignis tatsächlich *in der Vergangenheit* stattgefunden hat. Sie ist bestenfalls ein Indiz. Wenn wir nicht in Fragen der Gehirnphysiologie einsteigen wollen, können wir den Punkt auch an einem Gegenstand außerhalb unseres Gehirns festmachen, von dem wir auf die Vergangenheit schließen. Physikalisch gesehen macht es keinen Unterschied. Stell dir zum Beispiel vor, du findest den Knochen einer Taube im Garten. Du wirst mit Sicherheit aus dem Fund schließen, dass es einmal eine Taube gab, die hier gestorben ist. Was sagen die Gesetze der Entropie zu deiner Schlussfolgerung? Der Knochen ist ein Objekt niedriger Entropie: wenn du alle Mikrozustände betrachtest, die die Atome des Knochens einnehmen könnten, dann wird nur ein winziger Anteil dieser Mikrozustände einem Makrozustand entsprechen, den du als „Knochen einer Taube" anerkennen würdest. Der Knochen ist also ein ziemlich unwahrscheinlicher Makrozustand. Dass dieser Knochen einmal Teil einer Taube gewesen sein soll, ist allerdings noch einmal um etliche Größenordnungen unwahrscheinlicher. Denn eine Taube ist ein Zustand noch viel geringerer Entropie als ein einzelner Knochen. Als zufällige Fluktuation des Gleichgewichts betrachtet ist es also viel wahrscheinlicher, dass sich die beteiligten Atome durch Zufall (zugegebenermaßen einen unglaublich unwahrscheinlichen Zufall) zu diesem Knochen angeordnet haben, als dass es auch noch eine ganze Taube dazu gegeben haben soll. Trotzdem ist deine Schlussfolgerung, dass es eine Taube gegeben haben muss, in der realen Welt hochgradig sinnvoll. Warum? Weil uns die Erfahrung lehrt, dass die Vergangenheit niedrigere Entropie hatte als die Gegenwart. Die Möglichkeit kleiner Fluktuationen des Gleichgewichts spielt keine Rolle, weil die Welt in der fernen Vergangenheit ohnehin schon weit vom Gleichgewicht entfernt war. Unsere gesamte Erkenntnis über die Vergangenheit — in Form von Geschichte oder unserer eigenen Biografie — basiert auf der Annahme einer Vergangenheit mit niedriger Entropie. Ohne diese *Vergangenheitshypothese* wären alle Phänomene nur zufällige Fluktuationen des Gleichgewichts, nichts würde irgendeine Geschichte oder irgendeinen Sinn ergeben. Erinnerungen funktionieren im Grunde genauso. In unserem Gehirn gibt es *heute* eine bestimmte biochemische Konstellation, die wir als Erinnerung an *gestern* erleben — beispielsweise an den Freund, den wir trafen. Die Schlussfolgerung, dass wir ihn tatsächlich trafen, ergibt nur aufgrund der Vergangenheitshypothese Sinn. Ansonsten wäre es viel plausibler, die biochemische Konfiguration in deinem Kopf als zufällige Fluktuation zu interpretieren, als die Existenz des Freundes mit seiner noch geringeren Entropie anzunehmen.

Fundamental ist unsere Welt zeit-reversibel. Aufgrund der deterministischen Naturgesetze lässt sich die Gegenwart ebenso gut aus der Zukunft erklären wie aus der Vergangenheit. Die Tatsache, dass wir dennoch die Vergangenheit so anders wahrnehmen als die Zukunft, liegt allein daran, dass die Welt vor 14 Milliarden Jahren mit einer Singularität niedriger Entropie begann, und wir die Welt permanent durch die Brille der Vergangenheitshypothese betrachten. Die 14 Milliarden Jahre seit dem Urknall mögen dir lang erscheinen, aber aus kosmologischer Sicht leben wir in zeitlicher Nähe eines außergewöhnlichen Ereignisses. Und das bricht die Zeitsymmetrie derart, dass unser Verständnis von Vergangenheit und Zukunft alles andere als symmetrisch ist. Es gibt eine räumliche Analogie für unsere Situation. Unser Universum ist isotrop: wir finden dieselben Naturgesetze, egal in welcher Richtung wir unsere Koordinatenachsen legen. Insbesondere gibt es kein Oben und Unten. Dennoch weiß jedes Kleinkind, dass Oben und Unten ganz und gar nicht austauschbar sind: Hoch aufs Klettergerüst kostet viel Kraft, nach unten kann sehr schnell gehen und wehtun. Wenn die Tasse vom Tisch fällt, landet sie meistens auf dem Boden, selten an der Decke. Wir leben in der Umgebung einer schweren Masse, die die Raumzeit verbiegt und die Oben-Unten-Symmetrie bricht. Diese Tatsache prägt unsere Wahrnehmung so grundlegend, dass wir uns fragen, wie die Australier so problemlos kopfüber leben können. In ähnlicher Weise prägt der Urknall unsere Wahrnehmung derart, dass Vergangenheit und Zukunft als ganz und gar unterschiedliche Zeitrichtungen erscheinen. Würde sich das Universum plötzlich durch göttliche Intervention auf eine Singularität niedriger Entropie in der Zukunft zubewegen[88], würden die Menschen beginnen sich an die Zukunft (als Zeitrichtung abnehmender Entropie) zu erinnern, und glauben, sie könnten die Vergangenheit mit ihrem freien Willen beeinflussen.

Diese Interpretation des Zeitpfeils ist verstörend und wirft viele Fragen auf. Zugleich gibt sie eine faszinierende Perspektive auf eines der größten Rätsel unserer Existenz. Aber ist der Zeitpfeil wirklich nur eine Illusion, erzeugt durch eine Welt zunehmender Entropie? Wir wissen es nicht. Physikalisch ist es die beste Erklärung, die wir haben. Dennoch sträubt sich etwas in uns dagegen. Vielleicht ist es nicht die ganze Wahrheit. Vielleicht stecken wir aber auch nur zu tief in den Vorurteilen fest, die uns der Urknall mit seinen ungewöhnlichen Anfangsbedingungen eingepflanzt hat.

[88] Durch akribisches „Finetuning“ des Zustands aller Teilchen im Universum wäre das im Prinzip möglich.

SCHRITT 62

Entropie Schwarzer Löcher

The black holes of nature are the most perfect macroscopic objects there are in the universe: the only elements in their construction are our concepts of space and time. Subrahmanyan Chandrasekhar

Die Erzählung der letzten beiden Schritte ging so: Das Universum begann in einem Zustand extrem niedriger Entropie. Wir kennen zwar den Grund dieser außergewöhnlichen Anfangsbedingungen nicht, nutzen sie aber bis heute zum Leben. Es gibt in dieser Erzählung allerdings ein Problem. Wir wissen aus Schritt 54, dass die kosmische Hintergrundstrahlung noch das thermische Gleichgewicht des Urplasma „in sich trägt". Thermisches Gleichgewicht bedeutet maximale Entropie. Was jetzt? Begann das Universum mit extrem niedriger oder maximaler Entropie?

Wenn wir sagen, das Plasma nach dem Urknall habe maximale Entropie, meinen wir kein absolutes Maximum, sondern nur ein Maximum bezogen auf die Freiheitsgrade und Prozesse, die dem Plasma zur Verfügung stehen.[89] Was heißt das? In der Fusion von Wasserstoffkernen zu höheren Elementen liegt ein riesiges Potenzial zur Entropiesteigerung, aber solche Prozesse sind in der Frühphase des Universums unvollständig. Zum Glück für uns! Denn nur deshalb gibt es noch die riesigen Vorräte unverbrauchten Wasserstoffs in der Sonne, die uns durch Fusion mit Licht versorgen. Auch die Gravitation der Teilchen spielt anfangs kaum eine Rolle, weil sie sich so schnell bewegen. Erst später, als sich das Universum abgekühlt hat, betritt die Gravitation die Bühne und zwingt die Teilchen dazu zu verklumpen und schließlich Galaxien zu bilden. Diese Strukturen besitzen zwar im allgemeinen weniger Entropie als homogen verteilte Materie. Aber bei der Kontraktion entsteht Wärme, die als Strahlung an die Umgebung abgegeben wird, und damit die Entropie insgesamt

[89] Wallace 2009

erhöht.[90] Das Urplasma konnte das ganze Entropiepotenzial des Universums also noch nicht ausschöpfen. Das ist die Auflösung des Widerspruchs zwischen dem thermischen Gleichgewicht im Urplasma und dem riesigen Entropiezuwachs seither!

Von der größten Quelle für Entropiewachstum im Universum habe ich dir noch gar nicht erzählt. Dafür müssen wir etwas ausholen. Wenn du einen Ball in die Luft wirfst, überlagern sich zwei Bewegungen: er dreht sich um die eigene Achse und sein Mittelpunkt bewegt sich durch den Raum. Du kannst versuchen ihn so zu werfen, dass er sich gar nicht dreht, aber ganz wirst du das nicht schaffen. Eine gewisse Rotation gibst du ihm beim Wurf immer mit. Himmelskörper werden zwar nicht geworfen, aber auch bei ihrer Entstehung erhalten sie fast immer einen Drehimpuls. Der Erdrotation verdanken wir Tag und Nacht — eine eher gemächliche Drehung. Manche Neutronensterne drehen sich über 100 mal in der Sekunde um sich selbst. Auch Schwarze Löcher rotieren, sie erben bei ihrer Entstehung den Drehimpuls des Ausgangssterns. Die Schwarzschild-Metrik ist *kugelsymmetrisch* und streng genommen nur für Massen ohne Drehung gültig. Wenn der Himmelskörper einen Drehimpuls besitzt, gibt die Drehachse eine besondere Richtung im Raum vor — die Kugelsymmetrie ist dahin und die Voraussetzung der Schwarzschild-Metrik damit auch. Bei geringen Drehimpulsen wie dem der Erde oder der Sonne bleibt sie aber eine gute Näherung. Viele Schwarze Löcher drehen sich allerdings so schnell, dass die Raumzeit-Geometrie neue Phänomene zeigt. 1963 fand der Neuseeländer Roy Kerr eine exakte Lösung für ein rotierendes Schwarzes Loch. Sie wird durch seine Masse und seinen Drehimpuls vollständig beschrieben. Besitzen zwei Schwarze Löcher die gleiche Masse und den gleichen Drehimpuls, sind sie in ihren physikalischen Eigenschaften nicht zu unterscheiden. Zwei „gewöhnliche“ Himmelskörper wie beispielsweise Mars und Merkur unterscheiden sich immer stärker, je näher man hinschaut. Aus großer Entfernung mögen sie noch wie zwei perfekte Kugeln erscheinen, die sich nur in Größe und Farbe unterscheiden. Aus der Nähe werden aber immer mehr Details sichtbar. Es gibt Gebirgszüge und Krater, das Material ist unterschiedlich. Man kann immer mehr Information über die Himmelskörper ansammeln, bis hin zur Art und Lage einzelner Atome. Schwarze Löcher sind in dieser Hinsicht grundlegend anders: Egal, ob sie aus Kohlenstoff, Eisen oder

[90] Die meisten Bücher über Kosmologie (zum Beispiel Penrose 2007) behaupten, verklumpte Materie hätte höhere Entropie als homogen im Raum verteilte. Das stimmt aber nur, wenn man die abgestrahlte Energie in die Bilanz einbezieht (Wallace 2009).

Antimaterie oder Kartoffelsalat entstanden sind, jede Information ihrer Entstehung wird ausgelöscht, oder genauer: sie verschwindet hinter dem Ereignishorizont. Schwarze Löcher löschen ihre eigene Geschichte aus. Übrig bleibt nur Gravitation in Reinform, ohne jede Erinnerung an den Stoff, aus dem sie entstanden ist. Oder im Physiker-Jargon: Schwarze Löcher haben „keine Haare". Dieses *No-hair Theorem* bereitet Physikern ziemliches Kopfzerbrechen. Es deutet nämlich darauf hin, dass Schwarze Löcher Information vernichten. Aus Schritt 26 wissen wir, dass die Naturgesetze deterministisch sind. Die Fallbewegung unseres Steins ist eindeutig: kennen wir Ort und Geschwindigkeit zu einem beliebigen Zeitpunkt, können wir im Prinzip seine vergangene und seine künftige Bewegung rekonstruieren, bzw. vorhersagen. Anders ausgedrückt: es geht bei der Bewegung keine Information verloren. Jeder Punkt seines Weges enthält die Information über den gesamten Weg. Selbst bei unserem Gasbehälter ist das so. Wenn das Gas anfangs nur in einer Ecke ist, und sich eine Minute später gleichmäßig im ganzen Behälter verteilt hat, könnte man zwar denken, dass man aus dem Endzustand „Gas gleichmäßig verteilt" den Anfangszustand „Gas in einer Ecke" *nicht* rekonstruieren kann. Schließlich wäre der Endzustand derselbe, wenn das Gas von Anfang an gleichmäßig verteilt gewesen wäre! Und wenn verschiedene Anfangszustände zum gleichen Endzustand führen, geht Information verloren. Allerdings wäre der Endzustand nur makroskopisch derselbe. Würde man die Orte und Geschwindigkeiten aller 10^{23} Teilchen im Endzustand kennen, könnte man rekonstruieren, ob das Gas vor einer Minute in einer Ecke konzentriert oder homogen verteilt war. Und zwar, indem man einfach alle Geschwindigkeitsvektoren umdreht und dann eine Minute abwartet! Dieses Gedankenexperiment hatten wir ja schon im letzten Schritt angestellt.

Zurück zu unserem fallenden Stein. Diesmal lassen wir ihn wie in Schritt 60 in einen Teich plumpsen. Er wird vom Wasser abgebremst und kommt schließlich im Schlamm am Teichboden zum Stehen. Würden wir ihn da zum ersten Mal sehen, wüssten wir nicht, ob er dort schon seit einem Jahr liegt, oder gerade erst gelandet ist und wenn ja mit welcher Geschwindigkeit er ins Wasser gefallen ist. Der Endzustand in all diesen Fällen wäre immer: „Stein steckt im Schlamm". Wieder scheint Information verloren gegangen zu sein. Und wieder entsteht dieser Eindruck nur, weil wir die makroskopische Brille aufhaben. Könnten wir außer der Position des Steins auch noch die genauen Orte und Geschwindigkeiten aller Wasser- und Schlammteilchen registrieren, könnten wir wieder (im Prinzip) die Geschwindigkeitsvektoren umkehren und rechnerisch den „Film rückwärts laufen“ lassen, um zu sehen, ob der Stein liegen bleibt oder sich wundersam aus dem Wasser erhebt! Für einen allwissenden Beobachter mit unbegrenzter Rechenleistung — den Laplace-Dämon aus Schritt 26 — würde auch hier keine Information verloren gehen.

Was aber wenn wir den Stein in ein Schwarzes Loch fallen lassen? Glauben wir dem No-Hair-Theorem, geht in der Tat Information verloren, wenn er den Ereignishorizont durchquert. Der Stein würde dem Schwarzen Loch etwas Masse und Drehimpuls hinzufügen. Jede andere Information — über seine Beschaffenheit, seine Anfangsgeschwindigkeit etc. — wäre unwiederbringlich zerstört. Im Gegensatz zu den vorigen Beispielen lässt sich das Problem hier nicht einfach lösen, indem man genauer hinschaut und die atomare Ebene berücksichtigt. Im Widerspruch zu allen bekannten Naturgesetzen scheinen Schwarze Löcher tatsächlich Information zu vernichten!

Aber das ist noch nicht das Ende der Geschichte. Die beiden Schwarzen Löcher, die vor 1,3 Milliarden Jahren kollidierten und deren Schockwellen LIGO im September 2015 aufzeichnete, investierten einen Teil ihrer Massen, um die Botschaft ihrer Kollision in Form von Gravitationswellen in alle Richtungen des Kosmos zu senden. Auch wenn die abgestrahlte Energie gigantisch war, verloren die Schwarzen Löcher nur rund 5% ihrer Massen. Hätten die Schwarzen Löcher theoretisch auch all ihre Masse in Gravitationswellen umwandeln können, oder gibt es physikalische Grenzen? Die gibt es tatsächlich. Stephen Hawking konnte beweisen, dass die Fläche des Ereignishorizonts eines Schwarzen Loches nie abnehmen kann. Verschmelzen zwei Schwarze Löcher, so muss der Ereignishorizont des neu entstandenen Schwarzen Loches gleich groß oder größer sein als die Summe der Ereignishorizonte der verschmelzenden Schwarzen Löcher. Rechnen wir für unsere September-2015-Kollision nach! In Sonnenmassen ($M_\odot$) ausgedrückt hatten die beiden kollidierenden Schwarzen Löcher die Massen $M_1 = 29\,M_\odot$ und $M_2 = 36\,M_\odot$ und das neu entstandene Schwarze Loch die Masse $M_f = 62\,M_\odot$. Die Fläche des Ereignishorizonts eines Schwarzen Loches ist[91]:

$$A = 4\pi r_S^2 = 4\pi(2GM)^2 = 16\pi G^2 M^2$$

[91] Diese Formel gilt streng genommen nur für nicht-rotierende Schwarze Löcher. Sind Drehimpulse im Spiel, wird die Formel komplizierter. Für kleine Drehimpulse gilt die Rechnung aber näherungsweise trotzdem.

Damit war die kombinierte Fläche der Ereignishorizonte vor der Kollision:

$$A_i = A_1 + A_2 = 16\pi G^2(M_1^2 + M_2^2) = 16\,(29^2 + 36^2)\,\pi G^2 M_\odot^2$$
$$= 34.192\,\pi G^2 M_\odot^2$$

Das entstehende Schwarze Loch hatte dagegen einen Ereignishorizont mit einer Fläche von

$$A_f = 16\pi G^2\,62^2\,M_\odot^2 = 61.504\,\pi G^2 M_\odot^2$$

In der Tat ist also $A_f > A_i$, der kumulierte Ereignishorizont ist also bei der Kollision gewachsen! Das Flächentheorem gehört einer sehr seltenen Spezies physikalischer Aussagen an. Es gibt in der Physik viele Erhaltungssätze, Aussagen also, dass sich eine bestimmte Größe unter keinen Umständen ändert. Physikalische Sätze, die behaupten, dass eine bestimmte Größe nie abnimmt, wohl aber zunehmen kann, sind dagegen extrem selten. Wir kennen noch einen Vertreter dieser Spezies: den zweiten Hauptsatz der Thermodynamik! Dass die Entropie eines Systems und die Fläche des Ereignishorizonts eines Schwarzen Loches beide irreversibel wachsen, ist zunächst einmal nur eine kuriose Ähnlichkeit und kein Beweis für einen fundamentalen Zusammenhang.

Der Physiker Jacob Bekenstein beschäftigt sich Anfang der Siebzigerjahre mit Hawkings Flächentheorem und will nicht an Zufall glauben: er behauptet, dass die Fläche des Ereignishorizonts tatsächlich ein Maß für die Entropie eines Schwarzen Loches ist. Hawking findet die Sache abwegig und macht sich daran, Bekenstein zu widerlegen. Sein Argument: Wenn ein Schwarzes Loch Entropie hätte, müsste es auch eine Temperatur besitzen. Körper, die eine Temperatur haben, emittieren elektromagnetische Strahlung gemäß der Planck-Formel (Schritt 54). Das kann aber nicht sein, da ja keine Strahlung aus dem Schwarzen Loch entweichen kann. Hawking steigt ziemlich gründlich in das Thema ein und findet heraus, dass Schwarze Löcher nach den Gesetzen der Quantenmechanik tatsächlich strahlen! Beim Versuch seinen Kollegen zu widerlegen, erreicht er das genaue Gegenteil: er liefert einen weiteren Beleg für Bekensteins Entropie-Vermutung. Ganz nebenbei macht Hawking mit der Strahlung Schwarzer Löcher eine der wichtigsten Entdeckungen seiner wissenschaftlichen Karriere. Woher kommt diese *Hawking-Strahlung*? Wir haben in Schritt 37 das Vakuum der Quantenfeldtheorie als eine brodelnde Suppe kennengelernt, in der permanent Paare von Teilchen und Antiteilchen aus dem Nichts auftauchen und wieder verschwinden. An einem normalen Punkt im Raum würden sich die Teilchen der Energie E eines solchen Paars nach einer sehr kurzen Zeit $\Delta t = \hbar / E$ wieder gegenseitig vernichten, um die Heisenbergsche Unschärferelation einzuhalten. Am Ereignishorizont eines Schwarzen Loches dagegen nimmt die Geschichte einen ganz anderen Verlauf: das Paar kann durch den Ereignishorizont auseinandergerissen werden, wobei ein Teilchen ins Schwarze Loch fällt und das andere diesem Schicksal knapp entkommen kann. Damit die Energiebilanz trotzdem null bleibt, muss das Teilchen, das in die Singularität fällt, negative und das andere positive Energie haben. Ein Beobachter nimmt also zwei Dinge wahr: das Schwarze Loch strahlt (das positive Teilchen) und verliert dabei Energie / Masse (das negative Teilchen). Mit dieser Entdeckung hatte sich Hawking selbst überzeugt, dass Schwarze Löcher Entropie besitzen und dass die Analogie zwischen der stets wachsenden Fläche des Ereignishorizonts und der stets wachsenden Entropie tiefere Bedeutung hat. Heute bezweifeln nur noch wenige Physiker, dass die Entropie eines Schwarzen Loches tatsächlich proportional zur Fläche A des Ereignishorizonts ist:

Entropie eines Schwarzen Loches: $$S = \frac{c^3}{4\hbar G} A \qquad (1)$$

Beim Anblick dieses Ausdrucks solltest du schockiert sein! Er stellt alles auf den Kopf, was wir über Entropie wissen. Denk an den Gasbehälter. Sagen wir, er hat eine Entropie von 100. Wenn wir ihn jetzt in zwei gleiche Hälften teilen, wird jede Hälfte eine Entropie von 50 haben. Denn Entropie ist eine additive Größe, genauer: Die Entropie ist proportional zum *Volumen*. Zu behaupten, die Entropie eines Schwarzen Loches sei proportional zur Fläche des Ereignishorizonts ist ungefähr so absurd wie im Supermarkt einen Quadratmeter Milch kaufen zu wollen. Im nächsten Schritt gehen wir der Frage nach, was das für unser Konzept des Raumes bedeutet.

SCHRITT 63

Quantengravitation und die Auflösung des Raumes

Die Fläche A ist nicht das einzig Erstaunliche an der Formel $S = \frac{c^3}{4\hbar G} A$ für die Entropie eines Schwarzen Loches. Betrachten wir den Vorfaktor. An die Lichtgeschwindigkeit c hast du dich schon gewöhnt — sie taucht in praktisch allen Formeln auf, die irgendetwas mit Relativitätstheorie zu tun haben. Die eigentliche Sensation liegt aber in der Gravitationskonstante G und dem Planckschen Wirkungsquantum $\hbar$ im Nenner. Die Entropie eines Schwarzen Lochs ist einer der ganz wenigen Ausdrücke in der Physik, die G und $\hbar$ enthalten, und uns damit einen Hinweis auf die Verbindung von Gravitation und Quantenphysik geben könnten. Die so genannte Quantengravitation ist aktuell das große ungelöste Rätsel der Physik und deswegen haben in den letzten Jahrzehnten Tausende wissenschaftlicher Aufsätze versucht, irgendwelche versteckten Botschaften aus der Bekenstein-Hawking-Entropie herauszulesen.

Bevor wir zur mysteriösen Entropie Schwarzer Löcher zurückkehren, will ich versuchen dir ein Gefühl für das Rätsel der Quantengravitation zu geben. Im Grunde muss man gar nicht lange danach suchen, die drei wichtigsten Naturkonstanten rufen uns das Problem schon zu. Die Lichtgeschwindigkeit c zeigt uns die Einheit von Raum und Zeit und ist in der relativistischen Physik allgegenwärtig. Die Gravitationskonstante G taucht auf, wenn soviel Masse im Spiel ist, dass Gravitationseffekte nicht mehr ignoriert werden können. Und das Plancksche Wirkungsquantum $\hbar$ meldet sich immer dann zu Wort, wenn wir ins Allerkleinste vordringen, wo Quanteneffekte eine Rolle spielen. In einer Theorie der Quantengravitation ist das alles gleichzeitig der Fall und wir brauchen alle drei Konstanten. Spielt man mit ihnen eine Weile herum, stellt man fest, dass die Größe

$$M_P = \sqrt{\frac{\hbar c}{G}} \tag{1}$$

die Einheit Kilogramm besitzt. Etwas, das in dieser Einheit gemessen wird, nennen wir bekanntlich Masse, in diesem Fall *Planck-Masse*. Wir gehen davon aus, dass Elementarteilchen bei Energien $E \approx M_P$ beginnen, andere Dinge zu tun — Dinge, die wir weder verstehen noch mit heutiger Physik beschreiben können. Vielleicht bist du überrascht, dass die Planck-Masse groß und nicht klein ist, schließlich sind Quantentheorien doch für das Kleine, nicht das Große da! Es mag nicht ganz intuitiv sein, aber in der Teilchenphysik entsprechen große Massen kleinen Abständen und zwar nach der Formel $l = \frac{\hbar}{mc}$. Nach der Heisenbergschen Unschärferelation ist die Unschärfe des Ortes multipliziert mit der Unschärfe des Impulses in der Größenordnung $\hbar$. Bei gleicher Geschwindigkeit wird ein schwereres Teilchen mehr Impuls und auch mehr Impulsunschärfe besitzen, und sich daher auf engerem Raum lokalisieren lassen.

Was hat das alles mit der Quantisierung der Gravitation zu tun? In Schritt 37 haben wir gesehen, dass Quantenfeldtheorien messbare Größen in der Regel erst herausrücken, wenn man sie in Taylorreihen zerlegt. Versucht man einen solchen Ansatz für die Gravitation, erhält man eine Reihe in Potenzen von $\frac{E}{M_P}$. Konkret: Lässt man zwei Gravitonen bei Energien $E \ll M_P$ zusammenstoßen, erhält man sinnvolle Ergebnisse. Bei Energien $E \approx M_P$ bricht der Ansatz aber zusammen, weil $\frac{E}{M_P}$ dann kein „kleiner" Parameter mehr ist und wir die höheren Terme der Taylorreihe nicht mehr vernachlässigen können. Es gab in der Geschichte der Teilchenphysik schon einmal so eine Situation. 1933 erklärte Enrico Fermi den Beta-Zerfall des Neutrons mit einer direkten Wechselwirkung der vier Teilchen Neutron, Proton, Elektron und Neutrino. Seine Theorie war sehr erfolgreich, basierte aber auf einer Entwicklung in Potenzen von $\frac{E}{M_W}$ und funktionierte daher nur bei Energien $E \ll M_W$. Es war klar, dass die Theorie bei Energien um M_W scheiterte und irgendetwas Neues passieren würde. Dieses Neue waren das W- und das Z-Boson — neue Teilchen, die drei Jahrzehnte später als Teil einer neuen vervollständigten Theorie der elektroschwachen Wechselwirkung postuliert und schließlich auch entdeckt wurden.

Was ist das Neue, das in der Quantengravitation bei Energien der Planck-Masse aus der Wundertüte der Physik springt? Schauen wir genauer hin, was passiert, wenn wir zwei Gravitonen bei Energien $E \approx M_P$ kollidieren lassen. Solchen

Teilchenenergien entspricht eine charakteristische Länge von $l_P = \frac{\hbar}{M_P c}$, die so genannte *Planck-Länge*. Mithilfe von (1) erhalten wir den halben Schwarzschild-Radius der Masse M_P:

$$l_P = \frac{\hbar}{M_P c} = \frac{\hbar M_P}{M_P^2 c} = \frac{G M_P}{c^2}$$

Das lässt nur einen Schluss zu: Bei Kollisionsenergien von M_P bilden die beiden Gravitonen ein winziges Schwarzes Loch und verschwinden hinter seinem Ereignishorizont! Aus der Kiste der Physik springt dieses Mal kein neues Elementarteilchen sondern ein Schwarzes Loch! Die heute in Teilchenbeschleunigern erreichbaren Kollisionsenergien sind um viele Größenordnungen kleiner als M_P. Aber selbst wenn ein künftiger Apparat in diese Bereiche vordringen könnte, wir würden wohl nicht viel Neues entdecken: sobald man sich in Gefilde vorwagt, wo Quantengravitation ein Rolle spielt, lässt die Natur einen Vorhang fallen, der die neue Physik vor unseren Augen verbirgt. Der Ereignishorizont wirkt wie eine Zensur der Natur um das Geheimnis der Quantentheorie der Gravitation nicht preiszugeben. Das bedeutet auch, dass die Planck-Länge l_P der kürzeste messbare Abstand ist. Jedes Gerät, das man sich zur Messung noch kleinerer Abstände ausdenken mag, würde selbst von einem Schwarzen Loch verschluckt. Physiker gehen davon aus, dass unterhalb der Planck-Länge das Konzept von Raum und Zeit selbst zusammenbricht und durch etwas anderes, noch Unbekanntes ersetzt werden muss. Es gibt verschiedene Theorien — die Stringtheorie und die Schleifengravitation sind die bekanntesten unter ihnen —, aber solange sie sich an keinen Experimenten oder Beobachtungen beweisen müssen, wird das Rennen offen bleiben.

Die Bekenstein-Hawking-Entropie eines Schwarzen Loches gilt als einer der wichtigsten Hinweise, um bei dem Thema irgendwie weiterzukommen. Eine ganze Generation von Physikern hat sich an der merkwürdigen Formel abgearbeitet. Und dabei nur neue Rätsel zutage gefördert, die die Sache noch faszinierender machen. Das größte ist das so genannte *holographische Prinzip*. Wenn ich ein System mit Volumen V und Entropie S in N gleich große Teile mit Volumen $\frac{V}{N}$ aufteile, wird jedes Teilvolumen die Entropie $\frac{S}{N}$ besitzen. Woran liegt das? Ein einfaches Beispiel: wir teilen unser System in 3 gleiche Teile, von denen jeder 2 verfügbare Mikrozustände besitzt. Da ich jeden Mikrozustand des

Teilsystems 1 beliebig mit jedem Mikrozustand der Teilsysteme 2 und 3 kombinieren kann, hat das Gesamtsystem $2 \cdot 2 \cdot 2 = 2^3 = 8$ verfügbare Mikrozustände. Ein Teilsystem hat dann die Entropie $S_{Teil} = \ln 2$ und das Gesamtsystem $S_{Gesamt} = \ln 8 = \ln(2^3) = 3 \cdot \ln 2 = 3 \cdot S_{Teil}$. Die Entropie ist also additiv und (für ein gegebenes System) proportional zum Volumen. Wir sehen, dass der tiefere Grund dafür in der Annahme liegt, dass die Mikrozustände der Teilsysteme unabhängig voneinander sind und sich daher beliebig kombinieren lassen. Das bedeutet, dass wir *Lokalität* annehmen: der Zustand eines kleinen Teilsystems beeinflusst nicht den Zustand eines anderen Teilsystems. Denkt man diesen Gedanken zu Ende, kann man sich ein System und seine Entropie aus vielen lokalen Teilvolumina zusammengesetzt denken, die einen Beitrag entsprechend ihrem Volumen zur Gesamtentropie leisten. Bei Schwarzen Löchern bricht dieses Prinzip zusammen. Ihre Entropie ist proportional zu einer Fläche, nicht zu einem Volumen. Wollte man ein Schwarzes Loch in Teilsysteme gleicher Entropie aufteilen, wären das zweidimensionale Parzellen seines Ereignishorizonts. Das heißt, die möglichen Mikrozustände eines Schwarzen Loches sind irgendwie auf der kugelförmigen Fläche seines Ereignishorizonts codiert. Dieses zugegebenermaßen recht vage Bild erinnert an ein Hologramm, bei dem räumliche, sprich dreidimensionale, Information in einer zweidimensionalen Fläche in einer Weise codiert ist, die im menschlichen Auge eine räumliche Illusion erzeugt. Physiker sprechen deshalb vom holographischen Prinzip. Um Missverständnisse zu vermeiden: das ist nur eine Analogie, kein tieferer physikalischer Zusammenhang zwischen Schwarzen Löchern und menschengemachten Hologrammen! Dieses holographische Prinzip ist aktuell die heißeste Spur zu einer Quantentheorie der Gravitation, die wir haben. Man kann nicht behaupten, wir hätten verstanden, was es uns sagen möchte, aber man kann doch ein paar Dinge erahnen. Man könnte versucht sein, das holographische Prinzip als kuriose Besonderheit Schwarzer Löcher ohne größere Bedeutung für die Physik im allgemeinen abzutun. Das ist höchstwahrscheinlich falsch. Der Grund, dass uns das holographische Prinzip nirgendwo sonst begegnet, liegt in der unglaublichen Schwäche der Gravitationsfeldes im Vergleich zu anderen fundamentalen Feldern. Schwarze Löcher sind die einzigen Orte im Universum, an denen die Gravitation über alles andere dominiert. Deswegen geben nur sie uns Einblicke in die Natur der Gravitation. Das holographische Prinzip ist ein solcher Einblick. Wenn es sich als richtig erweisen sollte, wird es sicher überall gelten — nur eben in unterschiedlichem Ausmaß.

Das holographische Prinzip könnte darauf hinweisen, dass der dreidimensionale Raum weniger fundamental ist, als wir glauben. Bei einem Schwarzen Loch ist die Information (die Entropie) nicht mehr im Raum sondern in der Fläche gespeichert. Wenn wir auch nicht wirklich verstehen, was das bedeutet, ist es doch ein Indiz dafür, dass der dreidimensionale Raum (bzw. die vierdimensionale Raumzeit) nicht die fundamentale Ebene oder zumindest nicht die einzige Ebene ist, auf der Physik stattfindet. 1997 entdeckte der argentinisch-amerikanische Physiker Juan Maldacena eine merkwürdige 1-zu-1-Entsprechung zwischen zwei hypothetischen Modellen des Universums, einem fünfdimensionalen (!) Universum mit Gravitation („AdS") und einem vierdimensionalen (!) Universum ohne Gravitation („CFT"). 1-zu-1-Entsprechung heißt, dass jeder Zustand in einem Modell genau einem Zustand im anderen Modell entspricht und umgekehrt. Das einigermaßen Sonderbare an dieser AdS/CFT-Korrespondenz ist, dass man intuitiv denken würde, dass in einem Raum mit fünf Dimension mehr „Platz" ist als in einem mit nur vier. Niemand behauptet, dass die AdS-Welt oder die CFT-Welt genau unser reales Universum beschreibt, aber die Sache zeigt uns, dass es möglich ist die Physik in einem N-dimensionalen Raum exakt in die Physik in einem N-1-dimensionalen Raum zu übersetzen ohne dass irgendetwas verloren geht. Das ist genau das, was in einem Schwarzen Loch zu passieren scheint, wo sich die Information über die physikalischen Vorgänge *im Inneren* des Ereignishorizonts offenbar ohne Verlust auf die *Fläche* des Ereignishorizonts zusammenpressen lässt! Die vollständige Korrespondenz der Physik in zwei Räumen unterschiedlicher Dimension gibt uns eine Ahnung davon, dass es eine physikalische Realität jenseits des Raumes und seiner Dimensionalität gibt. An Wörtern wie „scheinen", „Ahnung" und „offenbar" erkennst du, dass wir uns an der Grenze unseres Wissens bewegen. Das Faszinierende ist, dass sich diese Grenze gerade immer weiter in unbekanntes Gebiet vorschiebt und wir vielleicht schon in wenigen Jahren mehr wissen werden.

SCHRITT 64

Die Zukunft des Universums

Wieviel Entropie hatte das Universum am Anfang, wieviel hat es heute? Was ist die maximale Entropie, die es erreichen kann? Es klingt ziemlich vermessen, diese Fragen zu beantworten. Wie sollte man die möglichen Mikrozustände eines so großen und komplexen Gebildes wie des Universums zählen? In der Tat ist es schwierig, genaue Antworten zu geben, wir können aber immerhin die Größenordnungen abschätzen.

Im frühen Urplasma in den ersten Jahrhunderttausenden nach dem Urknall spielt die Gravitation noch keine große Rolle. Wir können die Entropie berechnen, als wäre das Universum ein großer Behälter voller Gas. Grob geschätzt ist die Entropie eines solchen Gases einfach die Zahl der Teilchen. Wir glauben, dass es etwa 10^{88} Teilchen im beobachtbaren Universum gibt, also war die Entropie[92]:

Entropie im frühen Universum: $S \approx 10^{88}$

Heute lässt sich der Effekt der Gravitation sicherlich nicht mehr vernachlässigen, ein Großteil der Materie hat sich zu Galaxien verdichtet, die aus Sternen und einigen wenigen Schwarzen Löchern bestehen. Wir haben noch kein gutes Verständnis der Entropie gravitierender Massen, aber für den Extremfall Schwarzer Löcher haben wir die Formel von Bekenstein und Hawking. Mit ihr ergibt sich für ein einziges supermassives Schwarzes Loch mit millionenfacher Sonnenmasse eine Entropie von rund 10^{90} — ein einziges massereiches Objekt besitzt das Hundertfache[93] der Gesamtentropie des frühen Universums! Nehmen wir an, dass es in jeder der etwa 10^{11} Galaxien im Universum durchschnittlich ein solches massereiches Schwarzes Loch gibt, so steckt allein in den Schwarzen Löchern eine Entropie von $S \approx 10^{11} \cdot 10^{90} = 10^{101}$. Es ist davon auszugehen, dass alle anderen Beiträge

[92] Carroll 2010

[93] Das Hundertfache, weil $\frac{10^{90}}{10^{88}} = 10^{90-88} = 10^2 = 100$

zur Entropie des Universums dagegen komplett zu vernachlässigen sind. Das heißt:

Entropie im heutigen Universum: $S \approx 10^{101}$

Ist das die maximal erreichbare Entropie? Zum Glück nicht! Wie du aus Schritt 58 weißt, gäbe es in einem Zustand maximaler Entropie kein Leben. Dass es bei der Entropie noch viel Luft nach oben gibt, zeigt allein der Vergleich mit einem Zustand, in dem alle Masse in einem gigantischen Schwarzen Loch konzentriert ist. Die Entropie wäre etwa

Entropie des Universums als eines Schwarzen Lochs: $S \approx 10^{120}$

Ist das also der Zustand maximaler Entropie, sprich der finale Gleichgewichtszustand für das Universum? Nein, immer noch nicht. Hawking lehrt uns, dass Schwarze Löcher ihre Masse irgendwann durch Hawking-Strahlung verlieren müssen. Lange Zeit nimmt die Masse eines Schwarzen Loches zwar zu, weil es weit mehr Masse verschluckt, als es durch Strahlung verliert. Wenn es aber in seiner Umgebung keine Masse / Energie mehr zu verschlingen gibt, kehrt sich die Energiebilanz um. Das Schwarze Loch beginnt, sich durch Strahlung selbst abzuschaffen. Der Endzustand des Universums ist ein leerer und kalter Ort, an dem es außer etwas Strahlung nichts mehr gibt.

Hast du bemerkt, dass ich dir noch immer eine Antwort auf die Frage schulde, ob Schwarze Löcher Information vernichten? Das wird unter Physikern zur Zeit sehr kontrovers diskutiert. Während ich dieses Buch schreibe, deutet aber immer mehr darauf hin, dass Schwarze Löcher Information *erhalten*. Betrachten wir noch ein letztes Mal unseren fallenden Stein und sagen ihm Lebewohl, während er für immer hinter dem Ereignishorizont verschwindet. Was passiert mit der Information, die er transportiert — seiner genauen Beschaffenheit oder der Geschwindigkeit, mit der er auf das Schwarze Loch trifft? Klassisch, also ausschließlich auf Basis der Allgemeinen Relativitätstheorie, sieht es so aus, als würde diese Information tatsächlich verloren gehen. Erst wenn wir Quanteneffekte hinzufügen, erhält die Information mit der Hawking-Strahlung einen möglichen Fluchtweg, um aus dem Schwarzen Loch wieder herauszukommen.

Aber kann Strahlung, die durch zufällige Quantenfluktuationen am Ereignishorizont entsteht, Information über einen Stein transportieren, der irgendwann — in der Regel zu einem viel früheren Zeitpunkt — ins Schwarze Loch hineingefallen ist? Das erscheint schwer vorstellbar, wir kennen einfach keinen physikalischen Prozess, der das bewerkstelligen würde. Und doch deutet gerade alles darauf hin, dass genau das passiert. Stephen Hawking — anfangs überzeugt, dass Information unwiederbringlich verloren geht — lief schon 2004 offiziell ins Lager der Informationserhaltung über, als das AdS/CFT-Modell konkrete Hinweise in dieser Richtung lieferte. Neueste Berechnungen aus den letzten Jahren belegen, dass sich die Hawking-Strahlung genau so verhält, wie sie sich verhalten muss, wenn sie Information aus dem Schwarzen Loch „herausschmuggelt". Einen abschließenden Beweis werden wir wohl erst bekommen, wenn wir eine Theorie der Quantengravitation gefunden haben.

Sollte sich bestätigen, dass die Hawking-Strahlung tatsächlich heimlich Information über den Ereignishorizont schmuggelt, entstünde ein faszinierendes Bild unserer Zukunft. Auf seinem unaufhaltsamen Weg zu einem Gleichgewichtszustand maximaler Entropie ändert unser Universum immer wieder seine Gestalt: Aktuell ist die Masse im Universum schon ziemlich verklumpt, es gibt Galaxien voller Sterne und dazwischen leeren Raum. Noch ist die Zahl der Schwarzen Löcher eher gering. Mit der Zeit werden mehr davon entstehen und die existierenden werden umgebende Himmelskörper verschlingen. Irgendwann — nicht morgen oder übermorgen, sondern in ein paar Milliarden Jahren — wird die überwiegende Masse und Energie im Kosmos in Schwarzen Löchern gebunden sein. Aber wie uns Hawking lehrte, ist das noch immer nicht der Endzustand. Die Schwarzen Löcher werden ihre Beute wieder hergeben. Sie werden allmählich all ihre Masse in Form von Hawking-Strahlung wieder verlieren. Schließlich wird es nur noch Strahlung im Universum geben, die durch die Expansion des Raumes immer stärker verdünnt wird. Aber in diesen einsamen Photonen, die durch einen stockdunklen Kosmos irren, wird noch immer alle Information stecken, über alles, was je gewesen ist. Es wird dann keine Menschen mehr geben, die versuchen könnten, diese Information „auszulesen" und die Vergangenheit zu rekonstruieren. Aber im Prinzip, wenn das Weltbild der Physik stimmt, wird in diesen Photonen — ihrer exakten Verteilung im Raum, ihren Flugbahnen und ihren genauen Wellenlängen — die Geschichte der Menschheit verborgen liegen. Das Aussehen und die Taten, die guten wie die bösen, aller Menschen, die je auf der Erde gelebt haben, werden in diesen Photonen gespeichert sein. Es ist eine versöhnliche und zugleich beunruhigende Vorstellung, dass nichts jemals ganz vergessen wird.

Das ist die Kurzgeschichte der Welt: Alles beginnt mit einem heißen, gleichförmigen Plasma, einem Teilchenmeer ohne jede Struktur. Daraus entwickelt sich über 14 Milliarden Jahre unsere komplexe Welt mit Galaxien und Leben — mit Blauaras, Kernspintomographen, Wanderheuschrecken, Gravitationswellen-Detektoren, Hiphop, Tintenfischen, Liebesbriefen, Breitmaulnashörnern und universellen Menschenrechten. Diese ganze überbordende Welt aus Farben, Formen, Stoffen, Tönen und Wesen um sie wahrzunehmen ist aus der absurd niedrigen Entropie geboren, mit der sie einmal begann. Die sinnlose Verschwendung, der wir unsere Existenz verdanken, ist auf kosmischen Zeitskalen nur ein Zwischenspiel auf dem Weg zum thermodynamischen Gleichgewicht. Am Ende fällt die Welt zurück in einen ganz und gar strukturlosen Zustand, ein Vakuum aus kalter Strahlung.

Abspann

SCHRITT 65

Ptolemäus und die nächste kosmologische Revolution

Die folgende Geschichte erzählt vom langen, verschlungenen Weg physikalischer Erkenntnis. Im 2. Jahrhundert nach Christus lebt in der römischen Provinz Ägypten der griechische Mathematiker und Astronom Claudius Ptolemäus. Er hinterlässt uns den *Almagest,* eine Art Handbuch des astronomischen Wissens seiner Zeit. Darin erklärt Ptolemäus die Planetenbahnen. Um seinen Ansatz zu verstehen, muss man sich den damaligen Wissensstand vergegenwärtigen. Dass die Erde rund ist, ist schon damals weitgehend akzeptiert. Es ist aber auch selbstverständlich, dass die Erde der Mittelpunkt der Welt ist und sich die Sterne und Planeten um die Erde drehen. Für die Sterne ergeben sich so einfache Kreisbahnen am Himmel, die gut mit der Beobachtung übereinstimmen. Bei den Planetenbahnen gibt es aber ein Problem: sie verhalten sich merkwürdig, beschreiben eher Schleifen als Kreise. Das heißt, sie ändern immer wieder die Richtung, bewegen sich mal vorwärts, mal rückwärts. Heute wissen wir natürlich, woran das liegt: da sich die Planeten mit unterschiedlichen Umlaufzeiten um die Sonne bewegen, ergibt sich für die Relativbewegung zwischen der Erde und einem anderen Planeten eine recht komplizierte Bahn. Ptolemäus gelingt dennoch eine einheitliche Beschreibung der Bahnen, und zwar mit der so genannten *Epizykeltheorie*. Die Idee ist, dass sich die Planeten auf kleinen Kreisen, den *Epizykeln,* bewegen, die sich ihrerseits auf größeren Kreisen, den *Deferenten,* bewegen, siehe Abbildung 65.1. Das genügt allerdings noch nicht, um die Voraussagen mit den Beobachtungen in Einklang zu bringen. Ptolemäus führt die zusätzliche Annahme ein, dass der Mittelpunkt der großen Kreise in gewisser Entfernung der Erde liegt, diese sich also doch nicht genau im

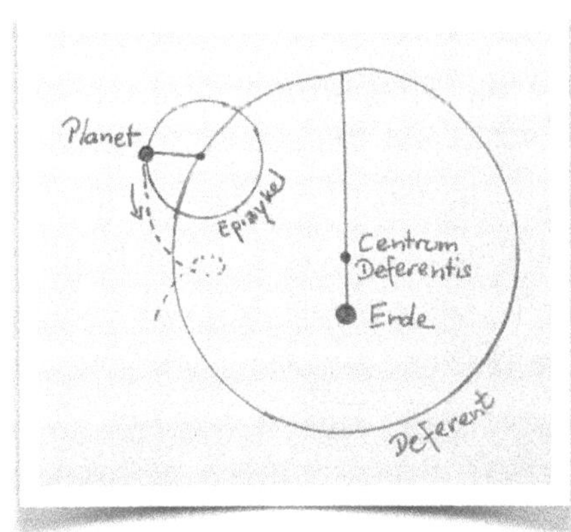

65.1: Epizykel

Zentrum der Himmelskugel befindet (*Exzentertheorie*). Das resultierende System ist kompliziert, kann aber die beobachteten Planetenbahnen recht gut reproduzieren.

Das ptolemäische Epizykelmodell bleibt fast anderthalb Jahrtausende das akzeptierte Weltbild. Dann betritt am Ende des Mittelalters ein preußischer Domherr namens Nikolaus Kopernikus die Weltbühne mit einer Idee, die wie kaum eine andere den Beginn der Neuzeit markiert. Was, so fragt er sich, wenn die Planeten gar nicht um die Erde sondern um die Sonne kreisten? Der Gedanke ist radikal: er geht nicht mehr von dem aus, was nach dem christlicher Lehrmeinung der Fall *zu sein hatte*, sondern von dem, was nach den Beobachtungen tatsächlich der Fall *sein könnte*. Von der kopernikanischen Wende hat jedes Schulkind gehört. Was weniger bekannt ist: Kopernikus kann zwar die Beschreibung der Planetenbahnen deutlich vereinfachen, aber auch er kommt nicht ohne Epizykel aus. Der Grund: Planeten bewegen sich nicht auf Kreisen sondern Ellipsen um die Sonne. Eine Ellipsenbahn lässt sich mit einem Kreis beschreiben, auf dem ein Epizykel umläuft. Es dauert noch einmal 65 Jahre, bis Johannes Kepler erkennt, dass Planetenbahnen Ellipsen sind, und damit eine viel einfachere und elegantere mathematische Beschreibung findet. Die Epizykel haben ausgedient.

War die Epizykeltheorie falsch? Sie konnte die Umlaufbahnen mit hoher Genauigkeit beschreiben und war insofern nach den Maßstäben ihrer Zeit erfolgreich. Sie war nicht falsch, aber komplex — in dem Sinne, dass sie für die Beschreibung der Beobachtungen viele Elemente benötigte: Deferenten, Epizykel, Exzentertheorie. Schlimmer noch: Je genauer die astronomischen Beobachtungen wurden, desto mehr Elemente mussten eingebaut werden, um die Theorie zu retten. Heute würde man von einer guten Theorie erwarten, dass sie einfach ist und dass sie künftige, präzisere Beobachtungen vorhersagt anstatt ihnen hinterher zu hinken.

Wenn man nüchtern auf die Situation der Kosmologie zu Beginn des 21. Jahrhundert schaut, überkommt einen so etwas wie ein Ptolemäus-Gefühl. Im zwanzigsten Jahrhundert wurde entdeckt, dass die Bewegungen von Galaxien aber auch von Sternen in Galaxien nicht erklärt werden konnten, indem man die geschätzte sichtbare Materie in die Gleichungen einsetzte. Also erfand man das Konzept der Dunklen Materie und schon stimmten die Gleichungen wieder. Dann ergab die Vermessung der Fluchtgeschwindigkeiten von Galaxien, dass sich die kosmische Expansion beschleunigte. Auch das passte nicht zu den Gleichungen, also führte man kurzerhand das Konzept der Dunklen Energie ein — und die Welt war wieder in Ordnung. Im Ergebnis sind wir in der wenig schmeichelhaften Situation, dass wir 95% der kosmischen Energiedichte nicht verstehen. Für das als Triumph gefeierte kosmische Diagramm aus Schritt 50 bedeutet das: wir kennen mit großer Sicherheit den Platz unseres Universums in diesem Diagramm, wissen aber nicht, was seine Achsen bedeuten. Wir können den überwiegenden Teil der kosmologischen Messungen nicht erklären, und haben deswegen neue Substanzen erfunden, die das Problem lösen — oder böse gesagt: unter den Teppich kehren. Ähnlich den Epizykeln wurde jede Beobachtung, die nicht ins Konzept passte, einfach mit einem neuen Konzept beantwortet.

Sicher gibt es viele Unterschiede zur ptolemäischen Astronomie. Die Naturwissenschaft im 21. Jahrhundert funktioniert fundamental anders als die griechische vor 2000 Jahren. Unsere mathematischen Werkzeuge, unser Verständnis der Naturgesetze, unsere technischen Möglichkeiten der Naturbeobachtung — all das ist nicht mit dem zweiten Jahrhundert zu vergleichen. Aber es gibt eine Gemeinsamkeit: Ähnlich wie Ptolemäus seiner Theorie geometrische Konzepte hinzufügen musste, um sie den Beobachtungen anzupassen, fügen wir den Gleichungen immer weitere Energieformen hinzu, um die Gleichungen zu „retten", sprich mit den Beobachtungen in Einklang zu bringen. Eigentlich sollte es so sein, dass wir bestimmte Energieformen auf der Erde beobachten und verstehen (zum Beispiel Materie oder Strahlung) und dann mithilfe der Friedmann-Gleichung die Expansionsentwicklung des Universums vorhersagen und diese dann astronomisch überprüfen und bestätigen. Insofern haben wir einen Plan, wie wir aus dem Schlamassel wieder herauskommen. Wir müssen neue Elementarteilchen (oder ganze Himmelskörper) entdecken, die die fehlende Dunkle Materie erklären können. Und wir müssen einen Mechanismus finden, der die richtige Menge Dunkle Energie erklären kann — vielleicht eine Form von quantenphysikalischer Vakuumenergie, vielleicht etwas ganz anderes. Wenn das nicht gelingt, dann gibt es ein größeres Problem mit unserem Verständnis des Universums, dann brauchen wir andere Naturgesetze.

Vielleicht bringen die nächsten ein bis zwei Jahrzehnte ganz neue kosmologische Erkenntnisse. Der Nachweis von Gravitationswellen im Jahr 2015 hat ein neues Fenster zum Kosmos aufgestoßen und wir stehen erst ganz am Anfang. Von den vier fundamentalen Kräften breiten sich nur zwei über große Entfernungen in Form von Wellen aus: Elektromagnetismus und Gravitation. Bis heute besteht die kosmologische Beobachtung im wesentlichen aus der Interpretation *elektromagnetischer* Signale. Ohne sie wüssten wir nichts über das Weltall. Wir können Sterne weder hören noch riechen, wir können sie nur sehen. 5000 Jahre lang war Astronomie im wesentlichen die Deutung von Lichtstrahlen. Im letzten Jahrhundert sind Signale in anderen Bereichen des elektromagnetischen Spektrums wie Radiowellen oder Röntgenstrahlen hinzugekommen. In den letzten fünfzig Jahren ist dann der kosmische Mikrowellenhintergrund CMB zur wichtigsten Datenquelle der Kosmologie avanciert. Auch er besteht aus elektromagnetischen Wellen. Elektromagnetische Wellen sind das perfekte Mittel, um etwas über weit entfernte Objekte zu erfahren. Sieht man einmal von der kosmologischen Rotverschiebung ab, legen sie im Vakuum beliebig lange Distanzen zurück ohne ihre Form und Richtung zu ändern. Selbst über Entfernungen von vielen Millionen Lichtjahren geht praktisch keine Information verloren. Wenn sie aber einmal auf Materie treffen, finden starke Wechselwirkungen statt, die uns erlauben die Wellen zu empfangen und auszuwerten. Es ist deshalb relativ einfach einen Detektor für elektromagnetische Signale zu bauen. Die Natur hat das Auge entwickelt, der Mensch das Radioteleskop und den COBE-Satelliten. Ohne diese starke Interaktion mit Materie würde Licht ziemlich unbeeindruckt durch unser Auge hindurch fliegen, wir wären blind. Der interaktive Charakter der Photonen wird aber im ganz frühen Universum zum Problem: im Plasma der ersten 370.000 Jahre streut Licht so ausgiebig an Elektronen, dass es gar nicht vorankommt, sondern im Zickzackkurs durch die Ursuppe irrlichtert. So geht jede Information verloren, die das Licht uns vom Urknall und den Augenblicken unmittelbar danach überbringen könnte. Kosmologische Beobachtung setzt daher effektiv erst ein, als das Licht sich vom Urplasma entkoppelt und der CMB sich auf seine lange Reise macht. Über den ersten 370.000 Jahren des Kosmos liegt ein dichter Nebel, den wir mit elektromagnetischen Wellen nicht durchdringen können. Das Bild ist durchaus passend: Auch durch Nebel können wir nicht hindurchsehen, weil Licht an den Wassertröpfchen gestreut wird.

Gravitationswellen sind das andere Extrem: ihre Wechselwirkung mit Materie ist so schwach, dass es 100 Jahre von ihrer theoretischen bis zu ihrer tatsächlichen Entdeckung gedauert hat. Aus dem selben Grund konnten Gravitationswellen aber auch relativ unbeschadet durch das dichte Urplasma gelangen. Das eröffnet die faszinierende Möglichkeit mit ihrer Hilfe auf den Urknall selbst zu blicken. Die Menschheit wird immer sensiblere Apparate bauen, um noch winzigste Störungen in der Raum-Zeit-Geometrie aufzuspüren. Die Kosmologie wird die nächsten Jahrzehnte beschäftigt sein, diese Daten auszuwerten und zu interpretieren. Am Ende werden wir mit Sicherheit ein viel genaueres und vielleicht auch ein radikal anderes Bild unseres Ursprungs und unserer Zukunft haben.

SCHRITT 66

Von der Kunst ein bewohnbares Universum zu schaffen

Wie muss ein Universum aussehen, damit Leben entstehen kann? Gute Frage. Je nachdem wen man nach den Voraussetzungen von Leben fragt, bekommt man Antworten wie „ausreichend Wasser“, „Vorhandensein der für Aminosäuren notwendigen Elemente“ oder „ähnliche Temperaturen wie auf der Erde“. Solche Aussagen nehmen stillschweigend an, dass Leben immer so funktionieren muss wie das uns bekannte auf der Erde. Mit Aminosäuren als Grundbausteinen der Proteine und Temperaturen, die *Homo sapiens* als angenehm empfinden würde. Das ist zwar naheliegend aber auch etwas fantasielos. Es ist wie bei den außerirdischen Wesen in Hollywood-Filmen: Am Ende sehen sie alle wie mutierte Kopien von Menschen oder anderen irdischen Kreaturen aus. Es fällt uns schwer, Leben radikal anders zu denken als das uns bekannte. Entsprechend schwierig ist es eine allgemeine Definition für Leben zu finden, die auch für uns unbekannte Lebensformen irgendwo im Universum anwendbar wäre. Man könnte Mindestvoraussetzungen wie Wachstum und Vermehrung fordern. Oder man kann noch eine Abstraktionsebene höher gehen und Leben über einen bestimmten Grad an *komplexer materieller Struktur* definieren. Das ist zwar nicht sehr präzise, gibt uns aber doch ein Mindestkriterium an die Hand. Es ist schwer vorstellbar, dass ein Universum, in dem es beispielsweise nur Wasserstoff oder nur Photonen (elektromagnetische Strahlung) gibt, Leben hervorbringt. Aus Wasserstoff kann man außer H_2-Molekülen nicht viel aufbauen und Photonen erfahren untereinander praktisch keine Wechselwirkung, sondern fliegen einfach geradeaus durchs Weltall. Um die Entstehung *komplexer materieller Strukturen* zu ermöglichen müssen mindestens drei Voraussetzungen erfüllt sein: Erstens muss *niedrige Entropie* verfügbar sein. Zweitens muss es *stoffliche Vielfalt* geben. Und drittens bedarf es *stabiler Rahmenbedingungen* über einen langen Zeitraum.

Stellen wir uns einen Gott vor, der gerade dabei ist ein Universum zu schaffen. Das ist nur ein Gedankenexperiment — du musst dafür nicht gleich an Gott glauben! Gott sitzt vor einem großen Mischpult und wählt die Zutaten für seine neue Welt aus, indem er entsprechende Schieber bedient: bestimmte Naturgesetze, etwas Entropie, ein bisschen Dunkle Energie, so und so viel Materie, bestimmte Werte für Newtons Gravitationskonstante G, die Lichtgeschwindigkeit c und ein paar andere Naturkonstanten. Wie muss Gott seine Schieber einstellen, damit die Voraussetzungen für Leben erfüllt sind? Die überraschende Antwort ist: Bei den meisten Schiebern hat er keinen großen Spielraum, die Werte müssen ziemlich genau die sein, die in unserem Universum gelten. Sonst bleibt die Arche Noah leer. Haben wir einfach Glück gehabt? Oder gibt es eine andere Erklärung dafür, dass wir in einem so überraschend bewohnbaren Universum leben? Bevor wir verschiedene Antworten ausprobieren, schauen wir die Schieber auf dem kosmischen Mischpult genauer an!

Wir haben gesehen, dass sich das Universum am Anfang in einem Zustand sehr *niedriger Entropie* und damit in einem extrem unwahrscheinlichen Zustand befand. Diesem unwahrscheinlichen Anfang verdanken wir unsere Existenz und alles Leben auf der Erde seit vier Milliarden Jahren. Physiker haben bisher keinen zwingenden Grund für die niedrige Entropie des Urknalls gefunden. Man kann diese sehr speziellen Anfangsbedingungen einfach akzeptieren oder die Ursache jenseits unseres zeitlichen oder räumlichen Beobachtungshorizonts suchen — also in Vorgängen vor dem Urknall oder außerhalb des beobachtbaren Teils des Universums.

Um die *stoffliche Vielfalt* für die Entstehung von Leben zu erzeugen war es ein langer Weg mit vielen Herausforderungen und Prüfungen. Es hätte leicht schiefgehen können: wäre das Universum irgendwo „falsch abgebogen", wäre es leer und unbelebt geblieben. Die Schwierigkeiten begannen schon in der allerersten Sekunde, als sich Materie und Antimaterie gegenseitig auslöschten. In Schritt 56 sahen wir, dass eine unbekannte winzige Asymmetrie in den Naturgesetzen etwa ein Milliardstel der Materie vor der Vernichtung bewahrte. Unsere materielle Welt besteht aus diesen übrig gebliebenen Teilchen! Nachdem ein bisschen Materie der Vernichtung durch Antimaterie entgangen war, stand das Universum vor der nächsten Herausforderung: was mit der Materie anfangen? Welche Elemente ließen sich aus diesem Rohmaterial herstellen? Aus Schritt 56 wissen wir, dass der Massenverlust des Heliumkerns von 0,7% ein weiterer Glücksfall ist. Würde er etwas geringer oder größer ausfallen, gäbe es entweder nur Wasserstoff oder gar keinen Wasserstoff. Bei einem Wert von 0,7% ist die Fusion zu Helium möglich, aber so ineffizient, dass Wasserstoff das dominierende Element im Universum bleibt. Zehn Minuten nach dem Urknall gibt es nur die Elemente Wasserstoff und Helium in nennenswerten Mengen. Das Leben auf der Erde basiert aber auf der schier unendlichen Vielfalt der Kohlenstoff-Verbindungen. Vielleicht kann Leben auch aus ganz anderen chemischen Elementen aufgebaut werden, aber in jedem Fall reichen Wasserstoff und Helium nicht aus. Wie kam die Welt zu den 94 natürlichen Elementen des Periodensystems? Es war ein weiter Weg. Schwerere Elemente entstehen erst viel später durch Fusionsprozesse in Sternen. Bei den extrem hohen Drücken und Temperaturen im Kern eines Sterns finden Prozesse statt, die über mehrere Stufen die verschiedensten schweren Elemente erzeugen. Das Element Eisen ist der Endpunkt der stellaren Kernfusion. Den Grund haben wir in Schritt 16 kennengelernt: *Fe* ist das Element mit der höchsten Bindungsenergie pro Nukleon. Um schwerere Elemente zu erzeugen muss man Energie investieren. Sobald der Kern eines Sterns zu Eisen umgewandelt ist, gibt es keine Energiequelle mehr, die der Selbstgravitation genügend Gegendruck entgegensetzen könnte — der Kern kollabiert. Das geschieht so schlagartig, dass die Druckwellen den Stern auseinanderreißen. Bei einer solchen Supernova werden riesige Mengen der fusionierten Elemente einschließlich Stickstoff, Sauerstoff und Kohlenstoff in das umliegende Weltall geschleudert. Sie bilden die interstellaren Nebel, aus denen dann weitere Sterne und Planeten entstehen. Solche Supernovae lieferten einst das Material für das Leben auf der Erde. Wahrscheinlich kam jedes Kohlenstoffatom in deinem Körper irgendwann aus einer Supernova. Zu diesen regelmäßigen Eruptionen kann es nur kommen, weil der Schwarzschild-Radius $r_S = \frac{2GM}{c^2}$ so klein ist. Wäre r_S größer, würden Sterne zu einem Schwarzen Loch kollabieren, bevor sie ihr Material in einer Supernova in die Umgebung schleudern konnten. Die wertvollen Bausteine des Lebens würden unerbittlich hinter dem Ereignishorizont verschwinden und nie wieder auftauchen. Es hängt alles vom richtigen Zusammenspiel der Naturkonstanten ab: Wäre die Gravitationskonstante G deutlich größer oder die Lichtgeschwindigkeit c deutlich kleiner, würde ein Stern in den Ereignishorizont hineinpassen und direkt zum Schwarzen Loch werden. Es gäbe keine Supernovae und keine Planeten mit den chemischen Elementen für die Entstehung von Leben.

Damit höheres Leben entstehen kann, bedarf es neben den stofflichen Grundlagen für Komplexität *stabile Rahmenbedingungen* über einen langen Zeitraum. Die ersten selbstreproduzierenden Molekülverbände mögen noch durch einzelne Zufälle entstehen. Damit sich daraus Wesen entwickeln, die über die Entstehung des Lebens nachdenken, braucht es sehr viel Zeit. Auf der Erde hat das etwa 4 Milliarden Jahre gedauert. Wie muss ein Universum aussehen, in dem Materie sich zu Himmelskörpern zusammenklumpen kann und das Ganze über Jahrmilliarden einigermaßen stabil bleibt? Die Materiedichte muss hoch genug sein, damit es etwas gibt, das zusammenklumpen kann. Wäre $\Omega_M < 0{,}01$, gäbe es einfach kein Material, aus dem man irgendwelche Strukturen machen könnte! Gäbe es zu viel Dunkle Energie, beispielsweise $\Omega_\Lambda = 100$, würde das Universum so schnell expandieren, dass die Materie nicht zu Galaxien gerinnen könnte. Es stellt sich heraus, dass unsere Welt gerade die richtige Mischung der verschiedenen Energieformen enthält, um bewohnbar zu sein.

Die Naturgesetze, die Naturkonstanten, der Energieinhalt, die niedrige Entropie des Universums — das alles scheint perfekt zusammenzuspielen, damit Leben entstehen konnte. Was ist der Grund dafür? Manche Naturwissenschaftler finden schon die Frage unsinnig und sagen: „Es ist eben einfach so. Die Frage nach dem Grund gehört nicht in die Naturwissenschaft. Für so etwas sind Philosophen da." Der Standpunkt ist konsequent, aber langweilig. Schließlich ist die Frage durchaus interessant und wir brauchen ja nicht immer nur Naturwissenschaftler zu sein. Es gibt drei mögliche Antworten.

Die erste lautet: es ist Zufall. Wir haben einfach Glück gehabt, dass unser Universum bewohnbar ist. Diese Antwort ist ziemlich nah bei dem streng naturwissenschaftlichen Standpunkt, dass schon die Frage unzulässig sei. Die Antwort ist widerspruchsfrei und so gut wie unwiderlegbar, weil sie im Grunde leer ist.

Die zweite Antwort lautet: es war Absicht. Es gibt da wen — einen Schöpfer oder einen Weltgeist oder eine Urkraft —, der oder die es gerade so eingerichtet hat, dass Leben entstehen kann. Auch diese Antwort ist wahrscheinlich unwiderlegbar. Unter Physikern ist sie nicht gerade in Mode. Aber angesichts des Wunders unserer Existenz hat wohl jeder schon mit dem Gedanken gespielt.

Die dritte Antwort ist zur Zeit unter Wissenschaftlern — soweit sie sich überhaupt auf die Frage einlassen — die populärste: das Universum ist deshalb so gut für die Entstehung von Leben geeignet, weil es sonst niemanden gäbe, der das feststellen könnte. Um das Argument zu verstehen, betrachten wir ein kleineres System: die Bewohner der Erde wundern sich eines Tages, dass ausgerechnet ihr Planet so bewohnbar ist. Es gibt eine Atmosphäre mit Sauerstoff, ausreichend Wasser und die Temperaturen schwanken in einem erträglichen Bereich. Was für ein Glück wir haben, sagen die Erdbewohner, dass wir ausgerechnet auf der lebensfreundlichen Erde leben, und nicht auf einem Planeten, auf dem kein Leben möglich ist! Du siehst sofort, was hier vor sich geht: die Erdbewohner haben übersehen, dass ein Selektionseffekt am Werk ist. Dass es überhaupt einen bewohnbaren Planeten im Universum gibt, mag Zufall sein. Dass Menschen gerade auf diesem Planeten leben, ist dagegen kein Zufall. Auf einem anderen Planeten konnten einfach keine Menschen entstehen. Ein solches Argument heißt *anthropisches Prinzip*. Auf das Universum als ganzes ausgeweitet lautet es in etwa: das Universum, das wir beobachten, muss für die Entstehung vernunftbegabter Beobachter geeignet sein, weil es sonst von niemandem beobachtet würde. Dieser Satz ist zweifellos wahr, aber auch etwas tautologisch. Einen Erklärungswert erhält er nur, falls es viele Universen gibt. Hier eilt das Konzept des Multiversums aus Schritt 59 zur Hilfe und gibt dem Argument eine gewisse Schlüssigkeit. Dennoch ist das anthropische Prinzip das ungeliebte Kind der Kosmologie, weil es den Beweggrund aller Wissenschaft — das ewige, neugierige Weiterfragen — tötet. Denn es spricht: Frag nicht weiter nach dem Warum der Naturgesetze oder der Anfangsbedingungen — alles könnte auch ebenso gut anders sein, nur könntest du es dann eben nicht beobachten! Man kann sich darüber streiten, wieviel Erklärungskraft das hat. Am Ende ist es eine Frage des Geschmacks. Es ist jedenfalls ein einfacher Ausweg aus vielen kosmologischen Rätseln.

Ich finde diesen Ausweg zu einfach. Nicht das gewonnene Wissen sondern die ungelösten Fragen sind der wahre Schatz der Kosmologie. Wir sollten sie nicht leichtfertig zu den Akten legen, sondern uns an ihnen abarbeiten. Ich habe auf den letzten dreihundert Seiten versucht dir eine Ahnung von den unfassbaren Fortschritten zu geben, die die Menschheit in den letzten hundert Jahren in ihrem Verständnis des Kosmos gemacht hat. Aber wie weit wir auch gelangen, es tauchen immer neue Rätsel und Wunder auf. Uns bleibt dasselbe ungläubige Staunen, dieselbe Fassungslosigkeit, die die ersten sprechenden Affen vor Tausenden von Jahren empfanden, wenn sie nachts in den Himmel schauten.

Anhang

Anhang Schritt 1

Lösung zur Aufgabe 1.1:

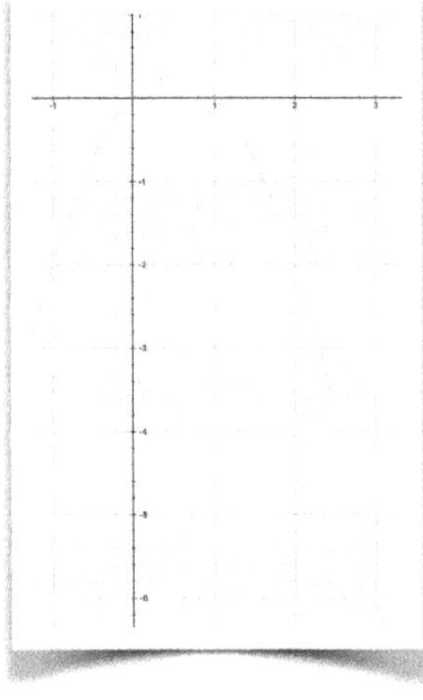

A1.1

Anhang Schritt 2

Die wichtigsten Funktionen und ihre Ableitungen

Einige Funktionen tauchen in der Physik besonders oft auf:

Polynome: $x, x^2, x^3, \ldots, x^n$ bzw. gemischte Polynome wie $5 + 2x^2 - 8x^3$

Wurzelfunktionen: $\sqrt{x}, \sqrt[3]{x}, \ldots, \sqrt[n]{x}$, auch oft mithilfe gebrochener Exponenten ausgedrückt: $x^{\frac{1}{2}}$, $x^{\frac{1}{3}}$, …, $x^{\frac{1}{n}}$

Trigonometrische Funktionen wie $\sin x$ und $\cos x$

Exponentialfunktionen wie a^x, am häufigsten mit der natürlichen Basis $a = e = 2{,}718\ldots$

Logarithmen: $\log_a x$ (Logarithmus zur Basis a). Im Buch kommt fast ausschließlich der Logarithmus zur Basis e vor, den wir *natürlichen Logarithmus* nennen und $\ln x$ statt $\log_e x$ schreiben.

Die wichtigsten **Ableitungen**, die du in diesem Buch benötigst:

	$f(x)$	$f'(x)$
Potenz	x^n	$n x^{n-1}$
Exponentialfunktion	e^x	e^x
Sinus	$\sin x$	$\cos x$
Kosinus	$\cos x$	$-\sin x$
Logarithmus	$\ln x$	$\frac{1}{x}$

A2.1

e^x ist die einzige Funktion, die gleichzeitig ihre eigene Ableitung ist![94]

Lösung zur Aufgabe 2.1:

Wir verwenden die Definition der Ableitung:

$$f'(x) = \lim_{h\to0} \frac{f(x+h)-f(x)}{h} = \lim_{h\to0} \frac{(x+h)^3 - x^3}{h} = \lim_{h\to0} \frac{3x^2h + 3xh^2 + h^3}{h} = \lim_{h\to0} (3x^2 + 3xh + h^2) = 3x^2$$

Lösung zur Aufgabe 2.2:

$$(x^2 e^x)' = x^2 e^x + 2x\, e^x$$

Lösung zur Aufgabe 2.3:

Definiere $f(x) = g(x) \cdot h(x)$ und verwende die Definition der Ableitung:

$$f'(x) = \lim_{h\to0} \frac{f(x+h)-f(x)}{h} = \lim_{h\to0} \frac{g(x+h)h(x+h) - g(x)h(x)}{h}$$

$$= \lim_{h\to0} \frac{g(x+h)h(x+h) - g(x+h)\,h(x) + g(x+h)\,h(x) - g(x)h(x)}{h}$$

[94] außer dem uninteressanten Fall: $f(x) = 0$

$$= \lim_{h \to 0} \left(g(x+h) \frac{h(x+h) - h(x)}{h} + \frac{g(x+h) - g(x)}{h} h(x) \right) = g(x)h'(x) + g'(x)h(x)$$

Beim dritten Gleichheitszeichen passiert folgendes: Du fügst im Zähler $g(x+h)\,h(x)$ erst hinzu und ziehst es dann wieder ab. Damit bleibt der Wert des Ausdrucks unverändert, aber du erhältst jetzt Terme, die die Ableitungen von $g(x)$ und $h(x)$ enthalten.

Lösung zur Aufgabe 2.4:

Mit der Kettenregel: $f'(x) = 2 \sin x (\sin x)' = 2 \sin x \cos x$

Mit der Produktregel:

$$f'(x) = \sin x\,(\sin x)' + (\sin x)'\,\sin x = \sin x \cos x + \cos x \sin x = 2 \sin x \cos x$$

Lösung zur Aufgabe 2.5:

Berechne zuerst die Ableitungen der einzelnen Glieder:

$(5x^4)' = 5 \cdot 4x^3 = 20x^3$ (Regel für Potenzen von x)

$(\cos(e^x))' = -\sin(e^x)\,e^x$ (Kettenregel)

$(x \sin x)' = x \cos x + \sin x$ (Produktregel)

$(7)' = 0$

Jetzt fügst du alles wieder zusammen:

$$f'(x) = 20x^3 - \sin(e^x)\,e^x - x \cos x - \sin x$$

Anhang Schritt 3

Die Gravitationskonstante

Der Wert der Gravitationskonstanten ist $G = 6{,}67430 \cdot 10^{-11} \dfrac{\mathrm{m}^3}{\mathrm{kg} \cdot \mathrm{s}^2}$

Anhang Schritt 4

Lösung zur Aufgabe 4.1:

a) Geometrisch: Die Fläche unter der Funktion ist ein rechtwinkliges Dreieck, mit zwei gleichen Seiten der Länge 2. Es hat die Fläche $\frac{1}{2} \cdot 2 \cdot 2 = 2$.

Mithilfe des Integrals: $\int_0^2 x\,dx = \left[\frac{1}{2}x^2\right]_0^2 = \frac{1}{2}2^2 - 0 = 2$

b) $\int_1^2 5x^3\,dx = \left[\frac{5}{4}x^4\right]_1^2 = 20 - \frac{5}{4} = 18{,}75$

c) $\int_0^\pi \sin x\,dx = [-\cos x]_0^\pi = -\big((-1) - 1\big) = 2$

Anhang Schritt 8

Lösung zur Aufgabe 8.1:

$x = \gamma\left(\gamma(x - vt) + vt'\right)$

$\rightarrow \quad \frac{x}{\gamma} = \gamma(x - vt) + vt'$

$\rightarrow \quad vt' = \frac{x}{\gamma} - \gamma(x - vt)$

$\rightarrow$

$$t' = \frac{x}{v\gamma} - \frac{\gamma x}{v} + \gamma t = \gamma t - \frac{\gamma x}{v}\left(1 - \frac{1}{\gamma^2}\right) = \gamma t - \frac{\gamma x}{v}\left(1 - \left(1 - \frac{v^2}{c^2}\right)\right) = \gamma t - \gamma x\left(\frac{v}{c^2}\right)$$

$$\rightarrow \quad t' = \gamma\left(t - \frac{v}{c^2}x\right)$$

Anhang Schritt 9

Herleitung des relativistischen Additionsgesetzes für Geschwindigkeiten

Betrachte noch einmal Abbildung 8.1 und nimm an, S kicke einen Ball mit Geschwindigkeit u in x-Richtung. Der Ball folgt dem Weg-Zeit-Gesetz $x = ut$. Welche Ball-Geschwindigkeit u' misst dann S‘? Wir setzen $x = ut$ in die Lorentz-Transformationen (8.8)

$$t' = \gamma\left(t - \frac{v}{c^2}x\right)$$

$$x' = \gamma\left(x - vt\right)$$

ein, um herauszufinden, welche Koordinaten der Ball für S‘ hat:

$$t' = \gamma\left(t - \frac{v}{c^2}ut\right) = \gamma\left(1 - \frac{uv}{c^2}\right)t \qquad (1)$$

$$x' = \gamma\left(u - v\right)t \qquad (2)$$

Die Versuchung ist groß, den Ausdruck (2) für x' einfach nach t abzuleiten, um die Geschwindigkeit u' des Balles in S' zu erhalten. Aber das ist falsch! Die Uhr von S' zeigt t' nicht t an. Für Galilei und Newton hätte das keinen Unterschied gemacht, aber nach Einstein müssen wir genau aufpassen, in welchem Bezugssystem die Zeit gemessen wird. Um das Weg-Zeit-Gesetz $x'(t')$ des Balles in den Koordinaten von S' zu finden, lösen wir (1) nach t auf und setzen es in (2) ein:

$$x' = \frac{\gamma(u - v)}{\gamma(1 - \frac{uv}{c^2})}t'$$

Jetzt können wir mit gutem Gewissen nach t' ableiten (Vorsicht: der Strich an den Buchstaben zeigt hier das Koordinatensystem S' und nicht die Ableitung an!):

$$u' = \frac{dx'}{dt'} = \frac{u - v}{1 - \frac{uv}{c^2}}$$

Das ist das relativistische Additionsgesetz für Geschwindigkeiten.

Anhang Schritt 11

Herleitung der Koordinatentransformation bei Drehung der Achsen

Wie verändern sich die Koordinaten eines Punktes, wenn man die Koordinatenachsen um einen Winkel θ dreht? Die Punkte der Ebene bleiben, wo sie sind, ich drehe nur das Netz der Etiketten! Wir möchten die neuen Koordinaten x' und y' des Punktes im gedrehten System durch die alten Koordinaten x und y ausdrücken. Wenn wir Abbildung A11.1 betrachten, ist das eine einfache Übung in Trigonometrie. Für y' geht das so: In dem kleinen Dreieck 1 gilt $\tan\theta = \frac{b}{x}$ und im Dreieck 2 $\cos\theta = \frac{y'}{a} = \frac{y'}{y-b} = \frac{y'}{y - x\tan\theta}$, wobei wir im letzten Schritt b mithilfe der vorigen Gleichung ersetzt haben. Daraus erhält man dann y' ausgedrückt durch die alten Koordinaten $y' = -\sin\theta\, x + \cos\theta\, y$, wobei wir $\tan\theta = \frac{\sin\theta}{\cos\theta}$ verwendet haben. Auf ähnliche Weise erhält man auch x'. Insgesamt finden wir so die Transformation kartesischer Koordinaten unter Drehungen:

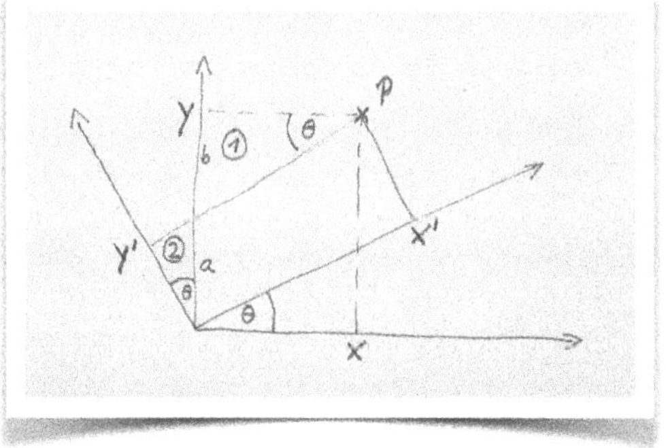

A11.1: Drehung des Koordinatensystems

$$x' = \cos\theta\, x + \sin\theta\, y$$

$$y' = -\sin\theta\, x + \cos\theta\, y$$

Auch infinitesimale Abstände dx und dy transformieren sich entsprechend:

$$dx' = \cos\theta\, dx + \sin\theta\, dy$$

$$dy' = -\sin\theta\, dx + \cos\theta\, dy$$

Lösung zur Aufgabe 11.1:

Setze die Transformation der Koordinatendifferenzen

$$dx' = \cos\theta\, dx + \sin\theta\, dy$$
$$dy' = -\sin\theta\, dx + \cos\theta\, dy$$

in den Satz des Pythagoras für die gestrichenen Koordinaten ein:

$$ds'^2 = dx'^2 + dy'^2 = (\cos\theta\, dx + \sin\theta\, dy)^2 + (-\sin\theta\, dx + \cos\theta\, dy)^2$$

$$= (\cos\theta)^2\, dx^2 + 2\cos\theta\sin\theta\, dx\, dy + (\sin\theta)^2\, dy^2 + (\sin\theta)^2\, dx - 2\sin\theta\,\cos\theta\, dx\, dy + (\cos\theta)^2\, dy^2$$

$$= \left((\cos\theta)^2 + (\sin\theta)^2\right) dx^2 + \left((\sin\theta)^2 + (\cos\theta)^2\right) dy^2$$

Jetzt verwendest du $(\cos\theta)^2 + (\sin\theta)^2 = 1$ und erhältst das gewünschte Ergebnis

$$ds'^2 = dx^2 + dy^2 = ds^2$$

Anhang Schritt 12

Lösung zur Aufgabe 12.1:

$$t' = \gamma\left(t - \frac{v}{c^2}x\right)$$

$$x' = \gamma\left(x - vt\right)$$

$$c^2dt'^2 - dx'^2 = c^2\gamma^2\big(dt - \frac{v}{c^2}dx\big)^2 - \gamma^2\big(dx - v\,dt\big)^2$$

$$= \gamma^2\big(c^2dt^2 - 2vdtdx + \frac{v^2}{c^2}dx^2 - dx^2 + 2vdtdx - v^2dt^2\big)$$

$$= \gamma^2\big(c^2\big(1 - \frac{v^2}{c^2}\big)dt^2 - \big(1 - \frac{v^2}{c^2}\big)dx^2\big) = c^2dt^2 - dx^2$$

Anhang Schritt 15

Lösung zur Aufgabe 15.1:

$$f(0) = 2$$

$$f'(x) = \big((4+x)^{\frac{1}{2}}\big)' = \frac{1}{2}\frac{1}{\sqrt{4+x}} \quad \rightarrow \quad f'(0) = \frac{1}{4}$$

Daraus ergeben sich die ersten beiden Glieder. Das dritte berechnest du entsprechend.

Anhang Schritt 16

Lösung zur Aufgabe 16.1:

$$m_1c^2 = m_2c^2 + \frac{1}{2}m_2v_2^2 + m_3c^2 + \frac{1}{2}m_3v_3^2$$

Die beiden kinetischen Energien $\frac{1}{2}m_2v_2^2$ und $\frac{1}{2}m_3v_3^2$ sind ≥ 0, denn das Quadrat der Geschwindigkeit ist positiv oder null (letzteres falls $v = 0$). Lässt man sie weg, macht man den Ausdruck auf der rechten Seite also bestenfalls kleiner, keinesfalls aber größer. Somit:

$$m_1c^2 \geq m_2c^2 + m_3c^2$$

Jetzt dividierst du beide Seiten durch c^2 und erhältst das Ergebnis.

Lösung zur Aufgabe 16.2:

Abstand Erde - Sonne: $R = 150 \cdot 10^9\,\text{m}$

Intensität der Sonneneinstrahlung auf der Erde: $I = 1500\,\frac{\text{W}}{\text{m}^2} = 1500\,\frac{\text{J}}{\text{m}^2\,\text{s}}$

Masse der Sonne: $M = 2 \cdot 10^{30}\,\text{kg}$

Die Intensität I hat die Sonne aber natürlich nicht nur auf der Erde sondern überall im Abstand R von der Sonne, das heißt, überall auf einer Kugeloberfläche mit Radius R und Fläche $A = 4\pi R^2$. Die gesamte abgestrahlte Energie pro Zeiteinheit ist also $4\pi R^2 I$. Andererseits stehen nur 0,5 % der Sonnenmasse, also $0{,}005\,M$, bzw. eine Energie von $E = 0{,}005\,Mc^2$ für die Umwandlung in Strahlungsenergie zur Verfügung. Bei aktueller Strahlungsintensität verbleibt der Sonne also noch eine Lebensdauer von

$$t = \frac{0{,}005\,Mc^2}{4\pi R^2 I} = 2{,}1 \cdot 10^{18}\,\text{s} = 67 \cdot 10^9\,\text{a}$$

also etwa 67 Milliarden Jahren.

Anhang Schritt 17

Lösung zur Aufgabe 17.1:

In Abbildung A17.1 zeigen wir, dass $a = l\,d\phi$. Aber wie kann man l durch die Koordinaten ausdrücken? Abbildung A17.2 zeigt, dass $l = R\sin\left(\frac{r}{R}\right)$ ist und somit $a = R\sin\left(\frac{r}{R}\right)d\phi$.

Auch wenn das vielleicht alles etwas kompliziert aussieht: es ist nichts Geheimnisvolles passiert, sondern nur elementare Geometrie kombiniert mit der Definition des Sinus!

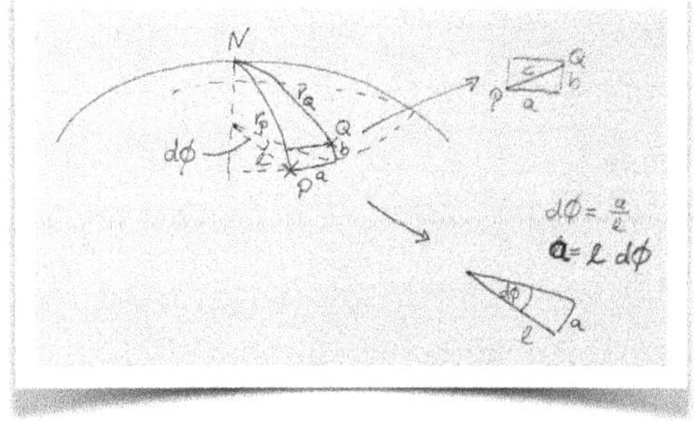

A17.1

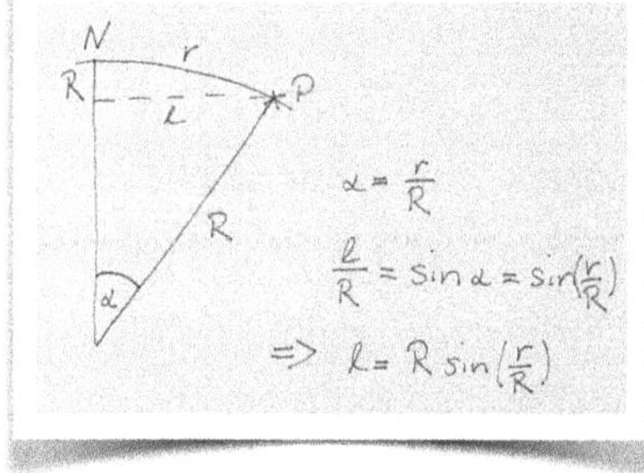

A17.2

Anhang Schritt 18

Lösung zur Aufgabe 18.1:

Gleichung (18.1) eingesetzt in Gleichung (18.2) ergibt:

$$\kappa \propto \lim_{\text{Radius}\to 0} \frac{1}{\text{Radius}^2}\left(1-\frac{\text{Umfang}}{2\pi\,\text{Radius}}\right) = \lim_{\text{Radius}\to 0} \frac{1}{\text{Radius}^2}\left(1-\frac{1}{2\pi}\left(2\pi-\frac{\pi}{3}\left(\frac{r}{R}\right)^2\right)\right)$$

$$= \lim_{r\to 0} \frac{1}{6r^2}\left(\frac{r}{R}\right)^2$$

Im letzten Schritt haben wir verwendet, dass der Radius des betrachteten Kreises auf der Kugeloberfläche r ist. r^2 kürzt sich jetzt heraus und damit können wir auch den Limes weglassen und erhalten

$$\kappa \propto \frac{1}{6R^2}$$

Anhang Schritt 19

Abhängigkeit der $R^i_{\ jkl}$ von den g_{ij} und ihren Ableitungen

Zuerst definieren wir die so genannten Christoffelsymbole $\Gamma^k_{\ ij}$:

$$\Gamma^k_{\ ij} = \frac{1}{2} g^{kl}\left(\partial_i g_{jl} + \partial_j g_{il} - \partial_l g_{ij}\right)$$

Bitte beachten, dass wir wieder die Einsteinsche Summenkonvention verwendet haben: über den doppelt auftretenden Index l wird summiert. Die Komponenten der Metrik mit oberen Indizes g^{kl} sind (zumindest für diagonale Metriken — und nur solche kommen in diesem buch vor) einfach die Inversen der Komponenten der Metrik mit unteren Indizes g_{kl}: $g^{kl} = \frac{1}{g_{kl}}$. Die $\Gamma^k{}_{ij}$ sind für uns hier nur Abkürzungen, die uns gleich helfen werden, den Riemannschen Krümmungstensor kompakter schreiben zu können. Würde man ihn nämlich direkt mithilfe der g_{ij} schreiben, wäre er drei oder vier Zeilen lang! Selbst durch die $\Gamma^k{}_{ij}$ ausgedrückt sieht $R^i{}_{jkl}$ noch ziemlich beeindruckend aus:

$$R^i{}_{jkl} = \partial_k \Gamma^i{}_{lj} + \Gamma^i{}_{km} \Gamma^m{}_{lj} - \partial_l \Gamma^i{}_{kj} - \Gamma^i{}_{lm} \Gamma^m{}_{kj}$$

Im zweiten und vierten Term auf der rechten Seite verwenden wir wieder die Einsteinsche Summenkonvention, eigentlich sind das also jeweils 3 Terme (oder ganz allgemein so viele, wie der Raum Dimensionen hat).

Anhang Schritt 22

Wellen

Betrachte eine sinusförmige Welle wie die in Abbildung A22.1. Ein beliebiger Punkt auf der Welle, beispielsweise ein Wellenberg, bewegt sich mit der Wellengeschwindigkeit v durch den Raum. Stell dir vor, du befindest dich an einem Punkt im Raum und beobachtest, wie die Wellenberge an dir vorüberziehen. Die Zeit, die zwischen dem Vorüberziehen zweier aufeinanderfolgender Wellenberge verstreicht, heißt *Periode* und wird mit T abgekürzt. Der räumliche Abstand zweier aufeinanderfolgender Wellenberge heißt *Wellenlänge* oder λ. Da sich die Welle in der Zeit einer Periode T offensichtlich genau um eine Wellenlänge λ fortbewegt, gilt für die Wellengeschwindigkeit:

A22.1: Wellenlänge

$$v = \frac{\lambda}{T}$$

Das Inverse der Periode heißt Frequenz $f = 1/T$ und somit:

$$v = \lambda f$$

Anschaulich gibt die Frequenz an, wie viele Wellenberge einen Punkt im Raum pro Zeiteinheit passieren. Als Einheit der Frequenz wird meist 1 Hz (Hertz) verwendet, was aber nichts anderes als $1/s$ ist. Bei einer Welle der Frequenz 10 kHz passieren pro Sekunde 10.000 Wellenberge einen Punkt im Raum.

Anhang Schritt 24

Kürzeste Verbindung zweier Punkte

Bevor wir beweisen, dass eine Gerade die kürzeste Verbindung zweier Punkte ist, lernen wir erst noch einen nützlichen Trick zum Integrieren eines Produkts zweier Funktionen: die *partielle Integration*. Wir beginnen mit der Produktregel für Ableitungen (2.6) und integrieren beide Seiten (wir schreiben g und h statt $g(x)$ und $h(x)$):

$$\int_{x_1}^{x_2} (g\,h)'\,dx = \int_{x_1}^{x_2} g\,h'\,dx + \int_{x_1}^{x_2} g'\,h\,dx$$

Auf die linke Seite wenden wir jetzt Gleichung (4.3) an und bekommen:

$$\left[g\,h\right]_{x_1}^{x_2} = \int_{x_1}^{x_2} g\,h'\,dx + \int_{x_1}^{x_2} g'\,h\,dx$$

Jetzt sortieren wir um:

$$\int_{x_1}^{x_2} g\,h'\,dx = \left[g\,h\right]_{x_1}^{x_2} - \int_{x_1}^{x_2} g'\,h\,dx$$

Mit dieser *partiellen Integration* kann man im Integral die Ableitung von einer Funktion zur anderen verschieben, was oft die Berechnung vereinfacht.

Jetzt aber zum Beweis, dass eine Gerade die kürzeste Verbindung zweier Punkte ist. Wir beginnen mit Gleichung (24.3):

$$\delta S = S(\tilde{W}) - S(W) = 0 \qquad \text{mit} \qquad S(W) = \int_{t_A}^{t_B} v(\dot{x}, \dot{y})\, dt$$

Das heißt, die Weglänge ist ein Integral über die Geschwindigkeit, die von den beiden Komponenten $\dot{x}$ und $\dot{y}$ abhängt, die sich aus dem Weg $(x(t), y(t))$ ergeben. Die konkrete Form der Funktion $v(\dot{x}, \dot{y}) = \sqrt{\dot{x}^2 + \dot{y}^2}$ ignorieren wir vorerst und setzen sie erst ganz am Schluss ein. Die Variation der Weglänge ist dann:

$$\delta S = \int_{t_A}^{t_B} (v + \delta v)\, dt - \int_{t_A}^{t_B} v\ dt = \int_{t_A}^{t_B} \delta v\, dt$$

Das heißt, die Variation der Länge des Weges ist das Integral über die Variation der Geschwindigkeit an jedem Punkt des Weges. Da wir nur an kleinen Variationen des Weges interessiert sind, ist δv einfach der lineare Term der Taylorentwicklung von $v(\dot{x} + \delta\dot{x}, \dot{y} + \delta\dot{y})$:

$$\delta v = \frac{\partial v}{\partial \dot{x}}\delta\dot{x} + \frac{\partial v}{\partial \dot{y}}\delta\dot{y} \qquad \text{und damit} \qquad \delta S = \int_{t_A}^{t_B} \left(\frac{\partial v}{\partial \dot{x}}\delta\dot{x} + \frac{\partial v}{\partial \dot{y}}\delta\dot{y}\right) dt$$

Mit dem oben beschriebenen Trick der partieller Integration können wir im ersten Term die zeitliche Ableitung vom zweiten Faktor $\delta\dot{x}$ auf den ersten Faktor $\frac{\partial v}{\partial \dot{x}}$ verschieben. Und für den zweiten Term entsprechend. Insgesamt erhalten wir:

$$\delta S = \left[\frac{\partial v}{\partial \dot{x}}\,\delta x + \frac{\partial v}{\partial \dot{y}}\,\delta y\right]_{t_A}^{t_B} - \int_{t_A}^{t_B} \left(\frac{d}{dt}\frac{\partial v}{\partial \dot{x}}\,\delta x + \frac{d}{dt}\frac{\partial v}{\partial \dot{y}}\,\delta y\right) dt$$

Da wir Anfangs- und Endpunkt der Kurve nicht variieren, ist

$$\delta x(t_A) = \delta x(t_B) = \delta y(t_A) = \delta y(t_B) = 0$$

Damit fällt der Term in eckigen Klammern weg und es bleibt:

$$\delta S = -\int_{t_A}^{t_B} \left(\frac{d}{dt}\frac{\partial v}{\partial \dot{x}}\,\delta x + \frac{d}{dt}\frac{\partial v}{\partial \dot{y}}\,\delta y\right) dt$$

Dieser Ausdruck muss wie gesagt für kleine Abweichungen vom kürzesten Weg null sein. Für *beliebige* Variationen δx und δy kann er nur verlässlich null sein, wenn

$$\frac{d}{dt}\frac{\partial v}{\partial \dot{x}} = \frac{d}{dt}\frac{\partial v}{\partial \dot{y}} = 0$$

Das bedeutet aber, dass $\frac{\partial v}{\partial \dot{x}}$ und $\frac{\partial v}{\partial \dot{y}}$ für den minimalen Weg Konstanten sind. Jetzt schauen wir uns diese beiden Größen näher an, indem wir $v = \sqrt{\dot{x}^2 + \dot{y}^2}$ einsetzen. Das ist eine einfache Übung im Ableiten von Funktionen (probier es aus, du brauchst die Kettenregel!):

$$\frac{\partial v}{\partial \dot{x}} = \frac{\dot{x}}{v} = c_1 \quad \text{und} \qquad \frac{\partial v}{\partial \dot{y}} = \frac{\dot{y}}{v} = c_2$$

Diese beiden Größen sind Konstanten, die wir c_1 und c_2 genannt haben. Damit ist das Verhältnis der beiden Komponenten des Geschwindigkeitsvektors entlang des minimalen Weges ebenfalls eine Konstante:

$$\frac{\dot{x}}{\dot{y}} = \frac{c_1}{c_2}$$

Das war es, was wir zeigen wollten.

Anhang Schritt 28

Lösung zur Aufgabe 28.1:

Betrachte die angenommene Lösung $r(t) = \left(\sqrt{\frac{9}{2}GM}\; t\right)^{\frac{2}{3}} = \left(\frac{9}{2}GM\right)^{\frac{1}{3}} t^{\frac{2}{3}}$ und berechne mit ihrer Hilfe erst die linke und dann die rechte Seite der Differentialgleichung

$$\dot{r} = \sqrt{\frac{2GM}{r}}$$

Die linke Seite ist relativ einfach:

$$\dot{r} = \frac{2}{3}\left(\frac{9}{2}GM\right)^{\frac{1}{3}} t^{-\frac{1}{3}}$$

Die rechte Seite ist eine Übung im Rechnen mit Exponenten:

$$\sqrt{\frac{2GM}{r}} = \frac{(2GM)^{\frac{1}{2}}}{\left(\left((\frac{9}{2}GM)^{\frac{1}{2}}\, t\right)^{\frac{2}{3}}\right)^{\frac{1}{2}}} = \frac{(2\frac{2}{9}\frac{9}{2}GM)^{\frac{1}{2}}}{\left((\frac{9}{2}GM)^{\frac{1}{2}}\, t\right)^{\frac{1}{3}}} = \frac{(\frac{4}{9})^{\frac{1}{2}}(\frac{9}{2}GM)^{\frac{1}{2}}}{\left((\frac{9}{2}GM)^{\frac{1}{2}}\, t\right)^{\frac{1}{3}}} = \frac{2}{3}\left(\frac{9}{2}GM\right)^{\frac{1}{2}-\frac{1}{6}} t^{-\frac{1}{3}}$$

$$= \frac{2}{3}\left(\frac{9}{2}GM\right)^{\frac{1}{3}} t^{-\frac{1}{3}}$$

Da die linke und rechte Seite identisch sind, erfüllt $r(t) = \left(\sqrt{\frac{9}{2}GM}\ t\right)^{\frac{2}{3}}$ tatsächlich die Differentialgleichung.

Herleitung $F = \frac{mv^2}{r}$

Um die Beschleunigung zu ermitteln, die eine Masse auf einer Kreisbahn mit konstanter Geschwindigkeit erfährt, betrachten wir Abbildung A28.1. Die Masse befinde sich erst am Punkt 1 und eine kurze Zeit Δt später am Punkt 2. Dann bilden die Ortsvektoren ein Dreieck A und die Geschwindigkeitsvektoren ein Dreieck B. $\boldsymbol{r}_1$ und $\boldsymbol{v}_1$ sowie $\boldsymbol{r}_2$ und $\boldsymbol{v}_2$ sind jeweils paarweise orthogonal, weil die Bewegung auf einer Kreisbahn tangential ist. Deswegen sind beide Dreiecke *ähnlich* (im geometrischen Sinn) und somit ist:

$$\frac{\Delta r}{r} = \frac{\Delta v}{v}$$

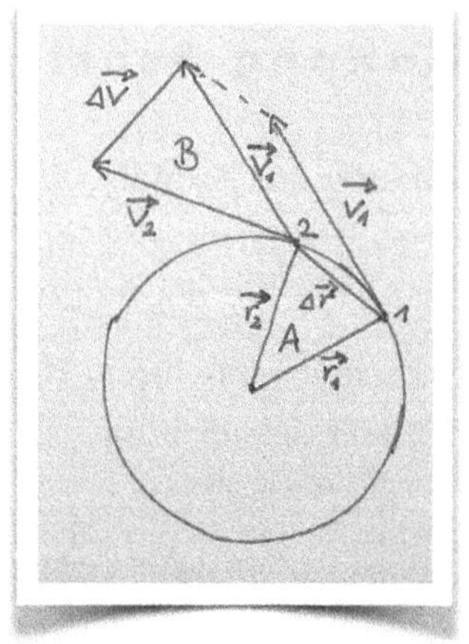

A28.1

Jetzt teilt man dann beide Seiten durch Δt:

$$\frac{\Delta r}{\Delta t r} = \frac{\Delta v}{\Delta t v}$$

Wenn man nun Δt gegen null gehen lässt, folgt

$$\frac{v}{r} = \frac{a}{v}$$

Und schließlich

$$a = \frac{v^2}{r}$$

Daher ist die Kraft, die nötig ist, um eine Masse m auf einer Kreisbahn mit konstanter Geschwindigkeit zu halten:

$$F = \frac{mv^2}{r}$$

Anhang Schritt 31

Lösung zur Aufgabe 31.1:

Ganz allgemein ist die Eigenzeit eines Beobachters $d\tau^2 = -\,ds^2$. Aus Schritt 29 wissen wir, dass in einer Raumzeit mit Schwarzschild-Geometrie dann für einen ruhenden ($dr = d\Omega = 0$) Beobachter $d\tau^2 = -\,ds^2 = (1 - r_S/r)\,dt^2$ bzw. $\frac{d\tau}{dt} = \sqrt{1 - \frac{r_S}{r}}$ gilt. Seine Uhr geht also im Vergleich zu einem weit entfernten Beobachter (dessen Uhr die Zeit t anzeigt) langsamer. In konventionellen Einheiten, in denen c nicht 1 sondern ungefähr $300.000\,\mathrm{km/s}$ ist, ist der Schwarzschildradius $r_S = \frac{2GM}{c^2}$. Bei einer Masse von $4 \cdot 10^{30}\,\mathrm{kg}$ ergibt sich $r_S \approx 6\,\mathrm{km}$. Damit und mit $r = 12\,\mathrm{km}$ erhält man:

$$\frac{d\tau}{dt} = \sqrt{1 - \frac{r_S}{r}} = \sqrt{\frac{1}{2}} = 0{,}707$$

Die Zeitdilatation beträgt also etwa 70 %, Uhren an der Oberfläche des Neutronensterns gehen rund 30% langsamer.

Anhang Schritt 33

Lösung zur Aufgabe 33.1:

$$\frac{\partial q(x,t)}{\partial t} = f'(x - vt)\,(-v) \qquad \rightarrow$$

$$\frac{\partial^2 q(x,t)}{\partial^2 t} = f''(x - vt)\,(-v)(-v) = v^2 f''(x - vt)$$

$$\frac{\partial q(x,t)}{\partial x} = f'(x - vt) \qquad \rightarrow \qquad \frac{\partial^2 q(x,t)}{\partial^2 x} = f''(x - vt)$$

Anhang Schritt 44

Berechnung von R_{00} für die Metrik des Universums:

Wir starten mit der Metrik des Universums:

$$ds^2 = -\,dt^2 + a(t)^2\,(dr^2 + r^2\,d\Omega^2) = -\,dt^2 + a(t)^2\,(dx^2 + dy^2 + dz^2) \qquad (1)$$

Im zweiten Schritt sind wir von Kugelkoordinaten zu kartesischen Koordinaten übergegangen, was die Rechnung in diesem Fall vereinfacht. Die Komponenten der Metrik lassen sich dann ablesen:

$$g_{00} = -\,1$$

$$g_{11} = g_{22} = g_{33} = a(t)^2$$

Zuerst berechnen wir die Christoffelsymbole:

$$\Gamma^{\mu}{}_{\nu\rho} = \frac{1}{2} g^{\mu\sigma}\big(\partial_\nu g_{\rho\sigma} + \partial_\rho g_{\nu\sigma} - \partial_\sigma g_{\nu\rho}\big)$$

Wir berechnen nur ein Beispiel:

$$\Gamma^{0}{}_{11} = \frac{1}{2} g^{00}\big(\partial_1 g_{10} + \partial_1 g_{10} - \partial_0 g_{11}\big)$$

Was ist mit der Summe über den Index l passiert? Da $g^{01} = g^{02} = g^{03} = 0$ sind alle Summanden außer $l = 0$ gleich null. Die ersten beiden Ausdrücke in der Klammer sind ebenfalls null, weil $g_{10} = 0$.

Wir erhalten also

$$\Gamma^{0}{}_{11} = -\frac{1}{2} g^{00}\,\partial_0 g_{11}$$

Mit $g^{00} = -\,1$ und $\partial_0 g_{11} = \partial_t(a(t)^2) = 2a(t)\dot{a}(t)$ (dank der Kettenregel) ergibt sich

$$\Gamma^0{}_{11} = a(t)\dot{a}(t)$$

Aufgrund der völligen Symmetrie der drei Variablen x, y und z erhalten wir natürlich das gleiche Ergebnis für $\Gamma^0{}_{22}$ und $\Gamma^0{}_{33}$. Eine ähnliche Rechnung ergibt

$$\Gamma^1{}_{01} = \Gamma^1{}_{10} = \Gamma^2{}_{02} = \Gamma^2{}_{20} = \Gamma^3{}_{03} = \Gamma^3{}_{03} = \frac{\dot{a}(t)}{a(t)}$$

Alle anderen Christoffelsymbole sind null.

Jetzt besitzen wir die Zutaten um R_{00} zu berechnen. Die Definition von R_{00} ist:

$$R_{00} = R^0_{\ 000} + R^1_{\ 010} + R^2_{\ 020} + R^3_{\ 030}$$

Jetzt berechnen wir nacheinander die vier Summanden. Das ist relativ einfach, da ja die allermeisten Christoffelsymbole null sind (siehe oben):

$$R^0_{\ 000} = \partial_0\Gamma^0{}_{00} + \Gamma^0{}_{0\mu}\Gamma^\mu{}_{00} - \partial_0\Gamma^0{}_{00} - \Gamma^0{}_{0\mu}\Gamma^\mu{}_{00} = 0$$

$$R^1_{\ 010} = \partial_1\Gamma^1{}_{00} + \Gamma^1{}_{1\mu}\Gamma^\mu{}_{00} - \partial_0\Gamma^1{}_{10} - \Gamma^1{}_{0\mu}\Gamma^\mu{}_{10}$$

$$= -\partial_t\left(\frac{\dot{a}(t)}{a(t)}\right) - \Gamma^1{}_{01}\Gamma^1{}_{10} = -\partial_t\left(\frac{\dot{a}(t)}{a(t)}\right) - \left(\frac{\dot{a}(t)}{a(t)}\right)^2 = -\frac{\ddot{a}(t)}{a(t)} - \left(\frac{\dot{a}(t)}{a(t)}\right)^2 - \left(\frac{\dot{a}(t)}{a(t)}\right)^2 = -\frac{\ddot{a}(t)}{a(t)}$$

Da die Metrik des Universums (1) die drei Raumrichtungen gleich behandelt (kosmologisches Prinzip!), gibt es keinen Grund für $R^2_{\ 020}$ und $R^3_{\ 030}$ sich von $R^1_{\ 010}$ zu unterscheiden:

$$R^2_{\ 020} = R^3_{\ 030} = -\frac{\ddot{a}(t)}{a(t)}$$

Damit ergibt sich:

$$R_{00} = -3\,\frac{\ddot{a}}{a}$$

Anhang Schritt 45

Lösung zur Aufgabe 45.1:

$$\int_0^{t_0} \left(\frac{t_0}{t}\right)^{\frac{2}{3}} dt = t_0^{\frac{2}{3}} \int_0^{t_0} \frac{1}{t^{\frac{2}{3}}}\, dt = 3t_0^{\frac{2}{3}} \left[t^{\frac{1}{3}}\right]_0^{t_0} = 3t_0$$

Anhang Schritt 47

Herleitung $a = \frac{v^2}{r}$

Siehe Anhang Schritt 28

Anhang Schritt 48

Lösung zur Aufgabe 48.1:

Der Weg ist der gleiche wie in Schritt 45 bei der Herleitung der Expansion eines Universums aus Materie, Gleichung (45.6). Wieder beginnen wir mit der Friedmann-Gleichung, setzen diesmal aber die $\frac{1}{a^4}$-Abhängigkeit der Energiedichte von Strahlung ein:

$$\left(\frac{\dot{a}}{a}\right)^2 = \frac{H_0^2}{a^4}$$

Daraus folgt dann

$$\dot{a} = \frac{H_0}{a}$$

Mit $n = 1$ und $b = H_0$ ist das ein Spezialfall der Differentialgleichung $y' = b/y^n$, für die wir in Schritt 27 die Lösung $y(t) = \big((n+1)\, b\, t\big)^{\frac{1}{n+1}}$ fanden. Die Lösung ist somit:

$$a(t) = \left(2H_0\,t\right)^{\frac{1}{2}} \tag{1}$$

Wir „eichen“ $a(t)$ wieder so, dass $a(t_0) = 1$ ist, also $a(t_0) = \left(2H_0\,t_0\right)^{\frac{1}{2}} = 1$.
Somit ist

$$2H_0 = \frac{1}{t_0}$$

Eingesetzt in (1) ergibt sich

$$a(t) = \left(\frac{t}{t_0}\right)^{\frac{1}{2}}$$

Alter des Universums: Für den Zeitpunkt $t = t_0$ ergibt sich $a(t_0) = \left(2H_0\,t_0\right)^{\frac{1}{2}}$. Mit $a(t_0) = 1$ folgt daraus $t_0 = \frac{1}{2H_0}$. Mit $H_0 = 7 \cdot 10^{-11}a^{-1}$ folgt $t_0 \approx 7{,}1$ Milliarden Jahren.

Beobachtungshorizont: $d_H = \int_0^{t_0} \frac{1}{a(t)}dt = \int_0^{t_0} \left(\frac{t_0}{t}\right)^{\frac{1}{2}} dt = [2(t_0 t)^{\frac{1}{2}}]_0^{t_0} = 2t_0$.

Damit ist der Beobachtungshorizont etwa 14 Milliarden Lichtjahre — halb so groß wie in einem Universum, das nur Materie statt Strahlung enthält.

Anhang Schritt 52

Gaußverteilung der Magnetisierung

Wir wollen zeigen, dass die Anzahl der verfügbaren Mikrozustände für große N um den wahrscheinlichsten Wert der Magnetisierung $m = n_\uparrow - n_\downarrow = 0$ gaußverteilt ist:

$$\Omega \propto e^{-\frac{1}{2}\frac{m^2}{N}+\dots}$$

Wir wissen, dass

$$\Omega = \frac{N!}{n_{\downarrow}!\, n_{\uparrow}!}$$

Der Zähler ist konstant, da die Zahl der Teilchen N konstant für einen gegebenen Magneten ist. Da wir ja nur an der Form der Verteilung interessiert sind, erhalten wir:

$$\Omega \propto \frac{1}{n_{\downarrow}!\, n_{\uparrow}!}$$

Schätzen wir die Fakultäten mithilfe der Stirling-Formel

$$n! \approx (2\pi n)^{\frac{1}{2}} n^n e^{-n}$$

ab, bekommen wir:

$$\Omega \propto \frac{1}{(2\pi n_{\downarrow})^{\frac{1}{2}} n_{\downarrow}^{n_{\downarrow}} e^{-n_{\downarrow}} (2\pi n_{\uparrow})^{\frac{1}{2}} n_{\uparrow}^{n_{\uparrow}} e^{-n_{\uparrow}}}$$

Im Nenner können wir zusammenfassen $e^{-n_{\downarrow}} e^{-n_{\uparrow}} = e^{-n_{\downarrow}-n_{\uparrow}} = e^{-N}$, was wiederum eine Konstante ist. Ebenso sind die 2π-Faktoren konstant. Somit:

$$\Omega \propto \frac{1}{n_{\downarrow}^{n_{\downarrow}+\frac{1}{2}}\, n_{\uparrow}^{n_{\uparrow}+\frac{1}{2}}}$$

Jetzt nehmen wir den Logarithmus (zur Basis e) beider Seiten. Der Proportionalitätsfaktor liefert konstante Beiträge, die wir mit „const." abkürzen:

$$\ln \Omega = -\,(n_{\downarrow} + \frac{1}{2}) \ln n_{\downarrow} - (n_{\uparrow} + \frac{1}{2}) \ln n_{\uparrow} + \text{const}.$$

Jetzt setzen wir $n_{\uparrow} = \frac{N+m}{2}$ und $n_{\downarrow} = \frac{N-m}{2}$ ein:

$$\ln \Omega = -\frac{1}{2}(N - m + 1) \ln \frac{N-m}{2} - \frac{1}{2}(N + m + 1) \ln \frac{N+m}{2} + \text{const}.$$

Da N eine sehr große Zahl ist, spielt es keine Rolle, ob wir noch 1 addieren oder nicht:

$$\ln \Omega \approx -\frac{1}{2}(N-m)\ln\frac{N-m}{2}-\frac{1}{2}(N+m)\ln\frac{N+m}{2}+\text{const}.$$

$$= -\frac{1}{2}(N-m)\ln(N-m)-\frac{1}{2}(N+m)\ln(N+m)+\frac{1}{2}(N-m)\ln 2+\frac{1}{2}(N+m)\ln 2+\text{const}.$$

$$= -\frac{1}{2}(N-m)\ln(N-m)-\frac{1}{2}(N+m)\ln(N+m)+N\ln 2+\text{const}.$$

Der Term $N\ln 2$ hängt nicht von m ab und wird den konstanten Termen „const." einverleibt. Genauso machen wir es etwas weiter unten mit $-N\ln N$.

$$\ln \Omega \approx -\frac{1}{2}(N-m)\ln(N(1-\frac{m}{N}))-\frac{1}{2}(N+m)\ln(N(1+\frac{m}{N}))+\text{const}.$$

$$= -\frac{1}{2}(N-m)\ln N-\frac{1}{2}(N-m)\ln(1-\frac{m}{N})-\frac{1}{2}(N+m)\ln N-\frac{1}{2}(N+m)\ln(1+\frac{m}{N})+\text{const}.$$

$$= -N\ln N-\frac{1}{2}(N-m)\ln(1-\frac{m}{N})-\frac{1}{2}(N+m)\ln(1+\frac{m}{N})+\text{const}.$$

$$= -\frac{1}{2}(N-m)\ln(1-\frac{m}{N})-\frac{1}{2}(N+m)\ln(1+\frac{m}{N})+\text{const}.$$

Da wir an kleinen Magnetisierungen m interessiert sind, können wir den Logarithmus nach $\frac{m}{N}$ taylor-entwickeln, wobei wir nach dem quadratischen Glied abbrechen:

$$\ln \Omega \approx -\frac{1}{2}(N-m)(-\frac{m}{N}-\frac{1}{2}(\frac{m}{N})^2)-\frac{1}{2}(N+m)(\frac{m}{N}-\frac{1}{2}(\frac{m}{N})^2)+\text{const}.$$

$$= -\frac{1}{2}(-m+\frac{m^2}{N}-\frac{1}{2}\frac{m^2}{N}+\frac{1}{2}\frac{m^3}{N^2})-\frac{1}{2}(m+\frac{m^2}{N}-\frac{1}{2}\frac{m^2}{N}+\frac{1}{2}\frac{m^3}{N^2})+\text{const}.$$

$$= -\frac{1}{2}(\frac{m^2}{N}+\frac{m^3}{N^2})+\text{const}.$$

Da $\frac{m}{N}$ sehr klein ist, können wir $\frac{m^3}{N^2}$ gegenüber $\frac{m^2}{N}$ getrost vernachlässigen und erhalten

$$\ln \Omega \approx \frac{1}{2}\frac{m^2}{N}+\text{const}.$$

Daraus folgt das gesuchte Ergebnis

$$\Omega \propto e^{-\frac{1}{2}\frac{m^2}{N}+\dots}$$

Anhang Schritt 53

Herleitung der relativistischen Energie $E_p = \sqrt{m^2 + p^2}$

Aus Schritt 16 kennen wir den relativistischen Viererimpuls $P^\mu = (E, \boldsymbol{p})$. Ähnlich wie beim Vierervektor $(dt, \boldsymbol{dx})$, wo die Größe $dt^2 - \boldsymbol{dx}^2 = ds^2$ invariant, also vom Beobachter unabhängig, ist, ist auch $E^2 - \boldsymbol{p}^2$ eine Invariante. Für einen Beobachter, für den das betrachtete Teilchen in Ruhe ist, gilt $E = m$ und $\boldsymbol{p} = 0$ und damit $E^2 - \boldsymbol{p}^2 = m^2$. Als Invariante muss $E^2 - \boldsymbol{p}^2$ aber für alle Beobachter den gleichen Wert haben. Das heißt, $E^2 - \boldsymbol{p}^2 = m^2$ gilt ganz allgemein. Daraus folgt die gesuchte Formel für die Energie.

Herleitung der durchschnittlichen Anzahl Teilchen mit Impuls p

Wir betrachten erst einmal nur Teilchen mit Impuls $\boldsymbol{p}$. Wie viele gibt es davon? Die Wahrscheinlichkeit eines Zustands bestehend aus n Teilchen mit Impuls $\boldsymbol{p}$ ist aufgrund der Boltzmann-Verteilung proportional zu $e^{-\frac{nE_p}{T}}$, wobei $E_p = \sqrt{m^2 + p^2}$. Damit sich die Wahrscheinlichkeiten zu 1 summieren, muss man über die $e^{-\frac{nE_p}{T}}$ für die verschiedenen n summieren und diese Summe in den Nenner schreiben:

$$w(n, \boldsymbol{p}) = \frac{e^{-\frac{nE_p}{T}}}{\sum_{k=0}^{\infty} e^{-\frac{kE_p}{T}}}$$

(Wir schreiben w für Wahrscheinlichkeit, weil der Buchstabe p, den wir normalerweise verwenden würden, schon für den Impuls vergeben ist.) Der Nenner stellt sicher, dass $\sum_{n=0}^{\infty} w(n, \boldsymbol{p}) = 1$ (Überzeuge dich selbst).

Am Ende sind wir allerdings weniger an der Wahrscheinlichkeit $w(n, \boldsymbol{p})$ interessiert, eine *bestimmte* Anzahl an Teilchen mit Impuls $\boldsymbol{p}$ im Plasma zu finden, als an der *durchschnittlichen* Anzahl Teilchen mit Impuls $\boldsymbol{p}$. Um die zu finden, bilden wir den Mittelwert der $w(n, \boldsymbol{p})$ über alle n. Das machen wir, indem wir jedes n mit der zugehörigen Wahrscheinlichkeit $w(n, \boldsymbol{p})$ gewichten und dann die Summe bilden (in diesem Fall erst ab $n = 1$, weil der Beitrag für $n = 0$ null ist):

$$N(\boldsymbol{p}) = \sum_{n=1}^{\infty} n w(n, \boldsymbol{p}) = \frac{\sum_{n=1}^{\infty} n e^{-\frac{nE_p}{T}}}{\sum_{k=0}^{\infty} e^{-\frac{kE_p}{T}}}$$

Diesen Ausdruck wollen wir jetzt ausrechnen. Klingt schlimmer, als es ist! Als erstes vereinfachen wir, indem wir $x = e^{-\frac{E_p}{T}}$ setzen:

$$N(\boldsymbol{p}) = \frac{\sum_{n=1}^{\infty} n x^n}{\sum_{k=0}^{\infty} x^k} \tag{1}$$

Den Nenner kennen wir schon aus Schritt 15. Dort fanden wir mit einem einfachen Trick folgende überraschende Gleichung (15.4):

$$\sum_{m=0}^{\infty} x^m = \frac{1}{1 - x} \tag{2}$$

Für den Zähler gibt es auch einen Trick. Wenn wir ein x ausklammern, bekommen wir die Ableitung des Nenners. Aber einen einfachen Ausdruck für den Nenner haben wir mit (2) ja schon gefunden. Also macht die Ableitung keine großen Schwierigkeiten:

$$\sum_{n=1}^{\infty} n x^n = x \sum_{n=1}^{\infty} n x^{n-1} = x \frac{d}{dx}\Big(\sum_{n=1}^{\infty} x^n\Big) = x \frac{d}{dx}\Big(\frac{1}{1-x}\Big) = \frac{x}{(1-x)^2}$$

Jetzt setzen wir alles in (1) ein und bekommen:

$$N(\boldsymbol{p}) = \frac{x}{1 - x} = \frac{1}{x^{-1} - 1} = \frac{1}{e^{\frac{E_p}{T}} - 1} \tag{3}$$

Soweit, so gut! Jetzt kennen wir die durchschnittliche Anzahl Teilchen mit Impuls $\boldsymbol{p}$ — also Impuls eines ganz bestimmten Betrages und einer ganz bestimmten Richtung im Raum. In der Regel ist das mehr Information, als wir haben wollen. Wir sind eher an der durchschnittlichen Anzahl Teilchen eines bestimmten Impulsbetrages p (ohne Fettdruck!) interessiert. Um die zu bekommen, müssen wir (3) über alle Richtungen integrieren. Das ist ein bisschen kompliziert. Um uns das Leben möglichst einfach zu machen, kürzen wir die Rechnung mit einem geometrischen Argument ab. Stellen wir uns alle Impulsvektoren des Betrages p als Pfeile der Länge p vor, die alle am Koordinatenursprung starten. Ihre Spitzen liegen dann alle auf einer Kugeloberfläche mit Radius p. Die Fläche dieser Kugeloberfläche ist $4\pi p^2$. Geometrisch ist also klar, dass das Integral von (3) über alle Impulse des Betrages p proportional zu p^2 ist. Im Ergebnis ist die durchschnittliche Anzahl Teilchen mit Impuls p (unabhängig von der Impulsrichtung!) also:

$$N(p) \propto \frac{p^2}{e^{\frac{E_p}{T}} - 1} = \frac{p^2}{e^{\frac{\sqrt{m^2 + p^2}}{T}} - 1}$$

Das ist die Gleichung, die wir beweisen wollten.

Lösung zur Aufgabe 53.1:

Die relevante Energie ist die potenzielle Energie eines Luftmoleküls der Masse m in Höhe h über dem Erdboden: $E_{pot} = mgh$ (Du erinnerst dich, $g = 9{,}81\ \mathrm{m/s^2}$ ist die Beschleunigung im Gravitationsfeld der Erde). Die Wahrscheinlichkeit, dass sich das Molekül in einer bestimmten Höhe h befindet, ist nach Boltzmann proportional zu $e^{-\frac{mgh}{T}}$. Da das für alle Moleküle in der Luft gilt, ist die Dichte der Luft und damit auch der Luftdruck auf dieser Höhe ebenfalls proportional zu diesem Faktor. Wenn der Luftdruck am Boden P_0 ist, dann gilt für den Luftdruck auf Höhe h:

$$\frac{\rho(h)}{\rho_0} = \frac{e^{-\frac{mgh}{T}}}{e^{-\frac{mg \cdot 0}{T}}} = \frac{e^{-\frac{mgh}{T}}}{1} = e^{-\frac{mgh}{T}} \qquad \rightarrow \quad \rho(h) = \rho_0 e^{-\frac{mgh}{T}}$$

Wir haben hier ein paar grobe Vereinfachungen gemacht, um die Boltzmann-Statistik anwenden zu können. Die Wirklichkeit ist komplizierter: die Temperatur ist bekanntlich nicht auf jeder Höhe gleich, die Atmosphäre in 10 Kilometern Höhe ist nicht unbedingt im thermischen Gleichgewicht mit der am Boden und Luft besteht aus Molekülen unterschiedlicher Massen. Das Ergebnis ist also nur eine sehr grobe Abschätzung der wahren Situation. Aber das ist gerade die Stärke der Boltzmann-Statistik: man kann sich in vielen Situationen einen ersten Überblick verschaffen, was passiert.

Anhang Schritt 57

Lösung zur Aufgabe 57.1:

Wir definieren $f(x) = (1+x)^{-\frac{1}{3}}$ und entwickeln $f(x)$ um $f(0)$ bis zum linearen Glied:

$$f(x) = 1 + xf'(0) + \dots$$

$$f'(x) = -\frac{1}{3}(1+x)^{-\frac{4}{3}}$$

$$f'(0) = -\frac{1}{3}$$

Und damit

$$f(x) = 1 + xf'(0) + \dots = 1 - \frac{1}{3}x + \dots$$

BIBLIOGRAFIE

Alpher, R. A., Bethe, H., and Gamow, G. *The Origin of Chemical Elements.* Physical Review 73: 803–804 (123,133,147,164,182), 1948.

Augustinus. *Die Gottesbürgerschaft (De Civitate Dei).* Fischer Bücherei, Frankfurt am Main / Hamburg, 1961.

Barnes, L. *The Fine-Tuning of the Universe for Life.* arXiv:2110.07783v1, 2021.

Baumann, D. *Cosmology.* University of Cambridge.

Carroll, S. *From Eternity to here: The quest for the ultimate theory of time.* OneWorld Publications, 2010.

Einstein, A. *On a stationary system with spherical symmetry consisting of many gravitating masses.* Annals of Mathematics, Vol. 40, No. 4, October 1939.

Eisenstein et al. *Detection of the baryon acoustic peak in the large-scale correlation function of SDSS luminous red galaxies.* arXiv.org, 2005

Ferreira, P. *Die perfekte Theorie.* C.H.Beck, 2014.

Feynman, R. *The character of Physical Law.* MIT Press, 1985.

Galilei, G. *Dialog über die beiden hauptsächlichsten Weltsysteme, das Ptolemäische und das Kopernikanische.* B.G. Teubner, Leipzig 1891.

Gaßner, J. und Müller, J. *Können wir die Welt verstehen?* S. Fischer Verlag, 2019

Greiner, W. *Klassische Mechanik.* Verlag Harri Deutsch, 2008.

Greiner, W. und Rafelski, J. *Spezielle Relativitätstheorie.* Verlag Harri Deutsch, 1992.

Guth, A. *The Early Universe.* Video Lecture, MIT Open Courseware, 2013.

Høg, E. *Astrosociology: Interviews about an infinite universe.* Asian Journal of Physics, Vol. 23, Nos 1 & 2, 2014.

Knop, R. A. et al. *New Constraints on Ω_M, Ω_Λ and w from an Independent Set of Eleven High-Redshift Supernovae Observed with HST*. Astrophys. J., 598:102, 2003.

Laplace, Pierre-Simon. *Essai philosophique sur les probabilités*. 1814.

Liddle, A. *An Introduction to Modern Cosmology.* John Wiley & Sons, Ltd., 2015.

Minkowski, H. *Raum und Zeit*. 80. Versammlung Deutscher Naturforscher (Köln, 1908). In: Physikalische Zeitschrift. Band 10, 1909, S. 104–111.

Mukhanov, V. *Physical Foundations of Cosmology.* Cambridge University Press, 2005.

Necib, Lina. *What and where the dark matter is.* Folge vom 11.05.2020 des Mindscape Podcast von Sean Carroll.

Padova, T. De. *Allein gegen die Schwerkraft. Einstein 1914 - 1918*. Carl Hanser Verlag, 2015.

Penrose, R. *The Road to Reality.* Vintage Books, 2007.

Rees, M. *Just Six Numbers.* Weidenfeld & Nicolson, 2015.

Ryden, B. *Introduction to Cosmology*. Ohio State University, 2006.

Schilling, G. *Einsteins Ahnung*. Piper Verlag, 2017.

Stoppard, T. *Arcadia*. Faber & Faber, 1994

Tong, D. *Statistical Physics*. University of Cambridge, 2011.

Tong, D. *Cosmology*. University of Cambridge, 2019.

Wallace, D. *Gravity, entropy, and cosmology: in search of clarity.* 2009

Walter, W. *Analysis 1*. Springer-Lehrbuch, 1992.

Weinberg, S. *The first three minutes: A modern view of the origin of the universe.* Basic Books, 1993.

Weinberg, S. *Gravitation and Cosmology: Principles and Applications of the General Theory of Relativity.* John Wiley & Sons, 1972.

Wigner, E. *The unreasonable effectiveness of mathematics in the natural sciences.* Communications in Pure and Applied Mathematics. Vol. 13, No. I, New York, 1960

Zee, A. *Einstein Gravity in a Nutshell.* Princeton University Press, 2013.

Wenn Du einen Fehler findest oder Anregungen zur besseren Darstellung der Inhalte für mich hast, freue ich mich über einen Hinweis an:

dieweltimfreienfall@posteo.de

www.ingramcontent.com/pod-product-compliance
Ingram Content Group UK Ltd.
Pitfield, Milton Keynes, MK11 3LW, UK
UKHW061826190726
13853UKWH00009B/2455

9 783384 066008